★ 建筑安装工程费用项目组成＋建设工程工程量清单计价规范

★ 投资估算→设计概算→施工图预算→招标标底＋投标标价＋合同定价→施工竣工结算→项目竣工决算

★ 建筑装饰＋安装＋房屋修缮＋园林＋绿化＋民防＋共用管线＋市政＋工程建设其他费用

JIANSHEGONGCHENGJIJIAYUANLIYUFANGFA

建设工程计价原理与方法（第2版）

何康维　编著

同济大学出版社
TONGJI UNIVERSITY PRESS

内容提要

本书依据 2003 年 10 月 15 日建设部和财政部共同制定的《建筑安装工程费用项目组成》、《上海市建设工程预算定额(2000)》以及 2008 年 7 月 9 日住房和城乡建设部修订的《建设工程工程量清单计价规范》(GB 50500—2008),详细阐述建设工程造价的计算原理和方法。建设工程造价的计算,包括投资估算、设计概算、施工图预算、招标标底、投标报价、合同定价、施工竣工结算和项目竣工决算。本书重点介绍根据《上海市建筑和装饰工程预算定额工程量计算规则(2000)》和《上海市安装工程预算定额工程量计算规则(2000)》编制的施工图预算和根据住房和城乡建设部《建设工程工程量清单计价规范》(GB 50500—2008)编制的工程量清单投标报价,并附有工程施工图和预算书实例。为满足不同专业的需要,本书还简要介绍了有关房修、园林、绿化、民防、公用管线和市政工程的预算编制方法。

全书理论体系完整、结构严谨、内容新颖,并附有插图、案例和复习思考题,符合教学和自学的特点和需要。可作为高等院校(包括高等职业学校)工程管理、投资经济管理、土木工程及相关专业的教材,也可作为工程造价管理从业人员的培训教材、自学参考书和业务指导书。

图书在版编目(CIP)数据

建设工程计价原理与方法 / 何康维编著. --2 版.
--上海 : 同济大学出版社,2012.3
　　ISBN 978-7-5608-4784-9

　　Ⅰ. ①建… Ⅱ. ①何… Ⅲ. ①建筑工程－工程造价
Ⅳ. ①TU723.3

　　中国版本图书馆 CIP 数据核字(2012)第 020901 号

建设工程计价原理与方法(第 2 版)
何康维　编著
责任编辑　江　岱　　责任校对　徐春莲　　封面设计　潘向蓁

出版发行　同济大学出版社　　www. tongjipress. com. cn
　　　　　(地址:上海市四平路 1239 号　邮编:200092　电话:021－65985622)
经　　销　全国各地新华书店
印　　刷　同济大学印刷厂
开　　本　787mm×1092mm　1/16
印　　张　24.25
印　　数　3 101—6 200
字　　数　605 000
版　　次　2012 年 3 月第 2 版　　2013 年 1 月第 2 次印刷
书　　号　ISBN 978-7-5608-4784-9

定　　价　46.00 元

本书若有印装质量问题,请向本社发行部调换　　　版权所有　侵权必究

前　言

随着我国经济体制改革的深入发展,建设市场日趋成熟和规范化,建设工程计价越来越为人们所重视。建设工程计价是项目投资和工程建设经济管理工作的重要组成部分。规范工程计价方法,提高工程计价质量,有利于做好项目投资决策、工程建设计划、企业经济核算和建设工程全过程造价控制等工作;有利于建筑产品在激烈的市场竞争环境下进行公平合理的交易。

本书编写始终贯彻下列指导思想:

(1) 根据现行的国家和上海市有关建设工程造价管理的有关规定,全面介绍 2003 年 10 月 15 日建设部和财政部共同制定的《建筑安装工程费用项目组成》、《上海市建设工程预算定额(2000)》以及 2008 年 7 月 9 日住房和城乡建设部修订的《建设工程工程量清单计价规范》(GB 50500—2008)。

(2) 立足于建立一套较为完整的建设工程造价管理体系,并以《建筑安装工程费用项目组成》、《上海市建设工程预算定额(2000)》和《建设工程工程量清单计价规范》(GB 50500—2008)为切入点,全面、系统地介绍建设工程计价、定价的原理和方法。

(3) 为进一步完善本学科的理论体系,首先从理论上对建设工程造价、建设工程计价、建设工程定价及建设工程计价的特点、方法和依据做深入浅出的阐述,然后对目前理论和实务中的一些模糊概念和不恰当做法进行辨析。在第一章中对"建设工程造价"的概念进行界定,区分在实务中混为一谈的"建设项目投资"、"建设工程造价"和"建筑安装工程价格";在第十章中,通过对建设工程价格管理的历史回顾,在澄清建设工程计价与建设工程定价概念的基础上,阐明了不能将《上海市建设工程预算定额(2000)》的实施简单地理解为量价分离的"计价模式的改革",而应高瞻远瞩、透过现象看本质,清醒地认识到"2000 定额"实施是"定价权属的改革",从而揭示了建设工程造价管理改革的实质——市场自主定价。只有这样,建设工程造价工作者才能清醒地认识到"定额"和"价格信息"在建设工程计价和定价中的重要地位,才能真正掌握建设工程造价管理的秘诀。"定价权属的改革"是我国建设工程价格管理从计划经济向市场经济过渡的分水岭。

(4) 为满足工程造价管理实务需求,本书在纵向上,全面介绍投资估算、设计概算、施工图预算、招标标底、投标报价、合同定价、施工结算、项目决算;在横向上,除介绍建筑和装饰工程预算、安装工程预算外,还简明扼要地介绍了被一般教科书忽视的而工作中又常遇的房屋修缮工程预算,园林、绿化工程预算,民防工程预算,公用管线工程预算和市政工程预算。此外,还介绍了工程建设其他费用的计算原理和方法,特别是介绍了上海地区工程建设其他费用的计算方法和依据来源,为实务工作者指明路径。

(5) 由于《建设工程预算定额(2000)》和《建设工程工程量清单计价规范》(GB 50500—2008)是计算建设工程工程造价的基本依据,因此本书对《建设工程预算定额(2000)》中的"工程量计算规则"和《建设工程工程量清单计价规范》(GB 50500—2008)中的"综合单价"的测算方法,进行较大篇幅的讲解和阐述。尤其是对"工程量计算规则"中的新知识点和难点,进行解释性描述,强调实务操作和动手能力,图文并茂,解释与实例相辅,并尝试将枯燥乏味、呆板抽象的"工程量计算规则",用简洁明了、生动形象的"意向性(非准确性)公式"来表达,以便于读者学习和记忆,且使工程计量规范化、逻辑化和合理化,既符合工程量计算规则,又统筹兼顾,简捷有序,目的是带初学者入门,给入门者帮助。对《建设工程工程量清单计价规范》中的"综合单价"除了介绍测算步骤外,还设计了"综合单价测算表",利用"2000 定额"来编制符合《建设工程工程量清单计价规范》(GB 50500—

2008)要求的"工程量清单报价书"。

（6）本书还介绍了建设部和国家质量监督检验检疫总局联合发布的最新的《建筑工程建筑面积计算规范》(GB/T 50353—2005)，该规范适用于新建、扩建、改建的工业与民用建筑工程的面积计算，包括工业厂房、仓库、公共建筑、居住建筑，农业生产使用的房屋、粮种仓库、地铁车站等的建筑面积的计算。

（7）为集中精力讨论建设工程计价中的实际问题，同时也为分散难点与重点，本书专设第八、第九两章，系统讨论建筑和装饰工程预算、安装工程预算的具体编制方法。而对投资估算、设计概算、招标标底、投标报价、合同定价、施工结算、项目决算的编制方法，只作一般性的介绍，重点讨论不同阶段建设工程造价文件编制的特殊性和难点，阐述与其相近（相似）造价文件之间的区别和联系，以达到事半功倍的效果。对其他专业工程（如房屋修缮工程，园林、绿化工程，民防工程，公用管线工程和市政工程）预算的编制方法，则重点介绍各专业工程的定额结构及工程量计算规则的差异和难点，避免了不同专业工程中的共性问题的重复阐述。

（8）为了增强读者编制预算的实务能力，本书在附录中编排了建筑安装工程预算编制实例。

（9）本书在各章后都设有复习思考题，复习思考题的最后一题是名词解释，所列名词是该章的关键词（或关键概念），以利于读者复习和把握重点。本书重点章节内有案例分析，以提高读者分析问题、解决问题的能力。

本书可作为高等院校（包括高等职业学校）工程管理、投资经济管理、土木工程及相关专业的教材，也可作为工程造价管理从业人员的培训教材、自学参考书和业务指导书。

限于作者的水平和经验以及对《建筑安装工程费用项目组成》、《上海市建设工程预算定额(2000)》和《建设工程工程量清单计价规范》学习领会不深，本书在理论阐述和实务方法讲解上，一定存在不当之处，恳请广大读者批评指正。

编　　者

2011 年 7 月于上海

目　　录

第一章 总 论

建设工程计价泛指从项目立项、评估决策起,直至竣工验收、交付使用为止,对建设项目的造价进行估计、预测、修正和确定。包括投资估算、设计概算、修正概算、施工图预算、招标标底、投标报价、合同定价、工程竣工结算和项目竣工决算。由于建设项目的不重复性(一次性)、项目环境条件的不确定性(风险性)和项目实施活动的复杂性(项目与环境之间的相互制约性)以及项目参与者经济利益的不一致性(工程计价的目的多样性)等特征,使得建设工程计价呈现出多样性、复杂性,甚至有些还带有神秘性(如标底)。

本章首先从理论和实务上对建设工程造价概念、建设工程程序和建设工程计价的特点作深入浅出的阐述,然后简单介绍建设项目的不同参与者,在不同的时期所编制的造价文件。

第一节 建设工程造价的概念

一般来说,建设工程是指对某一建设项目进行投资和建设。工程建设是通过从项目意向、策划、可行性研究和决策,到勘察、设计、施工、生产准备、竣工验收和试生产等一系列技术经济活动来完成的。这些活动既有物质生产活动,又有非物质生产活动,主要有建筑工程施工、设备购置活动及其安装工程施工以及与工程建设有关的其他活动。而与上述活动存在经济利益关系者,既有投资者,又有经营者,还有建设者。由于经济利益所涉及的内容和范围不同,他们对建设工程造价含义的理解也不同。从项目投资者立场出发,建设工程造价是指投资建设该项目所需花费的全部资金,包括建设投资和为使工程竣工验收后能立即转入正常生产所花费的生产准备和生产流动资金投资,它是保证项目建设和生产经营活动正常进行的必要资金。从项目经营者立场出发,建设工程造价指建造该项目所需花费的全部费用,包括工程费用和工程其他费用,它是保证项目建造活动正常进行的必要资金。从工程建设者立场出发,建设工程造价是指由其提供的产品和服务的价格,即建筑安装工程价格(简称"建安造价")。由此可见,建设工程造价应从不同的层面上去理解,并赋予不同的名称和定义,以免概念的模糊和混淆。

一、建设项目投资

建设项目投资是项目投资者为保证项目的正常建设和建成后的正常运行所需投入的全部资金。建设项目投资构成较为复杂,为了全面认识投资的性质和特点,便于投资的预测和管理,可以按一定标准对投资的构成进行科学分类。

(一) 按投资的经济性质划分

按投资所形成的资产的经济性质划分,建设项目投资可分为固定资产投资、无形资产投资、递延资产投资和流动资金投资。

1. 固定资产投资

固定资产是指使用年限在一年以上,单位价值在规定的标准以上,并且在使用过程中能保持其原来物质形态的资产,如房屋、设备等。

固定资产投资是指固定资产的建造、购置、安装过程中发生的全部费用。投资者如果用现有的固定资产作为投入的,则按评估确认或合同约定的价值作为投资。

2. 无形资产投资

无形资产是不具有实物形态,而能长期为所有者提供某种特权或效益的资产,如专利权、非专利技术、商标权、商誉、土地使用权、著作权等。

无形资产投资主要是指为取得专利权、非专利技术和土地使用权等所发生的一次性投资支出。若是分期支出的,一般将其作为生产费用计入产品成本。

3. 递延资产投资

递延资产是指不能全部计入当年损益,应当在以后年度内分期摊销的各项费用。

递延资产投资主要是指开办费,包括项目筹建期间的工作人员工资、办公费、培训费、差旅费和注册登记费等。

在项目筹建期间发生的借款利息和汇兑损益,凡与购建固定资产和无形资产有关的,均应计入相应的资产原值,其余的都应计入开办费,形成递延资产原值的组成部分。

4. 流动资金投资

流动资金是指项目建成后为维持生产而占用的全部周转资金,即项目运营期内长期占用并周转使用的运营资金。它是流动资产与流动负债的差额。

流动资产是指项目建成投产后垫支在原材料、在产品、产成品、库存现金、应收预付款项等方面的资金。

流动负债是指应收账款和预付账款。

铺底流动资金是指全部流动资金中,按国家有关规定必须由企业自己准备的非债务资金,目前规定为全部流动资金的30%。

(二)按投资的经济用途划分

按照国际上通用的划分规则和我国的财务会计制度,建设项目投资可划分为为项目建设服务的建设投资和为项目生产经营服务的流动资金。

1. 建设投资

建设投资,又称固定投资,是固定资产投资、无形资产投资和递延资产投资的统称。

2. 流动资金

流动资金,即为流动资金投资。

(三)按是否考虑时间因素划分

按时间因素,建设项目投资可划分为不考虑项目建设时间因素的静态投资和考虑项目建设时间因素的动态投资。

1. 静态投资

静态投资是指按照某一时点(一般为开工前一年)的现行价格估算的建设项目投资。包括建筑安装工程费用、设备及工器具购置费用、其他费用和预备费中的基本预备费。

2. 动态投资

动态投资是指静态投资在建设期的涨价预备费、静态投资在资金筹措过程中所发生的财务费用和未包括在静态投资中的国家规定应由项目承担的税费。

由于建设项目的建设周期较长,期间价格波动是难免的。考虑涨价因素后,实际投资会有所增加。

此外,由于建设项目投资额巨大,所需资金中一般会有很大一部分是靠投资借款筹集来的。建设期的借款利息、借款承诺费和担保费以及汇兑损益等,不管是投资者用自有资金来支付,或再借债来偿付,或待项目建成投产后再偿付,总之,实际筹集的资金要比花费在工程上的费用多。

另外,静态投资中未包括的国家规定应由项目承担的税费,如:固定资产投资方向调节税。目前,根据国家规定,暂停征收固定资产投资方向调节税。

二、建设工程造价

建设工程造价是项目经营者为项目的建造所需花费的全部费用。它是保证建设项目的建造活动正常进行的必要资金,是建设项目投资的主要组成部分。建设工程造价包括建筑安装工程费用、设备及工器具购置费用和工程建设其他费用(包括其他费用、预备费用、财务费用和国家规定应由项目承担的税费)。

（一）建筑安装工程费用

建筑安装工程费用是指用于建筑和安装工程方面的费用。包括用于各类建筑物和构筑物的建造及有关准备、清理等工程的费用；用于项目中需要安装设备的架设、装配、调试等工程的费用。建筑安装工程施工是一项生产活动。在建筑安装工程的施工过程中，既要在加工对象上直接耗用一定量的生产资料和劳动力，又要为组织施工而消耗一定量的人力和物力，同时建筑安装工人在生产活动中还会为社会新创造一定的价值。建筑安装工程费用就是上述这种直接和间接的消耗以及工人为社会新创造价值的货币表现，它是通过直接费用、间接费用、利润和税金予以反映和补偿的。

（二）设备及工器具购置费用

设备及工器具购置费用是指按照项目设计文件要求，购置或自制的符合固定资产标准的设备和新建、扩建项目配置的首套工器具及生产用家具所需的费用。它由设备、工器具原价和包括设备成套公司服务费在内的运杂费组成。在生产性建设项目中，设备及工器具费用可称为"积极投资"，它占项目投资费用比重的提高，反映了技术的进步和企业资本有机构成的提高。

（三）工程建设其他费用

工程建设其他费用是指未纳入上述两项费用，为保证工程建设顺利完成和竣工后能正常发挥效用而必须开支的费用。它包括土地使用费、建设单位管理费、勘察设计费、研究试验费、联合试运转费、生产准备费、办公和生活用具购置费、市政基础设施贴费、引进技术和进口设备项目的其他费、施工机构迁移费、临时设施费、工程监理费和工程保险费等其他费用以及预备费、财务费和国家规定应由项目承担的税费。

三、建筑安装工程价格

建筑安装工程是指建筑物与构筑物的建造和设备的安装。它是建筑安装企业的物质生产成果，是建筑安装企业向社会提供的产品。建筑安装产品与其他工农业产品一样具有价值和使用价格，同时具有商品的属性。

建筑安装工程价格是建筑安装工程价值的货币表现，反映凝聚在建筑安装工程生产过程的社会必要劳动时间。建筑安装工程价格包括生产成本（直接成本和间接成本）、利润和税金。在建筑市场上，建筑安装工程价格是通过工程施工承发包招标、投标方式来确定的，在建筑安装工程承发包中又是以承包价格和结算价格来体现的。

建筑安装工程价格和建筑安装工程费用，它们是同一事物的两种不同表述。建筑安装工程费用是项目投资者和经营者，从投资或花费的角度来度量建筑安装工程的耗费；而建筑安装工程价格，是建筑安装工程生产者对其生产的建筑安装工程实际消耗和应得利润的度量。从理论上说，建筑安装工程价格反映其商品价值的内涵，是对建筑安装工程费用从价格学的角度进行归纳。

综上所述，可以这样理解：建设项目投资包含建设工程造价，建设工程造价包含建筑安装工程价格，见图1-1-1。

由于建设项目投资的主要组成部分是建筑安装工程费用、设备及工器具购置费用及工程建设其他费用，习惯上又将建设项目投资与建设工程造价等同起来，将投资控制、投资管理和投资计算与造价控制、造价管理和造价计算等同起来。

图 1-1-1　建设项目投资、建设工程造价、建筑安装工程价格的关系

第二节　建设工程计价概述

建设工程计价的目的是为了规划、控制和确定建设项目投资、建设工程造价和建筑安装工程价

格。因此建设工程的计价工作贯穿于建设项目从设想、策划、研究、评估、决策、设计、施工直至竣工验收、交付使用的整个建设过程之中。

一、工程建设程序

工程建设的程序是指工程建设全过程中的各阶段、各工作之间必须遵循的先后次序的法则。这一法则是人们从实际工作的经验和教训中，认识客观规律，了解各阶段、各工作之间的内在联系的基础上制定出来的，是建设项目科学决策、顺利实施和获得预期回报的重要保证。

（一）建设程序是建设顺序客观规律的反映

首先，建设项目及其建设活动的技术经济特点，使它产生了从调查研究、确定项目、选定厂址、勘察设计、组织施工到竣工验收、交付使用的建设顺序的客观必然性。在项目建设过程中，每个阶段和环节各有其不同的工作内容，它们按照本身固有的规律有机地联系在一起。前一阶段的工作是后一阶段工作的依据和先决条件，没有完成前一阶段的工作，就不能进行后一阶段的工作。如没有周密的市场调查和分析论证，弄不清市场需求，原材料、动力能源供应和交通运输条件及建设用地环境条件，就不能确定投资项目及其建设地点；没有进行详细的勘察，搞不清工程地质，水文地质和地貌现象，就做不出切合实际情况的工程设计；没有搞好工程设计，就不能贸然施工；施工完毕未经验收，没有最后鉴定工程质量，就不能投入生产使用。这种顺序是建设工程自然规律的反映，人们只能认识它，运用它来加快建设速度，提高投资效益，但不能改变它、违背它，否则就会在经济上造成很大的损失和浪费。

其次，这也是价值规律的客观要求。搞建设必然强调使用价值和价值的统一，做到既满足社会需求，又能节约投资，取得较大经济效益。建设程序的各个阶段都必须自觉运用价值规律，反映价值规律的要求。如在项目可行性研究时，就必须对投资支出、投产后生产成本和经济效益进行分析；在编制可行性研究报告，确定投资项目时，就必须进行投资估算；设计时要进行方案比选和投资控制，就必须进行设计概算和施工图预算；建设实施时，建筑安装工程交易各方应分别编制标底、标函和确定合同价；工程竣工时，必须办理工程结算，进行项目决算。一般要求设计概算不能超出投资估算的一定范围，施工图预算不能超过设计概算，竣工决算不能超过施工图预算。所有这一切都在一定程度上反映了价值规律的作用和要求，都是在项目建设中自觉运用价值规律、提高投资经济效益的具体办法。

（二）我国现行的工程建设程序

我国现行的工程项目建设程序，有以下十个循序渐进的阶段：

1. 项目建议书阶段

项目建议书是对拟投资建设项目的轮廓设想，主要是从宏观上来分析投资项目的必要性，看其是否符合市场需求和符合国家长远规划的方针和要求，同时初步分析建设的可能性。供建设管理部门选择并确定是否进行下一步工作。

2. 可行性研究阶段

可行性研究是根据审定的项目建议书，对投资项目在技术、经济、社会等方面的可行性和合理性进行全面的科学分析和论证，为项目决策提供可靠的依据，从而减少项目决策的盲目性。

可行性研究的主要内容是考察项目建设的必要性，产品市场的可容性，工艺、技术的先进性和适用性，工程的合理性，财务和经济的可行性以及对社会和环境的影响等，从而对项目的可行性作出全面的判断。它是项目建设前期的一项重要工作。

3. 项目选址阶段

建设项目必须慎重选择建设地点，建设地点的选择主要考虑以下三个问题：一是资源、原材料是否落实和可靠；二是工程地质、水文地质等自然条件是否满足建设要求；三是交通、运输、动力、燃料、水源、水质等建设的外部条件是否具备和经济合理。

选址是项目建设中一个重大的极其复杂的问题,要考虑多方面的因素,要在综合研究和多方案比较的基础上,慎重提出选址报告。

4. 项目设计阶段

设计是可行性研究的继续和深化,是项目决策后的具体实施方案,是对拟建项目从技术上、经济上进行全面论证和具体规划的工作,是组织工程施工的重要依据,它直接关系到工程的质量和将来的使用效果。

设计工作是逐步深入、分阶段进行的。大中型项目一般采用初步设计和施工图设计两个阶段设计。重大的和特殊的项目可在初步设计之后增加技术设计,即三阶段设计。初步设计提出的建设项目总概算如果超过可行性研究报告确定的总投资估算的 10% 以上,要重新报批可行性研究报告。

5. 制订年度计划阶段

年度计划包括具体规定当年应该建设的工程项目和进度要求,应该完成的投资额度和投资构成,应该交付使用的资产价值和新增生产能力。它是规定计划年度应完成建设任务的文件。

对于建设周期长、要跨越几个计划年度的项目,应先根据审定的初步设计及其总概算和总工期,编制项目总进度计划,安排各单项工程和单位工程的建设进度,合理分配年度投资,然后编制年度投资计划。如果说可行性研究是解决"是否要做"的问题,那么,设计是解决"怎样做"的问题,而年度计划是解决"什么时候做"的问题(即年度内做什么的问题)。

年度计划的作用是人、财、物资源的综合平衡和项目的主体工程与配套工程同步建设相互衔接,使竣工项目及时发挥效益。

6. 建设准备阶段

为了保证工程按期开工和顺利施工,项目在开工建设前必须切实认真地做好一系列准备工作。这些准备工作包括:征地、拆迁或土地批租,建设场地三通一平(水通、电通、道路通和场地平整),设备和主要材料的招标或订货,落实施工图设计进度计划,落实建设资金,组织施工招标,择优选定施工企业等。

7. 建设施工阶段

施工是实施设计方案和投资计划的关键环节。在开工前,先落实施工条件,做到计划、设计、施工"三对口";投资、工程内容和进度、施工图纸、材料设备、施工力量"五落实"。

施工前要认真做好施工图会审工作,明确质量要求;施工中要严格按图施工。如发现问题或提出合理化建议,应取得设计单位同意。

要按照施工顺序合理组织施工。一般应先土建后安装;先地下,后地上;先主体,后辅助;先上游,后下游;先深,后浅;先干线,后支线。

要讲究工程质量。地下工程和隐蔽工程,特别是基础和结构的关键部位,一定要做好原始记录,经过验收合格后,才能进行下一地道工序的施工。

8. 生产准备阶段

生产性投资项目在单项工程或建设项目竣工投产前,应根据其生产技术的特点,及时组成专门班子或机构,有计划地作好试生产的准备工作,以确保一旦工程竣工验收,就能立即投入生产,产生经济效益。

生产准备阶段的主要内容有:

(1)招收和培训必需的工人和管理人员,组织生产人员参加设备的安装、调试和工程验收,使其熟悉和掌握生产技术和工艺流程;

(2)落实生产用原材料、燃料、水、电、气等的来源和其他协作配合条件;

(3)组织工具、器具、备品、备件的制造和采购;

（4）组建强有力的生产指挥机构，制定管理制度，搜集生产技术经济资料，产品样品等。

9. 竣工验收、交付使用阶段

竣工验收、交付使用是项目建设过程的最后一环，也是全面考核建设成果，检验设计和施工质量的重要步骤。通过竣工验收，一是检验工程的设计和施工质量，及时解决一些影响正常生产和使用的问题，保证项目能按设计要求的技术经济指标正常生产和使用；二是对验收合格的项目，及时办理固定资产移交手续，使其由建设环境转入生产或使用环境，产生生产能力或发挥效益；三是有关部门和单位能从中总结经验教训，以便改进工作。

10. 项目后评价阶段

项目后评价是在项目建成投产或交付使用并运行一段时期后进行的，它是对投资项目建成投产或交付使用后取得的经济效益、社会效益和环境影响进行综合评价。项目竣工验收只是工程建设完成的标志，而不是项目建设程序的结束。项目是否达到投资决策时所确定的目标，只有经过生产经营和使用、取得实际效果后才能做出准确的判断，也只有在这时进行项目总结和评价，才能反映项目投资建设活动全过程的经济效益、社会效益、环境影响及存在的问题。因此，项目后评价也应是建设程序中不可缺少的组成部分和重要环节。

项目建设是社会化大生产，其规模大、内容多、工作量浩繁、牵涉面广、内外协作关系错综复杂，而各项工作又必须集中在特定的建设地点和范围内进行，在范围上受到严格限制，因而要求各有关单位密切配合，在时间和空间的延续和伸展上合理安排。尽管各种建设项目、建设过程错综复杂，而各建设工程必须经过的一般历程基本上还是相同的。不论什么项目一般应先调查、规划、研究、评价，而后确定项目，确定投资；项目确定以后，勘察、选址、设计、建设准备、施工、生产准备、竣工验收、交付使用、后评价等都必须依次一步一步地进行，一环一环地紧扣，决不能前一步没有走就走后一步。当然有些工作可以合理交叉，但以下规律无论如何不能违背：没有可行性研究，不能确定项目；没有勘察，不能设计；没有设计，不能施工；不经验收，不准使用。我国工程建设实践证明：正确执行建设程序，就可以促使"多、快、好、省"；违背建设程序，就会造成"少、慢、差、费"。

二、建设工程计价特点

建设工程计价的特点是：计价依据，量价分离；工程项目，多方计价、多次计价、单独定价。即通过编制概、预算的方法来计价。工程计价的这一特点是由其本身固有的特点所决定的。

（一）建设工程的特点

1. 单件性

一般工业产品大多是标准化、系列化、大批量地重复生产。而建设工程则不然，每个建设项目都有其指定的专门用途，都是根据业主的要求进行单独设计和施工，其规模、内容、造型、结构、标准等各不相同。即使是同一类型工程，按同一标准设计和建设，由于其所处的环境不同（如风俗习惯、工程地质、水文地质和抗震要求等），其设计也不完全相同。建设工程实物形态的千差万别决定了建设工程不能像工业产品那样按品种、规格、等级成批定价，而只能就个别工程项目单独计价。

2. 固定性

一般工业生产是产品流动，生产地点固定，进行连续重复的生产，生产条件相对稳定。但是建设工程却是固定在一片土地上的，而建设工程的施工是流动的。同一片土地上不可能同时建造两幢建筑。即使有两幢完全相同的建筑，即使建造这两幢建筑所需消耗的人力、物力完全相同（这也仅是假设，事实上完全相同是不可能的），由于其坐落于不同的地点，或建造于不同的时间，其造价也会因地而异，因时而异的。如同样一吨水泥，在山上或山下，在上海或南京，其价格不一样；事实上即使同在上海，去年、今年或明年其价格也可能不相同。因此，建设工程计价依据必须实行"量价分离"，"量"和"价"的参数应分别、独立地成为建设工程计价的重要依据。

3. 庞大性

建设工程体量大、投资额大、施工周期长。人们不仅希望了解整个建设项目的造价(或投资)，而且还希望了解其组成部分的造价(或投资)和不同时期的造价(或投资)计划。为此，不能仅有庞大工程的整体价格，而且还有价格组成的分析资料。

（二）建设工程计价的特点

由于建设工程的单件性，实物形态千差万别，因而不能批量定价。如每幢价格、每平方米建筑面积价格或每立方米建筑体积价格各不相同，而需采用一种顺应建设工程固有特点的计价方式来计价。众所周知，尽管每项建设工程的项目组成、结构类型、装饰标准千差万别，但其都是由一定的结构元素(如基础、柱、梁、板、墙、门窗、装饰等)组成的。而这些结构元素的生产(施工)在一定的生产条件下，其所消耗的人力、物力总是围绕着某一"量值"波动的。这一"量值"是可以采用一定的手段，通过观察、记录、整理和分析统计出来的。在行业内部或各不同企业内部所统计出来的"量值"各不相同，这反映行业和各企业的生产力水平，称为行业平均标准(行业定额)或企业平均标准(企业定额)。这一"量值"标准即是定额，它可以作为建设工程的计价依据之一，可称其为资源要素消耗量标准或定额。

由于建设工程的固定性，构成建设工程的资源要素，在不同地点、不同时间，会有不同的价格。事实上即使在确定的地区、确定的时段内，由于方方面面的原因(如供应商不同、付款方式不同或采购数量不同等)其价格也不相同。但它们在客观上总存在一个平均价格、最高价格和最低价格，这就是资源要素的价格信息。资源要素消耗量标准(定额)和资源要素价格(信息)是计算建设工程造价的两个重要的依据。此外，还有构成建设工程价格，而在上述费用以外的其他费用(如间接费、利润、税金等)的计算标准和信息，它们也是建设工程的计价依据之一。

由于建设工程的庞大性，其投资额大、施工周期长。为了适应建设各方经济关系的建立，满足项目管理的要求和控制工程造价的需要，人们不仅要知道建设工程的整体价格，还需了解其组成部分的价格和不同时期的造价(或投资)计划。如为了实现在施工过程中对一定时期完成的工程进行价格结算，为了对局部工程进行价格调整，都需掌握其组成部分的价格。为此，可将庞大的建设项目进行合理的分解，将其分解为单位工程、分部工程、分项工程，并计算出其相应的价格。

建设工程的计价方法，就是首先将庞大的建设项目进行合理的分解，并计算出其相应的结构元素(分项工程)的工程数量；然后利用资源要素消耗量标准(定额)、资源要素价格信息和其他有关费用计算标准和信息，计算出结构元素(分项工程)的价格；最后将结构元素价格汇总，计算出整个建设工程的价格。

建设工程的这种计价方法就是根据建设工程固有的特点设计出来的，可称其为编制概、预算书的方法。其特点是对每个建设工程单独计价(个别计价)；计价时先分解(项目分解、量价分离)计算结构元素的资源消耗量，后合并(量价合一、项目汇总)计算出整个建设工程的价格。其中资源要素消耗量标准及其价格信息是关键依据。

由于建设工程的庞大性，其价值量大、施工周期长、投资风险也大。因此人们不仅需了解建设工程的最终造价，还需在建设工程从项目策划直至竣工验收全过程中对建设工程造价进行规划、预测、控制和确定。也就是说，在整个工程建设程序中，按照规划、设计、实施等阶段，对工程进行多次价值计算(规划、预测和计算)。

如图 1-2-1 所示，从投资估算、设计概算、施工图预算到招投标合同价，再到施工竣工结算和项目竣工决算，整个计价由粗到细，由预测到实际，各环节相互衔接，前者制约后者，后者补充前者，最后确定了建设工程的实际造价。

多方计价、多次计价是建设工程计价的又一特点。多方计价、多次计价是不同的计价者(业主、咨询方、设计方、施工方)在不同的建设阶段(规划、设计、施工、竣工)，对建设工程的价值进行规划(估算、概算、预算)、预测(标底、标函)和确定(合同价、结算、决算)。

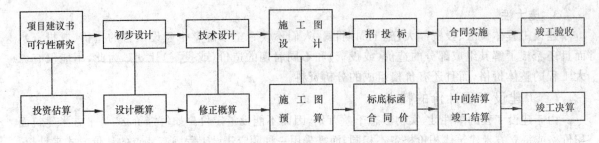

图 1-2-1　建设工程多次计价示意图

三、建设工程的项目划分

建设工程是一个系统工程,为了适应工程管理和经济核算的需要,可将建设项目由大到小进行五级划分。

(一) 建设项目

建设项目一般是指具有一个计划文件和按一个总体设计进行建设,经济上实行统一核算,行政上具有独立组织形式的工程建设单位。在工业建设中,一般是以一个企业(或联合企业)为建设项目;在民用建设中,一般是以一个事业单位(如一所学校或一所医院)为建设项目;也有营业性质的,如一座宾馆或一所商场为建设项目。一个建设项目中,可以有几个单项工程,也可能只有一个单项工程。

(二) 单项工程

单项工程又称工程项目,它是建设项目的组成部分。单项工程是指能独立发挥生产能力或效益的工程。工业建设项目中的单项工程一般是指能独立生产的厂(或车间)、矿或一个完整和独立的生产系统,如装配车间、空气压缩站、室外管道输送系统等;非工业项目的单项工程是指建设项目中能够发挥设计规定的主要效益的各个独立工程,如教学楼、办公楼等。单项工程是具有独立存在意义的一个完整的工程,也是一个复杂的综合体,它由若干个单位工程组成。

(三) 单位工程

单位工程是单项工程的组成部分,通常按照单项工程所包含的不同性质的工程内容,根据能否独立施工的要求,将一个单项工程划分为若干个单位工程,如土建工程、给水排水工程、电气照明工程、通风空调工程、设备安装工程、工艺管道工程、自动控制工程、弱电(通讯、有线电视、广播)工程等。单位工程仍然是一个较大的组成部分,还可以继续分解为分部工程和分项工程。

(四) 分部工程

分部工程是单位工程的组成部分,是单位工程按照工程的不同部位或施工所用的不同材料和工具进一步的细分。例如建筑工程可进一步细分为土方工程、打桩工程、砌筑工程、砼[1]及钢砼工程、钢砼及金属结构驳运与安装工程、门窗及木结构工程、楼地面工程、屋面及防水工程、防腐及保温隔热工程、装饰工程、金属结构制作及附属工程、建筑物超高及建筑物(构筑物)垂直运输工程、脚手架工程等,其中每一项工程都被称为分部工程。

(五) 分项工程

分项工程是分部工程的组成部分。它是将分部工程按施工方法、工程部位、材料种类、规格、等级和工料消耗量进一步细分,直至能够较为准确地确定工料消耗量为止。它是建筑安装工程的基本结构元素,也是资源(人工、材料、机械)消耗量标准(即定额)的编制对象。例如砌筑分部工程,按工程分基础、外墙、内墙;按材料分统一砖、八五砖、多孔砖、三孔砖等;按墙的厚度分半砖、一砖、一

---

① "砼"为"混凝土"的简写,在建筑行业内应用非常普遍。此处沿用定额中的用法,不予修改。

砖以上。直至能准确地确定工料消耗量为止。如多孔砖一砖外墙,就是一项分项工程。它是专门为工程计价而定义的工程。值得注意的是,不同的定额其分部、分项工程的划分方法是不同的。

建设工程的项目划分及其相互关系如图 1-2-2 所示。

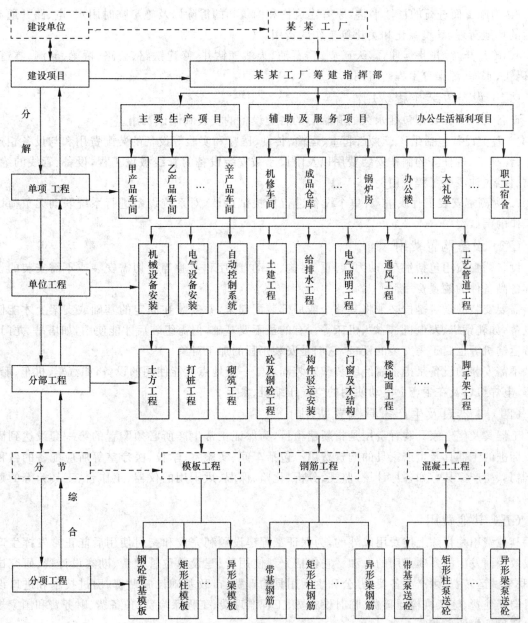

图 1-2-2 建设工程的项目划分示意图

四、建设工程的费用构成

在我国,现行的建设工程费用可以划分为五个部分:建筑工程费用、设备安装工程费用、设备购置费用、工器具及生产家具购置费用和其他费用。

(一)建筑工程费用

建筑工程费用包括厂内的和厂外的、永久的和临时的各类房屋建筑和构筑物的建造费用。

1. 各类房屋建筑工程和列入房屋建筑工程预算内的供水、供电、卫生、通风、煤气等设备费用及其安装费用,列入建筑工程预算的各种管道、电线、电缆敷设工程的费用。

2. 设备基础、支柱、工作平台、烟囱、水塔、池槽等建筑工程以及各种工业炉窑的砌筑工程和金属结构工程费用。

3. 为施工而进行的场地平整,原有建筑物和构筑物的拆除以及施工临时用水、电、路开通和完工后的场地清理、环境绿化和美化等工作的费用。

4. 矿井开凿,井巷延伸,露天矿剥离,石油、天然气钻井,修建铁路、公路、桥梁、涵洞、隧道、堤坝、码头、水库、灌渠等工程的费用。

（二）设备安装工程费用

设备安装工程费用包括永久的和临时的各类设备的安装和调试费用。

1. 各类设备包括生产、动力、起重、运输、传动、医疗和实验等设备的装配费用和与设备相连的工作台、梯子、栏杆等的制作安装费用以及附设于被安装设备的管线敷设工程,设备、管线的绝缘、防腐、保温、油漆等工程费用。

2. 为测定安装工程质量,对单个设备进行单机试运转,对系统设备进行系统联动无负荷试运转工作的调试费用。

（三）设备购置费用

设备购置费用包括生产、动力、起重、运输、传动、医疗和实验等一切需安装或不需安装的设备及其备品备件的购置费用。

需要安装的设备是指必须将其整个或局部装配起来,并安装在固定的基础或支架上才能使用的设备,如轧钢机、发电机、锅炉、机床等。有的虽不要基础,但需组装后才能使用,如塔吊、龙门吊、皮带运输机等也属于需安装的设备,它们是安装工程的加工对象。

不需安装的设备是指不需经组装或安装固着于一定地点就能使用的设备,如汽车、机车、船舶、叉车、电焊机以及在生产上流动使用的空气压缩机、泵等。

（四）工器具及生产家具购置费用

工器具及生产家具购置费用是指新建项目,为保证正常生产所必须购置的第一套没达到固定资产标准的工器具及生产家具的购置费用。包括车间、实验室、学校、医疗室等所应配备的各种工具、器具、生产家具。如各种计量、监视、分析、化验、保湿、烘干用的仪器、工作台、工具箱等的购置费用。

（五）其他费用

其他费用是指除上述费用以外的,为保证工程建设顺利完成和交付使用后能正常发挥生产能力或效用而发生的各项费用的总和。它包括土地使用费、建设单位管理费、勘察设计费、研究试验费、联合试运转费、生产准备费、办公和生活用具购置费、市政基础设施贴费、引进技术和进口设备项目的其他费、施工机构迁移费、临时设施费、工程监理费、工程保险费、预备费、财务费和国家规定应由项目承担的税费等。

建设工程费用之所以要按以上五部分划分,是由于以上五部分费用,既存在着相互联系又存在区别,各自发挥着不同的作用。一个完整的建设工程,任何一部分费用都是不可或缺,都有其特定的作用。设备购置费是与增加生产能力直接有关的投资,考察其在投资中的比重,以便研究扩大设备投资的可能性,以提高生产能力,充分发挥投资效果。建筑工程费用和设备安装工程费用构成了建筑安装工作量,不仅把建设工程中的生产活动和非生产活动区分开来,而且还可以据此安排年度施工计划,平衡人力、物力和投资,并对实际完成情况进行考核。至于工器具购置费和其他费用,它们是间接性开支或非生产性的行政管理开支,应在保证必要支出的基础上,寻求节约的途径。

第三节　建设工程造价文件简介

建设工程的计价特点之一是多次计价。在建设工程程序中,随着建设活动的深入展开,人们对建设工程造价的认识也逐步深化。在建设程序的各个阶段,采用科学的计算方法和切合实际的计价依据,对逐渐明了的工程,进行一次又一次的计价,编制出相应的建设工程计价文件,这些文件就是投资估算、设计概算、施工图预算、招标标底、投标报价、合同定价、施工竣工结算和项目竣工决算。

一、投资估算

投资估算是由投资咨询机构在项目建议书阶段或可行性研究阶段编制的建设工程价格文件,是投资项目决策的重要依据之一。

在整个投资决策过程中,要对建设工程造价进行估算,对建成后的项目经营成本和预期收益进行预测,根据对投入和产出进行分析,决定项目是否应当(或值得)建设。因此准确、全面地估算建设项目投资,是保证在项目建议书阶段或可行性研究阶段投资决策阶段正确性的前提。

投资估算是依据建议书或可行性研究报告中对项目的构思和估算指标及物价指数编制的。由于投资决策是分阶段进行的,它可以进一步划分为投资机会研究或项目建议书阶段、初步可行性研究阶段和详细可行性研究阶段,所以投资估算工作也相应地分三个阶段。不同阶段对项目的认识程度不同和掌握的资料不同,因而投资估算采用的方法及其计算结果的精确程度也不同,进而每个阶段投资估算所起的作用也不同。但是随着工程的进展、调查研究工作的不断深入,掌握的资料越来越丰富,投资估算的精确程度也随之提高。

二、设计概算

设计概算是由设计单位在项目初步设计或扩大初步设计阶段编制的建设工程价格文件,是初步设计或扩大初步设文件的组成部分。

建设工程设计概算分三级进行,即单位工程概算、单项工程综合概算和建设项目总概算,它们之间相互的关系如图 1-3-1 所示。

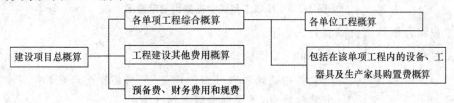

图 1-3-1　建设工程设计概算分级及其关系图

(一)单位工程概算

单位工程概算是确定某一单项工程内的某一单位工程的造价文件,它是根据初步设计或扩大初步设计图纸和概算定额或概算指标以及价格信息等资料编制而成的。

单位工程概算造价,由直接费、间接费、利润和税金组成,其中直接费是由分部、分项工程直接费汇总而成的,如图 1-3-2 所示。

单位工程概算造价编制公式如下:

单位工程概算造价＝直接费＋间接费＋利润＋税金

$$式中\quad 直接费=\sum_{分部工程}^{单位工程}\sum(分项工程工程量×定额材料消耗量×相应材料单价)_{机械}^{人工}$$

间接费、利润、税金＝相应规定的计费基础×费率

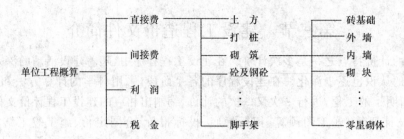

图 1-3-2 单位工程概算组成示意图

（二）单项工程综合概算

单项工程综合概算是确定某一单项工程的造价文件,它是根据该单项工程内各专业单位工程概算汇总编制而成的。

单项工程综合概算组成内容,如图 1-3-3 所示。

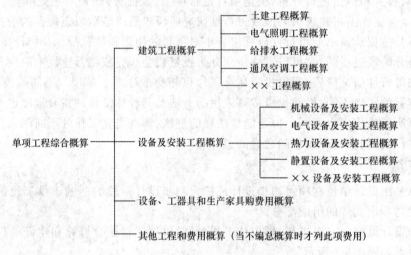

图 1-3-3 单项工程综合概算组成示意图

单项工程综合概算造价编制公式如下:

$$单项工程综合概算造价 = \sum 单位工程概算造价$$
$$+ 包括在该单项工程内的设备、工器具和生产家具购置费用$$
$$+ 其他费用(不编制总概算时才有)$$

式中 设备购置费＝设备原价×[1＋运杂费率(包括设备成套公司的成套服务费)]

工器具及生产家具购置费＝设备购置费×费率(或按规定的金额计算)

（三）建设项目总概算

建设项目总概算是确定整个建设项目从筹建开始到竣工验收、交付使用所需的全部费用的文件。它是由各单项工程综合概算以及工程建设其他费用概算汇编而成的。

建设项目总概算包括五部分费用:第一部分费用称工程费用,包括建筑安装工程费用,设备、工器具及生产家具购置费用;第二部分费用称其他费用,指工程建设的其他费用;第三部分费用为预备费用;第四部分费用为财务费用;第五部分费用为国家规定的税费。

建设项目总概算组成内容如图 1-3-4 所示。

建设项目总概算造价编制公式如下:

$$建设项目总概算造价 = \sum 单项工程综合概算造价 + 其他费用概算$$
$$+ 预备费用 + 财务费用 + 国家规定的税费$$

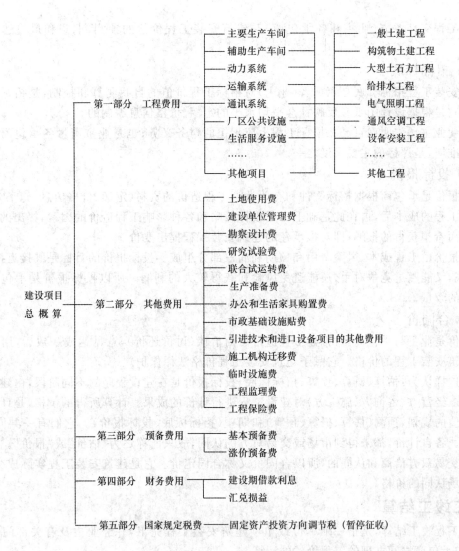

图 1-3-4　建设项目总概算组成示意图

经批准的设计概算是确定建设项目及其各单项工程和单位工程投资的最高限额，是建设项目实施阶段的工作依据；是考核设计方案经济合理性的依据；也是控制施工图设计和施工图预算的依据。

倘若工程重大或特殊，在初步设计之后增加技术设计，则同时应编制修正概算。

三、施工图预算

施工图预算又称设计预算，是由设计单位在项目施工图设计阶段编制的建设工程价格文件，是施工图设计文件的组成部分。

施工图预算是根据施工图纸和预算定额、市场价格信息以及取费标准（信息）编制而成的。它反映建筑安装工程价值，是建筑安装工程的计划价格。

施工图预算可分建筑工程预算和设备安装工程预算，它是以单位工程为单位编制的，所以与单位工程概算有密切联系。施工图预算所确定的建筑安装工程造价应控制在单位工程概算所确定的投资最高限额范围内。

四、招标标底、投标报价、合同定价

招标标底、投标报价、合同定价是建设工程在建设准备阶段对建筑安装工程实行招标发包时，建筑安装工程交易各方(业主和各承包商)对建筑安装工程价值的预测、期望和最终达成交易的价格。

(一)招标标底

建筑安装工程招标标底是招标者(业主)对招标工程价值的自我测算和控制,是招标工程的预期价格。它是根据设计图纸和反映社会平均水平的定额、价格信息编制的。

标底使业主预先明确自己在招标工程上应承担的财务义务;也是业主衡量各承包商投标报价合理性的准绳,是评标的主要尺度之一。

(二)投标报价

投标报价是承包商根据招标文件和有关计算工程造价的资料(定额、价格信息、施工方案等)计算出招标工程的成本后,再在此基础上考虑投标策略和各种影响工程造价的因素,提出的承诺完成招标工程而希望获得的报酬,即对拟承建的建筑安装工程提出要价。

投标报价由工程成本、风险费用和预期利润三部分组成。投标报价的目标是既接近招标人(业主)的标底,又能胜过竞争对手,还能避免风险和获得较大的利润。所以投标报价是承包商之间技术与策略的较量。

(三)合同价

合同价是业主与承包商,对拟建工程进行协商洽谈(讨价还价),意见达成一致后,用合同形式确定的建筑安装工程的价格。它赋予建筑安装工程价格法律保护。

可以这样认为:估算、概算、预算、招标标底、投标报价是在建设程序的不同阶段,由建设有关各方(投资方、经营方、咨询方、施工方)对建设工程进行计价的成果。计算所得的价格,是计算者对建设工程价值的规划、预测(估算、概算、预算)和期望(招标标底、投标报价)。它们有一共同特征,即单边行为。各自计价,都未得到市场或交易对方的认同,故只能称之为"估价"或"报价"。只有合同价是经过交易双方洽商和认同的,所以合同价又称合同定价。它是建筑安装工程实际成交的价格,是得到市场认同的价格。

五、施工竣工结算

施工工程竣工结算,是指一个单位或单项建筑安装工程完工,并经业主及有关部门验收点交后,业主与承包商之间办理的工程价款的清算。

施工竣工结算是对合同价的修正和了结。它是在合同规定允许调价范围内,根据工程施工实际,对建筑安装工程的合同价进行符合实际的,经双方认同的增、减调整。所以施工竣工结算是建筑安装工程的实际造价。

六、项目竣工决算

项目竣工决算,是在整个建设项目或单项工程竣工验收点交后,由业主的财务及有关部门,以施工竣工结算等实际发生的投资支出资料为依据编制而成的。它全面反映建设工程的财务收支状况,是反映建设项目或单项工程实际造价和投资的文件。

项目竣工决算由竣工决算报告说明书、竣工决算报表、工程竣工图、工程造价比较分析等四部分组成。前两部分又称项目竣工财务决算,是竣工决算的核心内容和主要组成部分。它将从筹建到竣工投产全过程的全部实际支出费用,即建筑工程费用、设备安装工程费用、设备购置费用、工器具和生产家具购置费用和其他费用,按其所形成的资产的经济性质分划归于固定资产、无形资产、递延资产和流动资产,作为资产移交的凭证。

复习思考题

1. 简述建设项目的建设程序。
2. 为什么建设工程的价格必须用编制概预算的方法来计算？
3. 建设项目从大到小是如何划分的？
4. 试述建设工程的费用构成。
5. 简述建设项目在不同建设阶段的造价文件。
6. 名词解释：建设项目投资、建设工程造价、建筑安装工程价格。

第二章 建设工程定额

建设工程定额是与建设工程活动有关的各类定额的统称。包括预算定额、概算定额、概算指标、估算指标及上述定额指标的基础定额(劳动定额、材料消耗定额、机械台班使用定额)。它是完成指定工程内容所需消耗资源数量的标准,是计算建设工程造价的重要依据之一。

建设工程定额水平的高与低是指完成指定工程内容所需消耗资源数量的少与多。定额水平高表示完成指定工程内容所需消耗的资源数量少;反之亦然。定额水平是随着社会生产力水平的变化而变化的,它是一定时期的社会生产力水平的客观反映。同一时期的定额,由于定额的编制主体不同,水平也会有高低之别,有反映社会(行业)平均水平的国家定额和反映企业个别水平的企业定额。本章主要介绍反映社会(行业)平均水平的国家系列定额的编制、内容及其应用。

第一节 建设工程定额概述

一、定额的产生和发展

定额是在合理的劳动组织和合理地使用材料和机械的条件下,完成单位合格产品所消耗的资源数量标准。

定额水平就是规定完成单位合格产品所需消耗资源数量的多少。它随着社会生产力水平的变化而变化,是一定时期社会生产力的反映。

据我国春秋战国时期的科学技术名著《考工记》中的"匠人为沟洫"记载,早在 2 000 多年前,中华民族的先人就已规定:"凡修筑沟渠堤防,一定要先以匠人一天修筑的进度为参照,再以一里工程所需的匠人数和天数来预算这个工程的劳力,然后方可调配人力,进行施工。"这是人类最早的人工消耗量定额的文字记录之一。

据史书记载,我国自唐朝起,就有国家制定的有关营造业的规范。在《大唐六典》中有这类条文。当时按四季日照的长短,把劳力分为中工(春、秋)、长工(夏)、短工(冬)。工值以中工为准,长工、短工分别增减 10%。每一工种按照等级大小和质量要求、运输远近来计算工值。

宋朝,在继承和总结古代传统的基础上,由私人著述的《木经》问世。到公元 1103 年,北宋颁行了将工料限量与设计、施工、材料结合在一起的《营造法式》,可谓由国家制定的一部建筑工程定额。

清朝,经营建筑的国家机关分设了"样房"和"算房"。样房负责图样设计,算房则专门负责施工预算。可见,定额的使用范围被扩大,定额的功能也有所增加。

定额,作为现代科学管理的一门重要学科始于 19 世纪末,它是与资本主义企业管理科学化和管理科学的发展不可分割地联系在一起的。

在小商品生产情况下,由于生产规模小,产品单一。要认识和预计生产中人力、物力的消耗量,是比较简单的,往往凭头脑中积累的生产经验就可以了。

只有到了现代资本主义社会化大生产出现以后,研究生产消费并把它建立在科学的基础之上,才有了必要,也成为可能。

19 世纪末至 20 世纪初,资本主义生产日益扩大,生产技术迅速发展,劳动分工和协作也越来越细,对生产消费进行科学管理的要求也更加迫切。在资本主义国家,生产的目的是为了攫取最大限度的利润。为了达到这个目的而加强在竞争中的地位,就要千方百计地降低单位产品上的活劳动和物化劳动的消耗,以便使自己企业生产的产品所需劳动消耗低于社会必要劳动时间,产品中的个别价值低于社会价值,就必须加强对生产消费的研究和管理。这样,定额作为现代科学管理的一门重要学科也就应运而生了。当时在美国、法国、英国、俄国、波兰等国家中都有企业科学管理这类活动开展,而以美国最为突出。

企业管理成为一门学科是从泰罗制开始的。泰罗制的创始人是 19 世纪末的美国工程师泰罗（F. W. Taylor,1856－1915 年）。当时美国资本主义正处于上升时期,工业发展得很快。但是,各企业仍然采用传统的管理方法,劳动生产率很低,致使许多工厂的生产能力得不到充分发挥。正是在这种背景下,泰罗开始了企业管理研究,以解决提高工人劳动效率的问题。

为了提高工人的劳动效率,泰罗把工作时间的研究放在首位,他把工作时间分为若干个组成部分,利用秒表测定每一操作过程的时间消耗,制定出了工时定额,作为衡量工人工作效率的尺度。

泰罗还十分重视研究工人的操作方法,对工人劳动中的操作和动作,逐一记录,分析研究其合理性,以便消除那些多余的、无效的动作,制定出了最节约工作时间的所谓标准操作方法。泰罗还注意研究生产工具和设备对工时消耗的影响,又制定了工具、设备和作业环境的标准,从而把制定工时定额建立在合理操作的基础之上。

制定工时定额,实行标准的操作方法,标准的工具、设备和作业环境,加上采用有差别的计件工资,这就是泰罗制的主要内容。

泰罗制的推行在提高劳动效率方面取得了显著的成果,也给资本主义企业管理带来了根本性的变革和深远的影响。

20 世纪 40 年代到 60 年代出现的所谓资本主义管理科学,实际上是泰罗制的继续和发展。一方面管理科学从操作方法、作业水平的研究向科学组织的研究上扩展;另一方面它利用了现代自然科学和技术科学的新成果(运筹学、系统工程、电子计算机等科学技术手段)进行科学管理。与此同时,又出现了行为科学,从社会学、心理学的角度研究管理,强调重视社会环境、人的相互关系对提高工效的影响。20 世纪 70 年代产生的系统论把管理科学和行为科学结合起来,从事物的整体出发进行研究,通过对企业中的人、物和环境等要素进行系统的、全面的分析研究,以实现管理的最优化。

对于定额的制定也有许多新的研究成果,工作方法的研究获得普遍的重视,一些新的技术方法在制定定额中得到运用。1945 年出现的事前工时定额制定标准,是在新工艺投产前选择最好工艺设计和最有效的操作方法;也可以在原有的基础上改进作业方法和提高操作技术,以求达到控制和降低单位产品上的工时消耗。

定额虽然是管理科学发展初期的产物,但它在企业管理中一直占有重要地位。因为定额提供的基本管理数据,始终是实现科学管理的必备条件,即使是在数学方法和电子计算机普遍应用于企业管理的情况下,也不能降低它的作用。

综上所述,管理科学的创立从定额开始,管理科学的发展与定额也是不能须臾离开的。定额是企业管理科学化的产物,也是科学管理企业的基础。

二、建设工程定额体系

建设工程定额是一个综合概念,是建设工程造价计算与管理中各类定额的统称。为了适应能在不同客观条件下,对众多专业门类的工程进行造价计算、确定、控制和管理,需要编制一系列定额,形成一个错综复杂的建设工程定额体系。为了对建设工程定额体系能有一个全面的、概括的了解,可以先将建设工程定额按其内容、用途和使用条件进行科学的分类。

(一) 按生产要素分类

1. 劳动定额(亦称工时定额或人工定额)

劳动定额是指在正常的施工技术和组织条件下,完成单位合格产品所必需的劳动消耗量标准。这个标准是国家和企业对工人在单位时间内完成产品数量、质量的综合要求。它是以工种或工序为对象编制的。

2. 材料消耗定额

材料消耗定额是指在合理和节约使用材料的条件下,生产单位质量合格产品所需消耗的一定规格的材料、成品、半成品和水、电等资源的数量。包括直接使用在工程上的材料净用量和在施工现场内运输及操作过程中的不可避免的废料和损耗。

3．机械台班使用定额

机械台班使用定额也称机械台班定额。它反映了施工机械在正常的施工条件下，合理、均衡地组织劳动和使用机械时，该机械在单位时间内的生产效率。

劳动定额、材料消耗定额、机械台班使用定额是编制各类建设工程定额的基础，因此亦称为基础定额。

（二）按定额编制程序和用途分类

1．预算定额

预算定额是施工图设计阶段，用以计算工程中人工、材料、机械消耗量的定额。预算定额项目划分较细，因此计算精度较高，适宜于编制施工图预算、招标标底、投标报价和竣工结算。预算定额是建设工程计价和定价的重要工具。

2．概算定额

概算定额是扩大初步设计阶段，用以计算工程中人工、材料、机械消耗量的定额。概算定额项目划分较粗，与扩大初步设计的深度相适应，适宜于编制设计概算和招标标底。概算定额是投资（工程造价）控制的重要工具。概算定额是在预算定额的基础上编制的，它是将若干个预算定额项目归并在一起编制而成的。

3．概算指标

概算指标是初步设计阶段或可行性研究阶段，用以计算工程中人工、材料、机械消耗量的指标。概算指标是以建筑面积为计量单位，项目划分非常粗，与初步设计的深度相适应，适宜于编制设计概算和投资估算。概算指标是投资（工程造价）控制的工具之一。概算指标虽然是根据历史的预、结算资料编制的，但是预、结算资料仍然离不开预算定额和概算定额。

4．估算指标

估算指标是项目建议书阶段或可行性研究阶段，用以计算工程投资及其主要人工、材料、机械消耗量的指标。估算指标以独立的单项工程或完整的工程项目为计算对象，它的概略程度与可行性研究阶段相适应，适宜于编制投资估算。估算指标为项目决策和投资（工程造价）控制提供依据。估算指标虽然是根据历史的决算资料和价格变动资料编制的，但是其编制基础仍然离不开预算定额、概算定额和概算指标。

（三）按专业性质分类

1．建筑工程定额

（1）建筑和装饰工程定额；

（2）房屋修缮工程定额。

2．安装工程定额

（1）机械设备安装工程定额；

（2）电气设备安装工程定额；

（3）热力设备安装工程定额；

（4）炉窑砌筑工程定额；

（5）静置设备与工艺金属结构制作安装工程定额；

（6）工业管道工程定额；

（7）消防及安全防范设备安装工程定额；

（8）给排水、采暖、燃气工程定额；

（9）通风空调工程定额；

（10）自动化控制装置及仪表工程定额；

（11）刷油、防腐蚀、绝热工程定额；

（12）通信、有线电视、广播工程定额。

3. 市政工程定额

4. 人防工程定额

5. 园林、绿化工程定额

6. 公用管线工程定额

7. 沿海港口建设工程定额

（1）沿海港口水工建筑工程定额；

（2）沿海港口装卸机械设备安装定额。

8. 水利工程定额

（四）按编制单位和适用范围分类

1. 全国统一定额

全国统一定额是国家建设行政主管部门综合全国工程建设中的技术和施工组织管理的情况编制的定额，适宜全国范围内参考使用，如《全国统一安装工程预算定额》。

2. 主管部定额

主管部定额是行业主管部门考虑本行业的专业工程技术特点以及施工组织管理水平编制的定额，一般只适宜本行业或相同专业范围内参考使用，如《电力建设工程调试定额》。

3. 地方定额

地方定额是各省、自治区、直辖市，在全国统一定额的基础上，考虑本地区的特点（如气候条件、经济技术条件、物质资源条件和交通运输条件），作适当的调整和补充而成的定额。一般只适宜本地区范围内参考使用，如《上海市建筑和装饰工程预算定额》。

4. 企业定额

企业定额是施工企业参照国家、部门、地方定额，考虑本企业的具体情况编制的定额。企业定额供企业内部使用，是企业素质的标志。企业定额水平一般应高于国家、部门、地方定额，只有这样，企业才能在激烈的市场竞争中立于不败之地。企业定额，如《××企业××专业施工定额》，一般只供本企业内部使用，它是企业的商业秘密。

三、建设工程基础定额简介

（一）人工消耗定额

人工消耗定额，也称人工定额。它是在正常的施工技术组织条件下，完成单位合格产品所必需的劳动消耗量标准。这个标准是国家和企业对工人在单位时间内完成产品数量、质量的综合要求。

人工定额由于其表现形式不同，可分为时间定额和产量定额两种。

1. 时间定额

时间定额就是某种专业、某种技术等级的工人班组或个人在合理的劳动组织和合理使用材料的条件下，完成单位合格产品所必须的工作时间，包括准备与结束时间、基本生产时间、辅助生产时间、不可避免的中断时间及工人必须的休息时间。时间定额以工日为单位，每一工日按 8 小时计算。

2. 产量定额

产量定额就是在合理的劳动组织和合理使用材料的条件下，某种专业、某种技术等级的工人班组或个人在单位工日中所应完成的合格产品的数量。

时间定额与产量定额互为倒数，即

$$时间定额 \times 产量定额 = 1$$

$$时间定额 = \frac{1}{产量定额} \quad 或 \quad 产量定额 = \frac{1}{时间定额}$$

按定额的标定对象不同,劳动定额又分单项工序定额和综合定额两种。综合定额表示完成同一产品中的各单项(工序或工种)定额的综合。按工序综合的用"综合"表示(如表2-1-1所示),按工种综合的一般用"合计"表示。其计算方法如下:

$$综合时间定额 = \sum 各单项(工序)时间定额$$

$$综合产量定额 = \frac{1}{综合时间定额(工日)}$$

时间定额和产量定额都表示同一劳动定额项目,它们是同一劳动定额项目的两种不同表现形式。时间定额以工日为单位,综合计算方便,时间概念明确;产量定额则以产品数量为单位表示,具体、形象,劳动者的奋斗目标一目了然,便于分配任务。劳动定额项目表以复式表示法同时列出时间定额和产量定额,以便于各部门、企业根据各自的生产条件和要求选择使用。复式表示法见表2-1-1,其含义如下:

$$\frac{时间定额}{产量定额}$$

表 2-1-1   每 1m³ 砌体的劳动定额

项 目		混 水 内 墙					混 水 外 墙					序号
		0.25砖	0.5砖	0.75砖	1砖	1.5砖及1.5砖以外	0.5砖	0.75砖	1砖	1.5砖	2砖及2砖以上	
综合	塔吊	$\frac{2.05}{0.488}$	$\frac{1.32}{0.758}$	$\frac{1.27}{0.787}$	$\frac{0.972}{1.03}$	$\frac{0.945}{1.06}$	$\frac{1.42}{0.704}$	$\frac{1.37}{0.73}$	$\frac{1.04}{0.962}$	$\frac{0.985}{1.02}$	$\frac{0.955}{1.05}$	一
	机吊	$\frac{2.26}{0.442}$	$\frac{1.51}{0.662}$	$\frac{1.47}{0.68}$	$\frac{1.18}{0.847}$	$\frac{1.15}{0.87}$	$\frac{1.62}{0.617}$	$\frac{1.57}{0.637}$	$\frac{1.24}{0.806}$	$\frac{1.19}{0.84}$	$\frac{1.16}{0.862}$	二
砌 砖		$\frac{1.54}{0.65}$	$\frac{0.822}{1.22}$	$\frac{0.774}{1.29}$	$\frac{0.458}{2.18}$	$\frac{0.426}{2.35}$	$\frac{0.931}{1.07}$	$\frac{0.869}{1.15}$	$\frac{0.522}{1.92}$	$\frac{0.466}{2.15}$	$\frac{0.435}{2.3}$	三
运输	塔吊	$\frac{0.433}{2.31}$	$\frac{0.412}{2.43}$	$\frac{0.415}{2.41}$	$\frac{0.418}{2.39}$	$\frac{0.418}{2.39}$	$\frac{0.412}{2.43}$	$\frac{0.415}{2.41}$	$\frac{0.418}{2.39}$	$\frac{0.418}{2.39}$	$\frac{0.418}{2.39}$	四
	机吊	$\frac{0.64}{1.56}$	$\frac{0.61}{1.64}$	$\frac{0.613}{1.63}$	$\frac{0.621}{1.61}$	$\frac{0.621}{1.61}$	$\frac{0.61}{1.64}$	$\frac{0.613}{1.63}$	$\frac{0.619}{1.62}$	$\frac{0.619}{1.62}$	$\frac{0.619}{1.62}$	五
调制砂浆		$\frac{0.081}{12.3}$	$\frac{0.081}{12.3}$	$\frac{0.085}{11.8}$	$\frac{0.096}{10.4}$	$\frac{0.101}{9.9}$	$\frac{0.081}{12.3}$	$\frac{0.085}{11.8}$	$\frac{0.096}{10.4}$	$\frac{0.101}{9.9}$	$\frac{0.102}{9.8}$	六
编 号		13	14	15	16	17	18	19	20	21	22	

从表2-1-1可知:砌筑1砖混水内墙(塔吊)的综合时间定额是0.972工日/m³,综合产量定额是1.03m³/工日。它们互为倒数。

0.972工日/m³是砌筑1砖混水内墙(塔吊)的综合时间定额,它是砌砖、运输(塔吊)和调制砂浆三道工序时间定额的综合,即是砌砖、运输(塔吊)和调制砂浆三道工序时间定额之和

$$0.458 + 0.418 + 0.096 = 0.972(工日/m³)$$

(二)材料消耗定额

材料消耗定额是在合理和节约使用材料的条件下,生产单位质量合格产品所需消耗的一定规格的材料、成品、半成品和水、电等资源的数量。

1. 主要材料消耗定额

主要材料消耗定额包括直接使用在工程上的材料净用量和在施工现场内运输及操作过程中的不可避免的废料和损耗。

材料的损耗一般以损耗率表示。材料损耗率可以通过观察法或统计法计算确定。材料损耗率有两种不同定义,因而,材料消耗量的计算也有两个不同的公式:

(1) $损耗率 = \dfrac{损耗量}{总消耗量} \times 100\%$

$$总消耗量 = 净用量 + 损耗量 = \dfrac{净用量}{1 - 损耗率}$$

(2) $损耗率 = \dfrac{损耗量}{净用量} \times 100\%$

$$总消耗量 = 净用量 + 损耗量 = 净用量 \times (1 + 损耗率)$$

2. 周转性材料消耗定额

周转性材料指在施工过程中可多次周转使用的工具性材料,如钢筋混凝土工程用的模板,搭设脚手架用的杆子、跳板,挖土方用的挡土板等。

周转性材料消耗一般与下列四个因素有关:

(1) 第一次制造时的材料消耗(一次使用量);

(2) 每周转使用一次材料的损耗(第二次使用时需要补充);

(3) 周转使用次数;

(4) 周转材料的最终回收及其回收折价。

定额中周转材料消耗量指标应当用一次使用量和摊销量两个指标来表示。一次使用量是指周转材料在不重复时的一次使用量,供施工企业组织施工用;摊销量是指周转材料退出使用后应分摊到每一定计量单位的结构构件的周转材料消耗量,供施工企业成本核算或工程计价用。

周转材料摊销量的计算步骤和公式如下:

(1) $一次使用量 = 净用量 \times (1 + 操作损耗率)$

(2) $周转使用量 = \dfrac{一次使用量 \times [1 + (周转次数 - 1) \times 补损率]}{周转次数}$

(3) $回收量 = \dfrac{一次使用量 \times (1 - 补损率)}{周转次数}$

(4) $摊销量 = 周转使用量 - 回收量 \times 回收折价率$(供编制施工定额用)

或　　$摊销量 = 周转使用量 - \dfrac{回收量 \times 回收折价率}{1 + 间接费率}$(供编制预算定额用)

以上公式适用于现浇混凝土结构的木模板摊销量计算。

倘若在以上公式中忽略了损耗和回收,即假定损耗率和回收折价率均为零,则上述公式可以简化为

$$摊销量 = \dfrac{一次使用量}{周转次数}$$

以上公式适用于钢模板或预制混凝土结构的木模板摊销量计算。

(三) 机械台班使用定额

机械台班使用定额也称机械台班定额。它反映了施工机械在正常的施工条件下,合理、均衡地组织劳动和使用机械时,该机械在单位时间内的生产效率。按其表现形式不同,可分为时间定额和产量定额。

1. 机械时间定额

机械时间定额是指在合理劳动组织与合理使用机械条件下,完成单位合格产品所必需的工作

时间,包括有效工作时间(正常负荷下的工作时间和降低负荷下的工作时间)、不可避免的中断时间、不可避免的无负荷工作时间。机械时间定额以"台班"表示,即一台机械工作一个作业班的时间。一个作业班时间为 8 小时。

2. 机械产量定额

机械产量定额是指在合理劳动组织与合理使用机械条件下,机械在每个台班时间内应完成合格产品的数量。

机械时间定额和机械产量定额互为倒数关系。

由于机械需由工人小组配合使用,所以机械台班定额中还需有反映完成单位合格产品的人工消耗定额。

机械台班定额项目表的复式表示法见表 2-1-2,其含义如下:

$$\frac{人工时间定额}{机械台班产量}$$

表 2-1-2　　　　　　　　　　　　每一台班的劳动定额　　　　　　　　　　单位:100m³

项　　目				装　车			不　装　车			编号
				一、二类土	三类土	四类土	一、二类土	三类土	四类土	
正铲挖土机斗容量 (m³)	0.50	挖土深度 (m)	1.5以内	$\frac{0.466}{4.29}$	$\frac{0.539}{3.71}$	$\frac{0.629}{3.18}$	$\frac{0.442}{4.52}$	$\frac{0.490}{4.08}$	$\frac{0.578}{3.46}$	94
			1.5以外	$\frac{0.444}{4.5}$	$\frac{0.513}{3.90}$	$\frac{0.612}{3.27}$	$\frac{0.422}{4.74}$	$\frac{0.466}{4.29}$	$\frac{0.563}{3.55}$	95
	0.75		2.0以内	$\frac{0.400}{5.00}$	$\frac{0.454}{4.41}$	$\frac{0.545}{3.67}$	$\frac{0.370}{5.41}$	$\frac{0.420}{4.76}$	$\frac{0.512}{3.91}$	96
			2.0以外	$\frac{0.382}{5.24}$	$\frac{0.431}{4.64}$	$\frac{0.518}{3.86}$	$\frac{0.353}{5.67}$	$\frac{0.400}{5.00}$	$\frac{0.485}{4.12}$	97
	1.00		2.0以内	$\frac{0.322}{6.21}$	$\frac{0.369}{5.42}$	$\frac{0.420}{4.76}$	$\frac{0.299}{6.69}$	$\frac{0.351}{5.70}$	$\frac{0.420}{4.76}$	98
			2.0以外	$\frac{0.307}{6.51}$	$\frac{0.351}{5.69}$	$\frac{0.398}{5.02}$	$\frac{0.285}{7.01}$	$\frac{0.334}{5.99}$	$\frac{0.398}{5.02}$	99
序　　号				一	二	三	四	五	六	

从表 2-1-2 可知:斗容量 1m³ 正铲挖土机,挖四类土,装车,深度在 2m 以内,其机械台班产量定额为 4.76(100m³/台班),配合挖土机施工的工人小组的人工时间定额为 0.420(工日/100m³)。

由此,可以推算出机械的时间定额为

$$\frac{1}{4.76}=0.21(台班/100m³)$$

还可以推算出人工的产量定额为

$$\frac{1}{0.42}=2.38(100m³/工日)$$

甚至还可以推算出配合挖土机施工的工人小组的人数为

$$\frac{0.42}{0.21}=2(人/台)$$

或

$$0.42×4.76=2(人/台)$$

第二节 预算定额

一、预算定额概述

预算定额是确定一定计量单位的分项工程或结构构件的人工、材料、施工机械台班消耗量的标准。它是工程建设中一项重要的技术经济指标。这种指标反映了施工企业在完成施工任务中所消耗的人工、材料、机械的社会（或行业）平均水平，最终决定着建设工程所需的物质资料和建设资金。可见，预算定额是计算建设工程造价的重要依据之一。

（一）预算定额的性质

工程建设的技术经济特点决定了计算建设项目投资、建设工程造价或建筑安装工程价格，必须通过特定的方法单件地进行。即按设计图纸和工程量计算规则计算出工程数量，然后借助于某些可靠的参数来计算人工、材料、机械消耗量，并在此基础上计算出资金的需求量。在我国现行的工程建设概、预算制度下，可通过编制预算定额、概算定额、概算指标等测算单位产品的人工、材料、机械消耗量，为计算工程建设投资费用提供统一、可靠的技术经济参数。由于概、预算定额和其他费用指标反映社会（行业）的平均水平，因此它们在建设工程计价和定价中具有权威性。这些定额和指标成为建设单位和施工企业建立经济关系的共同参照物，也是设计单位、咨询机构和专业投资银行的工作依据。

过去在计划经济体制条件下，我国政府曾赋予预算定额和一些费用定额具有法令性质，但定额的法令性在市场经济的条件下受到了挑战。投资主体由单一国家主体向多元化主体发展的格局已经形成，随之带来的投资渠道由单一财政投资渠道向财政、信贷、企业、外资等多渠道投资迅速发展。建筑企业所有制结构发生了巨大变化，民营企业蓬勃发展；招投标制度的推行和建筑产品商品化的发展等均使预算定额的法令性逐渐淡化。但是这并不等于说预算定额从此退出历史舞台。工程建设极大地影响到国民经济的发展，它关系到产业结构的调整，关系到国家能源、交通等重点项目的建设，关系到外向型经济结构的形成。工程建设产品是国民经济中最重要的、最富有效益的产品，因此，有计划地、合理地确定投资和使用投资，合理地计算和确定建筑安装工程价格，对于理顺价格关系、提高投资效果、培育建筑市场、发展建筑业都是极为有利的。所以，预算定额的法令性虽然淡化了，但是，它作为统一的参数，在相当大的范围内，仍将具有很大的权威性，目前仍是建设工程计价、定价的重要参考依据。

（二）预算定额的水平

预算定额不同于施工定额，它不是企业内部使用的定额，不具有企业定额的性质。预算定额是一种具有广泛用途的计价定额，因此须按照价值规律的要求，以社会必要劳动时间来确定预算定额的定额水平。即以本地区、现阶段、社会（或行业）正常生产条件及平均劳动熟练程度和劳动强度来确定预算定额水平。这样的定额水平，才能反映社会必要劳动消耗，才能使大多数施工企业，经过努力能够用产品的价格收入来补偿生产中的消费，并取得合理的利润。

预算定额是以施工定额为基础编制的，二者有着密切的联系。但预算定额绝不是简单地套用施工定额。首先，预算定额是若干项施工定额的综合。一项预算定额不仅包括了若干项施工定额的内容，还应包括了更多的可变因素。因此需考虑合理的幅度差（如人工幅度差，机械幅度差，材料超运距用工、辅助用工及材料堆放、运输、操作损失等以及由细到粗综合后产生的量差）。其次，要考虑两种定额的不同定额水平。预算定额的水平是社会平均水平，而施工定额则是企业平均先进水平。二者相比较，预算定额的水平应相对低一些，但应限制在一定范围内。

（三）预算定额的作用

1. 预算定额是对建筑安装工程的价值进行预测的依据，是预测和控制建设项目投资和建筑安

装工程价格的基础

建筑安装工程的价格只有在建筑安装工程交易过程中才能确定。为控制建设项目投资和建筑安装工程价格,在建筑安装工程交易前需对其进行预测(计价和估价)。科学的、能规避风险的建筑安装工程价值预测方法是以能反映社会(或行业)平均生产力水平的定额作为其价值预测的依据,而不是以只反映个别企业生产力水平的定额作为其价值预测的依据。因此在建筑安装工程交易前,业主(或其委托的设计和咨询单位)选择能反映社会(或行业)平均生产力水平的预算定额作为对建筑安装工程进行计价和估价的依据,不失为是一种明智的选择。

2. 预算定额是对设计方案进行技术经济比较和技术经济分析的依据

设计方案在设计工作中居于中心地位。设计方案的选择要满足功能要求,并且符合设计规范。既要技术先进,又要经济合理。根据预算定额对各设计方案进行技术经济分析和比较,是选择经济合理的设计方案的重要方法。

对设计方案进行比较,主要是对不同方案通过定额对其所需人工、材料和机械台班消耗量,材料重量,材料资源以及工期等进行比较。这种比较可以判别不同方案对建筑安装工程价格及其建造工期的影响。

由于设计方案比较具有相对性。因而只需了解各方案的资源要素消耗量的相对多与少或价值量的相对贵与廉,便能从众方案中比较出孰优孰劣;而不必知道具体方案的确切消耗量或确切价值量。因此设计方案的技术经济比较和分析所选用的定额可以是(国家)预算定额,也可以是企业预算定额。由于(国家)预算定额获取的途径较为方便,并且具有更可靠的可信度,一般选用(国家)预算定额作为设计方案比选的依据为好。

3. 预算定额是业主(或其委托人)编制标底的依据,是选择可靠承包商,降低发包风险的基础

建筑安装工程定价权归还市场后,建筑安装工程定价程序一般为:承包商报价→业主(或其委托人)审核和评判报价→确认中标报价或协商议价→合同定价。

承包商的报价是承包商依据各自企业的个别成本和报价策略进行计价和报价的;业主(或其委托人)则需根据预算定额来编制标底,用社会(或行业)平均成本来衡量和评估各承包商的报价,判断其合理性和可靠性。剔除不合理、不可靠的报价,综合考虑其他因素(如信誉、质量、工期等),从余下的各报价中,遴选出报价较低者作为中标者,与其签订承包合同。一般低于社会(或行业)平均成本的报价,中标的概率较大;而过度低于社会(或行业)平均成本的报价,应对其报价的合理性和可靠性提出质疑。若无可靠的技术措施和手段作保障、合理的量价分析作解释,接受该过低的报价会给业主带来极大的风险。所以说预算定额是业主(或其委托人)选择可靠的承包商、降低发包风险的准绳。

4. 预算定额是承包商投标报价的参考依据

承包商欲承接建筑安装工程的施工任务,需对建筑安装工程进行计价报价。首先,承包商应该根据自身的生产管理水平,以企业定额为依据,对建筑安装工程进行计价,估算该建筑安装工程的保本价格(包括利润),作为今后谈判议价的底线;然后,承包商应预测竞争对手的可能报价。在企业定额作为商业秘密很难获取的情况下,可以将预算定额作为计价依据,预测竞争对手的可能报价(因其反映社会平均水平);最后,在知己知彼的情况下,考虑企业的经营策略,以企业施工定额为基础,参考(国家)预算定额(竞争对手的可能报价),修编出企业预算定额,作为建筑安装工程的计价和报价依据,以期获取最大利润。

5. 预算定额是施工企业进行经济活动分析的依据

实行经济核算的根本目的是在保证质量和工期的条件下,用经济的方法促使企业用较少的劳动消耗取得最大的经济效果。施工企业根据自身的生产管理水平,编制了企业施工定额,用于企业的计划管理和施工组织管理。但是该企业施工定额的资源要素消耗量是多了还是少了;如果是多了,那么又多在哪里,多了多少;少了,又少在哪里,少了多少。这在企业内部由于缺乏比较而无法评判,找不到答案的。在没有其他施工企业的施工定额(这是商业秘密)情况下,可以与反映社会(或行业)平均水平的(国家)预算定额进行比较。施工企业可以将(国家)预算定额与企业施工定额进行对比和分析,也可以将(国家)预算定额与企业在施工中的实际消耗进行对比和分析,以便找出那些工效低、物耗大的薄弱环节及其产生原因,为改进企业管理,修编企业施工定额提供对比数据,从而促进企业提高劳动生产率,达到或超过社会(行业)平均水平,增强企业在市场上竞争的能力。

6. 预算定额是编制概算定额、概算指标和估算指标的基础

概算定额、概算指标和估算指标都是在预算定额的基础上,按照一定的要求经综合、扩大和简化而成的。这种经综合、扩大和简化的定额(指标)可以作为在建设前期设计资料尚不完善和齐全的情况下,对建筑安装工程或建设项目的价值进行预测(概算或估算)的依据。由于概算或估算是建筑安装工程交易前的价值预测,所以其预测价格的计价依据应选用反映社会(行业)平均水平的定额,也就是说概算定额、概算指标和估算指标的编制依据应是(国家)预算定额,而不应该是企业预算定额。

(四)预算定额的编制依据

预算定额的编制依据包括:

(1)现行的设计规范、施工及验收规范、质量评定标准及安全操作规程等技术法规,以确定工程质量标准和工作内容以及应包括的施工工序和施工方法。

(2)现行全国统一劳动定额、本地区补充的劳动定额,以及材料消耗定额、机械台班使用定额,据以计算人工、材料、机械消耗量。

(3)通用的标准图集、定型设计图纸、有代表性的设计图纸或图集,据以测算定额的工程含量。

(4)新技术、新结构、新材料和先进经验资料,使定额能及时地反映先进生产力水平。

(5)有关科学试验、测定、统计和经验分析资料,使定额建立在科学的基础之上。

(6)国家和地方最新和过去颁发的编制预算定额的文件规定和定额编制过程的基础资料,使定额能跟上飞速发展的经济形势需要。

(五)确定预算定额的计量单位

预算定额的计量单位有两类:一是分部分项工程的计量单位;二是人工、材料、机械消耗量的计量单位。

预算定额分部分项工程的计量单位,应根据分部分项工程的结构构件的形体特征及其变化规律来确定。一般来说,结构的三个度量都经常发生变化时,选用立方米作为计量单位比较适宜,如砖石工程中的砖基础、外墙、内墙;混凝土浇筑工程中的基础、柱、梁、墙、板。如果结构的三个度量中有两个度量经常发生变化,选用平方米为计量单位比较适宜,如地面、墙面、门、窗等。当物体截面形状基本固定或呈规律性变化时,选用延长米为计量单位比较适宜,如门框、扶手、栏杆、窗帘盒等。如工程量主要取决于设备或材料的重量,还可以按吨、千克作为计量单位。个别也有以个、座、套、台为计量单位的。

预算定额中人工、材料、机械的计量单位选择比较简单和固定。人工和机械分别按"工日"和"台班"为计量单位。材料的计量单位应与材料市场的计量单位一致,或按体积、面积和长度,或按吨、千克和升,或按块、个、根等。也有例外,如《上海市建筑和装饰工程预算定额(2000)》将墙地砖消耗量由"块"改为"m^2",使定额的应用更方便了。若遇墙地砖大小规格不同,不必换算定额了。总之要能准确地计量,又要方便以后计价。

(六)预算定额分项工程的工作内容及其工程量计算规则

预算定额分项工程的工作内容及其工程量计算规则直接决定实物工程量的多少和资源消耗量的多少,它是预算定额的重要组成部分,也是预算定额编制的前提条件。

预算定额分项工程的所包含的工作内容与项目划分粗细有关,项目划分粗细程度应与预算定额的作用相匹配,项目划分过粗,类似于概算定额,不利于精确计价;项目划分过细,过于烦琐,不利于方便计价。

分项工程的工程量计算规则除要求能较准确地反映实物工程量外,还要求计算简便、内容明了,且与国际惯例接轨。可以用调整定额含量("名义工程量"中的"实际工程量")的方法来简化工程量计算规则。

例如木门油漆可以以木门展开面积计算,也可以简化为以单面洞口面积计算。若预算定额规定木门油漆工程量按单面洞口面积计算,即"名义工程量"是单面洞口面积,而木门实际油漆是内外两面和四周侧面均要油漆,因此需测算实际油漆的面积,即"实际工程量"。经过对若干标准图集中木门图纸的计算、统计和汇总,得出木门实际油漆面积为洞口面积的 2.4 倍,即名义上 $1m^2$ 木门油漆,实际需油漆 $2.4m^2$。

这 $2.4m^2$ 的油漆面积是"实际工程量",即"定额含量",它是进一步测算人工、材料、机械消耗量的依据。而 $1m^2$ 单面洞口面积是"名义工程量",是按工程量计算规则计算的用于计算工程造价的工程量。

二、人工消耗量指标的确定

(一)人工消耗量指标的内容

预算定额作为一种计价定额,其人工消耗量指标中除列有人工工日数以外,还必须标明完成该项工作的人工的主要专业工种(如混凝土工、钢筋工、木工、抹灰工、砖瓦工、玻璃工、防水工、油漆工、超重工、打桩工、电焊工、架子工等),以便为今后计算人工费提供依据。

(二)人工的组成

1. 基本工

基本工是指完成单位合格产品所必须消耗的技术工种用工。一般以工种分别列出定额工日。

2. 其他工

其他工是指劳动定额内未包括,而在预算定额内又必须考虑的用工,其内容包括辅助用工、超运距用工和人工幅度差。

辅助用工是指材料加工用工和施工配合用工。如筛砂子、洗石子、整理模板、机械土方配合用工等。

超运距用工,顾名思义,是指超距离运输所增加的用工。预算定额内的材料水平运输距离是综合施工现场一般必须的材料水平运输平均运距。劳动定额内的材料水平运输距离是按其项目本身起码的运距计入的,因此预算定额取定的运距往往要大于劳动定额所包含的运距,超出部分称为超运距。超运距用工数量可按劳动定额相应材料超运距定额计算。

人工幅度差是指在劳动定额中未包括,而在预算定额中又必须考虑的用工,也是在正常施工条件下所必须发生的各种零星工序用工,它主要包括:

(1)各工种间的工序搭接,及交叉作业互相配合所发生的停歇用工。

(2)施工机械的转移,及临时水、电线路移动所造成的停工。

(3)质量检查和隐蔽工程验收工作的影响。

(4)班组操作地点转移用工。

(5)工序交接时,对前一工序不可避免的修正用工。

(6)施工中不可避免的其他零星用工。

(三)工日数计算公式

$$基本工 = \sum(工序工程量 \times 时间定额) \tag{2-2-1}$$

$$超运距 = 预算定额规定的运距 - 劳动定额已包括的运距 \tag{2-2-2}$$

超运距用工＝∑（超运距材料数量×时间定额）   （2-2-3）

辅助用工＝∑（加工材料数量×时间定额）   （2-2-4）

人工幅度差用工＝（基本工＋超运距用工＋辅助用工）×人工幅度差系数   （2-2-5）

其他工＝超运距用工＋辅助用工＋人工幅度差用工   （2-2-6）

例 2-2-1 预算定额砌筑工程一砖厚标准砖双面混水外墙人工消耗量测算与确定。

Ⅰ. 收集整理基础资料

1. 项目名称:标准砖一砖外墙(双面混水)。

2. 工作内容:调运砂浆,运砌砖,砌窗台虎头砖、腰线、门窗套,安放木砖、铁件。

3. 计量单位:10m³。

4. 工程量计算规则:不增加突出墙面的砖砌窗、压顶线、山墙泛水、烟囱根、门窗套、三皮砖以下的腰线、挑檐等体积;不扣除梁头、外墙板头、梁垫、木楞头、沿椽木、木砖、门窗走头、砌体内的加固钢筋、木筋、铁件所占的体积和 0.3m² 以内孔洞所占的体积。

5. 施工方法:砌砖采用手工操作;砂浆采用砂浆搅拌机搅拌;水平运输采用双轮手推车;垂直运输采用塔吊。

6. 现场条件:材料现场运输距离根据施工组织设计确定砂子为 80m,石灰膏为 150m,砖为 170m,砂浆为 180m。

7. 有关含量:经过若干份施工图纸测算确定 1m³ 墙中含:外墙门窗洞口面积超过 30% 的有 0.3m³,封山有 0.025m,封墙有 0.04m,墙心附墙烟囱有 0.034m,弧形及圆形碹有 0.0006m,垃圾道 0.003m,顶抹找平层 0.0063m²。突出墙面的砖砌窗台、压顶线、山墙泛水、烟囱根、门窗套、三皮砖以下的腰线、挑檐等体积平均占墙体体积的 0.336%,梁头、外墙板头、梁垫、木楞头、沿椽木、木砖、门窗走头、砌体内的加固钢筋、木筋、铁件的体积平均占墙体体积的 0.058%,0.3m² 以内的孔洞体积平均占墙体体积的 0.01%。

Ⅱ. 测算人工消耗量

1. 基本工

根据《全国统一劳动定额》和公式(2-2-1)计算基本工工日数:

混水外墙	$10 \times 0.989 = 9.89$(工日)
门窗洞口面积超过 30% 时	$10 \times 0.06 \times 0.3 = 0.18$(工日)
封山	$10 \times 0.4 \times 0.025 = 0.10$(工日)
封墙	$10 \times 0.3 \times 0.04 = 0.12$(工日)
墙心附墙烟囱孔	$10 \times 0.5 \times 0.034 = 0.17$(工日)
弧形及圆形碹	$10 \times 0.3 \times 0.0006 = 0.0018$(工日)
垃圾道	$10 \times 0.6 \times 0.003 = 0.018$(工日)
顶抹找平层	$10 \times 0.8 \times 0.0063 = 0.05$(工日)
主体工程及加工用工合计	10.53(工日)

2. 超运距用工

根据公式(2-2-2)计算超运距距离:

砂子超运距	$80 - 50 = 30$(m)
石灰膏超运距	$150 - 100 = 50$(m)
标准砖超运距	$170 - 50 = 120$(m)
砂浆超运距	$180 - 50 = 130$(m)

根据《全国统一劳动定额》超运距加工表和公式(2-2-3)计算超运距用工:

砂子(2.48m³)	$2.48 \times 0.034 = 0.084$(工日)
石灰膏(0.19m³)	$0.19 \times 0.096 = 0.018$(工日)
砖	$10 \times 0.0104 = 1.04$(工日)
砂浆	$10 \times 0.448 = 0.448$(工日)
合计	1.59(工日)

3. 辅助用工

根据《全国统一劳动定额》材料加工表和公式(2-2-4)计算辅助用工:

筛砂子	$2.48 \times 0.156 = 0.387$(工日)
淋石灰膏	$\underline{0.19 \times 0.40 = 0.076}$(工日)
合计	0.463(工日)

4. 人工幅度差用工

根据公式(2-2-5)计算人工幅度差用工：

$$(10.53 + 1.59 + 0.463) \times 10\% = 1.26(\text{工日})$$

5. 其他工

根据公式(2-2-6)汇总计算其他工：

$$1.59 + 0.463 + 1.26 = 3.31(\text{工日})$$

Ⅲ. 确定人工消耗量指标

每 10m^3 标准砖一砖外墙(双面混水)的人工消耗量为

砖瓦工	10.53 工日
其他工	3.31 工日
合　计	13.84 工日

三、材料消耗量指标的确定

（一）预算定额中的材料分类

1. 主要材料和辅助材料

主要材料和辅助材料是指直接构成工程实体的材料。此类材料的定额消耗量是指材料的总消耗量，由材料的净用量和损耗量组成。

2. 周转性材料

周转性材料(又称工具性材料)，是指在施工中多次使用，且不构成工程实体的材料。如模板、脚手架等。此类材料的定额消耗量是指材料的摊销量。即材料多次使用，以逐次分摊的形式进入材料消耗量定额中。

3. 次要材料

次要材料是指用量小、价值不大的零星材料。此类材料一般首先用上述方法计算其消耗量，然后估算其价值，最后再测算其占该分项工程材料费之和的百分率。定额中次要材料消耗量一般以占该分项工程材料费之和的百分率表示。

（二）材料消耗量指标的确定方法

材料消耗量指标是在确定预算定额编制方案(如分部分项工程划分、工作内容和工程量计算规则等)的基础上进行的。首先计算材料的净用量；然后确定材料的损耗率，计算材料的损耗量和总消耗量；最后结合典型工程实际测定资料，调整和确定材料消耗量指标。

材料耗用量测算基本方法有五种。

（1）理论计算法：根据设计和施工验收规范等资料，从理论上计算材料的净用量。

（2）图纸计算法：根据选定的图纸，计算各种材料的净用量。

（3）下料法：根据设计和施工等要求，计算材料的净用量和损耗量。

（4）测定法：根据科学试验和现场试验测定资料，确定材料的消耗量。

（5）统计分析法：根据历史资料统计分析材料的损耗率。

（三）材料净用量计算

下面介绍几种材料净用量的计算公式。

1. 每 1m^3 不同厚度的砖墙，其砖(块)和砂浆(m^3)的净用量计算公式

$$A = \frac{K}{\text{墙厚} \times (\text{砖长} + \text{灰缝}) \times (\text{砖厚} + \text{灰缝})} \text{（块）} \tag{2-2-7}$$

$$B = 1 - A \times \text{每块砖的体积}(\text{m}^3) \tag{2-2-8}$$

式中 A——砖的净用量(块);

$\quad\quad B$——砂浆的净用量(m^3);

$\quad\quad K$——墙厚的砖数×2(墙厚砖数指$\frac{1}{2}$砖、1砖、$1\frac{1}{2}$砖、2砖……);

$\quad\quad$灰缝——指灰缝的厚度(m)。

2. 每 1m^2墙面,其墙面砖的净用量(块)计算公式

(1)密铺

$$A=\frac{1}{砖长×砖宽}\quad(块)\quad\quad\quad\quad(2\text{-}2\text{-}9)$$

(2)稀铺

$$A=\frac{1}{(砖长+灰缝)×(砖宽+灰缝)}\quad(块)\quad\quad\quad(2\text{-}2\text{-}10)$$

(3)叠铺

$$A=\frac{1}{(砖长-灰缝)×(砖宽-灰缝)}\quad(块)\quad\quad\quad(2\text{-}2\text{-}11)$$

(四)材料损耗率确定

材料损耗率一般根据历史资料统计分析方法获得,然后汇编成表供编制定额时查用,如表 2-2-1所示。

表 2-2-1　　　　　　　　　　　　　主要材料损耗率表(部分)

序号	名　称	部　位	损耗率(%)
1	角钢、扁钢	装饰天棚	2.50
2	角钢、扁钢	装饰其他工程	6.00
3	槽钢	装饰	6.00
4	一般木板材料	脚手	1.00
5	一般木板材料	门窗工程	6.00
6	水泥	楼地面	2.00
7	标准砖、八五砖	基础	0.40
8	标准砖、八五砖	墙	1.00
9	砌筑用砂浆		1.00
10	花岗岩饰面板	地面、墙面	2.00
11	花岗岩饰面板	零星	6.00
12	陶瓷锦砖(马赛克)	墙面	1.50
13	陶瓷锦砖(马赛克)	地面、踢脚线	2.00
14	拼花陶瓷锦砖(马赛克)	其他	6.00
15	成型钢筋		1.00
16	成型钢筋	逆作法	1.50
17	成型钢筋	屋面工程	2.00

例 2-2-2 预算定额砌筑工程一砖厚标准砖双面混水外墙材料消耗量测算与确定。

Ⅰ.收集整理基础资料(同例 2-2-1)

Ⅱ.计算材料净用量

标准砖的规格为 240mm×115mm×53mm,每块砖的体积为 0.0014628m^3,一砖墙的厚度为 240mm,灰缝厚度按规范要求应为 8～12mm，暂时定为 10mm。则根据公式(2-2-7)和(2-2-8)计算，每 m^3 一砖厚标准砖双面混水外墙，其砖(块)和砂浆(m^3)的净用量分别为

$$A=\frac{2}{0.24\times(0.24+0.01)\times(0.053+0.01)}=529(块)$$

$$B=1-529\times0.0014628=0.226(m^3)$$

Ⅲ．调整"名义工程量"与"实际工程量"之间的差异

预算定额砌筑工程的工程量计算规则规定：砖砌墙体不增加突出墙面的砖砌窗台、压顶线、山墙泛水、烟囱根、门窗套、三皮砖以下的腰线、挑檐等体积；不扣除梁头、外墙板头、梁垫、木楞头、沿椽木、木砖、门窗走头、砌体内的加固钢筋、木筋、铁件所占的体积和 $0.3m^2$ 以内孔洞所占的体积。应当指出，这些"不增加"和"不扣除"的规定是为了简化工程量计算而作出的，而这种规定对于定额消耗量的影响，应当在编制定额中予以消除。具体做法是首先调查、测算"应增加的比例"(针对"不增加")和"应扣除的比例"(针对"不扣除")，然后再进行调整。

根据基础资料 7 有关含量：突出墙面的体积平均占 0.336%，梁头、外墙板头等的体积平均占 0.058%，$0.3m^2$ 以内的孔洞体积平均占 0.01%。

砖和砂浆的净用量调整为

砖 的 净 用 量 ＝529×(1+0.00336－0.00058－0.0001)＝530.4(块)

砂浆的净用量净＝0.226×(1+0.00336－0.00058－0.0001)＝0.227(m^3)

Ⅳ．确定材料损耗率和计算材料总消耗量

查材料损耗率表(表 2-2-1)，砖和砂浆损耗率均为 1%。那么，砖和砂浆的总消耗量为：

砖的总消耗量＝530.4×(1+0.01)＝536(块)

砂浆的总消耗量＝0.227×(1+0.01)＝0.229(m^3)

Ⅴ．经实践检验，调整确定材料消耗量指标

根据全国各地反映，砌筑砖墙定额消耗量的砖过多，而砂浆欠少(因为实际灰缝平均厚度大于 10mm)，因此最终取定外墙每立方米砌体减少 6 块砖，并增加相应体积的砂浆。

调整后砖的总消耗量＝536－6＝530(块)

调整后砂浆的总消耗量＝0.229+0.0014628×6＝0.238(m^3)

由于定额的计量单位为 $10m^3$，因此每 $10m^3$ 标准砖一砖双面混水外墙的砖与砂浆消耗量指标为

砖的消耗量指标＝530×10＝5300(块/$10m^3$ 砌体)

砂浆的消耗量指标＝0.238×10＝2.38(m^3/$10m^3$ 砌体)

例 2-2-3 预算定额屋面及防水工程氯化聚乙烯橡胶共混卷材的平面防水，防水卷材消耗量的测算和确定。

Ⅰ．收集整理基础资料

1. 项目名称：氯化聚乙烯橡胶共混卷材的平、立面防水

2. 计量单位：$100m^2$。

3. 有关资料：卷材规格 1×20＝20(m^2)；按规范要求长边搭接 8cm，短边搭接 15cm；根据现场调查长度方向每卷按两个接头计算；转折角加贴附加层，每 $100m^2$ 卷材防水工程的附加为 $6.71m^2$；卷材损耗率为 1%。

Ⅱ．计算材料净用量

每 $100m^2$ 卷材防水工程的防水层卷材的净用量为

$$防水卷材净用量=\frac{100\times每卷材面积}{(卷材宽-顺向搭接宽)\times(每卷卷材长-横向搭接宽)}$$

$$=\frac{100\times20}{(1-0.08)\times(20-0.15\times2)}=110.35m^2$$

Ⅲ．计算材料总消耗量

考虑到附加层和损耗，每 $100m^2$ 防潮层的防水卷材卷材总消耗量为

$$(110.35+6.71)\times(1+1\%)=118.23m^2$$

(五)周转材料消耗量指标的确定

1. 现浇钢筋混凝土构件的木模板摊销量计算

$$木模板摊销量=一次使用量\times K_2$$

式中 K_2 ——摊销量系数：

$$K_2 = K_1 - \frac{(1-补损率) \times 回收折价率}{周转次数 \times (1+间接费率)}$$

K_1 ——周转使用系数：

$$K_1 = \frac{1 + (周转次数 - 1) \times 补损率}{周转次数}$$

据 1981 年国家预算定额，取间接费率为 18.2%，回收折价率为 50%，则：

$$K_2 = K_1 - \frac{1-补损率}{周转次数} \times \frac{50\%}{1+18.2\%} \approx K_1 - \frac{1-补损率}{周转次数} \times 0.45$$

式中，0.45 为取定值。

周转次数、补损率与 K_1，K_2 的关系，如表 2-2-2 所示。

表 2-2-2 摊销量系数表

序号	周转次数	补损率	周转使用系数 K_1	摊销量系数 K_2
1	4	15	0.3625	0.2669
2	5	10	0.2800	0.1990
3	5	15	0.3200	0.2435
4	6	10	0.2500	0.1825
5	6	15	0.2917	0.2280
6	8	15	0.2125	0.1619
7	8	15	0.2563	0.2085
8	10	10	0.1900	0.1495

例 2-2-4 现浇钢筋混凝土圆形柱木模板摊销量计算。

Ⅰ. 收集整理基础资料

按选定图纸测算，每 100m² 钢筋混凝土圆形柱与模板接触面积，一次使用方材 5.073m³，周转 8 次，每次周转损耗 15%；一次使用板材 2.294m³，周转 8 次，每次周转损耗 15%；一次使用圆木 0.494m³，周转 5 次，每次周转损耗 15%。

Ⅱ. 计算材料摊销量

$$方材摊销量 = 5.073 \times 0.2085 = 1.058(m^3/100m^2)$$

$$板材摊销量 = 2.294 \times 0.2085 = 0.478(m^3/100m^2)$$

$$圆木摊销量 = 0.494 \times 0.2435 = 0.120(m^3/100m^2)$$

2. 预制钢筋混凝土构件的木模板或定型钢模板摊销量计算

$$摊销量 = \frac{一次使用量}{周转次数}$$

不计损耗，也不计回收。

例 2-2-5 预制钢筋混凝土矩形柱木模板摊销量计算。

按选定图纸测算，每 10m³ 预制钢筋混凝土矩形柱，木模板一次使用量为 10m³，模板周转使用 25 次，不计补损，不计回收。即：

$$摊销量 = \frac{一次使用量}{周转次数} = \frac{10}{25} = 0.4(m^3/10m^3)$$

3. 上海《2000 建筑和装饰定额》中钢模板摊销量计算

$$摊销量 = \frac{一次使用量}{周转次数} \times (1+损耗率)$$

周转次数及损耗率见表 2-2-3。

表 2-2-3 钢模板、零星卡具、支撑系统周转次数及施工损耗率表

名 称	周 转 次 数		施工损耗率
	现浇构件	预制构件	
钢模板	50	100	1‰
零星卡具	27	50	2‰
支撑系统	120	150	1‰

此外,还需考虑回库维修的费用。

回库维修消耗量＝(钢模板摊销量＋支撑系统摊销量)×8％

4. 脚手架摊销量计算

脚手架主要材料摊销量计算根据一次使用量扣除残值后,按周转次数平均分摊。计算公式如下:

$$摊销量＝一次使用量×(1-残值率)×\frac{一次使用期限}{耐用期限}$$

脚手架所用钢管、扣件、毛竹、脚手架等,定额内均按摊销量来表示。它是脚手架组成构件、材料的耐用周期和残值率见表 2-2-4,脚手架使用期见表 2-2-5。

表 2-2-4 脚手架材料耐用期和残值取定表

名 称	耐用期限(月)	残值(％)	附 注
钢 管	120	10	
扣 件	120	5	其中螺丝扣件耐用 36 个月
底 座	120	5	
上人铁梯	120	10	
木脚手板	42	10	
竹脚手笆	24	5	
竹栏杆笆	48	5	
毛 竹	24	5	
铅 丝	1次		

表 2-2-5 脚手架一次使用期取定表

项 目	一次使用期(月)
外墙钢管脚手架 12m 以内	3
外墙钢管脚手架 20m 以内	5
外墙钢管脚手架 30m 以内	8
外墙竹脚手架 16m 以内	5
外墙竹脚手架 30m 以内	8
满堂脚手架	25 天(1 个月)
里脚手架	7.5 天(0.3 个月)

四、机械台班使用量指标的确定

预算定额机械台班使用量指标的编制方法如下：

（一）独立使用机械

所谓独立使用机械，就是指在施工过程中，以机械作业为主、人工为辅的大型机械或专用机械（如推土机、挖掘机、打桩机、起重机等）。

独立使用机械的台班使用量应根据全国统一劳动定额中的机械台班产量定额编制，并应增加机械幅度差。机械幅度差是指劳动定额中未包括的，而机械在合理的施工组织条件下所必需的停歇时间，这些因素会影响机械效率，因而在编制预算定额时必须加以考虑。其内容包括：

（1）施工机械转移工作面及配套机械互相影响损失时间；

（2）在正常施工情况下，机械施工中不可避免的工序间歇；

（3）工作结尾时，工作量不饱满所损失的时间；

（4）检查工程质量影响机械操作的时间；

（5）临时水电线路在施工过程中移动所发生的不可避免的工序间歇时间；

（6）配合机械的人工在人工幅度差范围内的工作间歇，从而影响机械操作的时间。

机械幅度差系数一般根据测定和统计资料取定。大型机械的机械幅度差系数是：土方机械 1.25；打桩机械 1.33；吊装机械 1.3；其他分部工程的机械（如蛙式打夯机、水磨石机械等专用机械）均为 1.1。

独立使用机械的台班使用量计算公式如下：

$$分项定额机械台班使用量 = \frac{分项工程工程量}{机械台班产量} \times 机械幅度差系数$$

例 2-2-6 打预制钢筋混凝土方桩机械台班使用量的测算。

桩长 12m 以内、Ⅰ 类土打桩机（锤重 2.5t）台班产量定额为 19.56m³/台班，则打钢筋混凝土方桩、12m 以内、Ⅰ 类土、每 10m³ 打桩机械台班使用量为：

$$\frac{10}{19.56} \times 1.33 = 0.68（台班）$$

（二）配合使用机械

所谓配合使用机械，就是指以手工操作为主，配备给班组使用的机械（如木工圆锯机、管子切割机等），应以小组日产量作为机械的台班产量，不另增加机械幅度差。

配合使用机械的台班使用量计算公式如下：

$$机械台班使用量 = \frac{分项工程工程量}{小组日产量}$$

$$小组日产量 = 小组总人数 \times 劳动定额的综合产量定额$$

例 2-2-7 现浇钢筋混凝土平板模板工程的木工圆锯机台班使用量的测算。

现浇钢筋混凝土平板模板工程采用工具式钢模板，需用木模补充拼接的约 15%，木工小组 14 人，现浇钢筋混凝土平板模板制作的产量定额模板接触面积 8.24m²/工日，则：

$$木工圆锯机台班使用量 = \frac{1 \times 15\%}{14 \times 8.24} = 0.0013（台班）$$

五、预算定额项目表

预算定额各组成部分的人工、材料、机械消耗量指标确定后，应根据计算结果编制预算定额项目表。

预算定额项目表由表头、项目表两部分组成，见表 2-2-6 预算定额项目表。

表 2-2-6 　　　　　　　　　　　《上海市建筑和装饰工程预算定额(2000)》项目表

工作内容:安装窗框、窗扇、木砖制作及安装、刷防腐油、塞缝、装配玻璃等全部操作过程。

定　额　编　号		单位	6-1-47	6-1-48
			木　　窗	
项　　目			双层玻璃窗(m²)	一玻一纱窗(m²)
人工	抹灰工	工日	0.0402	0.0402
	玻璃工	工日	0.0773	0.0387
	防水工	工日	0.0124	0.0124
	木工	工日	0.4453	0.4697
	其他工	工日	0.1131	0.1057
	合计人工工日	工日	0.6883	0.6667
材料	一般中方材 55~100cm²	m³	0.0044	0.0044
	混合砂浆	m³	0.0043	0.0039
	玻璃	m²	1.4392	0.7194
	油灰	kg	1.2421	0.6318
	防腐油	kg	0.1524	0.1452
	圆钉	kg	0.0396	0.0358
	一玻一纱窗	m²		0.9700
	双层玻璃窗	m²	0.9700	
	其他材料费	%	0.2700	0.2100
机械	木工圆锯机	台班	0.0015	0.0015

（一）表头

项目表表头是工作内容栏,应填写该节或项目的工作内容(可参考劳动定额,填写主要工序和操作方法)。项目表中所列的定额消耗量是指完成工作内容中所列的所有工序所需的人工、材料、机械消耗量。换句话说,项目表中所列的人工、材料、机械消耗量是根据表头工作内容所有工序和操作方法计算得到的。工作内容是定额消耗量的根据。

（二）项目表

项目表是定额手册的重要和主要组成部分,它列有通过大量调查测算和烦琐计算所得的宝贵数据——人工、材料、机械消耗量指标。

人工消耗量指标可按不同工种分别列出其工日数及合计工日数。如《上海市建筑和装饰工程预算定额(2000)》6-1-47双层玻璃木窗定额项目表中列有抹灰工 0.0402 工日、玻璃工 0.0773 工日、防水工 0.0124 工日、木工 0.4453 工日、其他工 0.1131 工日,合计人工 0.6883 工日。

材料消耗量指标可根据材料的不同使用性质和用量大小分别以总消耗量、摊销量和其他材料费(%)列出。

对于构成工程实体的材料(主要材料和辅助材料),定额材料消耗量是指总消耗量,包括净用量和损耗量。

对于不构成工程实体,并在施工中可多次使用的材料(周转性材料),定额材料消耗量是指摊销量,摊销量大大小于它的实际使用量。

至于工程上用到的量少价低的零星材料,定额则以其他材料费名义用(%)表示,指其价值占项目材料费之和的百分率。

顺便指出,在定额项目表中,有些材料消耗量是以混合材料的面目出现的,如现浇现拌混凝土、现场预制混凝土、混合砂浆1:1:4、水泥砂浆1:3等。若需分析其原始材料(如水泥、砂子、碎石、石灰膏等)的消耗量,则可借助于《上海市建设工程普通混凝土、砂浆强度等级配合比表(2000)》。

机械台班使用量指标,在定额项目表中列入主要机械耗用台班数量。

第三节　概算定额和概算指标

一、概算定额

(一) 概算定额的概念

概算定额是确定一定计量单位扩大分项工程(或扩大结构构件)的人工、材料和施工机械台班消耗量的标准。它是在预算定额的基础上,在合理确定定额水平的前提下,进行适当扩大、综合和简化编制而成的。

(二) 概算定额的作用

1. 概算定额是编制建设项目设计概算和修正概算的依据

工程建设程序规定:凡采用两阶段设计的,在初步设计同时必须编制概算;凡采用三阶段设计的,在技术设计还需编制修正概算。其目的是对拟建项目进行总估价,以控制工程建设投资额。而概算定额是编制初步设计概算和技术设计修正概算的重要依据。

2. 概算定额是对设计方案进行比较的依据

所谓设计方案比较,就是对设计方案的适用性、技术先进性和经济合理性进行评估。在满足使用功能的条件下,尽可能降低造价和资源消耗。概算定额的综合性及其所反映的实物消耗量指标,为设计方案比较提供了方便条件。

3. 概算定额是编制工程主要材料计划的重要依据

根据概算定额所列的材料消耗量指标,可计算出工程材料的需求量。这样在施工图设计之前就可以提出材料需求计划,为材料的采购和施工准备提供充裕时间。

4. 概算定额是编制概算指标的依据

概算指标是从设计概算或施工图预(决)算文件中取出有关数据和资料进行编制的,而概算定额又是编制概算文件的主要依据。因此概算定额又是编制概算指标的重要依据。

(三) 编制概算定额的一般要求

1. 概算定额的项目综合程度要适应设计深度的要求

由于概算定额是在初步设计阶段使用的,受初步设计的设计深度所限制,因此定额项目划分应符合简化、准确和适用的原则。

2. 概算定额的水平应与预算定额的水平保持一致

概算定额与预算定额都是用于工程计价的定额,它必须是反映在正常条件下,大多数企业的设计、生产、施工、管理水平。

由于概算定额是在预算定额的基础上,适当地进行扩大、综合和简化,因而在工程标准、施工方法和工程量取值等方面进行综合、测算时,概算定额与预算定额之间必然会产生,并允许留有一定的幅度差,以便根据概算定额编制的概算能够控制住施工图预算。

(四) 概算定额的编制方法

概算定额的编制方法可以用六个字或三个词来表达,即扩大、综合、简化。

1. 扩大——工程内容扩大

概算定额的编制对象是扩大的分项工程或扩大的结构件。一项概算定额的子目往往包含了几项,甚至十几项预算定额的子目。如概算定额墙身工程一般砖墙(包括加气砼砌块墙)包括了构造柱、圈过梁、檐口梁、梁垫；框架墙是指框架柱梁间的嵌砌墙（即不含构造柱、圈过梁、檐口梁、梁垫），不包括门框柱；砼空心小型砌块墙包括了混凝土芯柱和圈梁。一般砖墙、框架墙和砼空心小型砌块墙均包括了预拌干粉抹灰砂浆 DP10.0 双面抹灰，还综合了腰线和外墙裙（预拌干粉抹灰砂浆 DP20.0）、界面处理剂的含量。参见表 2-3-3，表 2-3-4。

2. 综合——工程内容及其含量综合取定

概算定额是根据预算定额编制的，它所扩大的预算定额的工程内容及其含量，系经过对一定数量的、有代表性的施工图进行测算、比较、分析后综合取定的。因此，当具体工程内容及其含量与定额不同时，除定额中说明允许调整者外，一般不予调整。如概算定额每 m² 外墙或框架外墙所包括的工程内容的含量（每 m² 概算定额的外墙或框架外墙含有预算定额的构造柱、圈过梁的模板、混凝土和钢筋的工程量，芯柱的混凝土工程量，内墙面、外墙面、腰线和外墙裙抹灰工程量、界面处理剂的工程量）经测算、比较、分析后综合取定数量。

3. 简化——工程量计算规则简化

概算定额的工程量计算规则比预算定额有了很大变化，大大简化了计算工作。如钢筋混凝土无梁式带形基础就不是按实际体积计算，而是按砖基础的长度乘以设计断面积计算（其基础 T 形接头重叠部分不扣除）；墙身工程量不是按墙身体积计算，而是按不同墙身厚度以 m² 面积计算，一般砖墙不用扣除构造柱、圈过梁、檐口梁、雨篷梁、梁垫、板头所占的面积，框架墙不用扣除框架柱、梁所占的面积；楼地面工程不是按净面积计算，而是按毛面积（建筑面积）计算。

工程量计算规则简化，是通过调整定额工程内容的含量来实现的。如：钢筋混凝土无梁式带形基础，T 形接头重叠部分不扣除，但在定额含量中打了 9.6 折；楼地面工程按毛面积（建筑面积）计算，不扣除结构所占面积，定额则在其含量中打了 9.5 折。这里不再一一列举，大家可以从两种定额的不同计算规则以及概算定额的定额含量中细细分析，以加深对概算定额的理解，融会贯通地使用概算定额。

（五）概算定额项目表

《上海市建筑和装饰工程概算定额（2010）》是依据《上海市建筑和装饰工程预算定额（2000）》，参照《上海市建筑工程综合预算定额（1993）》[①] 的编制方法（扩大的内容、扩大内容的含量取定、工程量计算规则的简化方法）而编制的。

《上海市建筑工程综合预算定额（1993）》的项目表分左页表 2-3-1 和右页表 2-3-2。左页显示了定额的编制方法；右页显示了定额的工料机消耗量。左页内容解读如下：

表 2-3-1 　　　　　　　　　　　**《上海市建筑工程综合预算定额（1993）》项目表（左页）**

工作内容：砌砖、捣制圈过梁、双面粉刷、刷白。　　　　　　　　　　　　　　　　　　　　　　　单位：m²

综 合 预 算 定 额 编 号				3001	3002
项　目　名　称				标准砖外墙	
				1/2 砖	1 砖
预算定额编号	综 合 项 目	单位	单价	数　　量	
3-9换	标准砖外墙 1/2 砖	m³	154.56	0.0993	
5-37换	现浇钢筋混凝土圈过梁	m³	543.20	0.0145	0.0303
5-87	现浇钢筋混凝土压顶	m³	568.83	0.0012	0.0012
3-8换	标准砖外墙 1 砖	m³	146.58		0.2085
11-11	墙面中级石灰砂浆粉面砖墙	m²	3.97	0.9000	0.9000
11-33	墙面 1:1:6 混合砂浆有嵌条	m²	6.31	1.1200	1.1200

① 《上海市建筑工程综合预算定额（1993）》从本质上讲就是概算定额。

续表

综 合 预 算 定 额 编 号				3001	3002
项 目 名 称				标准砖外墙	
				1/2 砖	1 砖
预算定额编号	综合项目	单位	单价	数 量	
11-40	水泥砂浆内墙裙	m²	6.59	0.1500	0.1500
11-41	水泥砂浆外墙裙无嵌条	m²	6.81	0.1500	0.1500
11-45	水泥砂浆普通腰线	m²	11.03	0.0850	0.0850
11-46	水泥砂浆复杂腰线	m²	13.87	0.0850	0.0850
11-122	石灰浆	m²	0.14	0.9000	0.9000
总 价		元		38.30	62.60
土建费用	人 工 费	元		10.20	12.82
	材 料 费	元		26.70	46.81
	机 械 费	元		1.90	2.97

表 2-3-2 　　　　　　　《上海市建筑工程综合预算定额(1993)》项目表(右页)

综 合 预 算 定 额 编 号				3001	3002
项 目 名 称				标准砖外墙	
				1/2 砖	1 砖
代 号	项目名称	单位	单价	数 量	
36	现场用工	工日		0.8836	1.11
64	木材	m³		0.0003	0.0003
19	♯425 水泥	kg		26.12	43.28
23	黄砂	kg		127.13	181.90
28	碎石 5～15	kg		1.42	1.42
30	碎石 5～40	kg		18.99	39.67
34	石灰	kg		7.08	7.75
79	钢模板卡具拉杆	kg		0.1793	0.3747
164	钢模支撑连杆夹具脚手管	kg		0.0246	0.0516
785	钢筋	kg		1.26	2.55
45	标准砖	块		55.01	110.51
980	砂浆用量	m³		0.0775	0.1068
78	木模板	m³	1082.14	0.0008	0.0015
107	♯22 铁丝	kg	3.12	0.0057	0.0115
110	圆钉	kg	3.38	0.0084	0.0102
430	草袋	m²	1.70	0.0224	0.0415
981	混凝土用量	m³		0.0159	0.0320
384	模板扣件	只	4.53	0.0049	0.0103
209	纸筋灰浆	m³	128.00	0.0019	0.0019
992	工业盐	kg	0.27	0.0030	0.0030

综合预算定额 3002 标准砖 1 砖外墙包含了以下预算定额子目:

1. 实体部分(砌砖、捣制圈过梁)

1 砖墙厚 240mm,则 1m² 墙体体积为 0.24m³。其中:

3-8换	标准砖外墙 1 砖	0.2085m³
5-37换	现浇钢筋混凝土圈过梁	0.0303m³
5-87	现浇钢筋混凝土压顶	0.0012m³
	合　　计	0.2400m³

2. 装饰部分(双面粉刷、刷白)

11-33　　　　　墙面 1∶1∶6 混合砂浆有嵌条　　　　1.1200m²(外墙面)

11-41	水泥砂浆外墙裙无嵌条	0.150 0 m² (外墙面)
11-45	水泥砂浆普通腰线	0.085 0 m² (外墙面)
11-46	水泥砂浆复杂腰线	0.085 0 m² (外墙面)
11-11	墙面中级石灰砂浆粉面砖墙	0.900 0 m² (内墙面)
11-40	水泥砂浆内墙裙	0.150 0 m² (内墙面)
11-122	石灰浆	0.900 0 m² (内墙面)

很遗憾,《上海市建筑和装饰工程概算定额(2010)》的项目表,隐去了左表(编制方法),仅显示右表(编制结果),不便于概算定额的换算。参见表 2-3-3,表 2-3-4。

表 2-3-3 《上海市建筑和装饰工程概算定额(2010)》项目表(一)

工作内容:砌筑、砌块灌砼、双面粉刷;
　　　　　砌筑、捣制圈过梁、双面粉刷。

定额编号			4007	4008
项　目			外墙	
			砼空心小型砌块	加气砼砌块
			190 厚	200 厚
			m²	m²
工、料、机名称(规格)		单位	数量	
人工	砖瓦工	工日	0.156 2	0.128 6
	混凝土工	工日	0.065 6	0.020 4
	抹灰工	工日	0.506 8	0.505 6
	钢筋工	工日		0.032 5
	木工(装饰)	工日		0.087 1
	其他工	工日	0.172 8	0.183 2
材料	非泵送预拌混凝土	m³	0.077 8	0.036 2
	木模板成材	m³		0.001 9
	混凝土空心小型砌块 厚190①	m³	0.179 1	
	加气混凝土块 200×300×600	m³		0.158 5
	实心灰砂砖 240×115×53	块		0.720 5
	预拌(干粉)砌筑砂浆 DM7.5	m³	0.032 6	0.016 2
	预拌(干粉)抹灰砂浆 DP10.0	m³	0.046 2	0.046 2
	预拌(干粉)抹灰砂浆 DP20.0	m³	0.008 7	0.008 7
	混凝土界面处理剂	kg	6.504 1	6.338 6
	工具式组合钢模板	kg		0.304 4
	扣件	只		0.006 9
	零星卡具	kg		0.111 5
	水	m³	0.091 4	0.070 9
	钢支撑	kg		0.021 5
	草袋	m²	0.045 0	0.043 2
	柱箍、梁夹具	kg		0.022 5
	铁丝 18#～22#	kg		0.015 8
	圆钉	kg		0.002 6
	成型钢筋	t		0.003 5
	钢筋网片	kg		0.000 4
	其他材料费	%	0.004 6	0.576 8
机械	汽车式起重机 5t	台班		0.000 7
	载重汽车 4t	台班		0.001 0
	混凝土震捣器 插入式	台班	0.009 6	0.004 5
	木工圆锯机 Φ500mm	台班		0.000 3

① 单位为毫米(mm),引自《上海市建筑和装饰工程概算定额(2010)》,未加改动。

表 2-3-4《上海市建筑和装饰工程概算定额(2010)》项目表(二)

工作内容:砌筑、双面粉刷。

	定额编号		4015	4016
	项　　目		框架外墙	
			砼空心小型砌块	加气砼砌块
			190 厚	200 厚
			m²	m²
	工、料、机名称(规格)	单位	数量	
人	砖瓦工	工日	0.1212	0.1216
工	抹灰工	工日	0.5668	0.5676
	其他工	工日	0.1467	0.1296
材 料	加气混凝土块 200×300×600	m³		0.1498
	混凝土空心小型砌块 厚190	m³	0.1390	
	实心灰砂砖 240×115×53	块		0.6810
	预拌(干粉)砌筑砂浆 DM7.5	m³	0.0253	0.0153
	预拌(干粉)抹灰砂浆 DP10.0	m³	0.0443	0.0443
	预拌(干粉)抹灰砂浆 DP20.0	m³	0.0120	0.0120
	混凝土界面处理剂	kg	5.8735	5.9679
	水	m³	0.0109	0.0265
	钢筋网片	kg		0.0004
	其他材料费	%	0.0052	0.1564

二、概算指标

(一)概算指标的概念

概算指标是以每 m²[①](或每 m³、或每幢)建筑物、每座构筑物、每 km 道路为计量单位,规定完成相应计量单位的建筑物或构筑物所需人工、材料和施工机械台班消耗量和相应费用的指标。它与概算定额、预算定额相比,有以下特点:

1. 概算指标核算对象是成品——建筑物或构筑物,是可供使用的最终产品。如多层混合结构住宅、单层排架结构工业厂房、20 层框剪结构商住楼等;而概算定额、预算定额核算对象是不能提供使用效益的半成品——分项工程。如钢筋混凝土独立基础、标准砖一砖外墙,水刷石墙面粉刷等。

2. 概算指标对工程建设产品提供的核算尺度有两部分:实物量指标——主要人工、材料消耗量和主要分部分项工程量;经济指标——造价及其费用。

3. 概算指标须描述工程概况,主要构造特征、装饰标准、安装范围及标准,必要时可画示意图,还须说明工程的建造时间、地点及计价依据。

正是由于概算指标是用来规定完成一定计量单位的建筑物或构筑物所需全部施工过程的经济指标和实物消耗指标,所以它具有较高的综合性。利用概算指标编制投资估算或初步设计概算能满足时效性要求极强的诸工作的需要,但其精确程度稍差些。

(二)概算指标的作用

概算指标的作用与概算定额相同。在初步设计阶段,当设计深度不够时,往往用概算指标来编制

---

① 每 m² 意指每米²(m²),本书参照定额中的表达方式,不做改动。

初步设计概算,进行设计方案比选,工程投资控制和估算主要材料需求量,编制固定资产投资计划。

（三）概算指标的项目表

概算指标项目表,一般由工程概况及特征(表 2-3-5,表 2-3-6)、经济指标(表 2-3-7 至表 2-3-11)和实物量指标(表 2-3-12 至表 2-3-14)三部分组成。以下表格来自于 http://www.ciac.sh.cn/ztzl_bzde.aspx,上海市建筑建材业市场管理总站主编的《上海市建设工程价格与指数》2008 年度。

表 2-3-5   工程概况

项 目 名 称		内　　容
工程名称		××办公楼
工程分类		高层办公楼
工程地点		中、外环之间-杨浦区
建筑物功能及规模		地下一层为汽车库,地上由主楼、辅楼、群房组成的办公用房
开工日期		2005 年 11 月
竣工日期		2008 年 5 月
建筑面积		30 489.6m²,其中:地上 27 177.8m²,地下 3 311.9m²
建筑和安装工程造价		11 503.66(万元)
平方米造价		3 772.98(元/m²)
结构类型		主楼:框架-抗震墙结构;辅楼、裙房:框架结构
层数(层)		地上:主楼 16 层;辅楼 11 层;裙房 5 层;地下:1 层
建筑高度(檐口)		主楼 53.7m;辅楼:43.2m;裙房:22.2m
层高		主楼:1—3 层 4.6m,4—5 层 4.2m,5 层以上 3.5m
		辅楼、裙房:1 层 5.95m,2—5 层 4.2m,5 层以上 3.5m
建筑节能		外墙为 30mm 厚膨胀聚苯保温板,隔热断桥中空镀膜玻璃幕墙,屋面为 128mm 炉渣
抗震设防烈度		7 度
基础	类型	桩,满堂基础。
	埋置深度	-6.45m
计价方式		清单计价
合同类型		固定单价合同
造价类别		结算价
编制依据		《建筑工程工程量清单计价规范》(GB 500500—2003)
		《上海市建筑和装饰工程预算定额》(2000)
		《上海市安装工程预算定额》(2000)
价格取定期		2005 年 11 月至 2007 年 4 月

表 2-3-6   工程特征

	项 目 名 称		特 征 描 述
建筑工程	土(石)方工程		机械大开挖,人工修补
	桩与地基基础工程		钻孔灌注桩 φ700,满堂基础
	砌筑工程	外墙类型	加气砼砌块,干粉砂浆
		内墙类型	加气砼砌块,干粉砂浆
	混凝土及钢筋混凝土工程		C30、C35 泵送商品混凝土;Ⅰ,Ⅱ,Ⅲ级钢筋,竖向接头为电渣压力焊
	厂库房大门、特种门、木结构工程		人防门
	金属结构工程		辅楼屋顶装饰钢架,观光电梯钢架
	屋面及防水工程		干粉砂浆找平层,三元乙丙丁基防水卷材
	防腐、隔热、保温工程		地下室外墙:50 厚 EPS 聚苯保温板
			外墙:XPS 外墙保温系统
			屋面:35 厚 XPS 挤塑保温板
	其他工程		总体混凝土道路,排水双壁缠绕下水管

续表

项 目 名 称		特 征 描 述
装饰装修工程	楼地面工程	细石砼,块料地砖,花岗岩
	墙柱面工程	水泥砂浆抹灰,电梯厅玻化砖、大堂大理石
	天棚工程	防潮纸面石膏板,矿棉板吊顶,梯间乳胶漆
	门窗工程	外墙隔热中空镀膜铝合金玻璃窗; 铝塑板幕墙,花岗石幕墙;内墙木门,防火门
	油漆、涂料、裱糊工程	内墙乳胶漆
	其他工程	卫生间大理石台板,镜面玻璃及配件
安装工程	电气工程	桥架,分支电缆,电线管,低烟无卤电缆; 隔栅荧光灯,TCL 开关;干式变压器,低压配电柜
	给排水工程	钢塑复合给水管,卫生洁具,PVC 冷凝水管 钢塑主管,PPR 支管,地下室水泵
	燃气工程	煤气管道系统镀锌钢管敷设
	消防工程	消火栓、喷淋系统镀锌钢管,火灾报警系统
	通风空调工程	地下室人防通风,大金空调系统,楼梯间正压送风
	智能化系统工程	桥架敷设,JDG 管敷设
	电梯工程	奥的斯电梯,井道照明敷设
	其他工程	—

表 2-3-7 **工程造价指标汇总**

序号	项 目 名 称	造价(万元)	平方米造价(元/m²)	造价比例(%)
1	分部分项工程	10 442.04	3 424.79	90.77%
1.1	建筑工程	3 803.83	1 247.58	33.07%
1.2	装饰装修工程	3 172.06	1 040.37	27.57%
1.3	安装工程	3 466.15	1 136.83	30.13%
2	措施项目	1 027.66	337.05	8.93%
3	其他项目	33.96	11.14	0.30%
4	合　计	11 503.66	3 772.98	100.00%

表 2-3-8 **分部分项工程造价指标**

序号	项 目 名 称	造价(万元)	平方米造价(元/m²)	造价比例(%)
1	建筑工程	3 803.83	1 247.58	36.43%
1.1	土(石)方工程	168.59	55.29	1.61%
1.2	桩与地基基础工程	538.67	176.67	5.16%
1.3	砌筑工程	133.33	43.73	1.28%
1.4	混凝土及钢筋混凝土工程	2 090.94	685.79	20.02%
1.5	厂库房大门、特种门、木结构工程	22.36	7.33	0.21%
1.6	金属结构工程	138.35	45.38	1.32%
1.7	屋面及防水工程	160.86	52.76	1.54%
1.8	防腐、隔热、保温工程	125.54	41.17	1.20%

续表

序号	项 目 名 称	造价(万元)	平方米造价(元/m²)	造价比例(%)
1.9	其他工程	425.19	139.45	4.07%
2	装饰工程	3 172.06	1 040.37	30.38%
2.1	楼地面工程	559.71	183.57	5.36%
2.2	墙柱面工程	1 871.47	613.81	17.92%
2.3	天棚工程	318.65	104.51	3.05%
2.4	门窗工程	245.22	80.43	2.35%
2.5	油漆、涂料、裱糊工程	126.66	41.54	1.21%
2.6	其他工程	50.35	16.51	0.48%
3	安装工程	3 466.15	1 136.83	33.19%
3.1	电气工程	969.37	317.93	9.28%
3.2	给排水工程	285.26	93.56	2.73%
3.3	燃气工程	21.00	6.89	0.20%
3.4	消防工程	429.66	140.92	4.11%
3.5	通风空调工程	1402.45	459.98	13.43%
3.6	智能化系统工程	102.31	33.56	0.98%
3.7	电梯工程	256.10	84.00	2.45%
3.8	其他工程	—	—	—
4	合　计	10 442.04	3 424.79	100.00%

表 2-3-9　　　　　　　　　　措施项目造价指标

序号	项 目 名 称	造价(万元)	平方米造价(元/m²)	造价比例(%)
1	安全防护文明施工措施费	70.07	22.98	6.82%
1.1	环境保护	8.01	2.63	0.78%
1.2	文明施工	32.03	10.51	3.12%
1.3	临时设施	10.01	3.28	0.97%
1.4	安全施工	20.02	6.57	1.95%
2	大型机械进出场及安拆	6.81	2.23	0.66%
3	现浇砼与钢砼构件模板	227.44	74.60	22.13%
4	脚手架	184.34	60.46	17.94%
5	垂直运输机械	139.07	45.61	13.53%
6	基坑支撑	366.92	120.34	35.70%
7	打拔钢板桩	—	—	—
8	打桩场地处理	—	—	—
9	基础排水、降水	28.49	9.34	2.77%
10	其他措施费	4.52	1.48	0.44%
11	合　计	1 027.66	337.05	100.00%

表 2-3-10　　　　　　　　　　　　　　　　　**其他项目造价指标**

序号	项目名称	造价(万元)	平方米造价(元/m²)	造价比例(%)	备注
1	暂定金额项目	—	—	—	
2	指定金额项目	—	—	—	
3	总承包服务费	33.96	11.14	100.00%	
4	零星工作项目费	—	—	—	
5	合　计	33.96	11.14	100.00%	

表 2-3-11　　　　　　　　　　　　　　　　　**工程造价费用分析**

序号	项目名称	造价(万元)	平方米造价(元/m²)	占造价比例(%)					
				人工费	材料费	机械费	间接费	利润	税金
1	建筑工程	3 803.83	1 247.58	6.36%	78.14%	8.40%	2.80%	1.00%	3.30%
1.1	基础工程	—							
1.2	地上工程	1 655.90	543.10	7.03%	82.64%	3.23%	2.80%	1.00%	3.30%
1.3	地下工程	2 147.93	704.48	5.85%	74.67%	12.38%	2.80%	1.00%	3.30%
2	装饰装修工程	3 172.06	1 040.37	13.36%	78.22%	1.32%	2.80%	1.00%	3.30%
3	安装工程	3 466.22	1 136.85	5.47%	87.78%	1.01%	1.90%	0.54%	3.30%
3.1	电气工程	969.37	317.93	4.03%	90.27%	0.60%	1.40%	0.40%	3.30%
3.2	给排水工程	285.26	93.56	3.24%	91.53%	0.48%	1.13%	0.32%	3.30%
3.3	燃气工程	21.00	6.89	10.80%	80.10%	1.00%	3.80%	1.00%	3.30%
3.4	消防工程	429.66	140.92	12.71%	76.14%	2.19%	4.40%	1.26%	3.30%
3.5	通风空调工程	1 402.45	459.98	3.33%	90.58%	1.30%	1.16%	0.33%	3.30%
3.6	智能化系统工程	102.38	33.58	10.08%	82.09%	0.00%	3.53%	1.00%	3.30%
3.7	电梯工程	256.10	84.00	10.66%	81.31%	0.00%	3.73%	1.00%	3.30%
3.8	其他工程	—	—	—	—	—	—	—	—
4	措施项目	1 027.66	337.05	—	—	—	—	—	—
5	其他项目	33.96	11.14	—	—	—	—	—	—
6	合　计	11 503.66	3 772.98						

表 2-3-12　　　　　　　　　　　　　　　　　**主要消耗量指标**

序号	项目名称		单位	消耗量	百平方米消耗量
1	人工	建筑	工日	88 896.00	291.56
		装饰	工日	99 875.00	327.57
		安装	工日	69 695.00	228.59
		小计	工日	258 466.00	847.72
2	钢筋		t	4 005.21	13.14
3	钢模板		t	—	—
4	木模板		m²	91 072.22	298.70
5	水泥		t	204.32	0.67
6	黄砂		t	1 280.70	4.20
7	石子		t	244.12	0.80

序号	项 目 名 称		单位	消 耗 量	百平方米消耗量
8	砌 块		m³	4 427.85	14.52
9	商品砼		m³	16 748.13	54.93
10	商品砂浆		m³	3 531.97	11.58
11	门 窗		m²	3 084.82	10.12
12	屋面防水卷材		m²	4 323.50	14.18
13	墙体及屋面保温		m²	13 072.40	42.87
14	外墙装饰	面 积	m²	6 152.53	20.18
15		石 材	m²	708.96	2.33
16		涂 料	m²	9 740.10	31.95
17		面 砖	m²	—	—
18	电 线		m	149 862.00	491.52
19	电线管(含易弯塑料管)		m	—	—
20	电 缆		m	14 334.00	47.01
21	桥 架		m	2 948.00	9.67
22	线 槽		m	—	—
23	母 线 槽		m	72.00	0.24
24	灯 具		套	5666.00	18.58
25	钢管	电 气	m	29 705.00	97.43
26		管 道	m	12 728.00	41.75
27	给水管	钢塑复合	m	2 912.00	9.55
28		PVC	m	—	—
29	PVC排水管		m	5 152.00	16.90
30	卫生器具(套)		套	451.00	1.48

表 2-3-13 　　　　　　　　　　　　主要工程量指标(建筑工程)

序号	项 目 名 称		单 位	工程量	百平方米工程量
1	土(石)方工程		m³	22 844.31	74.92
2	桩基工程	短桩		—	—
		钢管桩		—	—
		砼方桩		—	—
		灌注桩	m³	5 806.17	19.04
		其他		—	—
3	砌筑工程	外墙砌体	m³	1 019.83	3.34
		内墙砌体	m³	3 585.41	11.76
4	混凝土工程	基础(除地下室)		—	—
		地下	m³	6 988.46	22.92
		地上	m³	9 512.16	31.20
5	钢 筋 工 程		t	3 965.55	13.01

续表

序号	项目名称		单 位	工程量	百平方米工程量
6	模板工程		m²	91 072.22	298.70
7	门窗工程	门	m²	1 098.04	3.60
		窗	m²	1 986.78	6.52
		其他		—	—
8	楼地面工程	块料面层	m²	13 257.25	43.48
		整体面层	m²	14 618.94	47.95
		其他		—	—
9	屋面工程	屋面防水	m²	3 431.35	11.25
		隔热保温	m²	2 741.28	8.99
10	外装饰工程	幕墙	m²	6 152.53	20.18
		涂料	m²	9 740.11	31.95
		块料	m²	708.96	2.33
		外保温	m²	10 057.33	32.99
		其他	m²	2 831.98	9.29
11	内装饰工程	内墙饰面	m²	42 634.91	139.83
		天棚	m²	33 695.34	110.51
		内保温		—	—
		其他(玻璃隔断)	m²	137.31	0.45
12	金属结构工程			—	—

表 2-3-14　　　　　　　　　　　主要工程量指标(安装工程)

序号	项目名称		百 平 方 米 工 程 量					
1	电气	变配电	变压器总容量(kVA)		变压器(台)		柜、屏、盘、箱(台)	
			4.10		0.01		0.05	
		动力	管(m)	线(m)	线槽、桥架(m)	母线槽(m)	电动机(台)	配电柜、屏、盘、箱(台)
			29.23	147.46	2.90	0.24	—	0.23
		照明	管(m)	线(m)	线槽、桥架(m)	母线槽(m)	灯具(套)	配电箱(台)
			68.20	344.06	6.77	—	18.58	0.66
		电缆	电力电缆(m)				控制电缆(m)	
			46.25				0.77	
		架空线	线(km)		电杆(根)		路灯(套)	
			—		—		—	
		防雷接地	避雷针(支)	避雷带(网)(m)	引下线(m)	接地母线(m)		接地极(根)
			0.00	4.59	7.05	3.92		

2	给排水	给水管(m)	排水管(m)	泵(台)	卫生器具(套)			
					洗脸(涤)盆	浴缸	大便器	小便器
		7.21	9.55	0.09	0.58	—	0.56	0.34

序号	项目名称		百 平 方 米 工 程 量			
3	燃 气		管(m)			灶、热水器(套)
			—			—
4	消防	水消防	管(m)	线(缆)(m)	泵(台)	喷淋头(个)
			4.93	0.15	0.02	15.91
		电消防	管(m)	线(缆)(m)		探测器(个)
			135.21	269.48		3.40
5	通风空调	通风	风管展开面积(m²)			风机、除尘设备(台)
			28.90			0.16
		空调	管(m)			风机盘管、空调设备(台)
			29.41			1.48
6	智能化系统	管线	管(m)	线(m)		电缆(m)
			101.67	309.29		105.61
		通信网络	终端(个)			
			2.25			
		建筑设备监控	终端(个)			
			0.35			
		有线电视	终端(个)			
			—			
		智能识别管理	终端(个)			
			—			
		安全防范	终端(个)			
			—			
7	电 梯		总台数(台)	层数(层)		停靠站(站)
			0.03	0.05		0.05

第四节　估算指标

一、估算指标的概念

估算指标是确定建设项目在建设全过程中的全部投资支出的技术经济指标。它具有较强的综合性和概括性。其范围涉及建设前期,建设实施期和竣工验收交付使用期等各阶段的费用支出;其内容包括工程费用和工程建设其他费用。不同行业、不同项目和不同工程其费用构成差异性很大,因此估算指标既有能反映整个建设项目全部投资及其构成(建筑工程费用、安装工程费用、设备工器具购置费用和其他费用)的指标,又有组成建设项目投资的各单项工程投资(主要生产设施投资、辅助生产设施投资、公用设施投资、生产福利设施投资等)的指标。既能综合使用,也能个别分解使用。其中占投资比重大的建筑工程和工艺设备的指标,既有量又有价,根据不同结构类型的建筑物列出每 $100m^2$ 的主要工程量和主要材料量,主要设备也要列出其规格、型号和数量;同时又有以编制年度为基期的价格。这样便于方案不同、建设期不同而对估算指标进行价的调整和量的换算,使估算指标具有更大的覆盖面和适用性。

二、估算指标的作用

在项目建议书和可行性研究阶段,估算指标是多方案比选,正确编制投资估算,合理确定项目投资额的重要基础和依据。

在建设项目评价和决策阶段,估算指标是评价建设项目可行性和分析投资经济效益的主要经济指标。

在实施阶段,估算指标是限额设计和工程造价控制的约束标准。

三、估算指标的项目表

估算指标的项目表一般分建设项目综合指标,单项工程指标和单位工程指标三个层次。

(一)建设项目综合指标

建设项目综合指标,是反映建设项目从立项筹建开始到竣工验收交付使用所需的全部投资指标,包括建设投资(单项工程投资和工程建设其他费用)和流动资金产投资。

建设项目综合指标,一般以建设项目的单位综合生产能力投资表示,如:元/年生产能力(t)、元/每小时产气量(m³)等;或以建设项目单位使用功能投资表示,如医院:元/床;宾馆:元/客房套。

(二)单项工程指标

单项工程指标,是反映建造能独立发挥生产能力或使用效益的单项工程所需的全部费用指标。包括建筑工程费,安装工程费用和包括在该单项工程内的设备、工器具购置费。不包括工程建设其他费用。

单项工程指标,一般以单项工程单位生产能力造价或单位建筑面积造价表示。如变电站:元/kVA;锅炉房:元/年产蒸气(t);办公室和住宅:元/建筑面积(m²)。

(三)单位工程指标

单位工程指标,是反映建造能独立组织施工的单位工程的造价指标,即建筑安装工程费用指标,包括直接费、间接费、利润和税金,即类似概算指标。

单位工程指标,一般以单位工程量造价表示。如房屋:元/m²;道路:元/m²;水塔:元/;管道:元/m。

表 2-4-1 是《市政工程投资估算指标·排水工程》(第四册)中,排水厂站(污水处理厂)综合指标的项目表。

表 2-4-1 　　　　　　　排水厂站(污水处理厂)综合指标的项目表 　　　　　　单位:m³/d

指 标 编 号		4Z-015	
项　　　目	单位	二级污水处理厂(一)	
		水量 5 万~10 万 m³/d 以上	占指标基价(%)
指 标 基 价	元	1 389.44~1 602.89	—
一、建筑安装工程费	元	761.71~876.87	—
二、设备购置费	元	357.00~413.70	—
三、工程建设其他费用	元	167.81~193.59	—
四、基本预备费	元	102.92~118.73	—

续表

指　标　编　号				4Z-015	
建筑安装工程费					
直接费	人工费	人工	工日	1.97～2.22	—
		措施费分摊	元	2.84～3.27	—
		人工费小计	元	63.95～72.05	—
	材料费	水泥(综合)	kg	147.00～168.00	—
		钢材	kg	23.10～25.20	—
		锯材	m³	0.02～0.02	—
		中砂	m³	0.30～0.35	—
		碎石	m³	0.50～0.57	—
		铸铁管	kg	8.93～9.98	—
		钢管及钢配件	kg	4.20～6.30	—
		钢筋混凝土管	kg	15.75～18.90	—
		闸阀	kg	3.68～4.20	—
		其他材料费	元	111.30～119.70	—
		措施费分摊	元	30.92～35.60	—
		材料费小计	元	498.17～575.30	—
	机械费	机械费	元	64.05～73.50	—
		措施费分摊	元	1.78～2.05	—
		机械费小计	元	65.83～75.55	—
	直接费小计		元	627.95～722.89	—
综合费用			元	133.75～153.98	—
合　计			元	761.71～876.87	—

　　表中工程建设其他费用包括建设管理费、可行性研究费、研究试验费、勘察设计费、环境影响评价费、场地准备及临时设施费、工程保险费、联合试运转费、生产准备及开办费。按建筑安装工程费与设备购置费之和的15％确定。

　　预备费包括基本预备费和价差预备费。按建筑安装工程费、设备购置费、工程建设其他费用之和的8％确定。

　　表2-4-2是《市政工程投资估算指标·排水工程》(第四册),排水构筑物(初沉池)分项指标的项目表。

表 2-4-2　　　　　　　　　　　**排水构筑物(初沉池)分项指标的项目表**　　　　　　　　　　单位:座

工程特征:钢筋混凝土结构,大开挖施工,直径 30m,高 3.85m,单池流量:$Q_{max} = 1\,896\text{m}^3/\text{h}$,表面负荷 $Q_{max} = 2.68\text{m}^3/(\text{m}^2 \cdot \text{h})$。

指　标　编　号		4F-098	
项　　　目	单位	初沉池	占指标基价(%)
指　标　基　价	元	2 368 220	100.00
一、建筑安装工程费	元	1 614 260	68.16
二、设备购置费	元	753 960	31.84

续表

指 标 编 号				4F-098	
建筑安装工程费					
直接费	人工费	人工	工日	3 570	—
		措施费分摊	元	6 026	—
		人工费小计	元	116 792	4.93
	材料费	商品混凝土 C30	m³	722.10	
		水泥(综合)	t	20.51	
		钢材	t	81.48	
		锯材	m³	3.02	
		中砂	m³	691.43	
		碎石	m³	69.54	
		其他材料费	元	343 502	
		措施费分摊	元	65 536	
		材料费小计	元	1 037 390	43.80
	机械费	挖土机械费	元	11 704	
		吊装机械费	元	27 509	
		其他机械费	元	133 638	
		措施费分摊	元	3 766	
		机械费小计	元	176 618	7.46
	直接费小计		元	1 330 800	59.16
综合费用			元	283 460	11.97
合　计			元	1 614 260	—

表中建筑安装工程费由直接费和综合费用组成,直接费由人工费、材料费、机械费组成。措施费包括环境保护、文明施工、安全施工、临时设施、夜间施工等内容。按人工费、材料费、机械费之和的 6％确定,以 8％,87％,5％的比例分别摊入人工费、材料费和机械费。二次搬运、大型机械设备进出场及安装拆除、混凝土和钢筋混凝土模板及支架、脚手架编入直接工程费。综合费用由间接费、利润和税金组成,按直接费的 21.3％确定。

设备购置费由设备原价＋设备运杂费组成,设备运杂费指除设备原价之外的设备采购、运输、包装及仓库保管方面支出费用的总和。

本指标的编制期价格取定:人工工资综合单价按北京地区 2004 年 31.03 元/工日;材料价格、机械台班单价按北京地区 2004 年价格。

四、估算指标的使用

使用估算指标原则上人工、材料、机械的消耗量不做调整;人工、材料、机械单价可按工程所在地当时当地的市场价格进行调整;费率可参照指标确定,也可按各级建设行政主管部门发布的费率调整。具体调整方案如下:

(一)建筑安装工程费的调整

1. 人工费以指标人工工日数乘以当时当地造价管理部门发布的人工单价确定。

2. 材料费以指标主要材料消耗量乘以当时当地造价管理部门发布的相应材料价格确定。

$$其他材料费 = 指标其他材料费 \times \frac{调整后的主要材料费}{指标(材料小计 - 其他材料费 - 材料费中措施费分摊)}$$

— 49 —

3. 机械费中列出主要机械台班消耗量的机械费以指标主要机械台班消耗量乘以当时当地造价管理部门发布的相应机械台班价格确定。

$$未列出主要机械台班消耗量的机械费＝指标机械费×\frac{调整后的（人工费＋材料费）}{指标（人工费＋材料费）}$$

$$其他机械费＝指标其他机械费×\frac{调整后的主要机械费}{指标（机械费小计－其他机械费－机械费中措施费分摊）}$$

4. 直接费为调整后的人工费、材料费、机械费之和。

5. 综合费用为调整后的直接费乘以当时当地的综合费率。

6. 建筑安装工程费为调整后的直接费、综合费用之和。

（二）设备购置费的调整

指标中列有设备购置费的,按主要设备清单,采用当时当地的设备价格或上涨幅度进行调整。

（三）工程建设其他费用的调整

工程建设其他费用为调整后的建筑安装工程费和设备购置费之和乘以国家规定的工程建设其他费用费率。

（四）基本预备费的调整

基本预备费为调整后的建筑安装工程费、设备购置费、工程建设其他费用之和乘以基本预备费费率。

（五）指标基价的调整

指标基价为调整后的建筑安装工程费、设备购置费、工程建设其他费用、基本预备费之和。

第五节 定额(指标)及其应用

一、定额(指标)的组成

定额(指标)一般都由目录、总说明、分部说明、工程量计算规则、项目表、附录和附册等组成。

现以上海市建筑和装饰工程预算定额(2000)为例,阐述定额(指标)的组成及其主要内容。上海市建筑和装饰工程预算定额(2000),由《上海市建筑和装饰工程预算定额(2000)》、《上海市建设工程普通混凝土、砂浆强度等级配合比表(2000)》、《上海市建筑和装饰工程预算定额工程量计算规则(2000)》、和《上海市建设工程施工费用计算规则(2000)》四本册子组成,配套使用。

（一）《上海市建筑和装饰工程预算定额(2000)》

《上海市建筑和装饰工程预算定额(2000)》(以下简称《2000 建筑和装饰定额》)由总说明、分部说明、项目表、附录组成。

1. 总说明

总说明一般包括以下内容:

1) 编制本定额的原则、主要依据和上级下达的有关定额修编的文件

总说明一,阐明《2000 建筑和装饰定额》是"体现量价完全分离而编制的预算定额",与 93 定额的根本差异是不再编制统一的单位估价表。

2) 编制本定额的目的、作用、指导思想及其适用范围

总说明二,阐明《2000 建筑和装饰定额》是"编制施工图预算、进行工程招投标、办理竣工结算、编制本市建筑工程概算定额、估价指标以及技术经济指标的基础",即对工程造价的确定具有指导性质,而不再具有法令性质。

总说明三,阐明《2000 建筑和装饰定额》是"适用于本市行政区域范围内的工业与民用建筑及构筑物的新建、扩建、改建及装饰工程",不适用于房屋修缮工程。

3）编制本定额的依据

总说明六提到的"现行全国建筑安装工程统一劳动定额和上海市补充劳动定额"及附录中的"主要材料损耗率表"是《2000 建筑和装饰定额》人工、材料、机械消耗量计算的三大依据,也是对《2000 建筑和装饰定额》进行换算或补充的重要依据。

4）编制本定额时已考虑和未考虑的共性问题

《2000 建筑和装饰定额》中人工工日消耗量"考虑了在综合劳动定额项目外必须增加的基本用工幅度差"。机械台班消耗量"考虑了按合理施工方法及综合劳动定额所需增加的机械幅度差"。材料消耗量考虑了"从工地仓库、现场集中堆放地点或现场加工地点至操作或安装地点的运输损耗,施工操作损耗,施工现场堆放损耗";对于"周转性材料(钢模板、木模板、脚手架等),按摊销量编制,且已包括回库维修的消耗量"。

《2000 建筑和装饰定额》考虑了材料的"水平和垂直运输所需的人工和机械"。

《2000 建筑和装饰定额》未考虑"防寒、防雨所需增加的人工、材料和设施费";也未考虑"材料、构件、配件的检验、试验费用"。

5）使用本定额应注意的事项

《2000 建筑和装饰定额》规定:凡"注有"×××以内"或"×××以下"者,均包括×××本身;"×××以外"或"×××以上"者,均不包括×××,为套用定额划清了界限。

2. 分部说明

在每个分部定额项目表前都有分部说明。分部说明进一步详细阐述本分部定额的编制和使用规则。分部说明一般包括以下内容:

(1) 本分部定额的项目编排(分类)说明

《2000 建筑和装饰定额》砼及钢砼分部说明一:"本章(分部工程)按模板、钢筋、混凝土分列子目。"这是《2000 建筑和装饰定额》与 93 定额在砼及钢砼分部项目划分(或工作内容)上的重大差别。

《2000 建筑和装饰定额》门窗及木结构分部说明一:"本章(分部工程)分为制品安装和现场制作安装两类。"

定额项目编排说明,起到警示作用,尤其是新旧定额的差异,一定要在分部说明中加以阐明,以免发生定额的漏套(如模板、钢筋)和错套(如制品安装与现场制作安装)。

(2) 本分部定额名称说明

2000 门窗及木结构分部说明四:各类木门(镶板门、半截玻璃门、全玻璃门、拼板门)的区分。

《2000 建筑和装饰定额》装饰分部说明一:块料镶贴和抹灰的"零星项目"适用于挑檐、天沟、腰线、窗台板、门窗套、压顶、栏板、扶手、遮阳板、雨篷周边、楼梯侧面、池槽、花台及抹灰面展开宽度 300mm 以上的线条抹灰;"装饰线条"适用于门窗套、挑檐口、腰线、压顶、遮阳板、楼梯边梁、边框凸出墙面或抹灰面展开宽度 300mm 以内的竖、横线条抹灰。

《2000 建筑和装饰定额》砼及钢砼分部说明二:高杯基础是指"杯口高度大于杯口大边长度的"杯形基础。

《2000 建筑和装饰定额》装饰分部说明四:一级天棚指面层在同一标高的平面上,二~三级天棚指面层不在同一标高的平面上,(即 93 定额的简单型与复杂型)。

(3) 本分部定额中包括的工作内容及说明

定额中包含的工作内容,可见项目表的表头工作内容栏,也可以从项目表中的材料消耗量中分析出来。在分部说明中阐述定额的工作内容,一般是用来警示新旧定额的差异,或容易误解、容易疏忽的项目。

《2000 建筑和装饰定额》楼地面分部说明二:水泥砂浆整体面层定额已包括踢脚线,其余各类整体面层、块料面层均未包括踢脚线(93 定额是除块料面层、整体面层和木地板面层均包括踢脚线)。

《2000 建筑和装饰定额》楼地面分部说明七:水泥砂浆楼梯面层定额已包括踢脚线、底面抹灰、刷石灰浆;水磨石楼梯面层定额已包括楼梯底面及侧面抹灰、刷石灰浆未包括靠墙踢脚线;块料楼梯面层定额未包括楼梯底面、侧面抹灰及靠墙踢脚线。

(4) 本分部定额中已综合的工作内容说明

当定额中包括的工作内容及其数量是综合取定的,那么实际(设计与施工)与定额不符时,可照套定额,不必换算。

《2000 建筑和装饰定额》土方分部说明一指出:人工土方定额综合考虑了干、湿土的比例,且已包括湿土排水。

(5) 本分部定额允许换算的界限及定额换算方法说明

《2000 建筑和装饰定额》土方分部说明二指出:机械土方按天然湿度土壤考虑(指含水率 25%以内)。含水率大于 25%时,定额人工、机械乘以系数 1.15。

《2000 建筑和装饰定额》楼地面分部说明十指出:螺旋形楼梯的块料装饰,按相应定额子目的人工与机械乘以系数 1.2,块料用量乘以系数 1.1;栏杆、扶手材料用量乘以系数 1.05。

《2000 建筑和装饰定额》门窗及木结构分部说明五指出:定额中门框断面分别为(52×90)和(52×145)两种,若设计与定额不同时,应按比例换算。换算方式如下:

$$\frac{\text{设计断面}}{\text{定额净断面}} \times \text{定额消耗量}$$

从上述分部说明中可以体会到,分部说明对正确使用定额和正确换算定额是极其重要的。

3. 项目表

项目表是定额手册的主要内容。它由表头和项目表两部分组成,在本章第二、三、四节中都有详细介绍,这里不再重复了。下面就定额项目表的排列和编号作简单介绍。

定额项目表系根据建筑结构、工种、材料、施工方法和施工顺序等,按分部工程(章),分节(节),分项(子目)等顺序排列的。

分部工程为章,它是将单位工程中性质相近,主要工种和施工部位大致相同的施工对象归在一起,成为分部工程(章)。《2000 建筑和装饰定额》共分十三个分部工程(章):土方、打桩、砌筑、砼及钢砼、钢砼及金属结构件驳运安装、门窗及木结构、楼地面、屋面及防水、防腐及保温隔热、装饰、金属结构制作及附属工程、建筑物超高降效及建筑物(构筑物)垂直运输和脚手架。

在分部工程(章)以下,又按施工方法、施工部位和工程材料等分成若干节。如土方分部工程(章)分人工土方、机械土方、强夯土方等节;砌筑分部工程(章)分砖基础、外墙和柱、内墙等节;砼及钢筋砼分部工程(章)分:现浇砼模板、现浇砼钢筋、现浇现拌砼等节。

在节以下,再按材料、规格、施工部位细分出许许多多分项工程(子目)。如砖砌外墙节,按材料分有多孔砖、17 孔砖、三孔砖;按墙厚分有 $\frac{1}{2}$ 砖、1 砖、$1\frac{1}{2}$ 砖以上。现浇现拌砼节,按结构分有基础、柱、梁、墙、板及其他;其中基础又分垫层、带形基础、独立基础和杯形基础、满堂基础、设备基础等分项工程(子目)。

为了便于查找,定额分项工程均有编号,定额手册还规定了编号的方法,一般是三级编号。如:4-7-2 第一个数字是分部工程(章)的编号,第二个数字是节的编号,第三个数字是分项工程(子目)的编号。4-7-2,是第四章(砼及钢砼分部工程),第七节(现浇现拌砼),第二个子目(基础梁分项工程)。即章—节—子目(或分部工程—节—分项工程)。

除了上述三级编号方法外,尚有采用二级编号的方法。二级编号方法是在三级编号方法的基础上,抽去中间的节编号。如 4-7 表示第四分部工程第七分项工程。

4. 附录

根据需要在定额手册中可设置附录,附录的内容一般有:

(1) 定额编制的依据。如:基础定额一览表、材料损耗率表、周转材料的周转次数表等。

(2) 工程量计算的辅助资料。如:墙体计算厚度表、砖墙基础大放脚折算高度及增加面积表、砖柱基础大放脚增加体积表和有关工程量计算图表等。

(二)《上海市建设工程普通混凝土、砂浆强度等级配合比表(2000)》

《上海市建设工程普通混凝土、砂浆强度等级配合比表(2000)》是与上海市建筑和装饰、安装、房修、园林、民防、公用、市政、水利等各专业工程预算定额(2000)配套使用的。

预算定额的项目表,为了节约篇幅,在材料消耗量中有些材料是以混合材料的形式出现的,如混凝土、砂浆等。而为了工程计价,不仅需要了解这些混合材料的消耗量,更需要了解组成这些混合材料的原材料,如水泥、砂子、石子等的消耗量。那么,就需要《混凝土、砂浆强度等级配合比表》了。

《上海市建设工程普通混凝土、砂浆强度等级配合比表(2000)》的内容包括:混凝土配合比表(现浇现拌混凝土强度等级配合比表、现场预制混凝土强度等级配合比表、现浇现拌水下混凝土强度等级配合比表);砌筑砂浆强度等级配合比表;抹灰砂浆配合比表;耐酸、防腐及特种砂浆、混凝土配合比表;各种垫层、保温层材料配合比表、其他砂浆配合比表。

(三)《上海市建筑和装饰工程预算定额工程量计算规则(2000)》

《上海市建筑和装饰工程预算定额工程量计算规则(2000)》是与《2000 建筑和装饰定额》相配套的。定额所规定的分项工程人工、材料、机械消耗量综合考虑了工程量计算规则的简化。因此必须明确定额工程量不等于实际完成的工程量,定额工程量是根据特定的工程量计算规则,计算出来的分项工程的数量,它是计算人工、材料、机械定额消耗量及其造价的基础。

工程量计算规则,既是预算定额编制过程中分项工程实物形态的综合反映,又是为套用定额计算工程量而规定的,必须遵循的一种工程量计算方法。例如,在编制预算定额一砖外墙时,每 $10m^3$ 墙体中,定额消耗量已扣除了梁头、梁垫、$0.3m^2$ 以下的孔洞所占的体积;增加了突出墙面的窗台、腰线、挑檐等体积。因此,定额在工程量计算规则中规定:墙体按体积计算,应扣除门窗洞口、过人洞、空圈、每个面积在 $0.3m^2$ 以上的孔洞、嵌入墙体内的钢筋混凝土柱、梁、过梁、圈梁、暖气包、壁龛所占的体积;不扣除梁头、外墙板头、梁垫、木楞头、沿椽木、木砖、门窗走头、墙体内的加固钢筋、木筋、铁件所占的体积。不增加突出墙面的砖砌窗台、压顶线、山墙泛水、烟囱根、门窗套,三皮砖以下的腰线、挑檐等的体积。砖垛、三皮砖以上的挑檐、砖砌腰线的体积,并入所依附的墙身体积内计算。

由此可见,工程量计算规则,是正确计算工程造价的保证。为使工程预算准确反映工程造价,必须严格按照定额规定的工程量计算规则计算工程量。

《上海市建筑和装饰工程预算定额工程量计算规则(2000)》与《2000 建筑和装饰定额》分别单独成册,是为了区别和强调二者具有不同的性质,前者具有法令性、强制性和统一性,而后者仅是指导性质的。《上海市建筑和装饰工程预算定额工程量计算规则(2000)》将在第八章详细介绍。

(四)《上海市建设工程施工费用计算规则(2000)》

《上海市建设工程施工费用计算规则(2000)》是适用于上海市行政区域范围内的建筑和装饰、安装、房修、园林、民防、公用、市政、水利等建设工程施工项目,与相应预算定额及其工程量计算规则和混凝土、砂浆配合比表一起组成计算工程造价的重要依据。

《上海市建设工程施工费用计算规则(2000)》主要规定了组成建设工程施工费用的要素内容及其计算方法。具体内容详见第三章。

二、定额(指标)的应用

(一)学习、理解、熟记定额(指标)

为了正确地运用定额(指标),测算工程所需的人工、材料、机械消耗量,编制工程概预算,进行技术经济分析,应认真学习定额(指标)。

首先,要浏览定额(指标)目录,了解定额(指标)的分部、分项工程是如何划分的。因为,不同的定额(指标)其分部、分项工程的划分方法是不一样的。有的是以材料、工种及施工顺序划分的;而有的则以结构和施工顺序划分,而且分项工程的含义(其所包括的工作内容)也不完全相同。只有掌握定额(指标)分部、分项工程的划分方法,了解定额(指标)分项工程所包含的工作内容,才能正确地、合理地将单位工程分解成若干个分部、分项工程,并罗列出整个单位工程中所包含的全部的分部、分项工程的名称,为下一步计算工程量作准备。

其次,要学习定额(指标)的总说明、分部说明。说明中指出的定额(指标)编制原则、编制依据、适用范围、已经考虑和尚未考虑的因素以及其他有关问题的说明,是正确套用定额(指标)、换算定额(指标)和补充定额(指标)的前提条件。建筑安装产品的多样性以及新结构、新技术、新材料的不断涌现,使现有定额(指标)不能完全适用,就需要补充定额(指标)或对原有定额作适当修正(换算),而总说明、分部说明则为补充定额(指标)、换算定额(指标)提供了依据,指明了路径。因此必须认真学习,深刻理解,尤其对定额(指标)换算的条款,要逐条阅读,不求背出,但求留痕。

再次,要熟悉定额项目表,能看懂定额项目表内的"三个量"的确切含义。如材料消耗量是指材料总的消耗量(包括净用量和损耗量)。对常用的分项工程定额所包含的工程内容,要联系工程实际,逐步加深印象。

最后,要认真学习,正确理解,实践练习,掌握建筑面积计算规则和分部、分项工程量计算规则。

只有在学习、理解、熟记上述内容的基础上,才能依据设计图纸和定额(指标),不遗漏也不重复地确定工程量计算项目,正确计算工程量,准确地选用定额或正确地换算定额或补充预算定额,以编制工程概预算。只有这样,才能运用定额(指标)作好其他各项工作。

(二)选用定额

使用定额,包含两方面的内容:一是根据定额分部、分项工程划分方法和工程量计算规则,列出所有分项工程的项目名称,并且正确计算出其工程量。这方面内容将在第八章详细介绍。另一是正确选用定额(套定额),并且在必要时换算定额或补充定额,这是本节要重点介绍的内容。

要正确选用定额,首先必须了解定额分项工程的含义,即了解定额分项工程所包含的工作内容。它可以从定额总说明、分部说明、项目表表头工作内容栏中去了解,也可以且应该从项目表中的人工、材料、机械消耗量中去琢磨。只有这样才能对定额分项工程的含义有较深的了解。

如2000预算定额分项工程7-3-1整体面层1:2水泥砂浆,从项目表中可以形象地看到工作内容:冲洗基层(水)0.038m³,刷素水泥浆0.001m³,1:2水泥砂浆面层0.0216m³(厚2cm),踢脚线1:3水泥砂浆0.0022m³(约0.9m长,参见2000预算定额7-3-5)。由此可见,定额未包括找平层(分部说明有误)应改为"整体面层(除水泥砂浆面层)定额已包括找平层"。

其次,要了解有关正确使用定额的规定。

1. 定额不必(不宜)调整的规定

预算定额作为计价定额,应反映社会平均水平。因此在定额的总说明和分部说明中往往提示:预算定额所确定的人工、材料、机械消耗量是按照正常施工条件,多数施工企业的装备设备、成熟的施工工艺、合理的劳动组织为基础编制的,反映了社会平均消耗量的水平,因此不必(不宜)因个别企业的特殊条件与定额不符而对定额进行调整。又如定额是依据现行有关国家及本市强制性标准、推荐性标准、设计规范、施工验收规范、质量评定标准、安全操作规程,并参照了有代表性的工程设计,施工资料和其他资料编制的,具有规范性和综合性。具体工程做法与定额不同亦不宜另计费用。

2. 定额建议按实计算的规定

由于工程建设工期较长，又多露天作业，在施工过程中经常会发生一些难以预料的情况。这些情况的出现直接影响到施工过程的人工、材料、机械消耗量，而在定额中又无法加以考虑。因此在定额中明确在一定范围内可以按实计算。如总说明十六指出：本定额未包括防寒、防雨所需的人工、材料和设施费。

3. 定额中建议换算的规定

为了减少定额的篇幅，减少定额的子目，在编制定额时常有意地留下部分活口，允许定额在适当的条件下，按规定的方法进行调整和换算以增加定额子目的适用性。定额中建议换算的内容有：混凝土、砂浆强度等级配合比换算，材料断面换算，地面、墙面抹灰层厚度换算，特殊条件下的人工、材料、机械消耗量换算等。这些换算的条件和换算方法常见于分部说明。如打桩分部说明二指出：本章均为垂直桩，如斜桩，斜度小于 1：6，按相应定额子目人工、机械乘以系数 1.2；斜度大于 1：6，按相应定额子目人工、机械乘以系数 1.3。

在选用定额（俗称套定额）时，会碰到以下三种情况：

（1）设计要求和施工方案（方法）与定额分项工程的工作内容完全一致——对号入座，直接选用定额。

例如：墙面贴花瓷砖（200mm×300mm）。先查到第十分部装饰，再查到第二节墙柱面块料面层，可查到编号为 10-2-77 的瓷砖墙面墙裙，块料周长 600mm 以外子目，和编号为 10-2-82 的瓷砖粘结剂墙面墙裙，块料周长 600mm 以外子目，再核对工作内容，确认施工方法，若未用粘结剂，则直接选用定额 10-2-77 子目即可。

（2）设计要求和施工方案（方法）与定额分项工程的工作内容基本一致，但有部分不同——此时又有两种情况：

① 定额已综合考虑，不必（不宜）换算——"强行入座"、"生搬硬套"，仍选用原定额子目。

例如：少量的设备基础现浇现拌混凝土，施工采用人工搅拌、人工振捣，可直接选用定额 4-7-5 的现浇现拌设备基础混凝土子目。因定额是机械搅拌、机械振捣，是按正常施工条件，多数施工企业的装备设备，成熟的施工工艺，合理的劳动组织为基础编制的。此时只能牵强附会，凑合选用，不"对号"也"入座"了。

② 定额建议换算调整后选用——先换算后选用。选用时，仍使用原来的定额名称和编号，只是在原定额编号后再加注一下标"换"字，以示该定额子目已经换算了。

例如：地面地砖（300mm×300mm），套定额 7-4-25 的地砖，块料周长 1200mm 以内子目，若地砖是拼色铺贴，则人工须乘以系数 1.2。因此，首先换算定额，将该定额人工消耗量由原来的抹灰工 0.271 工（工日），其他工 0.0616（工日），换算为抹灰工 0.2712×1.2＝0.3254（工日），其他工 0.0616×1.2＝0.0739（工日）。然后再选用，将原定额编号修正为 7-4-25$_换$，原定额名称修正为地砖，块料周长 1200mm 以内（拼色）。

（3）设计要求或施工工艺在定额中没有，是定额的缺项——"'补'足为凭"。先补充定额，然后再套用。

（三）换算定额

定额是有科学性和严肃性，一般情况下不允许任何人，任何工程强调自身的特殊性，对定额进行随意的换算。定额换算的前提条件是定额建议（允许）换算。

定额换算的方法大致有以下几种：

1. 系数换算法

如嵌砌墙按相应定额的砖瓦工乘以系数 1.22；

又如幕墙玻璃以工厂制品安装为准，如现场制作时，玻璃可增加 15% 的制作损耗；

再如小型打桩工程按相应定额人工、机械乘以系数 1.25。

2. 比例换算法

如木门框断面设计与定额不同时，可按比例换算。

$$换算后的消耗量 = \frac{设计断面面积}{定额净断面面积} \times 定额消耗量$$

3. 增减换算法

增加或减少某一人工、材料、机械的消耗量。

如混合结构、现浇框架结构的构件安装，套用相应定额子目时，应扣除其安装机械台班。

又如砼、砂浆等配合比设计与定额不同时，可以换算。即根据砼、砂浆配合比表，减去定额砼、砂浆的消耗量，增加新的砼、砂浆的消耗量。

例：10-1-57 混合砂浆 1：1：6 墙面抹灰，当设计为混合砂浆 1：3：9 时，可将定额换算为10-1-57$_换$，混合砂浆 1：3：9 墙面抹灰。将定额材料消耗量混合砂浆 1：1：6 舍去，增加混合砂浆 1：3：9，0.0213（m³），消耗量不变；其他人工、材料、机械消耗量也不变。

4. 另套定额换算法

如现浇钢筋混凝土柱、梁、墙、板的工具式钢模板支模高度是按层高 3.6m 编制的。层高为 3.6m 以上时，超过部分另套相应定额子目。

例：现浇钢筋混凝土矩形梁，层高 4.2m，模板工程应套定额 4-1-20 矩形梁模板定额和 4-1-26柱、梁超 3.6m，每增 3m 模板定额。若层高为 7.5m，7.5−3.6＝3＋0.9，则应另套 4-1-26 柱梁超3.6m，每增 3m 模板定额子目两次。

又如钢筋以手工绑扎为准，若用电焊接头、锥螺纹钢筋接头、冷压套管钢筋接头、电渣压力焊接头等套相应定额子目。接头按只计算，不扣绑扎的人工和材料。

（四）补充定额

1. 编制补充定额的原因

编制补充定额的直接原因是定额缺项，而根本原因是：

（1）设计中采用了定额项目中没有的新材料；

（2）施工中采用了定额中没包括的施工工艺或新的施工机具；

（3）结构设计上采用定额没有的新的结构作法。

2. 编制补充定额的基本要点

补充定额的编制原则，编制依据和编制方法均与前述的定额编制原则，编制依据和编制方法相同。但在编制补充定额时要注意以下几个基本要点：

（1）定额的分部工程范围划分（即属于哪一分部），分项工程的工作内容及其计量单位，应与现行定额中同类项目保持一致。

（2）材料损耗率必须符合现行定额的规定。

（3）数据计算必须实事求是。

3. 补充定额具体编制方法

1）人工消耗量确定

（1）根据全国统一劳动定额计算，考虑辅助用工、超运距用工和人工幅度差，同编制预算定额一样。这种方法比较准确，但工作量大，计算复杂。

（2）根据实际消耗量计算。

$$定额人工消耗量 = \frac{实际人工消耗量}{实际完成工程量}$$

采用这种方法，数据必须可靠、可信，应以现场施工日记记录为准。它比较方便，但往往把不合理的人工消耗也计入定额消耗量内,不尽合理。

(3) 比照类似定额项目的人工消耗量。

2) 材料消耗量确定

(1) 以理论方法计算出材料净用量,然后再查找出该材料的定额损耗率。这种方法适用于主要材料。

$$材料消耗量＝净用量×(1＋损耗率)$$

(2) 参照类似定额材料消耗量,按比例计算。这种方法适用于次要材料。

(3) 按实计算。采用这种方法,数据必须可靠、可信,应以材料领料单为准,它的缺点是将材料不合理的损耗也计入定额消耗量内。

$$定额材料消耗量＝\frac{实际材料消耗量}{实际完成工程量}$$

3) 机械消耗量

(1) 按全国统一劳动定额计算。

(2) 参照类似定额机械消耗量,对比确定。

(3) 按实计算。

$$定额机械消耗量＝\frac{实际台班使用量}{实际完成工程量}$$

复习思考题

1. 建筑安装工程有哪些定额?为什么说人工消耗定额、材料消耗定额、机械台班使用定额是建筑安装工程定额的基础定额?

2. 劳动定额中的时间定额与产量定额有何联系?各有什么用途?

3. 预算定额的性质和作用是什么?编制预算定额的依据有哪些?

4. 何谓测算"名义工程量"中的"实际工程量"?在编制预算定额前为什么必须测算"名义工程量"中的"实际工程量"?

5. 预算定额中的人工消耗量指标有哪些?怎样确定人工消耗量?人工幅度差的含义是什么?

6. 预算定额中的材料消耗量是指材料的净用量?还是总消耗量?还是摊销量?如何识别?

7. 用理论方法计算每 m^3 墙厚为 $\frac{1}{2}$ 砖、$1\frac{1}{2}$ 砖、$\frac{1}{4}$ 砖和 $\frac{3}{4}$ 砖的标准砖砖墙的标准砖净用量(块)和砂浆的净用量(m^3)。

8. 试述概算定额的编制依据和方法,理解"扩大"、"综合"、"简化"三词的含义。

9. 概算指标的项目表由哪三部分组成?各有什么用途?

10. 试述预算定额、概算定额、概算指标、估算指标四者之间的关系。

11. 试述预算定额手册的组成内容。

12. 试述如何正确选用定额。

13. 试述如何正确换算定额,有哪几种方法?

14. 试述如何正确补充定额,应注意什么?

15. 《2000建筑和装饰定额》7-4-13为楼梯铺贴花岗岩面层定额子目,试将其换算成旋转楼梯铺贴花岗岩面层定额子目。

16. 名词解释:预算定额、概算定额、概算指标、估算指标、材料净用量、材料损耗量、材料总消耗量、材料摊销量、换算定额、补充定额。

第三章　与定额相配套的人工、材料、机械费单价

建设工程定额确定了完成指定工程内容所需消耗的人工、材料和机械台班数量,为了计算建设工程造价,还需将上述人工、材料和机械的消耗量货币化,将其转化为人工费、材料费和机械费。人工费、材料费和机械费可以根据人工、材料和机械的消耗量乘以相应的人工、材料和机械费单价获得,其中人工、材料和机械费单价不应该是人工工资、材料买价或机械台班租赁费,而应该是与定额相配套的人工费单价、材料费预算价格和机械台班使用费。

第一节　人工费单价

人工费是指直接从事建筑安装施工的生产工人开支的各项费用。人工费单价是指以工日(8小时)为计时单位的全部人工费用。

一、人工费的组成

(1) 基本工资,是指发放给生产工人的基本工资。

(2) 工资性补贴,是指按规定标准发放的物价补贴,煤、燃气补贴,交通补贴,住房补贴,流动施工津贴等。

(3) 生产工人辅助工资,是指生产工人年有效施工天数以外非作业天数的工资,包括职工学习、培训期间的工资,调动工作、探亲、休假期间的工资,因气候影响的停工工资,女工哺乳时间的工资,病假在六个月以内的工资及产、婚、丧假期的工资。

(4) 职工福利费,是指按规定标准计提的职工福利费。

(5) 生产工人劳动保护费,是指按规定标准发放的劳动保护用品的购置费及修理费,徒工服装补贴,防暑降温费,在有碍身体健康环境中施工的保健费用等。

二、上海市建设工程人工费的组成

人工费的组成,各地区、各部门不完全相同。上海市建设工程人工费内容仅包括基本工资、工资性补贴和劳动保护费。生产工人辅助工资和职工福利费纳入施工管理费。

三、人工费单价的测算

(一)人工费单价的分类

人工费单价因工人的技术等级或工资等级不同,差距很大。与定额相配套的人工费单价有两类:一类是按技术等级或工资等级分,如 93 定额的人工费单价;另一类是按工种分,如砼工、钢筋工、木工、抹灰工、砖瓦工等,2000 定额的人工费单价是按工种分的。

(二)工种人工费单价的测算

工种人工费单价测算分三步骤:

(1) 测算工种平均技术等级;

(2) 根据工种平均技术等级和人工费组成内容测算工种月人工费开支;

(3) 计算工种人工费单价。

$$工种人工费单价 = \frac{工种月人工费开支}{全月法定工作日}$$

全月法定工作日按全年 365 天,扣除双休日 104 天和法定节假日 11 天后除以 12 个月计算,即为

$$\frac{365-(104+11)}{12}=20.83(天)$$

四、人工费单价的确定

建筑安装工程的资源要素价格(包括人工费单价、材料费单价和机械台班单价)是计算和确定建筑安装工程价格的重要依据之一。应以人工费包括的内容为基础,根据建设工程具体特点及市场情况,参照工程造价管理机构发布的市场价格信息,由承发包双方洽谈协商以合同的形式加以确认,即合同定价。

为了规范市场的价格行为,保护建筑安装工程交易双方的权益,满足建设各方对建设工程造价信息的需求,工程造价管理机构和社会信息咨询单位定期发布市场价格信息(包括人工、材料、机械和费用等价格信息),这些价格信息是建筑安装工程交易双方合同定价的重要参考资料。表3-1-1是上海市建筑建材业市场管理总站发布的有关人工单价的价格信息。

由于人工单价(包括材料单价、施工机械使用费单价)是动态变化的,为更好地服务建筑建材业市场,强化建设工程的预测、预控市场意识,便于对工程造价的研究、预测、控制和计价,上海市建筑建材业市场管理总站还在历史资料数据的基础上,密切跟踪监测建设工程主要人工、机械、材料的价格走势,编制了从2003年以来,上海市主要人工、材料、机械价格及其指数,用户可以上http://www.ciac.sh.cn网查询。

表 3-1-1　　　　　　　　上海市 2011 年 5 月份建设工程人工价格市场信息

序号	名　称	规　格　型　号	单位	价格(元)
1	安装综合工		工日	72~128
2	木工	木装修	工日	78~142
3	防水工		工日	70~109
4	抹灰工		工日	77~124
5	抹灰工	贴墙、地面砖(大理石、花岗岩)	工日	78~139
6	油漆工		工日	78~136
7	架子工		工日	78~118
8	砖瓦工		工日	78~118
9	模板工	支拆模板	工日	78~119
10	钢筋工		工日	78~114
11	混凝土工		工日	70~107
12	电焊工		工日	90~126
13	起重工		工日	74~119
14	玻璃工		工日	72~116
15	馈触线工		工日	72~113

注:本月的建设工程价格市场信息是根据上月的市场价格资料,经综合平衡后编制而成。

第二节　　材料费单价

材料费,是指施工过程中耗用的构成工程实体的原材料、辅助材料、构配件、半成品的费用和周转使用材料的摊销(或租赁)费用。材料费单价有三个层次:材料原价、材料预算价格和材料取定价格。

一、材料原价

材料原价,是材料购买时支付的价格,一般情况下是指材料的出厂价格或批发牌价。

二、材料预算价格

材料预算价格是指材料(包括构件、零件、半成品)由来源地运达工地仓库或施工现场存放材料地点后的出库价格。建筑安装工程所耗用材料的来源是多渠道的,供应和运输方式是多样的。各种材料从交货地点到施工现场入库保管为止,要经过订货、采购、运输、装卸、保管、检验试验等过程,在这些过程中需要发生的一切费用,构成材料的预算价格。

(一)材料预算价格的组成

(1)材料原价(或供应价格)。

(2)材料运杂费,是指材料自来源地运至工地仓库或指定堆放地点所发生的全部费用。

(3)运输损耗费,是指材料在运输装卸过程中不可避免的损耗。

(4)采购及保管费,是指为组织采购、供应和保管材料过程中所需要的各项费用。包括:采购费、仓储费、工地保管费、仓储损耗。

(5)检验试验费,是指对建筑材料、构件和建筑安装物进行一般鉴定、检查所发生的费用,包括自设试验室进行试验所耗用的材料和化学药品等费用。不包括新结构、新材料的试验费和建设单位对具有出厂合格证明的材料进行检验,对构件做破坏性试验及其他特殊要求检验试验的费用。

(二)上海市建设工程材料预算价格的组成

(1)原价,是指材料的市内供应价格(包括材料原价和外埠的运杂费、运输损耗费、采购及保管费)。

(2)市内运输费,是指市内材料运杂费。

(3)损耗,是指市内运输的损耗。

材料预算价格中不含材料的市内采购及保管费用和检验试验费。该两项费用纳入施工管理费。

三、材料取定价格

材料预算价格是按材料的不同品种、规格、型号、等级分别编制的。例如,水泥品种有硅酸盐水泥、普通硅酸盐水泥和矿渣硅酸盐水泥等;同一强度等级又分不同包装,袋装和散装。

工程上所用的材料是大量的,同种材料可能来自于不同的供应商,购置于不同的时间,它们会有不同的预算价格。

也就是说,同种材料由于规格和等级的不同,供应商不同或采购的时间不同会有不同的预算价格,它们不能直接作为与定额相配套的材料费单价,必须根据工程的实际情况(材料品种、规格、等级选用比例和采购价格与批量),综合取定。这种将同种材料的不同预算价格,根据工程上常用的不同品种规格的数量,并结合当时市场的实际采购供应情况,按照一定比例(权数),加权平均,综合取定的价格,就是材料取定价格,它才是与定额相配套的材料费单价。

四、材料费单价的确定

与2000定额相配套的材料费单价应以材料预算价格所包含的内容为基础,根据建设工程的具体特点及市场情况,参照工程造价管理机构发布的市场价格信息由承发包双方洽谈协商以合同的形式加以确认,即合同定价。

由于材料费用占整个工程造价的比重较大(50%～70%);而且工程施工周期又较长,材料费单价在整个施工期内会有波动,因此在商谈材料费单价过程中应考虑价格波动的风险。材料费单价合同定价,应明确材料预算价格的取值依据和规定材料取定价格的计算方法(各预算价格的权数)。只有这样才不会给最终工程结算留下不确定因素。

表3-2-1和表3-2-2是上海市建筑建材业市场管理总站发布的有关材料的实际成交价格信息,俗称"总站价";表3-2-3是上海市建筑建材业市场管理总站搜集的有关材料的供应商报价信息,俗称"厂商价"。

表 3-2-1　　　　　　　　　　**上海市 2011 年 5 月份建设工程材料综合价格市场信息**

序号	名　称	规　格　型　号	单位	价格（元）
综合价格（与定额组合材料配套）				
1	工具式组合钢模板	2000 定额预算价格（组合）	t	5 933.00
2	钢支撑	2000 定额预算价格（组合）	t	5 460.00
3	钢连杆	2000 定额预算价格（组合）	t	5 700.00
4	柱箍梁夹具	2000 定额预算价格（组合）	t	5 543.00
5	钢拉杆	2000 定额预算价格（组合）	t	6 861.00
6	其他铁件	2000 定额预算价格（组合）	t	7 225.00
7	预埋铁件	2000 定额预算价格（组合）	t	6 861.00
8	成型钢筋	2000 定额预算价格（组合）	t	5 097.00
9	钢筋混凝土用钢筋	综合价		4 915.00
10	木模板成材	2000 定额预算价格（组合）	m^3	1 569.50
11	一般木成材	2000 定额预算价格（组合）	m^3	1 526.15
12	一般大方材≥101cm²	2000 定额预算价格（组合）	m^3	2 118.60
13	一般中方材＜101cm²	2000 定额预算价格（组合）	m^3	2 070.50
14	一般小方材≤54cm²	2000 定额预算价格（组合）	m^3	2 004.90
15	硬木成材	2000 定额预算价格（组合）	m^3	3 151.91
16	硬木大方材≥101cm²	2000 定额预算价格（组合）	m^3	3 692.90
17	硬木中方材＜101cm²	2000 定额预算价格（组合）	m^3	3 470.90
18	硬木小方材≤54cm²	2000 定额预算价格（组合）	m^3	3 294.90

表 3-2-2　　　　　　　　　　**上海市 2011 年 5 月份建设工程材料价格市场信息（部分）**

序号	名　称	规　格　型　号	单位	价格（元）
黑色金属				
6	热轧圆钢	碳结钢 A 级钢 Φ11-12mm 镇	t	4732.52
13	钢筋砼用钢筋	Ⅱ级 20MnSi 16-18mm	t	4902.52
41	热轧槽钢	碳结钢 A 级钢 ♯20-28 镇	t	4832.52
42	热轧扁钢	碳结钢 A 级钢 3-5×14-16 镇	t	5142.52
47	热轧薄钢板	碳结钢 A 级钢 ≥1.0mm 镇	t	6062.52
55	镀锌薄钢板	1.0mm×1000mm×2000mm	t	6722.52
60	热轧厚钢板	碳结钢 A 级钢 ≥13mm 镇	t	5332.52
木材及制品				
1	红松原木	梢径 ≥300mm	m^3	1948.35
10	白松成材	厚度 ≥40mm	m^3	1468.35
15	柳安胶合板	5mm×1220mm×2440mm	张	58.70
水泥				
3	普通硅酸盐水泥	42.5 级	t	589.54
11	矿渣硅酸盐水泥（散装）	42.5 级	t	547.96
13	硅酸盐白水泥	325♯ 白度＞84°～80°二级包装	t	751.14

序号	名称	规 格 型 号	单位	价格（元）
砖、瓦、砂、石、灰、砂石				
2	加气砌块（灰）	200×300×600mm　A3.5级　B06	m³	249.99
3	黄砂	中粗/混合	t	83.22
10	石子	5～40,13～25mm	t	71.10
玻璃陶瓷制品				
1	平板玻璃	3mm	m²	20.67
6	浮法平板玻璃	5mm	m²	36.25
防水材料				
1	道路石油沥青	100甲	t	4995.58
2	普通石油沥青	#55	t	5095.58
3	建筑沥青	30甲	t	5245.58
管材、阀门、管件				
4	热轧一般无缝钢管	碳结钢　108×3.5-4　#10-20	t	6312.52
12	焊接钢管	32mm　42.25×3.25mm 镇	t	4932.52
22	镀锌焊接钢管	40mm　48×3.5mm 镇	t	5912.52
27	给水用硬聚氯乙烯管材	粘接 ϕ20mm×2.0mm　1.6MPa	m	2.83
混凝土构件				
1	短桩	JZ1-4	m³	1344.26
3	中级制吊车梁	DL-2Z、B	m³	1457.91
金属结构				
1	实腹式钢柱	3～10t	t	7109.13
4	支撑		t	7059.13
商品混凝土				
1	非泵送 5-25 石子	C30 坍落度 6cm±1cm	m³	411.95
15	泵送 5-25 石子抗渗 S_8	C30 坍落度 12cm±1cm（不含泵送费）	m³	421.95
商品砂浆				
3	干粉砂浆（散装）	砌筑砂浆（M10）	t	285.00
5	干粉砂浆（散装）	抹灰砂浆（P10）	t	285.00
10	干粉砂浆（包装）	砌筑砂浆（M10）	t	305.00
12	干粉砂浆（包装）	抹灰砂浆（P10）	t	305.00
17	预拌砂浆	砌筑砂浆　RM10,12(h)	m³	413.00
18	预拌砂浆	抹灰砂浆　RP5,12(h)	m³	406.00
钢门窗				
1	钢天窗		m²	245.88
5	平开钢大门	钢板	m²	435.77
10	变压室钢板门		m²	305.77

注：本月的建设工程价格市场信息是根据上一个月的市场价格资料,经综合平衡后编制而成。

表 3-2-3　　　　　　　　　干粉砂浆（航升）（部分）

序号	材料名称	规格型号	单位	包装价	散装价
2	砌筑砂浆	M7.5	t	270.00	250.00
3		M10	t	275.00	255.00
8	抹灰砂浆	P5	t	265.00	245.00
9		P10	t	275.00	255.00

注：以上产品为含税价（不包括运费）。散装提供散装筒仓。

以上材料价格信息，有的是材料取定价格（表 3-2-1），有的是材料预算价格（表 3-2-2），有的仅是材料原价（表 3-2-3）；有的是月份实际平均成交价（表 3-2-1、表 3-2-2），有的则是个别供应商的报价（表 3-2-3）。尤其应注意的是以上材料价格信息均是历史价格或现时价格，而合同要约定的材料价格是未来结算价格，它可以是约定的固定价格，也可以是未来约定时段信息价的平均或加权平均价或约定的固定价格乘以价格指数。

第三节　机械费单价

机械费，是指使用施工机械作业所发生的机械使用费及机械安装、拆卸和进出场费用。机械费单价，即施工机械台班使用费，是指在正常运转情况下，一台施工机械在一个工作班（8 小时）中应分摊和所支出的各种费用之和。

一、施工机械台班使用费的组成

（1）折旧费，指施工机械在规定的使用年限内，陆续收回其原值及购置资金的时间价值。

（2）大修理费，指施工机械按规定的大修理间隔台班进行必要的大修理，以恢复其正常功能所需的费用。

（3）经常修理费，指施工机械除大修理以外的各级保养和临时故障排除所需的费用。包括为保障机械正常运转所需替换设备与随机配备工具附具的摊销和维护费用，机械运转中日常保养所需润滑与擦拭的材料费用及机械停滞期间的维护和保养费用等。

（4）安拆费及场外运费，安拆费指施工机械在现场进行安装与拆卸所需的人工、材料、机械和试运转费用以及机械辅助设施的折旧、搭设、拆除等费用；场外运费指施工机械整体或分体自停放地点运至施工现场或由一施工地点运至另一施工地点的运输、装卸、辅助材料及架线等费用。

（5）人工费，指机上司机（司炉）和其他操作人员的工作日人工费及上述人员在施工机械规定的年工作台班以外的人工费。

（6）燃料动力费，指施工机械在运转作业中所消耗的固体燃料（煤、木柴）、液体燃料（汽油、柴油）及水、电等。

（7）养路费及车船使用税，指施工机械按照国家规定和有关部门规定应缴纳的养路费、车船使用税、保险费及年检费等。

二、施工机械台班使用费的测算

1. 折旧费计算公式

$$台班折旧费 = \frac{机械预算价格 \times (1 - 残值率)}{机械使用总台班}$$

式中　　　　　　机械预算价格 ＝ 机械出厂价格 ×（1＋进货费率）

　　　　　　　　机械使用总台班 ＝ 机械使用年限 × 年工作台班

或　　　　　　　机械使用总台班 ＝ 大修理间隔台班 × 使用周期数

　　　　　机械年工作台班 ＝（365 天－节假日－全年平均气候影响工日）

$$\times\text{机械利用率}\times\text{工作班次系数}。$$

机械预算价格是机械运到使用单位后的价格,包括机械出厂价格、供销部门手续费、运杂费。一般情况下进货费率,国产机械为 5%,进口机械为到岸完税价的 11%。

机械残值率是施工机械报废时其回收的残余价值占预算价值的比率,参见表 3-3-1。

表 3-3-1 　　　　　　　　　　　　　　建筑施工机械残值率表

机　械　类　别	残　值　率（%）
运　输　机　械	2
特　大　型　机　械	3
中　小　型　机　械	4
掘　进　机　械	5

2. 大修理费用计算公式

$$\text{台班大修理费} = \frac{\text{一次大修理费}\times\text{大修理次数}}{\text{机械使用总台班}}$$

式中　　　　大修理次数 = 机械使用总台班数 ÷ 大修理间隔台班 − 1

或　　　　　大修理次数 = 机械使用周期数 − 1

3. 经常修理费计算公式

$$\text{台班大修理费} = \frac{\text{各级保养一次费用}\times\text{保养次数}+\text{临时故障排除费用}}{\text{大修理间隔台班}}$$

$$+ \frac{\sum\left[\text{替换设备工具附具费}\times(1-\text{残值率})+\text{替换设备工具附具维修费}\right]}{\text{替换设备工具附具耐用台班}}$$

$$+ \frac{\text{润滑擦拭材料一次费用}\times\text{大修理间隔期的平均擦拭次数}}{\text{大修理间隔台班}}$$

一般机械故障排除费是各级保养之和的 3% 左右。

替换设备及工具包括轮胎、电缆、蓄电池、运转皮带、钢丝绳、胶皮管、履带等。

替换设备工具附具的摊销及维护费按一次购置费用的 10% 左右计算,即总共摊销 10 次。

4. 安拆费及场外运输费计算公式

台班安拆费 = 一次安拆费 × 年安拆次数 ÷ 年工作台班 + 台班辅助设施摊销费

台班辅助设施摊销费 = 辅助设施一次费用 × (1 − 残值率) ÷ 辅助设施耐用台班

场外运输费,是指机械运距在 25km 以内的机械进出场运输及转移费用。场外运输费包括机械的装、卸、运输,辅助材料及架线费等。计算公式如下:

台班场外运费 = (一次运费及装卸费 + 辅助设施一次摊销费 + 一次架线费)

　　　　　　　　× 年平均运输次数 ÷ 年工作台班

注意:大型机械(如大型土方机械、大型吊装机械、大型打桩机械)的安拆费和机械场外运输费不包括在机械台班使用费内,在编制预算时需单独计算。

5. 燃料动力费计算公式

燃料动力消耗量,应以实测消耗量为主,以现行定额消耗量和调查消耗量为辅的方法确定。

实测消耗量,即对机械在正常的工作条件下,八小时工作时间内,经仪表计量所得的燃料动力消耗量,加上必要损耗后的数量。

有关定额燃料动力消耗量,即有关定额相同机械的消耗量平均值。

实际调查数据,根据历年来的统计资料的相同机械燃料动力的消耗量平均值。

以上三种办法得出的数据,按下式确定台班消耗量。即:

$$\text{台班燃料动力费} = \frac{\text{实测数}\times 4 + \text{定额平均值} + \text{调查平均值}}{6}\times\text{燃料动力单价}$$

6. 人工费计算公式

$$台班人工费＝机上定员人工数 \times (1＋增加系数) \times 人工费单价$$

增加系数可取 25%。

7. 养路费及车船使用税计算公式

养路费已调整为道路建设车辆通行费

$$台班养路费及车船使用税＝\frac{年度养路费＋年度车船使用税}{年工作台班}$$

三、施工机械台班使用费的确定

与 2000 定额相配套的机械台班单价应以机械台班费所包含的内容为基础,根据建设工程的具体特点和市场情况,参照工程造价管理机构发布的市场价格信息,由承发包双方洽谈协商以合同的形式加以确认,即合同定价。

表 3-3-2 是上海市建筑建材业市场管理总站发布的有关机械的价格信息;表 3-3-3 是机械租赁商的报价。

表 3-3-2 上海市 2011 年 5 月份建设工程机械价格市场信息(部分)

序号	名称	规格型号	单位	价格(元)
1	履带式推土机	90kW	台班	1 026.10
4	蛙式打夯机		台班	115.91
10	自升式塔式起重机	2500kN·m	台班	1 157.45
12	双笼施工电梯	100m	台班	456.72
13	载重汽车	4t	台班	454.48
16	电动卷扬机	单快 1t	台班	129.08
18	混凝土输送泵	45m³/h	台班	1 116.75
20	混凝土振捣器	插入式	台班	13.52
21	木工圆锯机	Φ500	台班	30.62
23	管子切断机	Φ150	台班	46.42
24	电动单级离心清水泵	Φ100	台班	158.86

表 3-3-3 施工机械设备台班、周转材料租赁(万康)

序号	机械名称	型号	规格	单位	市场价
1		DH608	适用桩长 24m	台班	5 000.00
2	SMW 工法桩机	SF558	适用桩长 22m	台班	4 000.00
3		LTZJ(42m)	适用桩长 32m	台班	4 500.00
4		LTZJ(36m)	适用桩长 30m	台班	3 500.00
5		金泰 ZKD100-3	φ1000m/m	台班	5 000.00
6	SMW 工法钻机	金泰 ZKD85-3	φ850m/m	台班	3 500.00
7		日本 120VAR	φ650m/m	台班	4 000.00
8		日本 200VAR	φ850m/m	台班	5 000.00
9	履带式吊车	QUY50	50T	台班	2000.00
10	汽车吊	徐工 QUY25E	25T	台班	1600.00

序号	机械名称	型号	规格	单位	市场价
11	注浆系统	国产	适用 SMW 工法	台班	1000.00
12	拌浆系统	LTBT800	适用 SWM 工法	台班	900.00
13	H 型钢租赁	GB 700×300,GB 500×200 多种规格		t·天	8.00

注：上述机械设备均不包含进出厂费和油料费,随机人员费用另计。

四、施工机械停置台班费

由于建设单位的原因,造成施工企业机械闲置,施工企业可向建设单位收取施工机械停置台班费。其计算公式如下：

$$施工机械停置台班费＝（折旧费＋维修费）×50\%＋人工费＋养路费$$

施工机械停置台班费也由承发包双方洽谈协商确定。

复习思考题

1. 试述人工费的组成。
2. 试述材料预算价格的组成。
3. 试述施工机械台班使用费的组成。
4. 有了"材料预算价格",为什么还要有"材料取定价格"?
5. 试述人工费单价、材料费单价和机械台班使用费的确定方法。
6. 试述施工机械停置台班费的计算方法。
7. 名词解释:材料原价、材料预算价格、材料取定价格。

第四章　建筑安装工程费用

建筑安装工程费用即建筑安装工程价格,是建设项目投资的主要组成部分。2003 年 10 月 15 日建设部和财政部共同制定了《建筑安装工程费用项目组成》(建标[2003]206 号)(以下简称《03 费用项目组成》)。《03 费用项目组成》虽然从理论上界定了建筑安装工程价格的内容,为建筑安装工程合理地计价和定价奠定了基础,但是它的实际操作性不强。

2008 年 7 月 9 日住房和城乡建设部修订了《建设工程工程量清单计价规范》GB 50500—2008 (以下简称《08 清单计价规范》)。《08 清单计价规范》将建筑安装工程费用的组成内容进行了重新组合,规范了工程造价的计价行为,统一了建设工程工程量清单的编制和计价方法。《08 清单计价规范》称"建筑安装工程费用"为"建筑安装工程造价"。

各省市结合当地的实际情形,从简便、适用和准确地计算建筑安装工程价格的实务出发,制定了相应的操作规程。上海市 2010 年调整的《上海市建设工程施工费用计算规则(2000)》(以下简称《10 费用计算规则》)就是其中之一。《10 费用计算规则》称"建筑安装工程费用"为"建设工程施工费用",它是以《03 费用项目组成》和《08 清单计价规范》及其他有关规定,结合上海市的实际情况,将建筑安装工程费用项目进行重新划分、归类和命名的,旨在便于和规范建筑安装工程的计价行为。

在上述文件中,国家的《03 费用项目组成》是"本",部门的《08 清单计价规范》和地方的《费用计算规则(2000)》是"末"。在学习和掌握《08 清单计价规范》和《费用计算规则(2000)》技能时,必须了解《03 费用项目组成》的内容,才能理解《08 清单计价规范》和《费用计算规则(2000)》的所以然。

第一节　国家规定的建筑安装工程费用项目的组成

为了适应建设工程计价改革工作的需要,按照国家有关法律、法规,并参照国际惯例,在总结建设部、中国人民建设银行《关于调整建筑安装工程费用项目组成的若干规定》(建标[1993]894 号)执行情况的基础上,建设部和财政部共同制定了《建筑安装工程费用项目组成》(建标[2003]206 号)。其主要内容如下:

建筑安装工程费由直接费、间接费、利润和税金组成。

一、直接费

直接费由直接工程费和措施费组成。

（一）直接工程费

直接工程费,是指施工过程中耗费的构成工程实体的各项费用,包括人工费、材料费、施工机械使用费。人工费、材料费、施工机械使用费的组成详见第三章,此处不再赘述。

（二）措施费

措施费,是指为完成工程项目施工,发生于该工程施工前和施工过程中非工程实体项目的费用。其内容包括

(1) 环境保护费,是指施工现场为达到环保部门要求所需要的各项费用。

(2) 文明施工费,是指施工现场文明施工所需要的各项费用。

(3) 安全施工费,是指施工现场安全施工所需要的各项费用。

(4) 临时设施费,是指施工企业为进行建筑工程施工所必须搭设的生活和生产用的临时建筑物、构筑物和其他临时设施费用等。

临时设施包括:临时宿舍、文化福利及公用事业房屋与构筑物,仓库、办公室、加工厂以及规定范围内道路、水、电、管线等临时设施和小型临时设施。

临时设施费用包括:临时设施的搭设、维修、拆除费或摊销费。

(5) 夜间施工费,是指因夜间施工所发生的夜班补助费、夜间施工降效、夜间施工照明设备摊销及照明用电等费用。

(6) 二次搬运费,是指因施工场地狭小等特殊情况而发生的二次搬运费用。

(7) 大型机械设备进出场及安拆费,是指机械整体或分体自停放场地运至施工现场或由一个施工地点运至另一个施工地点,所发生的机械进出场运输及转移费用及机械在施工现场进行安装、拆卸所需的人工费、材料费、机械费、试运转费和安装所需的辅助设施的费用。

(8) 混凝土、钢筋混凝土模板及支架费,是指混凝土施工过程中需要的各种钢模板、木模板、支架等的支、拆、运输费用及模板、支架的摊销(或租赁)费用。

(9) 脚手架费,是指施工需要的各种脚手架搭、拆、运输费用及脚手架的摊销(或租赁)费用。

(10) 已完工程及设备保护费,是指竣工验收前,对已完工程及设备进行保护所需费用。

(11) 施工排水、降水费,是指为确保工程在正常条件下施工,采取各种排水、降水措施所发生的各种费用。

二、间接费

间接费由规费和企业管理费组成。

(一) 规费

规费,是指政府和有关权力部门规定必须缴纳的费用(简称规费)。其内容包括

1) 工程排污费,是指施工现场按规定缴纳的工程排污费。

2) 工程定额测定费,是指按规定支付工程造价(定额)管理部门的定额测定费。

3) 社会保障费,是指企业按照规定标准为职工缴纳的社会保障费。其内容包括

(1) 养老保险费,是指企业按照规定标准为职工缴纳的基本养老保险费。

(2) 失业保险费,是指企业按照国家规定标准为职工缴纳的失业保险费。

(3) 医疗保险费,是指企业按照规定标准为职工缴纳的基本医疗保险费。

4) 住房公积金,是指企业按照规定标准为职工缴纳的住房公积金。

5) 危险作业意外伤害保险,是指按照建筑法规定,企业为从事危险作业的建筑安装施工人员支付的意外伤害保险费。

(二) 企业管理费

企业管理费,是指建筑安装企业组织施工生产和经营管理所需费用。其内容包括:

(1) 管理人员工资,是指管理人员的基本工资、工资性补贴、职工福利费、劳动保护费等。

(2) 办公费,是指企业管理办公用的文具、纸张、账表、印刷、邮电、书报、会议、水电、烧水和集体取暖(包括现场临时宿舍取暖)用煤等费用。

(3) 差旅交通费,是指职工因公出差、调动工作的差旅费、住勤补助费,市内交通费和误餐补助费,职工探亲路费,劳动力招募费,职工离退休、退职一次性路费,工伤人员就医路费,工地转移费以及管理部门使用的交通工具的油料、燃料、养路费及牌照费。

(4) 固定资产使用费,是指管理和试验部门及附属生产单位使用的属于固定资产的房屋、设备仪器等的折旧、大修、维修或租赁费。

(5) 工具用具使用费,是指管理使用的不属于固定资产的生产工具、器具、家具、交通工具和检验、试验、测绘、消防用具等的购置、维修和摊销费。

(6) 劳动保险费,是指由企业支付离退休职工的易地安家补助费、职工退职金、六个月以上的病假人员工资、职工死亡丧葬补助费、抚恤费、按规定支付给离休干部的各项经费。

(7) 工会经费,是指企业按职工工资总额计提的工会经费。

(8) 职工教育经费,是指企业为职工学习先进技术和提高文化水平,按职工工资总额计提的费用。

（9）财产保险费，是指施工管理用财产、车辆保险。

（10）财务费，是指企业为筹集资金而发生的各种费用。

（11）税金，是指企业按规定缴纳的房产税、车船使用税、土地使用税、印花税等。

（12）其他，包括技术转让费、技术开发费、业务招待费、绿化费、广告费、公证费、法律顾问费、审计费、咨询费等。

三、利润

利润，是指施工企业完成所承包工程获得的盈利。

四、税金

税金，是指国家税法规定的应计入建筑安装工程造价内的营业税、城市维护建设税及教育费附加等。

建筑安装工程费用项目组成见图 4-1-1 所示。

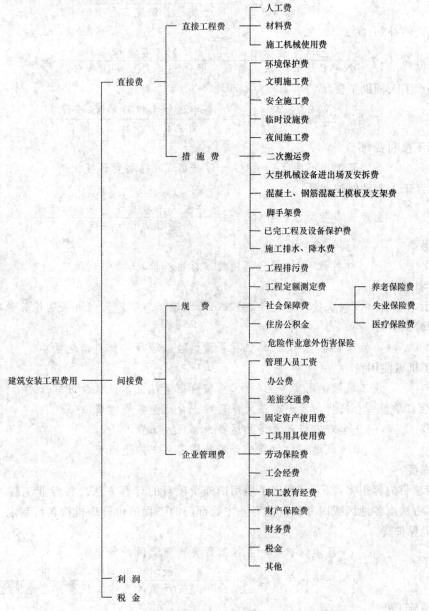

图 4-1-1　建筑安装工程费用项目组成示意图

五、建筑安装工程费用参考计算方法

建筑安装工程费用各组成部分的参考计算公式如下：

（一）直接费

1. 直接工程费

$$直接工程费＝人工费＋材料费＋施工机械使用费$$

1）人工费

$$人工费＝\sum（工日消耗量×日工资单价）$$

$$日工资单价(G)＝\sum_{i=1}^{5}G_i$$

（1）基本工资(G_1）

$$基本工资(G_1)＝\frac{生产工人平均月工资}{年平均每月法定工作日}$$

（2）工资性补贴(G_2）

$$工资性补贴(G_2)＝\frac{\sum 年发放标准}{全年日历日－法定假日}＋\frac{\sum 月发放标准}{年平均每月法定工作日}＋每工作日发放标准$$

（3）生产工人辅助工资(G_3）

$$生产工人辅助工资(G_3)＝\frac{全年无效工作日×(G_1＋G_2)}{全年日历日－法定假日}$$

（4）职工福利费(G_4）

$$职工福利费(G_4)＝(G_1＋G_2＋G_3)×福利费计提比例$$

（5）生产工人劳动保护费(G_5）

$$生产工人劳动保护费(G_5)＝\frac{生产工人年平均支出劳动保护费}{全年日历日－法定假日}$$

2）材料费

$$材料费＝\sum（材料消耗量×材料基价）＋检验试验费$$

（1）材料基价

$$材料基价＝[（供应价格＋运杂费）×(1＋运输损耗率)]×(1＋采购保管费率)$$

（2）检验试验费

$$检验试验费＝\sum（单位材料量检验试验费×材料消耗量）$$

3）施工机械使用费

$$施工机械使用费＝\sum（施工机械台班消耗量×机械台班单价）$$

其中：机械台班单价＝台班折旧费＋台班大修理费＋台班经常修理费

　　　　　　　　＋台班安拆费及场外运费＋台班人工费

　　　　　　　　＋台班燃料动力费＋台班养路费及车船使用税

2. 措施费

措施费项目内容很多，以下只列出了通用措施费项目的计算方法。各专业工程的专用措施费项目的计算方法由各地区或国务院有关专业主管部门的工程造价管理机构自行制定。

1）环境保护费

$$环境保护费＝直接工程费×环境保护费费率$$

$$环境保护费费率＝\frac{本项费用年度平均支出}{全年建安产值×直接工程费占总造价比例}$$

2）文明施工费

$$文明施工费＝直接工程费×文明施工费费率$$

$$文明施工费费率 = \frac{本项费用年度平均支出}{全年建安产值 \times 直接工程费占总造价比例}$$

3）安全施工费

$$安全施工费 = 直接工程费 \times 安全施工费费率$$

$$安全施工费费率 = \frac{本项费用年度平均支出}{全年建安产值 \times 直接工程费占总造价比例}$$

4）临时设施费

临时设施由以下三部分内容组成：周转使用的临时建筑（如活动房屋）、一次性使用的临时建筑（如简易建筑）和其他临时设施（如临时管线）。

临时设施费的计算公式如下：

$$临时设施费 = （周转使用的临时建筑费 + 一次性使用的临时建筑费）$$
$$\times （1 + 其他临时设施所占比例）$$

式中

$$周转使用的临时建筑费 = \sum \left[\frac{临时建筑面积 \times 每平方米造价}{使用年限 \times 365 \times 利用率} \times 工期（天）\right] + 一次性拆除费$$

$$一次性使用的临时建筑费 = \sum 临时建筑面积 \times 每平方米造价 \times （1 - 残值率）+ 一次性拆除费$$

其他临时设施在临时设施费中所占比例，可由各地区造价管理部门依据典型施工企业的成本资料经分析后综合测定。

5）夜间施工增加费

$$夜间施工增加费 = \left(1 - \frac{合同工期}{定额工期}\right) \times \frac{直接工程费中的人工费合计}{平均日工资单价} \times 每工日夜间施工费开支$$

6）二次搬运费

$$二次搬运费 = 直接工程费 \times 二次搬运费费率$$

$$二次搬运费费率 = \frac{年平均二次搬运费开支额}{全年建安产值 \times 直接工程费占总造价的比例}$$

7）大型机械进出场及安拆费

$$大型机械进出场及安拆费 = \frac{一次进出场及安拆费 \times 年平均安拆次数}{年工作台班}$$

8）混凝土、钢筋混凝土模板及支架

（1）自备模板及支架

$$模板及支架费 = 模板摊销量 \times 模板价格 + 支、拆、运输费$$

$$摊销量 = 一次使用量 \times （1 + 施工损耗率）$$
$$\times \left[1 + \frac{（周转次数 - 1）\times 补损率}{周转次数} - \frac{（1 - 补损率）\times 50\%}{周转次数} \right]$$

（2）租赁模板及支架

$$租赁费 = 模板使用量 \times 使用日期 \times 租赁价格 + 支、拆、运输费$$

9）脚手架搭拆费

（1）自备脚手架

$$脚手架搭拆费 = 脚手架摊销量 \times 脚手架价格 + 搭、拆、运输费$$

$$脚手架摊销量 = \frac{一次使用量 \times （1 - 残值率）}{耐用期} \times 一次使用期$$

（2）租赁脚手架

$$租赁费 = 脚手架每日租金 \times 搭设天数 + 搭、拆、运输费$$

10）已完工程及设备保护费

$$已完工程及设备保护费＝成品保护所需机械费＋材料费＋人工费$$

11）施工排水、降水费

$$排水降水费＝\sum 排水降水机械台班费×排水降水周期＋排水降水使用材料费、人工费$$

（二）间接费

间接费的计算按其取费基数的不同，分以下 3 种方法。

第一种方法是以直接费为计算基础，其计算公式如下：

$$间接费＝直接费合计×间接费费率$$

第二种方法是以人工费和机械费合计为计算基础，其计算公式如下：

$$间接费＝人工费和机械费合计×间接费费率$$

第三种方法是以人工费为计算基础，其计算公式如下：

$$间接费＝人工费合计×间接费费率$$

$$间接费费率＝规费费率＋企业管理费费率$$

1. 规费费率

规费费率确定，首先应测算基础数据。可根据本地区典型工程发承包价的资料，分析和综合取定规费计算中所需数据。

其一，测算每万元发承包价中人工费含量和机械费含量。

其二，测算人工费占直接费的比例。

其三，测算每万元发承包价中所含规费缴纳标准的各项基数。

然后根据测算所得的基础数据计算规费费率，规费费率的计算公式如下：

（1）以直接费为计算基础的规费费率

$$规费费率＝\frac{\sum 规费缴纳标准×每万元发承包价计算基数}{每万元发承包价中的人工费含量}×人工费占直接费的比例$$

（2）以人工费和机械费合计为计算基础的规费费率

$$规费费率＝\frac{\sum 规费缴纳标准×每万元发承包价计算基数}{每万元发承包价中的人工费含量和机械费含量}×100\%$$

（3）以人工费为计算基础的规费费率

$$规费费率＝\frac{\sum 规费缴纳标准×每万元发承包价计算基数}{每万元发承包价中的人工费含量}×100\%$$

2. 企业管理费费率

企业管理费费率的计算公式如下：

（1）以直接费为计算基础的企业管理费费率

$$企业管理费费率＝\frac{生产工人年平均管理费}{年有效施工天数×人工单价}×人工费占直接费比例$$

（2）以人工费和机械费合计为计算基础的企业管理费费率

$$企业管理费费率＝\frac{生产工人年平均管理费}{年有效施工天数×（人工单价＋每一工日机械使用费）}×100\%$$

（3）以人工费为计算基础的企业管理费费率

$$企业管理费费率＝\frac{生产工人年平均管理费}{年有效施工天数×人工单价}×100\%$$

（三）利润

利润费的计算方法按其取费基数的不同，分以下三种：

1. 以直接费加间接费为计算基础

$$利润＝（直接费＋间接费）×利润率$$

2. 以人工费和机械费合计为计算基础

$$利润＝（人工费＋机械费）×利润率$$

3. 以人工费为计算基础

$$利润＝人工费×利润率$$

（四）税金

税金的计算公式如下：

$$税金＝（直接费＋间接费＋利润）×税率$$

六、建筑安装工程计价程序

根据建设部第 107 号部令《建筑工程施工发包与承包计价管理办法》的规定，发包与承包价的计算方法分为工料单价法和综合单价法，其计价程序也分为工料单价法计价程序和综合单价法计价程序两种。

（一）工料单价法计价程序

工料单价法是以分部分项工程量乘以单价后的合计为直接工程费，直接工程费以人工、材料、机械的消耗量及其相应价格确定。直接工程费汇总后另加措施费、间接费、利润、税金生成工程发承包价，其计算程序分为三种，见表 4-1-1 至表 4-1-3。

表 4-1-1　　　　　　　　　　　　以直接费为计算基础的建筑安装工程计价程序

序　号	费用项目	计算方法	备　注
1	直接工程费	按预算表	
2	措　施　费	按规定标准计算	
3	直接费小计	(1)＋(2)	
4	间　接　费	(3)×相应间接费率	
5	利　　润	[(3)＋(4)]×相应利润率	
6	合　　计	(3)＋(4)＋(5)	
7	含税造价	(6)×(1＋相应税率)	

表 4-1-2　　　　　　　　　　以人工费和机械费为计算基础的建筑安装工程计价程序

序　号	费用项目	计算方法	备　注
1	直接工程费	按预算表	
2	其中人工费和机械费	按预算表	
3	措　施　费	按规定标准计算	
4	其中人工费和机械费	按规定标准计算	
5	直接费小计	(1)＋(3)	
6	人工费和机械费小计	(2)＋(4)	
7	间　接　费	(6)×相应间接费率	
8	利　　润	(6)×相应利润率	
9	合　　计	(5)＋(7)＋(8)	
10	含税造价	(9)×(1＋相应税率)	

表 4-1-3　　　　　　　　　　　以人工费为计算基础的建筑安装工程计价程序

序　号	费用项目	计算方法	备　注
1	直接工程费	按预算表	
2	直接工程费中人工费	按预算表	
3	措施费	按规定标准计算	
4	措施费中人工费	按规定标准计算	
5	直接费小计	(1)＋(3)	
6	人工费小计	(2)＋(4)	
7	间接费	(6)×相应间接费率	
8	利润	(6)×相应利润率	
9	合　计	(5)＋(7)＋(8)	
10	含税造价	(9)×(1＋相应税率)	

（二）综合单价法计价程序

综合单价法是分部分项工程单价为全费用单价,全费用单价经综合计算后生成,其内容包括直接工程费、间接费、利润和税金(措施费也可按此方法生成全费用价格)。

各分项工程量乘以综合单价的合价汇总后,生成工程发承包价。

由于各分部分项工程中的人工、材料、机械含量的比例不同,各分项工程可根据其材料费占人工费、材料费、机械费合计的比例(以字母"C"代表该项比值)在以下三种计算程序中选择一种计算其综合单价。

1. 以直接费为计算基础的综合单价计算程序

当 $C > C_0$ (C_0 为本地区原费用定额测算所选典型工程材料费占人工费、材料费和机械费合计的比例)时,即材料费占直接费的比例较大时,可采用以人工费、材料费、机械费合计为基数计算该分项的间接费和利润。其综合单价计算程序见表 4-1-4。

表 4-1-4　　　　　　　　　　以直接费为计算基础的综合单价计算程序

序　号	费用项目	计算方法	备　注
1	分项直接工程费	人工费＋材料费＋机械费	
2	间接费	(1)×相应间接费率	
3	利润	[(1)＋(2)]×相应利润率	
4	合　计	(1)＋(2)＋(3)	
5	含税造价	(4)×(1＋相应税率)	

2. 以人工费和机械费合计为计算基础的综合单价计算程序

当 $C < C_0$ 值时,即材料费占直接费的比例较小时,可采用以人工费和机械费合计为基数计算该分项的间接费和利润。其综合单价计算程序见表 4-1-5。

表 4-1-5　　　　　　　　以人工费和机械费为计算基础的综合单价计算程序

序　号	费用项目	计算方法	备　注
1	分项直接工程费	人工费＋材料费＋机械费	
2	其中人工费和机械费	人工费＋机械费	
3	间接费	(2)×相应间接费率	
4	利润	(2)×相应利润率	
5	合计	(1)＋(3)＋(4)	
6	含税造价	(5)×(1＋相应税率)	

3. 以人工费为计算基础的综合单价计算程序

如该分项工程的直接费仅为人工费,无材料费和机械费时,可采用以人工费为基数计算该分项工程的间接费和利润。其综合单价计算程序见表 4-1-6。

表 4-1-6　　　　　　　　以人工费为计算基础的综合单价计算程序

序　号	费用项目	计算方法	备　注
1	分项直接工程费	人工费＋材料费＋机械费	
2	直接工程费中人工费	人工费	
3	间接费	(2)×相应间接费率	
4	利润	(2)×相应利润率	
5	合计	(1)＋(3)＋(4)	
6	含税造价	(5)×(1＋相应税率)	

第二节　《工程量清单计价规范》规定的建筑安装工程费用的组成

2008 年 7 月 9 日住房和城乡建设部修订了《建设工程工程量清单计价规范》(GB 50500—2008)。《08 清单计价规范》规定:采用工程量清单计价,建筑安装工程造价由分部分项工程费、措施项目费、其他项目费、规费和税金组成。其中分部分项工程费、措施项目费、其他项目费应采用综合单价计价。综合单价,是指完成一个规定计量单位的分部分项工程量清单项目或措施项目所需的人工费、材料费、施工机械使用费、管理费和利润,以及一定范围内的风险费用。

一、分部分项工程费

分部分项工程费,是指构成工程实体项目的费用。分部分项工程费按工程数量乘以综合单价计算。

二、措施项目费

措施项目费,是指为完成工程项目施工,发生于该工程施工准备和施工过程中的技术、生活、安全、环境保护等方面的非工程实体项目的费用。

措施项目费分通用措施项目费和专业工程措施项目费。通用措施项目费有安全文明施工费(含环境保护费、文明施工费、安全施工费、临时设施费)、夜间施工费、二次搬运费、冬雨季施工增加费、大型机械设备进出场及安拆费、施工排水费、施工降水费、地上地下设施和建筑物的临时保护设施费、已完工程及设备保护费;专业工程措施项目费有建筑工程的混凝土或钢筋混凝土模板及支架费、脚手架费、垂直运输机械费;装饰装修工程的室内空气污染测试费等。

措施项目费按措施项目清单的金额总和计算。措施项目清单的金额,应根据拟建工程的施工方案或施工组织设计,参照综合单价组成内容确定。

三、其他项目费

其他项目费,是指为完成工程项目施工,发生的除上述工程项目和措施项目以外的,可以预见的(或暂估的)费用。其他项目费包括:暂列金额、暂估价、计日工、总承包服务费。

"暂列金额"是招标人暂定和掌握使用的一笔款项,用于尚未确定或者不可预见的所需材料、设备、服务的采购,施工中可能发生的工程变更、合同约定调整因素出现时的工程价款调整以及发生的索赔、现场签证等的费用。

"暂估价"是招标人提供的用于支付必然发生但暂时不能确定的材料单价以及专业工程金额。

"计日工"是对零星项目或工作采取的一种计价方式,类似于定额计价中的签证记工。

"总承包服务费"是总承包人为配合协调发包人进行的工程分包,自行采购的设备、材料等进行管理、服务以及施工现场管理、竣工资料汇总整理等服务所需的费用。

四、规费

规费,是指根据省级政府或省级有关权力部门规定必须缴纳的,应计入建筑安装工程造价的费用。如工程排污费、工程定额测定费、社会保障费、住房公积金、危险作业意外伤害保险等。

五、税金

税金,是指国家税法规定的应计入建筑安装工程造价内的营业税、城市维护建设税及教育费附加等。

《08清单计价规范》规定的建筑安装工程造价组成见图4-2-1所示。

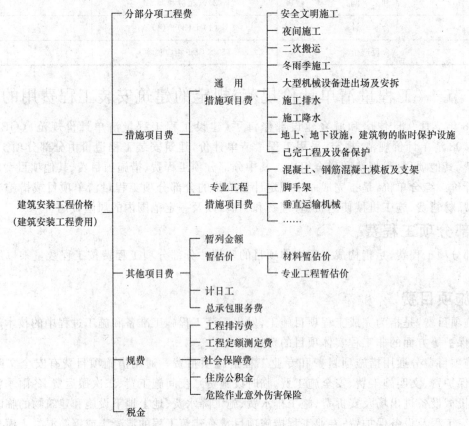

图4-2-1 《08清单计价规范》规定的建筑安装工程造价的组成示意图

第三节　上海市现行的建筑安装工程费用的组成

2010 年 4 月 14 日上海市建筑建材业市场管理总站发布的调整后的《上海市建设工程施工费用计算规则（2000）》规定：建设工程施工费用由直接费、综合费用、安全防护和文明施工措施费、施工措施费、规费和税金等六部分组成。

一、直接费

直接费指施工过程中的耗费，构成工程实体和部分有助于工程形成的各项费用，包括人工费、材料费和施工机械使用费（详见第三章，此处不再赘述）。

直接费按定额子目（包括说明）的规定计算。

直接费＝∑（分项工程工程量×相应分项工程定额 人工 材料 消耗量×约定的 人工 材料 单价）
机械　　　　　　　机械

＋土方、泥浆的堆置和外运费＋大型机械的路基摊销、安装拆卸及进出场费

二、综合费用

（一）综合费用的内容

综合费用由施工管理费和利润组成。

施工管理费是指施工企业为组织和管理生产经营活动发生的所有费用。它包括以下内容：管理人员和服务人员的工资（总额[①]），管理人员和服务人员的劳动保护费，职工福利费，工会经费，职工教育经费，办公费，差旅费，业务活动经费，非生产性固定资产使用费，低值易耗品摊销，税金，检验试验费，施工因素增加费，工程定位、复测、点交、场地清理费，其他费用（包括排污费、绿化费、义务兵优待金、堤防费等）。

利润是施工企业的期望获利。

（二）综合费用的计算方法

综合费用按照规定的计费基础乘以承发包双方约定的综合费率计算。综合费率的约定应以综合费用包括的内容为基础，根据建设工程的具体特点及市场情况，参照工程造价管理机构发布的市场综合费率信息，经承发包双方洽谈协商约定，并以合同的形式加以确认。综合费用的计算公式如下。

（1）建筑和装饰、市政、公用管线、园林、房修、水利、民防等工程的综合费用计算公式：

综合费用＝直接费×约定综合费率

（2）安装、园林（绿化）、市政（道路交通管理设施、排水构筑物设备安装）、水利（水工机械设备安装）等工程的综合费用计算公式如下：

综合费用＝人工费×约定的综合费率

其中　　人工费＝∑（分项工程工程量×相应分项工程人工消耗量×约定人工单价）

表 4-3-1 是上海市建筑建材业市场管理总站发布的综合费用参考费率。

三、安全防护、文明施工措施费用

安全防护、文明施工措施费用是指属于政府有关文件规定，需设置现场安全、文明施工的措施所需要的费用。它包括以下内容：环境保护费、文明施工费、安全施工费、临时设施费等。

---

① 总额指基本工资和工资性补贴之和。

表 4-3-1　　　　　　　　上海市建设工程综合费用参考费率（与2000定额施工费用计算规则配套）

序号	专 业 工 程	计 费 基 数	单位	费 率
1	建筑和装饰工程	直 接 费	%	3～8
2	房屋修缮工程	直 接 费	%	5～13
3	民防工程	直 接 费	%	4～8
4	公用管线工程	直 接 费	%	5～10
5	园林建筑工程	直 接 费	%	5～9.5
6	绿化种植工程	人 工 费	%	40～60
7	绿化养护工程	人 工 费	%	30～50
8	安装工程	人 工 费	%	31～41
9	市政和轨道交通工程	直 接 费	%	见注1、注2
10	市政安装和轨道交通安装工程	人 工 费	%	31～41

注1：市政工程各专业综合费用费率：道路工程5%～8%、排水管道工程5%～8%、桥梁及护岸工程8%～11%、排水构筑工程（土建）7%～10%、隧道工程7%～10%。

注2：轨道交通工程综合费用费率：土建、轨道工程综合费用费率为7%～10%。

安全防护、文明施工措施费用的计算公式如下：

安全防护、文明施工措施费用＝（直接费＋综合费用）×安全防护、文明施工措施费率

表 4-3-2—表 4-3-4 是上海市建设和交通委员会发布的《上海市建设工程安全防护、文明施工措施费用管理暂行规定》中的有关安全防护、文明施工措施费参考费率。

表 4-3-2　　　　　　　　房屋建筑工程安全防护、文明施工措施费率表

项 目 类 别			计费基数	费率（%）
工业建筑	厂房	单层	直接费与综合费用之和	2.8～3.2
		多层		3.2～3.6
	仓库	单层		2.0～2.3
		多层		3.0～3.4
民用建筑	居住建筑	低层		3.0～3.4
		多层		3.3～3.8
		中高层及高层		3.0～3.4
	公共建筑及综合性建筑			3.3～3.8
	独立设备安装工程			1.0～1.15

注1：居住建筑包括住宅、宿舍、公寓。

注2：参考费率作为控制安全防护、文明施工措施的最低总费用。

表 4-3-3　　　　　　　　市政基础设施工程安全防护、文明施工措施费率表

项 目 类 别		计费基数	费率（%）
道路工程		直接费与综合费用之和	2.2～2.6
道路交通管理设施工程			1.8～2.2
桥涵及护岸工程			2.6～3.0
排水管道工程			2.4～2.8
排水构筑物工程	泵站		2.2～2.6
	污水处理厂		2.2～2.6
轨道交通工程	地铁车站		2.2～2.6
	区间隧道		1.2～1.8
越江隧道工程			1.2～1.8

注：参考费率作为控制安全防护、文明施工措施的最低总费用。

表 4-3-4
民防工程安全防护、文明施工措施费率表

项 目 类 别		计费基数	费率(%)
民防工程	2 000m² 以内	直接费与综合费用之和	3.49~4.22
	5 000m² 以内		2.13~2.58
	8 000m² 以内		1.82~2.21
	10 000m² 以内		1.63~1.98
	15 000m² 以内		1.49~1.81
	15 000m² 以上		1.31~1.59
独立装饰装修工程			2.00~2.30

注 1:项目类别中的面积是指民防工程建筑面积。

注 2:参考费率作为控制安全防护、文明施工措施的最低总费用。

四、施工措施费

施工措施费又称开办费,是指施工企业为完成建筑安装工程时,为承担的社会义务、施工准备、施工方案发生的所有措施费用(不包括已列入定额子目和综合费用所包括的费用)。

(一) 施工措施费的内容

施工措施费一般包括以下内容:

(1) 原公共建筑、树木、道路、桥梁、管道、电力、通讯等设施的保护、改道、迁移等措施费。

(2) 工程监测费。它是指因工程特殊需要,所发生的监测费。如桩基测试费、大体积混凝土测温费。

(3) 工程新材料、新工艺、新技术的研究、检验、试验、技术专利费。

(4) 苗木检疫费。

(5) 特殊包装费。

(6) 土壤测定费。

(7) 特殊产品保护费。

(8) 创部、市优质工程施工措施费。

(9) 特殊条件下施工措施费。它是指在非正常施工条件下所采取的特殊措施费。如:地下不明障碍物,铁路、航空、航运、公路等交通干扰而发生的施工降效费用;有毒有害和有放射性物质区域内现场施工人员的保健费;冬雨季施工增加费用;二次驳运费;因建设单位要求提前竣工而发生的赶工措施费;预算定额中未包括的其他技术措施费。

(10) 工程保险费。它是指建筑工程一切险和安装工程一切险。按政府有关规定和业主要求实行工程保险所发生的费用。

(11) 港监及交通秩序维持费。

(12) 建设单位另行专业分包的配合、协调、服务费。它是指由施工单位为建设单位指定的专业分包单位提供的临时设施、垂直运输等发生的配合、协调、服务费。

(13) 其他。

(二) 施工措施费的计算

施工措施费内容包括以上十几项,甚至更多。但并不是每个工程都会发生上述每一项费用的。施工措施费是由工程本身的特性及其所处的环境决定的。施工措施费应首先根据政府颁布的有关法律、法令、规章及各主管部门的有关规定及招标文件和批准的施工组织设计所指定的施工方案,确定将发生施工措施费项目的名称和内容;然后根据建设工程具体特点及市场情况,参照工程造价管理机构发布的市场施工措施费价格信息,由施工企业对施工措施费逐项(或一并)提出报价;最后由承发包双方经洽谈协商约定,并以合同的形式加以确认。

五、规费

（一）规费的组成内容

规费包括工程排污费、社会保障费（包括养老、失业、医疗、生育和工伤保险费）、住房公积金、外来从业人员综合保险费和河道管理费。

（二）规费的计算方法

1. 工程排污费

建筑和装饰、市政和轨道交通、民防、园林和房屋修缮工程，以直接费、综合费用、安全防护、文明施工措施费和施工措施费之和为基数，乘以 0.1% 计算。

安装、市政安装和轨道交通安装和公用管线工程在结算时按实核算。

2. 社会保障费

建筑和装饰、市政和轨道交通、民防、公用管线、园林建筑和房屋修缮工程，以直接费、综合费用、安全防护、文明施工措施费和施工措施费之和为基数，乘以 1.72% 计算。

安装、市政安装和轨道交通安装、园林绿化工程以人工费为基数，乘以 8.4% 计算。

3. 住房公积金

建筑和装饰、市政和轨道交通、民防、公用管线、园林建筑和房屋修缮工程，以直接费、综合费用、安全防护、文明施工措施费和施工措施费之和为基数，乘以 0.32% 计算。

安装、市政安装和轨道交通安装、园林绿化工程以人工费为基数，乘以 1.59% 计算。

4. 外来从业人员综合保险费

外来从业人员综合保险费按本市现行规定计算。

5. 河道管理费

建筑和装饰、安装、市政和轨道交通、市政安装和轨道交通安装、民防、公用管线、园林和房屋修缮工程以直接费、综合费用、安全防护、文明施工措施费、施工措施费、工程排污费、社会保障费、住房公积金和外来从业人员综合保险费之和为基数，乘以 0.03% 计算。

六、税金

税金，是指国家税法规定的应计入工程造价内的营业税、城市维护建设税和教育费附加。根据国家税务部门规定：营业税按工农业收入（即含税工程造价）的 3% 计取。城市维护建设税按营业税额的 1%～7% 计取。其中：纳税所在地在市区的，税率为 7%；纳税所在地在县城、镇的，税率为 5%；纳税所在地不在市区、县城镇的，税率为 1%。教育费附加按营业税额的 3% 计取；上海市地方教育费附加按营业税额的 2% 计取。即税金计算方法如下。

1. 纳税所在地在市区

$$税金 = 含税工程造价 \times 3\% \times (1 + 7\% + 3\% + 2\%) = 含税工程造价 \times 3.36\%$$

2. 纳税所在地在县城、镇

$$税金 = 含税工程造价 \times 3\% \times (1 + 5\% + 3\% + 2\%) = 含税工程造价 \times 3.30\%$$

3. 纳税所在地在其他

$$税金 = 含税工程造价 \times 3\% \times (1 + 1\% + 3\% + 2\%) = 含税工程造价 \times 3.18\%$$

为了简化税金计算程序，可将含税工程造价的税率，转换成未含税工程造价的税金费用标准。

$$\because 含税工程造价 = 未含税工程造价 + 税金$$
$$= 未含税工程造价 + 含税工程造价 \times 税率$$

$$\therefore 含税工程造价 = \frac{未含税工程造价}{1 - 税率} \tag{4-3-1}$$

又 $\because$

$$税金 = 含税金工程造价 \times 税率 \tag{4-3-2}$$

将公式(4-3-1)代入公式(4-3-2)

则
$$税金＝未含税工程造价×\frac{税率}{1-税率}$$

令$\frac{税率}{1-税率}$为税金费用标准,则

(1) 纳税所在地在市区的税金费用标准$=\frac{3.36\%}{1-3.36\%}=3.48\%$

(2) 纳税所在地在县城、镇的税金费用标准$=\frac{3.30\%}{1-3.30\%}=3.41\%$

(3) 纳税所在地在其他的税金费用标准$=\frac{3.18\%}{1-3.18\%}=3.28\%$

也就是说:税金的计费基础为未含税工程造价,即总造价除税金以外的所有费用;税金费用标准按纳税所在地不同,分别为:3.48%(市区)、3.41%(县镇)、3.28%(其他)。

纳税所在地,一般来说,本市施工企业为企业所在地,外省市施工企业为本市承担施工的工程所在地。税金的计算公式为:

$$税金＝未含税工程造价×税金费用标准$$
$$=未含税工程造价×\begin{cases}3.48\%（市区）\\3.41\%（县镇）\\3.28\%（其他）\end{cases}$$

上海市建设工程施工费用组成见图 4-3-1 所示。

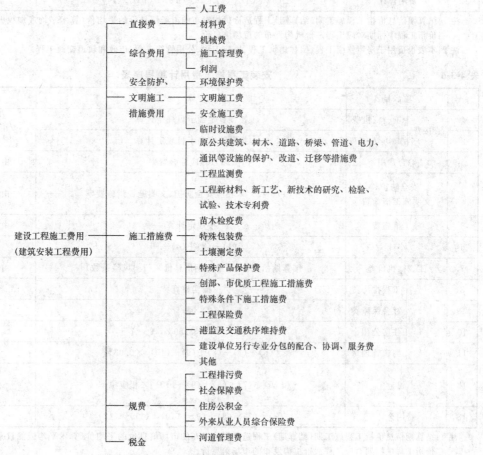

图 4-3-1 上海市建设工程施工费用组成示意图

七、上海市建设工程施工费用计算顺序

上海市建设工程施工费用计算顺序,见表 4-3-5 和表 4-3-6。

表 4-3-5　　　　　　　　　　　　　建筑和装饰工程施工费用计算程序表

序号	项　目		计　算　式	备　注
1	直接费(工、料、机费)		按预算定额子目规定计算	(2000)预算定额、说明
2	综合费用		(1)×相应综合费率	由双方合同约定
3	安全防护、文明施工措施费		[(1)+(2)]×相应安全防护、文明施工措施费率	由双方合同约定
4	施工措施费		按规定计算	由双方合同约定
5	小计		(1)+(2)+(3)+(4)	
6	工、料、机价差		结算期信息价-[中标期信息价×(1+风险系数)]	由双方合同约定
7	规费	工程排污费	(5)×0.10%	
8		社会保障费	(5)×1.72%	
9		住房公积金	(5)×0.32%	
10		河道管理费	[(5)+(6)+(7)+(8)+(9)]×0.03%	
11	税金		[(5)+(6)+(7)+(8)+(9)]×相应税率	市区:3.48%　县镇:3.41%　其他:3.28%
12	费用合计		(5)+(6)+(7)+(8)+(9)+(10)+(11)	

注1:结算期信息价指工程施工期(结算期)工程造价机构发布的市场信息价的平均价(算术平均或加权平均价);中标期信息价指工程中标期对应工程造价机构发布的市场信息价。

注2:本表也适用于房屋修缮工程、园林建筑工程、民防工程、公用管线工程、市政和轨道交通工程。

表 4-3-6　　　　　　　　　　　　　安装工程施工费用计算程序表

序号	项　目		计　算　式	备　注
1	直接费	工、料、机费	按预算定额子目规定计算	(2000)预算定额、说明
2		其中:人工费	按预算定额子目规定计算	
3	综合费用		(2)×相应综合费率	由双方合同约定
4	安全防护、文明施工措施费		[(1)+(2)]×相应安全防护、文明施工措施费率	由双方合同约定
5	施工措施费		按规定计算	由双方合同约定
6	小计		(1)+(3)+(4)+(5)	
7	工、料、机价差		结算期信息价-[中标期信息价×(1+风险系数)]	由双方合同约定
8	规费	工程排污费	按实核算	
9		社会保障费	(2)×8.4%	
10		住房公积金	(2)×1.59%	
11		河道管理费	[(6)+(7)+(8)+(9)+(10)]×0.03%	
12	税金		[(6)+(7)+(8)+(9)+(10)]×相应税率	市区:3.48%　县镇:3.41%　其他:3.28%
13	费用合计		(6)+(7)+(8)+(9)+(10)+(11)+(12)	

注1:结算期信息价指工程施工期(结算期)工程造价机构发布的市场信息价的平均价(算术平均或加权平均价);中标期信息价指工程中标期对应工程造价机构发布的市场信息价。

注2:本表也适用于绿化(种植、养护)工程、市政安装和轨道交通安装工程。

复习思考题

1. 试述国家《03费用项目组成》规定的建筑安装工程费用组成。

2. 试述《08清单计价规范》规定的建筑安装工程造价组成。

3. 试述上海市《10费用计算规则》规定的建设工程施工费用组成。

4. 列出上海市《10费用计算规则》规定的建设工程施工费用计算顺序表,并试述其中的直接费,综合费,安全防护、文明施工措施费,施工措施费,规费和税金是如何确定和计算的。

5. 某建筑和装饰工程直接费为100万元,合同约定综合费率为5%,施工措施费为10万元,工、料、机价差为5万元,纳税地点在市区,求该建筑和装饰工程的施工费用。

6. 名词解释:直接费,综合费用,安全防护、文明施工措施费,施工措施费,分部分项工程费、措施项目费、其他项目费(暂列金额、暂估价、计日工、总承包服务费)、规费、税金、综合单价。

第五章 投资估算

工程造价计算无非是计算工程量,然后用货币的形式来反映该工程量,最后考虑其他费用,即得工程造价。投资估算、设计概算和施工图预算的编制的思路是相同的,编制的方法是相通的。只是前者项目划分较粗,计算较简便,精度也相应低些;而后者项目划分较细,计算较复杂,精度也高得多。施工图预算与招标标底、投标报价、合同定价、施工竣工结算和项目竣工决算更是思路相同、方法是相同(或相近)了。因此,本书将着重介绍单位工程施工图预算的编制,其他造价文件只介绍其特殊性。读者自学时可先学有关施工图预算的章节,再学其他有关造价文件的章节,这样可以达到事半功倍的效果。

投资估算是在项目的建设规模、技术方案、设备方案、工程方案及项目实施进度等进行研究并基本确定的基础上估算项目的总投资。它是建设项目在建设前期的造价文件,是建设项目可行性研究的重要内容,是建设项目经济效益评价的基础和决定项目取舍的重要依据。投资估算的编制方法有多种,在建设前期应根据所掌握的资料和精度要求,选择适当的方法。

第一节 投资估算概述

一、投资估算的内容

总投资包括建设投资(固定投资)和流动资金两大部分。

建设投资(固定投资)按费用性质分固定资产投资、无形资产投资和递延资产投资。

流动资金分全部流动资金和铺底流动资金,其中铺底流动资金是按照国家规定必须由企业自己准备的部分,它是按全部流动资金的30%计算。

总投资(用于经济评价)=建设投资(固定投资)+全部流动资金

总投资(用于报批项目)=建设投资(固定投资)+铺底流动资金

中外合资经营项目的总投资只有一个,即包括全部流动资金的总投资,见图5-1-1。

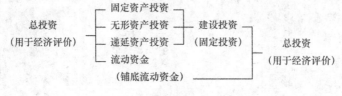

图 5-1-1 总投资构成图(一)

建设投资(固定投资)按费用用途分建筑安装工程费用、设备及工器具购置费用和工程建设其他费用。

建设投资(固定投资)按是否考虑时间因素分静态投资和动态投资,见图5-1-2。

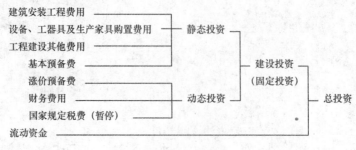

图 5-1-2 总投资构成图(二)

二、投资估算的编制依据

估算建设项目投资的主要依据有：

1. 项目总体构思和描述报告

项目总体构思和描述报告是投资估算中工程量计算的依据。它包括项目的建设规模、产品方案、主要工程项目和辅助工程项目一览表、主要设备清单及前期工作设想等。

2. 工程计价的技术经济指标

工程计价的技术经济指标是投资估算中实物量消耗和价格计算的依据。它包括估算指标、概算指标、概算定额和同类建设项目的投资资料及其技术经济指标。

3. 市场经济信息

市场经济信息资料是投资估算的重要依据。它包括全方位、多层次的经济信息。从内容上看，有劳务市场、建材市场、设备供应和租赁市场的价格信息及资金市场、外汇市场的利率、汇率信息；从时间上看，有历史档案资料、现时行情信息和近期预测报告。

4. 国家、地方有关法规和政策

国家、地方有关法规和政策是检验投资估算完整性的依据。投资估算必须反映出国家的环保、节能减排、资源再利用等政策。

三、投资估算的编制步骤

投资估算是根据项目建议书或可行性研究报告中对建设项目总体构思和描述报告，利用以往积累的工程造价资料和各种经济信息，凭借估算师的智慧、技能和经验编制而成的。其编制步骤如下：

1. 估算建筑工程费用

根据总体构思和描述报告中的建筑方案和结构方案构思、建筑面积分配计划和单项工程描述，列出各单项工程的用途、结构和建筑面积；利用工程计价的技术经济指标和市场经济信息，估算出建设项目中的建筑工程费用。

2. 估算设备、工器具购置费用以及需安装设备的安装工程费用

根据报告中机电设备构思和设备购置及安装工程描述，列出设备购置清单；参照设备安装工程估算指标及市场经济信息，估算出设备、工器具购置费用以及需安装设备的安装工程费用。

3. 估算其他费用

根据建设中可能涉及的其他费用构思和前期工作设想，按照国家、地方有关法规和政策，编制其他费用估算（包括预备费用和贷款利息）。

4. 估算流动资金

根据产品方案，参照类似项目流动资金占用率，估算出流动资金。

5. 汇总出总投资

将建筑安装工程费用，设备、工器具购置费用，其他费用和流动资金汇总，估算出建设项目总投资，如图 5-1-3 所示。

四、投资估算的误差率控制

投资估算的误差是不可避免的，但应尽可能提高投资估算的准确性。图 5-1-4 反映了建设项目在不同建设阶段的建设费用估算准确度。从图中可以看出，在建设的不同阶段，建设费用的估算准确度是不同的，建设阶段愈接近后期，由于可把握的因素愈多，投资估算也就愈接近实际投资。

投资估算值受各种客观因素的影响。这些影响因素分为"可计算因素"和"估计因素"两大类。"可计算因素"是指估算的基础条件，如能构思确定的项目建设规模、产品方案、主要项目和辅助项目一览表、主要设备清单等主要工程量和建设标准的控制指标以及估算指标、概算指标、概算定额、

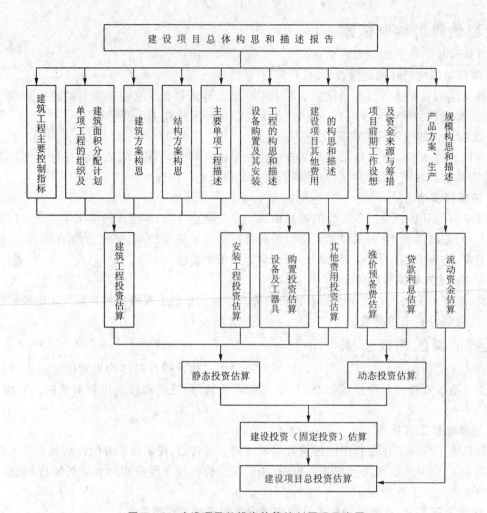

图 5-1-3　建设项目总投资估算编制原理示意图

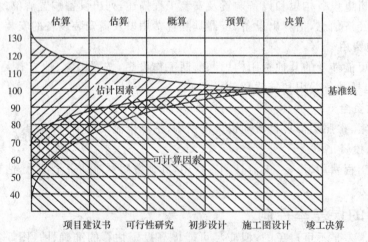

图 5-1-4　建设项目投资估算误差率示意图

技术经济指标和同类型建设项目的投资资料。"估计因素"是指各种不确定因素,如项目所在地的自然条件(地质、地貌及环境)、经济条件(价格水平、通货膨胀)和政治条件(政策、法规)等。"估算因素"主要靠工程技术经济人员的知识水平和实践经验,运用适当的技术手段,经分析、判断而确定的。

（一）投资估算的阶段划分及精度要求

由于建设项目的策划是一个从初步设想开始，经过构思、方案设想，到成熟方案设计的渐进过程。它可以划分为投资机会研究或项目建议书、初步可行性研究和详细可行性研究三个阶段。不同阶段所具备的条件和掌握的资料不同，允许采用的方法不同，因而投资估算的准确程度就不同，进而每个阶段的投资估算所起的作用也不同。但随着前期工作的展开，调查研究工作的深入，掌握的资料越来越丰富，拟建项目的轮廓越来越清晰，投资估算也逐渐趋于准确，起着越来越重要的作用。

1. 投资机会研究或项目建议书阶段的投资估算

这一阶段的工作主要是选择有利的投资机会，明确投资方向，提出项目设想和建议，并编制项目建议书。该阶段工作比较粗，投资估算一般是通过与已建项目的对比，采用生产能力指数法或资金周转率法来估计投资额，投资估算的误差率在±30%左右。

2. 初步可行性研究阶段的投资估算

这一阶段主要是在投资机会研究的基础上，进一步弄清投资规模、经营成本和项目效益，以对项目的可行性作出初步评价。由于对项目的规划更详细，投资规模、工艺技术、设备选型等都形成了初步设想，因此可采用比例系数法或指标估算法来估计投资额，投资估算的误差率在±20%左右，此时投资估算作为初选项目的依据，一般可作为否定一个项目的依据，但不能完全肯定一个项目是否可行。同时可以确定哪些关键问题需进一步进行辅助性专题研究。

3. 详细可行性研究阶段的投资估算

详细可行性研究又称最终可行性研究，该阶段要对拟建项目进行详细规划，多方案比选，进行全面、详细、深入的技术经济分析论证，对投资估算的精度要求较高，一般要求投资估算误差率在±10%以内，因此投资估算方法常采用模拟概算法。此阶段的投资估算是多方案比较选择最佳方案和确定其可行的依据，也是以后编制设计文件，控制初步设计概算的依据。

投资估算阶段划分及其要求和作用见表5-1-1。

表 5-1-1   投资估算阶段划分及其状况表

	工作阶段	工作性质	投资估算方法	投资估算误差率	投资估算作用
项目决策阶段	投资机会研究或项目建议书阶段	项目设想	生产能力指数法 资金周转率法	±30%	明确投资方向 寻找投资机会 提出项目投资建议
	初步可行性研究	项目初选	比例系数法 指标估算法	±20%	广泛分析，筛选方案 确定项目初步可行 确定专题研究课题
	详细可行性研究	项目拟订	模拟概算法	±10%	多方案比较，提出结论性建议，确定项目投资的可行性

（二）影响投资估算准确程度的因素

建设项目投资估算是一项相当复杂和艰难的工作，有一种虚无缥缈的感觉。因为有许许多多不确定因素期待着"把握和确定"。这些不确定因素的"确定"，影响着投资估算的准确程度。建设前期影响建设项目投资估算的不确定因素主要有：

（1）项目本身的复杂程度及对其认知的程度。如有些项目本身相当复杂，没有或很少有已建类似项目资料。当地没有,国内没有,国外也很少见,甚至也没有,如磁浮工程。那么在估算项目总投资时,就容易发生漏项、过高或过低地估计某些费用。

（2）对项目构思和描述的详细程度。一般来说,构思愈深入,描述愈详细,则估算的误差率愈低。

（3）工程计价的技术经济指标的完整性和可靠程度。工程计价的技术经济指标,尤其是综合性较强的单位生产能力（或效益）投资指标,不仅要有价,而且要有量（主要工程量、材料量、设备量等）,还应包括对投资有重大影响的技术经济条件（建设规模、建设时间、结构特征等）,以利于准确使用和调整这些技术经济指标。工程计价的技术经济指标是靠平时对建设工程造价资料进行日积月累、去粗取精、去伪存真,用科学的方法编制而成的,且不能一劳永逸,必须随生产力发展,技术进步,不断得以修正,使其能正确反映当前生产力水平,为指导现实服务。过时的、落后的技术经济指标应及时更新或淘汰。

（4）项目所在地的自然环境描述的翔实性。如建设场地的地形和地势,工程地质、水文地质和建筑结构抗地震的设防烈度,水文条件,气候条件等情况和有关数据的详细程度和真实性。

（5）项目所在地的经济环境描述的翔实性。如城市规划、交通运输、基础设施和环境保护等条件等情况的全面性和可靠性。

（6）有关建筑材料、设备价格信息和预测数据的可信度。

（7）项目投资估算人员的知识结构、经验和水平等。

（8）投资估算编制所采用的方法。参见本章第二节投资估算的编制方法。

（三）降低投资估算误差率的措施

投资估算的误差是在所难免的,人们不可能超越客观条件,把投资估算编制得与最终实际决算完全一致。但可以肯定,如果采取一定措施,处理得当,是能够将投资估算的误差率控制在决策要求的范围内的。

提高投资估算的准确性,降低误差率,可采取以下措施:

（1）认真搜集、整理和积累各种建设项目的造价资料。工程造价资料积累不仅仅是原始资料的收集,还必须对其进行加工和整理,以使资料具有真实性、合理性。资料的收集不能仅停留在设计概算和施工图预算上,而必须立足于竣工决算上,并将竣工决算与概、预算进行对比分析,去粗取精、去伪存真,使其具有更大的参考价值。可靠的技术经济资料是编制准确的投资估算的前提和基础。

（2）认真阅读项目构思及其描述报告,凭借估算人员本身的知识、阅历和经验,借助于外脑（各路专家）,充实项目内容,填补报告中的盲点（漏项）,使描述报告在条件许可的情况下尽可能地详尽。

（3）调查、考察或了解项目所在地的自然环境和经济环境,做到心中有数。

（4）灵活运用工程造价资料和技术经济指标,切忌生搬硬套。选择使用技术经济指标,必须充分考虑时间、地点和项目本身特征等因素。

（5）投资估算必须考虑建设期的物价及其变动因素。

（6）充分考虑项目所在地的有利和不利的自然、经济方面的因素。

（7）技术经济指标的使用必须用途相同、结构相同、工程特征尽可能相符,否则应作必要的调整。

（8）对引进国外设备或技术的项目还要考虑汇率的变化。

（9）应注意项目投资总额的综合平衡。投资估算是先估算各单项工程或各专业工程的投资,然后经汇总而成的。常常会有从局部上看某单项工程投资或某专业工程投资是合理的,但将其放在总体上看,会发现其所占总投资额的比例显得并不一定适当。因此必须根据各单项工程或专业工程的性质和重要性,从总体上来衡量是否与其内容和建筑标准相适应,从而再作一次必要的调整，使得建设项目总投资在各单项工程或各专业工程中的分配比例更为合理。

（10）应留有足够的预备费。所谓"足够"，并不是愈多愈好。而是依据估算人员掌握的情况和经验，进行分析、判断和预测，选定一个适度的系数。一般说来，建设工期长、工程复杂或刚开发的新工艺、新技术项目，预备费计取比例可高一些；建设工期短、工程简单或是国内成熟项目，预备费计取比例可低一些。

（11）提高估算机构，估算人员的诚信意识，要实事求是，认真负责，不盲从客户要求或领导旨意，有意高估冒算或压价低估。应从经济、行政、法律上建立有效的防范机制。

第二节　投资估算的编制方法

投资估算包括建设投资（固定投资）估算和流动资金估算。

一、建设投资（固定投资）的估算方法

编制建设投资（固定投资）估算，一般先进行静态投资估算，然后再考虑通货膨胀、资金来源与筹措及国家规定应由项目承担的税费等因素进行动态投资估算，最后将静态投资和动态投资合二为一，形成建设投资（固定投资）估算总额。

（一）静态投资的估算方法

所谓静态投资，是指按某一基准日价格为依据估算的投资。一般以建设项目开工前一年底为基准日。

静态投资估算的编制方法很多，每种方法都有其独特的优点和长处，但也存在一定的局限性和适用性。因此在编制静态投资估算前应根据项目的性质、项目的技术资料和数据的具体情况以及项目可行性研究所处的阶段，有针对性地选用适宜的估算方法。

1. 资金周转率法

这是一种用已建类似项目的资金周转率来推测拟建项目投资额的简便方法。其计算公式如下：

$$投资额 = \frac{拟建项目产品设计年产量 \times 产品单价}{资金周转率}$$

其中

$$资金周转率 = \frac{已建类似项目年销售总额}{投资额}$$

$$= \frac{产品年产量 \times 产品单价}{投资额}$$

拟建项目资金周转率可以根据已建类似项目的有关数据进行推测，然后再根据拟建项目的设计产品年产量及预测单价，估算出拟建项目的投资额。公式中投资额的口径应一致，要么都是指固定投资，要么都是指总投资（包括流动资金）。

这种方法计算简便，速度快，也无须对项目进行详细描述，只需了解产品的年产量和单价即可，但误差率较大。一般可用于投资机会研究及项目建议书阶段的投资估算，不宜用于详细可行性研究阶段的投资估算。

2. 生产能力指数法

这是一种根据已建成的，性质类似的建设项目或单项工程（生产装置）的投资额和生产能力来推测拟建项目或单项工程（生产装置）的投资额。其计算公式如下：

$$I = I_0 \left(\frac{Q}{Q_0} \right)^n f$$

式中　I, I_0——拟建、已建类似项目或装置的投资额；

　　　　Q, Q_0——拟建、已建类似项目或装置的生产能力；

f——不同时间、不同地点的价格和费用的调整系数;

n——生产能力指数,$0<n\leqslant 1$。

若已建类似项目或装置的生产能力与拟建项目或装置相近,生产能力比值在 $0.5\sim 2.0$,则指数 n 的取值近似为 1。

若已建类似项目或装置的生产能力与拟建项目或装置的生产能力相差小于 50 倍,且拟建项目生产能力的扩大仅靠扩大设备规模来达到的,则 n 取值约在 $0.6\sim 0.7$;若是靠增加相同规格设备的数量达到时,则 n 取值在 $0.8\sim 0.9$。

这种方法计算简便,速度快,但要求类似项目的资料可靠,条件基本相同,否则误差就会增大。

3. 以设备费为基础的比例系数法

一般工业项目中设备投资在总投资中占有很大比重,可以根据工业项目建设的经验,找出设备费用与建筑工程费用、设备安装工程费用的比例关系或与各专业工程费用的比例关系,从而求得固定投资。

(1) 专业工程比例系数法

专业工程比例系数法,是以拟建项目或装置的设备费用为基数,根据已建成的同类项目或装置的建筑工程、安装工程等费用占设备投资的百分比,求出相应工程的投资及其他投资,其总和即为固定投资。其公式如下:

$$I=E(1+f_1 P_1+f_2 P_2+\cdots+f_n P_n)+O$$

或

$$I=E(1+f_1' P_1'+f_2' P_2'+\cdots+f_n' P_n')+O$$

式中 I——拟建项目或装置的固定投资;

E——拟建项目或装置的设备购置费用;

O——拟建项目或装置的其他费用;

P_i——已建项目中建筑工程、设备安装工程、工器具购置等费用与设备购置费用的比率;

f_i——由于时间、地点等因素引起拟建项目的建筑工程、设备安装工程、工器具购置费用变化的综合调整系数;

P_i'——已建项目中各专业工程(总图、土建、给排水、电气、通风、电信、自控、管道工程)及工器具购置费用与设备购置费用的比率;

f_i'——由于时间、地点等因素引起拟建项目的各专业工程和工、器具购置费用变化的综合调整系数。

(2) 朗格系数法

朗格系数法是以拟建项目或装置的设备费用为基数,乘以适当的系数来推算项目的固定投资。其公式如下:

$$I=E(1+\sum K_i)(1+\sum K_j)$$

式中 K_i——工程费用(建筑、安装、管线、仪表等)的估算系数;

K_j——其他费用(土地、勘察、设计、监理、保险、不可预见费等)的估算系数。

比例系数法的误差率比前两种方法低得多,适用于初步可行性研究阶段编制投资估算。

4. 指标估算法

指标估算法,是根据事先编制的各种投资估算指标进行投资估算。投资估算指标根据其所包含的内容和综合程度分有:单位工程估算指标、单项工程综合指标和单元指标。

(1) 单位工程概算指标估算法

单位工程概算指标的表现形式较多,如以元/m、元/m²、元/m³、元/t、元/kVA 等表示。根据这些单位工程估算指标,乘以相应的实物工程量(m,m²,m³,t 和 kVA 等),就可求出相应土建工程、给排水工程、电气工程、通风空调工程、变配电工程等各单位工程的投资,将其汇总成单项工程投资,再估算其他费用投资,即得项目所需的固定投资。

采用这种方法编制投资估算应注意两点:一是注意指标与具体工程之间的差异,应根据拟建工程的特点,对指标进行必要的换算或调整;二是注意指标的编制时间,与拟建项目的建设时间差异,应利用物价指数对指标的价格进行必要的修正。详见第六章设计概算。

(2)单项工程综合指标估算法

单项工程综合指标多以单位建筑面积投资表示,故又称单位面积综合指标,其投资内容包括该单项工程内的土建、给排水、电气、通风空调……费用。其计算公式如下:

$$单项工程投资=建筑面积×单项工程综合指标×指标物价浮动指数$$
$$±建筑和结构差异的价差$$

(3)单元指标估算法

单元指标是每个估算单位的投资额,估算单位是指建筑的功能。如宾馆:元/客房套、医院:元/床位、学校:元/席位、剧场:元/座位。其计算公式如下:

$$项目固定投资=建筑功能值×单元指标×物价浮动指数$$

5. 模拟概算法

模拟概算法,是根据项目构思和描述报告,凭借估算人员自身的知识和阅历,发挥想象力将项目更具体化,然后用编制概算的方法来编制投资估算。故称模拟概算法。

模拟概算法要求项目构思和描述报告达到一定深度(深入到单位工程描述),且估算人员具有科学合理的想象能力,能根据描述报告,想象和估算出深入到项目分部分项的工程量。其估算步骤大致如下。

(1)根据项目构思和描述报告,列出单项工程和单位工程清单;

(2)根据单位工程描述报告,估算出分部分项工程量;

(3)估算单项工程投资:
$$单位工程投资=\sum(分部分项工程量×概算定额单价)×(1+综合费率)$$

(4)估算单项工程投资:
$$单项工程投资=\sum 单位工程投资+包括在该单项工程内的设备、工器具费用投资$$

(5)估算其他费用投资。根据其他费用描述报告,逐项估算其他费用投资;

(6)估算建设项目固定投资:
$$建设项目固定投资=\sum 单项工程投资+其他费用投资$$

模拟概算法在实际工作中应用较多,具有可操作性,与其他方法相比具有较高的准确性。此方法多用于详细可行性研究阶段。详见第六章设计概算。

(二)动态投资的估算方法

动态投资包括建设期物价波动可能增加的投资(涨价预备费)和建设期投资借款的利息。如果是涉外项目还应考虑汇率波动的影响。

1. 涨价预备费估算

涨价预备费应以基准日静态投资额和资金使用计划为基础,计算可能增加的投资额。其计算公式如下:

$$V=\sum_{t=1}^{n} I_t [(1+i)^t-1]$$

式中　V——涨价预备费;

I_t——建设期中第 t 年的计划投资额(按建设期前一年价格水平估算);

n——建设期年份数;

i——年平均价格变动率。

例 5-2-1 某项目的静态投资为 100 000 万元,项目建设期为三年,按项目实施进度计划,第一年完成投资额的 20%;第二年完成投资额的 50%;第三年完成投资额的 30%。预测建设期内年平均价格变动(上涨)率为 5%,求该项目建设期的涨价预备费。

解:建设期三年的计划投资用款额分别为

第 1 年　$I_1 = 100\,000 \times 20\% = 20\,000(万元)$

第 2 年　$I_2 = 100\,000 \times 50\% = 50\,000(万元)$

第 3 年　$I_3 = 100\,000 \times 30\% = 30\,000(万元)$

建设期 3 年的涨价预备费 V_i 分别为

第 1 年　$V_1 = I_1[(1+i)^1 - 1] = 20\,000 \times [(1+5\%)^1 - 1] = 1000(万元)$

第 2 年　$V_2 = I_2[(1+i)^2 - 1] = 50\,000 \times [(1+5\%)^2 - 1] = 5125(万元)$

第 3 年　$V_3 = I_3[(1+i)^3 - 1] = 30\,000 \times [(1+5\%)^3 - 1] = 4728.75(万元)$

所以建设期涨价预备费 V 为

$$V = V_1 + V_2 + V_3 = 1000 + 5125 + 4728.75 = 10\,853.75(万元)$$

2. 建设期投资借款利息估算

对于利用投资借款进行建设的项目,还要计算建设期的投资借款利息。在计算建设期投资借款利息时,首先要编制投资计划和资金筹措表,以确定各年的借款额,然后按约定的利率计算建设期各年的借款利息。由于在一般情况下,各年的投资支出并不是在年初一次性投入的,而是在全年中陆陆续续支出的,同样,投资借款也是在全年中陆陆续续借入。因此,在计算建设期投资借款利息时,应该按当年投资借款额的一半估算全年利息。建设期各年借款利息的计算公式如下:

$$建设期各年投资借款利息 = \left(年初投资借款本息累计 + \frac{当年投资借款额}{2}\right) \times 年利率$$

如果贷款协议约定全年借款资金年初到账,则建设期各年借款利息的计算公式如下:

$$建设期各年投资借款利息 = (年初投资借款本息累计 + 当年投资借款额) \times 年利率$$

例 5-2-2 上例中投资计划及资金筹措见表 5-2-1。若约定借款年利率为 6%,试按投资借款年内均衡到账和年初到账两种不同情况分别计算建设期的投资借款利息及建设期末的投资借款本息和。

表 5-2-1　　　　　　　　　　　　　投资计划及资金筹措表　　　　　　　　　　　　　单位:万元

年　　份	第 1 年	第 2 年	第 3 年	合　　计
静态投资	20 000.00	50 000.00	30 000.00	100 000.00
涨价预备费	1 000.00	5 125.00	4 728.75	10 853.75
合　　计	21 000.00	55 125.00	34 728.75	110 853.75
自有资金	15 000.00	15 000.00	15 000.00	45 000.00
投资借款	6 000.00	40 125.00	19 728.75	65 853.75

解:(1) 投资借款年内均衡到账

建设期第 1 年投资借款利息为

$$\frac{6\,000}{2} \times 6\% = 180.0000(万元)$$

建设期第 2 年投资借款利息为

$$\left(6\,000 + 180 + \frac{40\,125}{2}\right) \times 6\% = 1574.5500(万元)$$

建设期第 3 年投资借款利息为

$$\left(6\,000 + 180 + 40\,125 + 1574.55 + \frac{19\,728.75}{2}\right) \times 6\% = 3464.6355(万元)$$

建设期借款利息总额为

$$180.0000 + 1574.5500 + 3464.6355 = 5216.1855(万元)$$

建设期末投资借款的本息和为

$$65\,853.7500+5\,219.1855=71\,072.9355(万元)$$

(2)投资借款年初到账

建设期第1年投资借款利息为

$$6\,000\times6\%=360.0000(万元)$$

建设期第2年投资借款利息为

$$(6\,000+360+40\,125)\times6\%=2\,789.1000(万元)$$

建设期第3年投资借款利息为

$$(6\,000+360+40\,125+2\,789.1+19\,728.75)\times6\%=4\,140.1710(万元)$$

建设期借款利息总额为

$$360.0000+2\,789.1000+4\,140.1710=7\,289.2710(万元)$$

建设期末投资借款的本息和为

$$65\,853.7500+7\,289.2710=73\,143.0210(万元)$$

3. 固定资产投资方向调节税估算

固定资产投资方向调节税的计税公式如下:

$$固定资产投资方向调节税=实际完成的投资额\times 规定的税率$$

式中的实际完成的投资额:基本建设项目为实际完成的投资总额;更新改造项目为实际完成的建筑工程投资额。由于经济形势的需要,自2000年1月1日起,国家暂停征收固定资产投资方向调节税。

例 5-2-3 试按投资借款年内均衡到账和年初到账两种不同情况分别计算上例的静态投资,动态投资及建设投资(固定投资)。

解:(1)投资借款年内均衡到账

静态投资	100 000.0000(万元)
动态投资	16 069.9355(万元)
涨价预备费	10 853.7500(万元)
建设期借款利息	5 216.1855(万元)
固定资产投资方向调节税	0
建设投资(固定投资)	116 069.9355(万元)

(2)投资借款年初到账

静态投资	100 000.0000(万元)
动态投资	18 143.0210(万元)
涨价预备费	10 853.7500(万元)
建设期借款利息	7 289.2710(万元)
固定资产投资方向调节税	0
建设投资(固定投资)	118 143.0210(万元)

二、流动资金的估算方法

(一)流动资金及其分类

流动资金是指项目建成投产后,垫支在原材料、在产品、产成品等方面的流动资金。它是保证生产经营活动正常进行所必需的周转资金。因此也是项目总投资的组成部分之一。

流动资金按其在生产过程中发挥的作用,可分为生产领域中的流动资金和流通领域中的流动资金。

生产领域中的流动资金包括生产储备资金和生产资金。生产储备资金是保证生产顺利进行不致中断的必要材料物资储备所占用的资金。它包括原材料、燃料、低值易耗品、包装物、外购半成品等占用的资金。生产资金是指生产过程中在产品、自制半成品和待摊费用等占用的资金。

流通领域中的流动资金包括成品资金（产成品和外购商品）、结算资金（应收款和预付款）和货币资金（备用金和存款等）。

流动资金按其管理方式的不同，可分为定额流动资金和非定额流动资金。

定额流动资金是可以根据生产任务、企业规模、材料消耗定额和供应条件等具体情况，确定其正常生产需要量的那部分流动资金，包括生产储备资金、生产资金和成品资金。为了保证生产经营活动正常进行和合理控制各项材料物资储备，对上述各项流动资金应拟定定额，实行定额管理。

非定额流动资金是指不确定其定额的流动资金，如应收账款、库存现金、银行存款等结算资金和货币资金。这部分流动资金通常在流动资金总额中所占的比例不大，数量也不稳定，有的也难以确定其经常占用量，有的不需确定经常占用量，所以不拟定定额，不实行定额管理。

流动资金分类可见图 5-2-1。

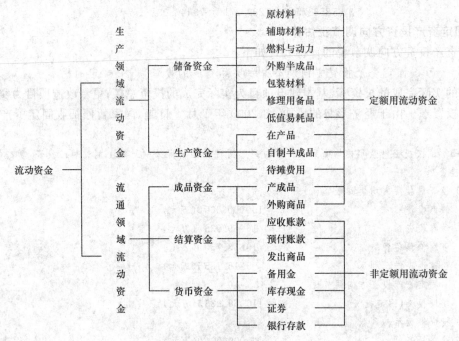

图 5-2-1　流动资金分类图

（二）流动资金投资的估算方法

对拟建项目流动资金进行投资估算，应根据项目的生产特点和资料数据掌握的实际情况来进行。常用的流动资金估算方法有以下两种：

1. 流动资金率估算法

流动资金率估算法，是参照类似项目流动资金占用额与销售收入（或销售成本）的比率来确定拟建项目流动资金需求额的一种方法。其计算公式如下：

$$\text{拟建项目流动资金投资额} = \text{拟建项目年销售收入（或年销售成本）} \times \text{类似项目销售收入（或销售成本）流动资金率}$$

其中
$$\text{类似项目销售收入（或销售成本）流动资金率} = \frac{\text{类似项目年流动资金平均占用额}}{\text{类似项目年销售收入（或销售成本）}}$$

在采用流动资金率估算流动资产投资时，要注意拟建项目与类似已建项目在原材料供应条件等方面的可比性。如果条件不尽相同，应对销售收入（或销售成本）流动资金率进行适当调整，再计算流动资产投资额。

这种方法的计算结果准确度不高,适用于机会研究、项目建议书阶段和初步可行性研究阶段的流动资产投资估算。

2. 分项详细估算法

分项详细估算法,就是对流动资金构成的流动资产和流动负债逐项地进行估算。在项目前期的可行性研究中,为了简化,仅对应收账款、存货、货币资金和应付账款 4 项内容进行估算,因此,整个项目所需流动资金估算公式如下:

$$流动资金 = 流动资产 - 流动负债$$
$$= 应收账款 + 存货 + 货币资金 - 应付账款$$
$$流动资金本年增加额 = 本年流动资金 - 上年流动资金$$

流动资金估算首先估算应收账款、存货、货币资金和应付账款的年周转次数,然后再分项估算占用的资金额。

(1) 周转次数估算

周转次数估算公式如下:

$$周转次数 = 360 天 \div 最低周转天数$$

应收账款、存货、现金和应付账款的最低周转天数,可以参照类似企业的平均周转天数并结合项目的特点确定,或按部门(行业)的规定计算。

(2) 应收账款估算

应收账款,是指企业已对外销售商品、提供劳务尚未收回的资金,包括科目很多,一般只估算应收销售款,其估算公式如下:

$$应收账款 = 年销售收入 \div 应收账款周转次数$$

(3) 存货估算

存货,是指企业为销售或耗用而储备的各种货物,为了简化,一般仅考虑外购原材料、外购燃料、在产品和产成品。存货先分项估算,然后汇总,其估算公式如下:

$$存货 = 外购原材料 + 外购燃料 + 在产品 + 产成品$$
$$外购原材料 = 年外购原材料 \div 按种类分项周转次数$$
$$外购燃料 = 年外购燃料 \div 按种类分项周转次数$$
$$在产品 = (年外购原材料 + 年外购燃料 + 年工资及福利费 + 年修理费$$
$$+ 年其他制造费用) \div 在产品周转次数$$
$$产成品 = [年总成本 - (折旧费 + 摊销费 + 修理费)] \div 产成品周转次数$$

(4) 货币资金估算

货币资金,是指企业生产运营活动停留与货币状态的那一部分资金,包括企业库存现金和银行存款,其估算公式如下:

$$货币资金 = [总成本 - (折旧费 + 摊销费 + 修理费 + 外购原材料 + 外购燃料)]$$
$$\div 现金周转次数$$

(5) 流动负债估算

流动负债,是指在一年或超过一年的一个营业周期内,需要偿还的各种债务,一般只考虑应付账款一项,其估算公式如下:

$$应付账款 = (年外购原材料 + 年外购燃料) \div 应付账款周转次数$$

一般情况下,流动资金估算,需编流动资金估算表,参见表 5-2-2。

表 5-2-2　　　　　　　　　　　　流动资金估算表

序号	项　　目	年需求额(万元) ①	定额天数 ②	周转次数 ③＝360÷②	定额需求额(万元) ④＝①÷③
1.	流动资产				
1.1	应收账款				
1.2	存货				
1.2.1	原材料				
1.2.2	燃料				
1.2.3	在产品				
1.2.4	产成品				
1.2.5	其他				
1.3	现金				
2	流动负债				
2.1	应付账款				
3	流动资金(1－2)				

（三）铺底流动资金

在估算流动资产投资以后,还要考虑它的资金来源。现行政策规定,投资项目所需的流动资金中,企业自己准备的不得少于 30%,称铺底流动资金。

复习思考题

1. 投资估算的内容有哪些? 其编制的依据是什么?

2. 影响投资估算准确度的因素有哪些? 如何来降低投资估算的误差率?

3. 试述投资估算的编制思路(内容、依据、步骤和方法)。

4. 某项目静态投资 22 310 万元,项目三年建成,每年完成投资额比例分别为第一年 20%,第二年 55%,第三年 25%,建设期内年平均价格变动率预测为 5%,估计该项目的涨价预备费。

5. 第 4 题项目中,自有资金投入为:第一年 4 000 万元,第二年 4 000 万元,第三年 4 000 万元,其余为银行借款,年利率约定为 6%,借款年内均衡到账。试编制投资计划及资金筹措表,并计算建设期的投资借款利息和建设期末的投资借款本息和。

6. 第 4 题项目建成投产,达到设计生产能力时产销售收入为 20 000 万元,已建成类似项目的销售收入流动资金率为 15%,估算该项目流动资金。

7. 试计算第 4 题项目用于经济评价的总投资和用于报批项目的总投资。

8. 名词解释:静态投资、动态投资、建设投资(固定投资)、流动资金、铺底流动资金和总投资。

第六章　设计概算

　　设计概算是反映建设项目在初步设计或扩大初步设计阶段的价格文件。本章主要介绍设计概算的组成及其内容、设计概算的编制方法和设计概算中的其他费用计算。

　　设计概算是在初步设计或扩大初步设计阶段编制的,设计概算的准确性和精度与所掌握资料的详尽程度和选择的概算编制方法有关。因此,本章重点介绍不同的设计概算编制方法及其适用条件。而对涉及"工程量计算规则"的具体工程的概算编制方法不作介绍,可参见以后各章中的具体工程的预算编制方法。概算与预算编制的方法大同小异,而且概算更简便些。

　　设计概算中的其他费用,由于其政策性、地域性、时效性都很强,因此本章所介绍的其他费用计算方法仅供参考。实际计算时应查阅当地有关政府网站的其他费用计算规范(或规定)。

第一节　设计概算概述

一、设计概算的概念

　　设计概算是初步设计或扩大初步设计阶段必须具备的文件。设计概算文件必须完整地反映工程初步设计的内容,严格执行国家有关的方针、政策和制度,实事求是地根据工程所在地的建设条件(包括自然条件、施工条件等可能影响造价的各种因素),正确地按有关的依据资料进行编制。

　　建设项目的总概算,应包括建设项目从筹建到竣工验收所需的全部建设费用。其投资构成为:建筑工程费用、安装工程费用、设备购置费用、工器具购置费用和其他费用。

　　概算文件应包括:概算编制总说明和投资效益分析,建设项目总概算,单项工程综合概算,单位工程概算,工程建设其他费用概算以及钢材、木材、水泥等主要材料及设备表。

　　概算的编制工作应由设计单位负责。一个建设项目如由几个设计单位共同设计时,主体设计单位应负责统一概算编制原则等有关事项,并汇编总概算,其他设计单位应负责编制其所承担设计的工程概算。

　　概算应按阶段设计编制:两阶段设计时,在初步设计阶段编制概算,施工图设计阶段编制预算;三阶段设计时,在初步设计阶段编制概算,技术设计阶段编制修正概算,施工图设计阶段编制预算。

二、设计概算的作用

　　设计概算是根据设计要求,对工程造价进行粗略计算。设计概算的主要作用可归纳如下:

　　(1)设计概算是编制固定资产投资计划的依据。计划部门或建设单位根据已批准的总概算来确定固定资产投资的计划投资额,根据已批准的总概算及其组成和建设进度来确定年度固定资产投资的计划投资额。

　　(2)设计概算是签订建设项目总承包合同和贷款总合同的依据。实行建设项目投资包干的建设项目总承包合同,其合同总价应控制在经批准的总概算以内。银行贷款总合同中的贷款金额是根据经批准的总概算与自有资金的差额确定的。

　　(3)设计概算是衡量设计方案技术经济合理性和选择最佳设计方案的依据。设计图纸和设计概算分别反映设计方案的技术性和经济性。设计概算可以用来对不同的设计方案进行技术与经济合理性的比较,以便选择最佳的设计方案。

　　(4)设计概算是控制施工图设计和施工图预算的依据。经批准的设计概算应及时反馈给设计单位,设计单位应按照批准的初步设计和总概算进行施工图设计,施工图预算不得突破设计概算。如确需突破总概算时,则应按规定程序,重新审批设计概算。

　　(5)设计概算是工程造价管理的依据。设计概算是建设项目投资的最高限额,是工程造价管理的重要约束。实行招投标的工程,招标标底可以设计概算为依据进行编制;若以其他方法编制的标底,其标底应控制在经批准的总概算以内。标底是评判投标报价的准绳。

(6) 设计概算是考核建设项目投资效果的依据。通过竣工决算与设计概算的对比,可以分析和考核投资效果的好坏,同时还可以验证设计概算的准确性,有利于加强设计概算和建设项目的造价管理工作。

第二节 设计概算的组成

设计概算由小到大可分为三级:单位工程概算、单项工程综合概算和建设项目总概算。其相互关系见图 1-3-1。

一、建设项目总概算的组成

建设项目总概算由工程费用、其他费用、预备费用、财务费用和国家规定的税费等五部分组成,见图 1-3-4。它是由各单项工程综合概算和其他费用、预备费用、财务费用和国家规定的税费概算汇总而成的。

(一) 工程费用

工程费用,包括建筑安装工程费用和设备、工器具购置费用(包括备品备件)。具体项目及内容如下:

1. 主要生产项目综合概算

主要生产项目的内容,根据不同企业的性质和设计要求排列。如钢铁企业的高炉车间、炼钢车间、轧钢车间等。

2. 辅助生产及服务用的项目综合概算

辅助生产及服务用的项目一般包括:辅助生产的工程(机修车间、金工车间、模具车间等);仓库工程(原料仓库、成品仓库、危险品仓库等);服务用的工程(办公楼、食堂、消防车库、门卫室等)。

3. 动力系统项目综合概算

动力系统项目一般包括:厂区内变电所、锅炉房、空气压缩机站、煤气发生站、输配电线路、厂区室外照明和室外各种工业管道等项目。

4. 运输系统项目综合概算

运输系统项目一般包括:铁路专用线工程(铁道铺设、机车库、扳道房、机车及车皮等);轻便铁道工程(铁道铺设、机车库、机车、车皮及手推车等);公路运输工程(公路、汽车库、汽油库及汽车);架空索道工程。

5. 通讯系统项目综合概算

通讯系统项目一般包括:电话、电视、广播等设备、线路及建筑等项目。

6. 室外给水、排水、供热、煤气及其附属构筑物工程综合概算

室外给水、排水、供热、煤气及其附属构筑物工程项目一般包括:室外给水工程(生产用给水、生活用给水、消防用给水、水泵房、加压泵站、水塔、水池等);室外排水工程(生产废水、生活污水、雨水等下水道,沉淀池,排水泵房);热力管网工程(采暖用锅炉房、热力管网等)。

7. 厂区整理及美化设施项目综合概算

厂区整理及美化设施一般包括:厂区围墙、大门、绿化、道路、建筑小品等。

8. 生活福利区项目综合概算

生活福利区项目一般包括:宿舍、住宅、图书馆、浴室、商店、银行、邮局、旅馆、影剧院及其室外水、电、暖、煤气、通讯、道路、绿化等项目。

9. 特殊工程项目综合概算

特殊工程项目,是指与在建的主要工程项目无直接关系的工程,如独立的防空设施、防毒设施、三废处理工程等。

10. 工器具及生产家具购置费

工器具及生产家具购置费,是指新建项目为保证初期正常生产所必须购置的第一套不够固定资产标准的设备、仪器、工卡模具、器具等费用。它不包括备品备件的购置费。该项费用可以单列,如已随同有关项目列入设备费内的,则不得重复计算。

(二)其他费用

其他费用,是指根据国家规定,应在工程建设投资中支付,并列入建设项目总概算或单项工程综合概算的,除建筑安装工程费和设备、工器具购置费(即第一部分费用)以外的费用。具体项目内容如下:

1. 土地使用费

建设项目要取得所需的土地,获得土地使用必须支付土地征用及迁移补偿费或土地使用权出让金。

(1)土地征用及迁移补偿费。土地征用及迁移补偿费,是指建设项目通过划拨方式,取得无限期的土地使用权,依照《中华人民共和国土地管理法》等规定所支付的费用。其内容包括:土地补偿费,青苗补偿费和被征用土地上的房屋、水井、树木等附着物补偿费,安置补助费,耕地占用税或城市土地使用税、土地登记费及征地管理费,征地动迁费,水利水电工程水库淹没处理补偿费。

(2)土地使用权出让金。土地使用权出让金,是指建设项目通过土地使用权出让方式,取得有限期的土地使用权,依照《中华人民共和国城镇国有土地使用权出让或转让暂行条例》规定,向国家支付的土地使用费。

2. 建设单位管理费

建设单位管理费,是指建设单位为进行建设项目从立项、筹建、建设、联合试运转,到竣工验收交付使用以及后评价等全过程管理所需费用。其内容包括:

(1)建设单位开办费。建设单位开办费,是指新建项目为保证项目筹建和建设工作正常进行所需的办公设备、生活家具、用具、交通工具等的购置费用。

(2)建设单位经费。建设单位经费包括:工作人员的工资、工资性津贴、职工福利费、劳动保护费、劳动保险费、办公费、差旅交通费、工会经费、职工教育经费、固定资产使用费、工具用具使用费、技术图书资料费、生产工人招募费、工程招标费、合同契约公证费、工程质量监督检测费、工程咨询费、法律顾问费、审计费、业务招待费、排污费、竣工交付使用清理及竣工验收费、后评价等费用。不包括应计入设备、材料预算价格的建设单位采购及保管设备材料所需的费用。

3. 勘察设计费

勘察设计费,是指为建设项目提供项目建议书、可行性研究报告以及设计文件等所需的费用。其内容包括:

(1)编制项目建议书、可行性研究报告及投资估算、工程咨询、评价以及为编制上述文件所进行勘察、设计、研究试验等所需的费用。

(2)委托勘察、设计单位进行初步设计、技术设计和施工图设计及概预算编制所需的费用。

(3)在规定范围内由建设单位自行完成的勘察、设计所需的费用。

4. 研究试验费

研究试验费,是指为本建设项目提供或验证设计数据、资料进行必要的研究试验,以及设计规定在施工过程中必须进行试验、验证所需的费用,包括自行或委托其他部门研究试验所需人工费、材料费、实验设备及仪器使用费,支付的科技成果、先进技术的一次性技术转让费。

5. 联合试运转费

联合试运转费,是指新建企业或新增加生产工艺过程的扩建企业在竣工验收前,按照设计规定的工程质量标准,进行整个车间的负荷或无负荷联合试运转所发生的费用支出超出试运转收入的亏损部分。其内容包括:

（1）试运转支出。试运转所需的原料、燃料、油料和动力的消耗费用，机械使用费，低值易耗品及其他物品的费用和施工单位参加联合试运转人员的工资等。

（2）试运转收入。试运转产品销售和其他收入。

（3）不包括应由设备安装费用开支的单台设备调试费用和试车费用。

6. 生产准备费

生产准备费，是指新建企业或新增生产能力的企业，为保证竣工交付使用而进行的生产准备所发生的费用。其内容包括：

（1）生产职工培训费，其内容包括自行培训、委托其他单位培训人员的工资、工资性补贴、职工福利费、差旅交通费、学习资料费、实习费和劳动保护费等。

（2）生产单位提前进厂参加施工、设备安装、调试等以及熟悉工艺流程、机器性能等人员的工资、工资性补贴、职工福利费、差旅交通费和劳动保护费等。

7. 办公和生活家具购置费

办公和生活家具购置费，是指为保证新建、改建、扩建项目的初期正常生产、使用和管理所必须购置的办公和生活家具、用具的费用。其范围包括：办公室、会议室、资料档案室、阅览室、文娱室、食堂、浴室、理发室、单身宿舍和设计规定必须建设的托儿所、卫生所、招待所、中小学校等的家具用具。应本着勤俭节约的精神，严格控制购置范围。

8. 市政基础设施贴费

市政基础设施贴费，是解决市政基础设施建设资金不足的临时对策。其内容包括：

（1）供电贴费，指按照国家规定，建设项目应交付的供电工程贴费、施工临时用电贴费。供电工程贴费，是用户申请用电时，应承担的由供电部门统一规划，并负责建设110kV以下各级电压网供电工程建设、扩充、改建等费用总称。施工临时用电贴费，是凡临时用电设施在六个月内拆除者，贴费退还，拆除时间为6～12个月者，退还75％；12～24个月者，退还一半；24～36个月者，退还25％；超过36个月者，贴费不退。

（2）自来水、煤气增容费，是指由于用户增加用水、用气量而相应增加自来水、煤气生产服务供应能力所需的建设资金，包括自来水、煤气公司统一规划并建设的生产厂、水库、储气柜以及输配管网等有关工程的建设投资。

（3）污水、废水排放增容费，是指工业污水、废水或生活污水排放单位，申请排放城市下水道管网，按规定应缴纳的废污水排放增容费。

（4）住宅建设配套费，是指市区和郊县城镇的住宅建设（包括家属宿舍和单身宿舍的新建、扩建、改建、翻建、加层等）应缴纳的住宅建设配套费。住宅建设配套费一部分用于住宅建设配套的城市道路、雨污水系统、供电、供水、供气、公共交通、电话通讯等市政公用基础设施项目的建设（街坊内的市政公用设施项目的建设费用仍由建设单位承担）；另一部分在市区用于街道办事处、派出所、房管所、粮管所、中小学、幼托、环卫设施、独立公园的征地和里委会、管养段、儿童乐园、邮政、储蓄服务所以及街坊级商业网点等公建设施项目的建设；在郊县城镇根据住宅区的规模和新增人口，按千人指标配建急需的公建设施。

（5）电话初装费，是指项目用户申请电话，经市电话局同意后需缴纳的电话初装费。随我国电信业的发展，大部分省市已取消了电话初装费。

9. 引进技术和进口设备项目的其他费用

引进技术和进口设备项目的其他费用的内容包括：

（1）为引进技术和进口设备项目派出人员到国外培训、进行设计联络、设备材料检验、培训等所需的差旅费、生活费和服装费等。

（2）外国工程技术人员来华差旅费、生活费和接待费。

（3）国外设计及技术资料费、专利和专用技术费、延期或分期付款利息。

（4）引进设备检验和商检费。

10．施工机构迁移费

施工机构迁移费，是指施工机构根据建设任务需要，经有关部门决定，成建制地（指公司或公司所属工程处、工区），由原驻地迁移到另一地区所发生的一次性搬迁费用。它不是应由施工企业自行负担的、在规定距离范围内调动施工力量以及内部平衡施工力量所发生的迁移费用；也不是因中标而引起施工机构自行迁移所发生的费用。其内容包括：职工及随同家属的差旅费、调迁期间的工资和施工机械、设备、工具、用具和周转材料的搬运费。

11．临时设施费

临时设施费，是指建设期间建设单位所需的临时设施的搭设、维修、摊销费用或租赁费用。其内容包括：临时宿舍、文化福利及公用事业房屋与构筑物、仓库、办公室、加工厂以及规定范围内的道路、水、电、管线的临时设施和小型临时设施。

12．工程建设监理费

工程建设监理费，是指委托工程建设监理单位对工程在设计、施工、保修阶段实施监理时，按规定应支付的工程建设监理费。

13．工程保险费

工程保险费，是指建设项目在建设期间根据需要，实施工程保险部分所需的费用。

工程保险分建筑工程险（包括第三者责任险）、工业设备安装工程险和进口货物的运输险三种。

（三）预备费用

预备费用，又称不可预见费用，是指在初步设计和概算中难以预料的各种费用，包括基本预备费和涨价预备费。

1．基本预备费

基本预备费，是指在初步设计和概算中难以预料的工程和费用。其内容包括：

（1）在批准的初步设计和概算范围内，技术设计、施工图设计和施工过程中，所增加的工程和费用；设计变更、局部地基处理等增加的费用。

（2）一般自然灾害所造成的损失和预防自然灾害所采取的措施费。实行工程保险的工程项目，费用应适当降低。

（3）竣工验收时，为鉴定工程质量，对隐蔽工程进行必要的开挖和修复的费用。

2．涨价预备费

涨价预备费，是指预防建设项目在建设期内，由于价格等因素的变化，引起工程造价的上升而准备的费用。其内容包括：人工费、设备费、材料费、机械费差价，随之引起的间接费、利润、税金和其他费用的调整以及利率、汇率的调整等。

（四）财务费用

财务费用，是指建设项目在建设期内为筹措资金所发生的借款利息、汇兑损益和手续费。

（五）国家规定的税费

国家规定的税费，如固定资产投资方向调节税（目前暂停征收）。

二、单项工程综合概算的组成

单项工程综合概算由建筑工程费用、设备安装工程费用和设备、工器具购置费用组成，参见图1-3-3。它是由各单位工程概算和设备、工器具购置费用（包括备品备件）概算汇总而成的。

1．建筑工程概算

建筑工程概算包括土建工程概算、电气照明工程概算、给水排水工程概算、通风空调工程概算、工业管道工程概算、特殊构筑物概算等。

2. 设备安装工程概算

设备安装工程概算包括机械设备及安装工程概算、电气设备及安装工程概算、热力设备及安装工程概算、静置设备及安装工程概算、自动化控制装置及仪表工程概算。

3. 设备、工器具购置费用概算

设备、工器具购置费用概算包括需安装和不需安装的设备的购置费用概算和工具、器具和生产家具(包括备品备件)的购置费用概算。

三、单位工程概算的组成

单位工程概算由直接费、间接费、利润和税金组成,其中直接费又由各分部分项工程直接费汇总而成的,见图 1-3-2。

四、工程建设各项费用的计算程序及计算方法

工程建设各项费用的组成及其计算方法和计算程序,见表 6-2-1。

表 6-2-1 工程项目概算各项费用计算程序及规定表

序号	项 目 费 用 名 称	计 算 式
1	直接费	
2	间接费	(1)×间接费率或人工费×间接费率
3	利润	[(1)+(2)]×利润率或人工费×利润率
4	税金	[(1)+(2)+(3)]×税率
5	建筑安装工程费用	(1)+(2)+(3)+(4)
6	设备、工器具购置(包括备品备件)	设备购置费=设备原价×[1+运杂费率(包括设备成套公司的成套服务费)] 工器具及生产家具购置费=设备购置费×费率 (或按规定的金额计算)
7	单项工程费用	(5)+(6)
8	其他费用	按有关规定计算
9	预备费	按有关规定计算
10	财务费	按有关规定计算
11	国家规定税费	按有关规定计算
12	建设工程项目总费用	(7)+(8)+(9)+(10)+(11)

注:表中(8)其他费用中包括土地使用费、建设单位管理费、勘察设计费、研究试验费、联合试运转费、生产准备费、办公和生活用具购置费、市政基础设施贴费、引进技术和进口设备项目的其他费用、施工机构迁移费、临时设施费、工程监理费和工程保险费共 13 项,均按有关规定计算。

第三节 设计概算的编制方法

一、概算编制的准备工作

在编制设计概算之前,应作好以下一些准备工作:

(1)根据设计说明、总平面图和全部工程项目一览表等资料,对工程项目的内容、性质、建设单位的要求作一般性的了解。

(2)拟定出设计概算的编制提纲,明确编制工作的主要内容、重点、编制步骤和审查法。

(3)根据拟定的概算编制提纲,广泛收集基础资料(如定额、指标、市场价格信息),合理选用编制依据。

在作好上述准备工作之后,就可着手编制各项概算和汇总。

二、单位工程概算的编制方法

单位工程概算是确定某一单项工程内的某个单位工程建设费用的文件。单位工程概算包括建筑工程概算和设备及其安装工程概算两大类。

(一)建筑工程概算的编制方法

编制建筑工程概算有三种基本方法:概算定额法、概算指标法和类似工程预(结)算法。

1. 概算定额法

当初步设计或扩大初步设计达到一定深度,其结构和建筑要求比较明确,基本上能从设计图中摘算出扩大分部分项工程量时,可以采用概算定额法来编制建筑工程概算。其编制步骤如下:

(1)根据设计图纸和概算定额工程量计算规则,列出扩大分项工程的项目名称,并计算出其工程量。

(2)选定各扩大分项工程应套用的概算定额。如定额需调整或换算,则应按规定的调整系数或换算方法进行调整或换算。

(3)根据市场价格信息,确定人工、材料、施工机械单价和各项费用标准。

(4)将计算所得的扩大分项工程的工程量分别乘以选定的概算定额人工、材料、施工机械消耗量指标,再乘以确定人工、材料、施工机械单价,即得各扩大分项工程的直接费。有些无法直接计算工程量的零星工程,如:散水、台阶、厕所蹲台等,可根据概算定额规定按工程直接费的一定百分比(一般为 5%~8%)计算,经汇总即得工程直接费。

(5)根据确定的各项费用标准,计算间接费、利润和税金,经汇总即得建筑工程概算价值。

(6)将建筑工程概算价值除以建筑面积,即得技术经济指标(每 m^2 建筑面积的概算价值)。

概算定额法编制的概算,比较准确,误差率小,要求编制人员熟悉概算定额,并具备一定的设计基本知识,当某些扩大分部分项工程无法从设计图中摘取数据计算其工程量时,能凭借经验和利用工具手册,构思出其工程量。

2. 概算指标法

当初步设计深度较浅,无法准确摘算扩大分部分项工程量,但是工程所采用的技术比较成熟而且又有相应工程的概算指标时,可以采用概算指标法来编制建筑工程概算。

概算指标是反映每 m^2 建筑面积(或每立方米建筑体积)的人工、材料、机械台班消耗量和造价的指标,其综合性很强,不同结构、不同用途的建筑,其概算指标是不同的。因此采用概算指标法编制概算,必须是拟建工程的结构类型(如混合结构、框架结构、排架结构、剪力墙结构等)和用途(如住宅、办公楼、车间、仓库等)与概算指标项目的结构类型和用途完全一致,且构造特征和装饰标准(如层高、层数、基础形式埋深、柱、梁、墙体、楼层面积、门窗材料、地坪做法等)大体相近才能使用。当结构特征和装饰标准不完全相符时,应根据差别情况先行调整概算指标,然后采用调整后的概算指标来编制建筑工程概算。概算指标调整公式如下:

$$单位面积造价调整指标=原单位面积造价指标-\frac{\sum 应换出的分项工程价值}{拟建工程建筑面积}$$

$$+\frac{\sum 应换入的分项工程价值}{拟建工程建筑面积}$$

其中应换出(或换入)的分项工程价值可以利用概算定额计算。其计算公式如下:

$$应换出(或换入)的分项工程价值=应换出(或换入)的分项工程工程量$$
$$\times 相应概算定额单价$$

具体应用时,要先按指标规定计算建筑面积,或按指标规定的其他计量单位计算工程量。然后,将计算所得工程量乘以概算指标单价(或调整单价),便可得出拟建工程概算造价。

值得注意的是,当概算指标不包括间接费、利润、税金时,尚需按规定另行计算,并计入概算造价。

同理,将工程量乘以相应的人工和主要材料消耗量指标,可以得出拟建工程的各项技术经济指标。概算指标法编制的概算,其精度有所下降。

3. 类似工程预(结)算法

所谓类似工程,是指与拟建工程用途和结构类型相同,构造特征和装饰标准相似的已建工程。

当拟建工程与已建工程相类似,且已建工程有完整的预算或结算,可以采用类似工程预(结)算法来编制建筑工程概算。采用类似工程预(结)算法来编制建筑工程概算,可以大大节省编制概算的工作量,也可以解决编制概算的依据不足的问题,是编制概算的一种有效方法。

利用类似工程预(结)算编制概算,除了要注意选择与拟建工程的用途、结构类型、构造特征和装饰标准相类似的工程预(结)算外,还应考虑以下两个问题:

(1) 拟建工程与类似工程在建筑和装饰上的差异(即量差),可以参考调整概算指标的方法加以调整。

(2) 拟建工程与类似工程在建设地点和建设时间不同而引起的人工、材料、机械单价及有关费用的差异(即价差),则可以通过测算调整系数,利用调整系数进行调整。调整系数的测算步骤如下:首先,测算出类似预(结)算中的人工费、材料费、机械费及有关费用分别占全部预算价值的百分比;然后,分别测算出人工费、材料费、机械费及有关费用的单项调整系数;最后,求出总调整系数。其公式如下:

$$K = K_a \times a\% + K_b \times b\% + K_c \times c\% + K_d \times d\%$$

式中　　K——类似工程预(结)算调整系数;

K_a, K_b, K_c, K_d——分别为人工费、材料费、机械费及有关费用的调整系数;

$a\%, b\%, c\%, d\%$——分别为人工费、材料费、机械费及有关费用占全部预(结)算价值的百分比。

其中　　　　　$K_a = \dfrac{拟建工程所在地区的人工费单价}{类似工程所在地的人工费单价}$

$K_b = \dfrac{\sum(类似工程主要材料数量 \times 拟建工程所在地区材料费单价)}{\sum 类似工程主要材料费用}$

$K_c = \dfrac{\sum(类似工程主要机械台班数 \times 拟建工程所在地区机械费单价)}{\sum 类似工程主要机械的使用费}$

$K_d = \dfrac{拟建工程所在地区的综合费率}{类似工程所在地区的综合费率}$

采用类似工程预(结)算法来编制建筑工程概算的步骤如下:

(1) 选择类似工程预(结)算,计算其每 m^2 建筑面积造价及人工、主要材料、主要机械消耗量。

(2) 当拟建工程与类似工程在建筑构造上有部分差异时,将上述每 m^2 建筑面积造价及人工、主要材料、主要机械消耗量进行调整。

(3) 当拟建工程与类似工程在人工、材料、机械单价及有关费用有差异时,测算调整系数。

(4) 计算拟建工程建筑面积。

(5) 根据拟建工程建筑面积和类似工程预(结)算资料、调整数据、调整系数,计算出拟建工程的造价和各项技术经济指标。

(二)设备及其安装工程概算的编制方法

1. 设备购置费概算

设备购置费等于设备原价加设备运杂费。设备原价按设备清单逐项进行计算,如列入国家或地方成套供应的,应计算设备成套费,并列入设备原价中。设备运杂费一般按设备原价的百分率计算,即：

$$设备运杂费＝设备原价×运杂费率$$
$$设备购置费＝设备原价×(1＋运杂费率)$$

（1）国内设备购置费概算

国内标准设备购置费按出厂价加运杂费计算,其计算公式如下：

$$国内标准设备购置费 ＝ 出厂价 ×(1＋运杂费率)$$

国内非标准设备购置费可按成本计算估价法、系列设备插入估价法、分部组合估价法、定额估价法等计算。其中按成本计算估价法的计算公式如下：

$$国内非标准设备购置费＝\{[(材料费＋辅助材料费＋加工费)×(1＋专用工具费率)$$
$$×(1＋废品损失费率)＋外购配套件费]×(1＋包装费率)$$
$$×(1＋利润率)＋增值税＋非标准设备设计费\}$$
$$×(1＋运杂费率)$$

（2）进口设备购置费概算

进口设备购置费按进口设备货价加进口设备从属费用再加国内运杂费计算,其计算公式如下：

$$进口设备购置费＝进口设备货价＋进口设备从属费用＋国内运杂费$$
$$＝进口设备离岸价＋(国际运费＋运输保险费＋进口关税$$
$$＋消费税＋增值税＋外贸手续费＋银行财务费＋海关监管手续费)$$
$$＋国内运杂费$$

其中　国际运费 ＝ 进口设备离岸价×运费率

或　　国际运费 ＝ 进口设备重量×单位运价

运输保险费 ＝ (进口设备离岸价＋国际运费)× 国外保险费率

进口关税 ＝ (进口设备离岸价＋国际运费＋运输保险费)× 进口关税率

消费税 ＝(进口设备离岸价＋国际运费＋运输保险费＋进口关税)
　　　　÷(1－消费税税率)× 消费税税率

增值税 ＝(关税完税价格＋进口关税＋消费税)× 增值税率

外贸手续费 ＝(进口设备离岸价＋国际运费＋运输保险费)× 外贸手续费率

银行财务费 ＝ 进口设备离岸价 × 银行财务费率

海关监管手续费 ＝ 进口设备到岸价 × 海关监管手续费率

国内运杂费＝进口设备离岸价× 国内运杂费率

2. 设备安装工程费用概算

设备安装工程费用按主管部门规定的概算指标进行计算,一般采用以下三种方法计算：

（1）按占设备原价的百分比计算

$$设备安装工程概算＝设备原价×设备安装费率(一般为 3\%～7\%)。$$

（2）按每吨设备安装概算价格计算

$$设备安装工程概算＝设备吨位×每吨设备安装费。$$

（3）按每台、座、m、m³安装概算价计算

三、工程建设其他费用概算的编制方法

工程建设其他费用大致可分为两类。一类是"政府文件"强制性规定的费用,这类费用在工程实施过程中必定会发生,并必须按"政府文件"规定的内容和方法计取。另一类是服务性的费用,这类费用可能发生,也可能不发生,且费用多少由当事人双方协商确定,应根据项目的实际情况和"市场信息"酌情计取。

工程建设其他费用的最大特点是区域性和时效性,任一项其他费用都在特定的地区和特定的

时间段内发生的。在不同的地区和不同的时期,这些费用的收取标准也不尽相同。因此,在计算工程建设其他费用时,不仅要搜集工程建设其他费用计取方法和标准的有关"政府文件"和"市场信息",还应该注意这些"政府文件"和"市场信息"的适用时间和范围。

下面阐述工程建设其他费用的计算原理并介绍部分工程建设其他费用的计取方法和标准。这些方法和标准有的来源于"政府文件",有的来源于"市场信息",仅供编制工程建设其他费用概算时参考,实际编制时必须注意这些费用发生的时间和地点。

(一)土地使用费

《中华人民共和国土地管理法》规定:任何单位或个人进行建设,需要使用土地的,必须申请使用国有土地,依法申请使用的国有土地包括国家所有的土地和国家征用的原属于农民集体所有的土地。建设单位使用国有土地,应当以出让等有偿使用方法取得;但是下列建设用地,经县级以上人民政府依法批准,可以以划拨方式取得:国家机关用地和军事用地,城市基础设施用地和公益事业用地,国家重点扶植的能源、交通、水利等基础设施用地,法律、行政法规规定的其他用地。

1. 土地使用权出让金

土地使用权出让金可以采用协议、招标、拍卖等方式确定。《上海市国有土地租赁暂行办法》规定:租赁土地的租金(即土地使用权出让金)可以采用协议(须经市人民政府批准)、招标、拍卖等方式,但不得低于最低标准(即上海市外商投资企业土地使用费标准);商业、旅游、娱乐、金融、服务业等经营性项目使用的土地和租赁人为境外的自然人、法人或者其他组织,租赁土地的租金以租赁地块标定地价的贴现作为最低标准。

2. 土地征用及迁移补偿费

根据《上海市实施中华人民共和国土地管理法办法》和《关于修改〈上海市实施中华人民共和国土地管理法办法〉的决定》,征用农民集体所有的土地的应当计算以下费用:

(1)向被征地的村民委员会或者村民小组支付土地补偿费

征用耕地的土地补偿费,一般为该耕地被征前3年平均产值的6~9倍。可根据上海市物价局和上海市财政局的《关于调整征地的耕地补偿费、青苗补偿费标准的函(1999)》确定。

(2)向被征地上的房屋、青苗等附着物的所有人支付有关的补偿费

① 房屋补偿费。根据上海市人民政府《上海市征用集体所有土地拆迁房屋补偿安置若干规定(2002年4月10日)》,房屋补偿费分货币补偿和产权房屋调换两种方式。

货币补偿方式的房屋补偿费计算公式如下:

房屋补偿费 =(被拆除房屋建安重置单价× 成新率
 + 同区域新建多层商品住房每 m^2 建筑面积的土地使用权基价
 + 价格补贴)× 被拆除房屋的建筑面积

产权房屋调换方式的房屋补偿费计算公式如下:

房屋补偿费 =(被拆除房屋建安重置单价× 成新率 + 价格补贴)
 × 被拆除房屋的建筑面积 + 新宅基地所需的费用

拆除非居住房屋,还应当补偿被拆迁人下列费用:按国家和本市规定的货物运输价格、设备安装价格计算的设备搬迁和安装费用;无法恢复使用的设备按重置价结合成新结算的费用;因拆迁造成停产、停业的适当补偿。

② 青苗补偿费。青苗补偿费,一般应视征地前该耕地的青苗具体情况而定。青苗补偿费只补1季,无青苗则不补。根据上海市物价局和上海市财政局的《关于调整征地的耕地补偿费、青苗补偿费标准的函(1999)》确定。

③ 地上其他附着物补偿费。地上其他附着物补偿费,如畜牧水产(猪、鸡、鸭、鱼)补偿费、农田基础设施(广播照明设施、菜田设施、水利设施、道路、桥梁等)补偿费和其他(坟墓、骨灰盒等)补偿

费等可参照上述办法查有关政策文件计算。

（3）向被征地的农村村民支付安置补助费

根据《上海市征用集体所有土地拆迁房屋补偿安置若干规定(2002)》和《关于发布本市征用集体所有土地居住房屋拆迁补助费标准的通知(2002)》，安置补助费包括搬家补助费、设备迁移费、过渡期内的临时安置补助费和自过渡期逾期之日起的增加临时安置补助费。

（4）向国家有关部门支付的费用

凡征用耕地的，应提出并实施耕地开垦方案或者缴纳耕地开垦费；征用菜地的，应当向市或者区（县）土地管理部门缴纳新菜地开发建设基金。

根据《关于制定耕地开垦费等征收范围和标准的通知（2002）》规定：耕地是指种植农作物的土地，包括熟地、新开发复垦整理地、休闲地、轮歇地、草田轮作地；以种植农作物为主，间有零星果树、桑树或其他树木的土地；平均每年能保证收获一季的已垦滩地和涂地。耕地中还包括沟、渠、路和田埂。另外包括可调整的其他农用地，指由耕地改为其他农用地，但耕作层未被破坏的土地。

① 耕地开垦费。经批准占用耕地进行非农建设的，应当提出与所占耕地数量和质量相当的耕地开垦方案，并负责实施；未能提出与所占耕地数量和质量相当的耕地开垦方案，应向市或区（县）土地管理部门缴纳耕地开垦费。

② 新菜地开发建设基金。经批准占用本市蔬菜保护区、蔬菜非保护区或蔬菜园艺场土地的，应当依法向市或区（县）土地管理部门缴纳新菜地开发建设基金。用地单位和个人缴纳新菜地开发建设基金后不再征收耕地开垦费。

③ 土地复垦费。因挖损、塌陷、压占等造成耕地或非耕农用地破坏的，用地单位和个人应当负责复垦。没有条件复垦或复垦不符合要求的，应当向市或区（县）土地管理部门缴纳土地复垦费。

④ 土地闲置费。有偿使用国有建设用地项目、未按时开发建设、土地闲置超过一年的，应当向市或区（县）土地管理部门缴纳土地闲置费。

3. 城市房屋拆迁补偿费

《城市房屋拆迁管理条例》(中华人民共和国国务院令第 305 号)规定：在城市规划区内国有土地上实施房屋拆迁，应对被拆迁人给予补偿和安置。《上海市城市房屋拆迁管理实施细则(2001)》规定：拆迁补偿安置可以实行货币补偿，也可以实行与货币补偿金额同等价值的产权房屋调换。

（1）拆迁居住房屋。拆迁居住房屋货币补偿金额应当根据被拆除房屋的房地产市场评估单价和价格补贴以及被拆除房屋的建筑面积确定。其计算公式如下：

居住房屋货币补偿金额 ＝（被拆除房屋的房地产市场单价＋价格补贴）
× 被拆除房屋的建筑面积

被拆除房屋的房地产市场单价为房地产市场评估单价，房地产市场评估单价低于最低补偿单价标准的，按最低补偿单价标准计算。最低补偿单价标准，为被拆除房屋同区域已购公有居住房屋上市交易的平均市场单价。价格补贴标准，由市价格主管部门会同市建委、市房地资源局制定。

价格补贴系数为 20%。因区域调整造成该地块最低补偿单价低于 2002 年划定最低补偿单价，价格补贴系数可作适当调整，并报区建委、区物价局、区房地局审核。

被拆迁人每户原住房建筑面积在 30m² 以下（含 30m²）可选择面积标准换房。四级地段的房屋建筑面积 30m²，五级地段的房屋建筑面积 40m²。

（2）拆迁非居住房屋，货币补偿金额的计算公式如下：

非居住房屋货币补偿金额＝被拆除房屋建安重置单价×成新率
＋土地使用权补偿基本价格×土地面积

房屋建安重置单价和成新率可根据《上海市城市房屋拆迁评估技术规范(2002 试行)》评估确定；土地使用权补偿基本价格，可查上海房地资源网(http://www.shfdz.gov.cn)。

（二）建设单位管理费

建设单位管理费,包括建设单位开办费、建设单位经费。建设单位管理费的编制方法有以下两种:

1. 以费率或费用金额计算法

以费率或费用金额计算,是以"单项工程费用"总和为基础,按照工程项目的不同规模分别制定的建设单位管理费率计算或管理费用金额总数表示。对于改、扩建项目应适当降低费率。

2. 分项详细计算法

分项详细计算法,是按建设单位管理费的组成内容逐项详细计算。上海习惯是将建设单位管理费称为建设项目筹建管理费,其内容一般包括:建设单位管理费、工程咨询和代理服务费和其他费用。

（1）建设单位管理费按工程总概算的不同费率计算。

（2）工程咨询和代理服务费,其内容包括前期工程咨询费、环境影响咨询和评价费、招投标代理服务和工程造价咨询审核费、施工图审图费、竣工图编制费、竣工档案编制费。

（3）其他费用指政府行政收费,包括勘察设计施工监理交易服务费、建筑工程执照费、房地产权属登记费、房屋土地勘丈费、拨地钉桩费、地籍图复制费、经济合同鉴证仲裁和粘土砖、散装水泥专项资金等。

（三）勘察设计费

勘察设计费的编制方法是按国家物价局、建设部颁发的《工程勘察收费标准》和《工程设计收费标准》及有关规定进行编制。

（四）研究试验费

研究试验费的编制方法是按照设计提出的研究试验内容和要求进行编制。

（五）联合试运转费

联合试运转费的编制方法一般是根据工程项目的不同性质和规模,以单项工程中工艺设备购置费的百分比计算。如:煤气热力工程的联合试运转费,按煤气热力安装工程及设备总值的 1.5%计算;给排水工程的联合试运转费,按设备总值的 1%计算。

（六）生产准备费

生产准备费的编制方法是根据初步设计规定的培训人员数、培训方法、时间和职工培训费定额计算。不发生提前进厂的工程,不得包括此内容。

（七）办公和生活家具购置费

办公和生活家具购置费的编制方法是按照设计定员和办公生活用具综合费用定额和中学、小学、招待所、托儿所、卫生所六项费用定额计算,包干使用。改建、扩建项目所需的办公和生活用具购置费,应低于新建项目的费用。

（八）市政基础设施贴费

市政基础设施贴费,是解决市政基础设施建设资金不足的临时对策。市政基础设施贴费,近几年各地已逐步减少或取消,有的改为收取受委托对其自建的市政基础设施和公用设施的设计和施工费用。上海市目前收取的市政基础设施贴费称为公用事业贴费,其内容包括住宅建设配套费、供电配套工程费、防空地下室易地建设费、人防工程拆除补偿费、行道树和绿地变更损失补偿费、绿地补偿费、排水设施使用费、街坊内自来水管道施工费、街坊内电话通信工程费、街坊内燃气管道施工费、压力管道安装监督检验费、上水管网补偿费、有线电视安装费、地上煤气供气设施拆除费、临时占路费、掘路修复费、建筑垃圾和工程渣土处置管理费等。

（九）引进技术和进口设备项目的其他费用

引进技术和进口设备项目的其他费用的编制方法是按照合同和国家有关规定计算。

（十）施工机构迁移费

施工机构迁移费可以测算，经项目主管部门同意后，按建筑安装工程费用的百分比或类似工程预算计算。一般为建筑安装工程费用的 0.5% ～ 1%。

（十一）临时设施费

临时设施费一般可以参考有关概算定额计算。也可以按下列公式计算：

$$场地准备及临时设施费＝工程费用×费率（一般工程 ≤ 0.5\%）＋拆除清理费$$

式中　　拆除清理费 ＝ 新建同类工程造价（或主材料、或设备费）× 拆除清理费率。

凡可回收钢材的采用以料抵工方式，不再计算拆除清理费。

（十二）工程建设监理费

施工阶段和保修阶段的监理费用按国家物价局、建设部颁发的工程建设监理费有关规定编制。具体计算方法有两种：按所监理工程概（预）算的百分比计算或按参与监理工作年度平均数乘以万元/（人·年）计算。

（十三）工程保险费

工程保险费按保险公司收费标准计算。

（十四）预备费用

预备费用包括基本预备费和涨价预备费。

1. 基本预备费

基本预备费的编制方法是以工程费用和其他费用之和为基数，乘以一定的基本预备费率计算。

一般可行性研究或设计任务书阶段的投资估算，按 8% ～ 10% 计算；初步设计阶段的概算，按 5% ～ 8% 计算。

2. 涨价预备费

涨价预备费的编制方法参见第五章第二节投资估算的编制方法中的涨价预备费估算。

（十五）财务费用

财务费用包括借款利息和汇兑损益。主要是建设期的借款利息，编制方法参见第五章第二节投资估算的编制方法中的建设期投资借款利息估算。

（十六）国家规定的税费

国家规定的税费，是指固定资产投资方向调节税。固定资产投资方向调节税编制方法参见第五章第二节投资估算的编制方法中的固定资产投资方向调节税估算。

完整而且准确的工程建设其他费用组成内容及其取费标准应查阅有关政府网站或《工具手册》。

四、单项工程综合概算的编制方法

单项工程综合概算是确定某一单项工程（如一个生产车间或独立的建筑物）所需建设费用的综合文件，它是以其所辖的所有单位工程概算为基础汇总编制而成的，其内容包括编制说明和综合概算表两部分。

1. 编制说明

（1）工程概况。介绍单项工程的生产能力和工程概貌。

（2）编制依据。说明设计文件依据、定额依据、价格依据及费用指标依据。

（3）编制方法。说明编制概算是根据概算定额、概算指标或类似工程（结）预算。

（4）主要设备和材料的数量。说明主要机械设备、电气设备及主要建筑安装材料（水泥、钢材、木材等）的数量。

（5）其他有关问题。

2. 综合概算表

综合概算表除将该单项工程所包括的所有单位工程概算,按费用构成和项目划分填入表内外,还须列出技术经济指标。技术经济指标按下列单位计算:

(1) 生产车间按年产量为计算单位,或按设备重量以吨为计算单位;

(2) 仓库及服务性质的工程,按房屋体积以 m^3 为计算单位或按房屋建筑面积以 m^2 为计算单位;

(3) 变电所以 kVA 为计算单位;

(4) 锅炉房按蒸气产量以 t / 年为计算单位;

(5) 煤气供应站按产量以 m^3 /小时为计算单位;

(6) 压缩空气站按产量以 m^3 /天为计算单位;

(7) 输电线路按线路长度以 km 为计算单位;

(8) 各种工业管道按管道长度以延长米为计算单位;

(9) 室外电气照明以 kW,或按照明线路长度以 km 为计算单位;

(10) 铁路按铁路长度以 km 为计算单位,公路按路面面积以 m^2 为计算单位;

(11) 室外给水、排水管道按管道长度以延长米为计算单位;

(12) 室外暖气管道按管道长度以延长米为计算单位;

(13) 绿化按绿化面积以 m^2 为计算单位;

(14) 住宅、福利等各种房屋按房屋体积以 m^3,或按房屋建筑面积以 m^2 为计算单位;

(15) 其他各种专业工程可根据不同的工程性质确定其计算单位。

五、建设项目总概算的编制方法

总概算是确定某一建设项目从筹建开始到建成全部建设费用的总文件,它是以各单项工程综合概算和其他费用概算为基础,考虑各种动态变化因素汇总编制而成的。

总概算一般包括编制说明和总概算表两个部分。

1. 编制说明

(1) 工程概况。说明建设项目的规模和范围、产品的品种和产量、公用工程及厂外工程的主要情况。

(2) 编制依据。说明设计文件依据、定额依据、价格依据及费用指标依据。

(3) 编制方法。对使用各项依据进行编制的具体方法加以说明。

(4) 投资分析。主要分析各项投资比例以及同类似工程比较,分析投资高低原因,说明该设计的经济合理性。

(5) 主要设备和材料数量。

(6) 其他有关问题。

2. 总概算表

总概算表是根据建设项目内各单项工程综合概算及其他费用概算,考虑各种动态变化因素,按国家有关规定编制的。总概算表各栏填写:

(1) 按总体设计项目组成表,依次填入工程和费用名称栏,并将各单项工程概算及其他费用概算按其费用性质分别填入有关栏内。

(2) 按栏分别汇总,依次求出各工程和费用的小计、合计、总计和投资比例。

(3) 计算技术经济指标。总概算表内的技术经济指标是根据单项工程综合概算上所列的技术经济指标填入的。至于整个建设项目的技术经济指标,应选择建设项目中最有代表性的和最能说明投资效果的指标填列。如工业建设工程根据年产量每 t 多少元投资填列,民用建设工程中住宅根据建筑面积每 m^2 多少元填列,医院根据每个床位多少元填列。

(4) 总概算表末尾还应列出"回收金额"项目。回收金额是在施工过程中或施工完毕所获的各种收入,如拆除房屋建筑物、旧机器设备的回收价值、试车的产品收入、建设过程中得到的副产品等。

六、实例

表 6-3-1 是××煤气站建设项目总概算表,其工程费用中的每一行为单项工程的综合概算造价及其组成,每一格为单位工程的概算造价。例如压缩机房单项工程造价为 843.90 元,其中建筑工程费用 169.25 万元,设备购置费 569.46 万元。安装工程费用 84.66 万元和工器具购置费 20.63 万元。

表 6-3-1

××煤气站总概算表

序号	工程或费用名称	概算价值(万元)						技术经济指标			占投资额(%)	备注
		建筑工程	设备	安装工程	工器具生产家具	其他费用	合计	单位	数量	指标		
一	工程费用	1179.06	893.85	2084.07	38.60		4195.58				57.55	
1	湿式螺旋储气柜	663.10		1449.79			2112.89	m³	200000	0.0106	28.98	
2	压缩机房	169.25	569.46	84.66	20.53		843.90				11.57	
3	控制室	26.89	1.95	143.34	0.94		173.12				2.37	
4	变配电室	31.36	127.37	164.02	6.21		328.96	kVA	110	2.9905	4.51	
5	通风机房	16.64	19.90	23.82	5.05		65.41				0.90	
6	贮油库	9.00					9.00				0.12	
7	给排水系统	17.78	1.45	49.48			68.71				0.94	
8	计算机系统		43.00	25.90	2.45		71.35				0.98	
9	通信系统		5.00	2.00	0.21		7.21				0.10	
10	维修及化验设备		10.00		0.35		10.35				0.14	
11	抢修工程车辆		30.00		0.32		30.32	辆	4	7.5800	0.42	
12	站区总平面	245.04	85.72	141.06	2.54		474.36	m²	29000	0.0164	6.51	
二	其他费用					1945.74	1945.74				26.69	
1	土地征用费					528.00	528.00	亩	44	12.0000	7.24	
2	拆迁及动迁用房					1008.00	1008.00				13.83	
3	建设单位管理费					59.85	59.85				0.82	
4	生产准备费					6.00	6.00	人	60	0.1000	0.08	
5	办公和生活家具购置费					12.60	12.60	人	180	0.0700	0.17	
6	联合试运转费					20.00	20.00				0.27	
7	供电贴费					185.20	185.20				2.54	
8	勘察设计费					105.08	105.08				1.44	
9	工程监理费					21.01	21.01				0.29	
三	预备费					875.19	875.19				12.00	
1	基本预备费 [(一)+(二)]×5%					307.07	307.07				4.21	
2	涨价预备费					568.12	568.12				7.79	
四	建设期借款利息					274.32	274.32				3.76	
五	合计	1179.06	893.85	2084.07	38.60	3095.25	7290.82				100.00	

表 6-3-2 和表 6-3-3 是该煤气站压缩机房的建筑工程(单位工程)概算表。其中表 6-3-2 是单位工程费用计算表,表 6-3-3 是单位工程直接费用计算明细表。

表 6-3-2 　　　　　　　　　　　　　压缩机房建筑工程概算费用表

序　号	费用名称	计　算　式	金额(元)
1	主要分项工程直接费		1 399 175
2	零星分项工程直接费	(1)×5%	69 959
3	直接费小计	(1)+(2)	1 469 134
4	综合费用	(3)×10%	146 913
5	施工措施费		15 000
6	其他费用	[(3)+(4)+(5)]×0.35%	5 709
7	税　　金	[(3)+(4)+(5)+(6)]×3.41%	55 813
8	工程施工费用	(3)+(4)+(5)+(6)+(7)	1 692 569

表 6-3-3 　　　　　　　　　　　　　压缩机房建筑工程概算书

序号	定额编号	项目名称	单位	工程量	单价	合价(元)
		基础打桩工程				
1	1006	素混凝土带基 埋深 1m 以内 C20	m³	16.38	283.25	4 640
2	1047	钢筋混凝土独立基础 埋深 3m 以内 C20	m³	156.00	956.51	149 216
3	1011	素混凝土独立基础 埋深 1m 以内 C15	m³	213.20	442.53	94 347
		小　　计				248 203
		柱梁工程				
4	2067	工厂预制吊车梁 一类机械	m³	26.65	1 458.95	38 881
5	2032	现场预制工字形柱 一类机械 C30	m³	61.19	1 516.55	92 798
		小　　计				131 679
		墙身工程				
6	3004	多孔砖一砖外墙	m²	1 861.61	89.70	166 986
7	3134	钢管外墙脚手架 12m 以内	m²	2 263.80	6.68	15 122
		小　　计				182 109
		楼地屋面工程				
8	4001	平整场地	m²	907.20	6.44	5 842
9	4002	室内填土	m²	907.20	2.76	2 504
10	4010换	混凝土垫层 10cm 厚 C10	m²	907.20	21.15	19 187
11	4077换	不发火花 水磨石面层 带嵌条 分色	m²	907.20	83.03	75 325
12	4359	现场预制非预应力屋架 C30 18cm 厚一类机械	m³	185.70	1 955.97	363 224
13	4200	预应力槽形单肋板 C40 10cm 厚 一类机械	m²	907.20	114.17	103 575
14	4053换	大型屋面板 彩色 851 焦油聚氨脂 2.5cm 厚	m²	907.20	69.08	62 669
		小　　计				632 326
		门窗工程				
15	5009	钢百页窗(无网)	m²	54.00	243.63	13 156
16	5004	SC-1 钢门 非定型	m²	373.75	169.61	63 392

续表

序号	定额编号	项目名称	单位	工程量	单价	合价(元)
17	5023	SC-2 钢窗 单层 非定型	m²	39.24	178.59	7 008
18	5013换	密闭式铝合金推拉窗	m²	9.00	520.43	4 684
		小　计				88 239
		装饰工程				
19	6058	墙面玻璃锦砖差价 水泥砂浆	m²	1623.03	41.94	68 070
		小　计				68 070
		金属结构工程				
20	8026	格空式钢吊车梁 3t 以内 一类机械	t	0.94	5 254.89	4 940
		小　计				4 940
		构筑物工程				
21	9067	砖砌地沟 有盖板 50cm×50cm	m	48.53	183.57	8 909
		小　计				8 909
		其他工程				
22	13099	土方运费	m³	453.00	45.00	20 385
23	13102	推土机场外运输费	次	1.00	2 334.00	2 334
24	13104	单斗挖土机 1m³ 以外场外运输费	次	1.00	4 488.00	4 488
25	13134	垂直运输设备场外运输费	次	1.00	7 494.00	7 494
		小　计				34 701
		合　计				1 399 175

复习思考题

1. 设计概算分哪三级概算？试述各级概算的组成。试述单位工程概算和单项工程综合概算的区别和联系。

2. 建筑工程设计概算的编制有哪三种基本方法？试述各种方法的优缺点及其适用条件。

3. 某新建工程,总建筑面积为 15 000m²。编制该新建工程概算时,有可利用的类似工程结算。该工程建筑面积12 000m²;工程造价 12 500 000 元,其中人工费占 9%、材料费占 65%、机械费占 10%。经测算,新建工程人工费修正系数为 1.5、材料费修正系数为 1.3、机械费修正系数为 1.8、其他费用系数为 1.2。另外,由于新建工程局部建筑与结构的特殊性,相对于类似工程,净增加工程造价 100 000 元。求新建工程的概算造价。

4. 某大型建设项目,需从某国进口机电设备,重量为 800t,离岸价为 120 万美元。建设项目位于中国某地,国际海运运费标准为 350 美元/t,中保公司海运保险费率为 2.66‰,银行财务费率为 5‰,外贸手续费率为 1.5%,进口关税率为 22%,增值税率为 17%,美元汇率为 1 美元等于8.30 元人民币,国内运杂费率为 2.5%。求该进口设备的购置费用。

5. 试述工程建设其他费用项目名称及各项目包含的主要内容。

6. 工程建设其他费用的特点是什么？计算任一项工程建设其他费用如何搜集计算依据,在搜集计算依据时还应该注意什么？

7. 建设项目要取得所需的土地,获得土地使用权在什么情况下必须支付土地征用及迁移补偿费？在什么情况下必须支付土地使用权出让金？支付了土地使用权出让金,还需支付土地征用及迁移补偿费吗?

8. 在征用集体所有土地上实施的房屋拆迁与在城市规划区内国有土地上实施的房屋拆迁,其补偿费计算有何不同? 在城市规划区内国有土地上拆迁的房屋,同样实施货币补偿,居住房屋与非居住房屋,货币补偿的计算方法有何不同?

9. 市政基础设施贴费,是解决市政基础设施建设资金不足的临时对策。试从有关政府网站上搜索若干可继续收取的市政基础设施贴费及其取费标准。

10. 工程建设其他费用中的"临时设施费"与建筑安装工程费用中的"临时设施费"有何区别?

11. 凡将工程发包给外地施工企业的,均需支付施工机构迁移费吗?

12. 名词解释:单位工程概算、单项工程综合概算、建设项目总概算,工程费用、其他费用、预备费用、财务费用、国家规定的税费,"政府文件"、"市场信息"。

第七章　施工图预算

　　施工图预算是建设工程在施工图设计阶段的价格文件。从理论上讲,施工图预算的组成应与设计概算相对应,包括单位工程预算、单项工程综合预算和建设项目总预算。广义的施工图预算包括设计预算(即施工图预算)、招标标底、投标报价和合同预算。在实际工作中,一般只编制单位工程预算,然后根据工程施工图设计的进度或工程承发包的范围,按业主发包的工程内容或承包商承包的工程内容进行汇总。施工图预算分建筑工程预算和设备安装工程预算。建筑工程预算按工程性质又可分建筑和装饰工程预算、电气照明工程预算、给水排水工程预算、通风空调工程预算、工业管道工程预算、特殊构筑物工程(如炉窑、烟囱、水塔)预算、园林绿化工程预算等;设备安装工程预算又可分机械设备及安装工程预算、电气设备及安装工程预算、热力设备及安装工程预算、静置设备及安装工程预算、自动化控制装置及仪表工程预算等。因此可以这样说,施工图预算是建筑安装工程在施工图设计阶段的价格文件,它是以单位工程为对象编制的价格文件。

　　本章只介绍施工图预算编制的一般方法,不同专业的具体工程的施工图预算,详见第八、九、十章。

第一节　施工图预算编制的一般方法

一、施工图预算的编制依据

　　编制施工图预算主要依据下列资料:

　　(一)施工图纸及其说明和标准图集

　　经过审定的施工图纸及其说明和设计说明中指定采用的标准图集,全面、完整地反映工程的具体内容、详细尺寸和施工要求,它是编制施工图预算的主要依据。

　　(二)施工组织设计或施工方案

　　施工组织设计或施工方案所确定的施工方法、施工进度、场地布置、机械选择等内容,为编制施工图预算提供不可或缺的资料,这些资料是计算工程量,选用定额,计算直接费的重要依据。如土方开挖方法(人工或机械),土方运输方案(全进全出或余土外运),脚手架的选择(竹的或钢管的),混凝土的来源(现场搅拌或商品混凝土)等都直接影响工程量的计算和定额的选用。

　　(三)预算定额及与其相配套的工程量计算规则

　　预算定额及其工程量计算规则,不仅规定了分部分项工程的划分和分项工程的工程内容,而且还规定了分项工程的工程量计算规则和完成分项工程所需消耗的人工、材料、机械消耗量标准。因此它是分解单位工程,罗列分部分项工程子目名称,计算其工程量和分析其人工、材料、机械消耗量的重要工具。

　　(四)人工、材料、机械费用的价格信息

　　如果说预算定额是估计建筑安装工程人工、材料、机械消耗量的重要工具,那么人工、材料、机械费用的价格信息与预算定额相结合,是估计建筑安装工程直接费用的重要依据。

　　(五)费用信息和费用计算规则

　　费用信息和费用计算规则是计算除直接费以外的其他费用的重要依据。费用计算规则必须与预算定额相匹配。

　　(六)预算工作手册及有关工具书

　　在预算工作手册和有关工具书的主要内容有:几何图形的体积、面积、长度等的计算公式,金属材料的规格尺寸及其理论重量表,常用计量单位及其换算表,特殊结构件、特殊断面的体积、面积等工程量计算或速算方法,预制混凝土定型构件的单件体积表等。这些公式、表格在编制施工图预算、计算工程量时是必不可少的。

(七) 其他

包括政府有关部门影响工程计价的指令性文件和规定,如《上海市建设工程实行预拌(商品)混凝土浇捣的规定》、《关于本市范围内采用钻孔灌注工艺的桩基工程全面实行硬地施工法的通知》等。

二、施工图预算的编制原理

施工图预算就是计算建筑安装工程的价格。任何产品的价格均由成本和盈利两部分组成。其中成本可分为直接成本和间接成本,盈利则包括利润和税金。施工图预算的编制就是依次计算建筑安装工程的直接成本(直接费)、间接成本(间接费)、利润和税金。

直接成本主要由人工费、材料费和施工机械使用费组成,其中绝大部分属可变成本,随工程量的变化而变化,因此直接成本按其实物工程量所消耗的人工、材料、机械台班量逐项计算,即:

$$
直接费=\sum(分项工程工程量 \times 相应定额\genfrac{}{}{0pt}{}{人工}{\underset{机械}{材料}}消耗量 \times 相应\genfrac{}{}{0pt}{}{人工}{\underset{机械}{材料}}单价)
$$

间接成本均为固定成本,不随工程量变化而变化。但它是实实在在的,是为工程顺利进行所付出的代价。由于施工企业一般都同时进行若干工程的施工,间接成本的每项开支很难具体划归为哪一具体工程所用,因此一般只能按不同工程的工作量多少来分摊。

为了分摊合理,一般情况下土建工程是按完成工程直接费多少来分摊的:先测算出一定时期内(一般为一年)总的间接费用开支与完成总的定额直接费的比率;然后按实际完成的定额直接费和测算得到的间接费率,计算出应分摊的间接费。

$$
应分摊的间接费=实际完成定额直接费 \times 间接费率
$$

其中
$$
间接费率=\frac{年度间接费开支}{年度完成定额直接费} \times 100\%
$$

电气、管道、通风和设备安装工程,由于其直接费中的材料价格差异很大,如:同样安装一盏荧光灯,简易的灯具,每套 20～30 元;豪华的每套 200～300 元;有些进口超薄型的甚至更贵,可达每套 400～500 元。这样,如果间接费按定额直接费来分摊的话,势必造成苦乐不均,不尽合理。因此一般情况下,安装工程间接费是按完成定额人工费多少来分摊的,剔除了材料价格对间接费分摊的影响。即:先测算全年间接费开支与全年完成定额人工费的比率;然后按实际完成的定额人工费和测算得到的间接费率,计算出应分摊的间接费。其计算公式如下:

$$
应分摊的间接费=实际完成定额人工费 \times 间接费率
$$

其中
$$
间接费率=\frac{年度间接费开支}{年度完成定额人工费} \times 100\%
$$

以上间接费分摊是按实际完成的工作量(直接费或人工费)来计算的。实际上,间接费开支还与工程的复杂和难易程度有关。因此更为合理的分摊方法是先将工程按复杂程度和施工难易程度区别为不同类别,然后按不同类别工程分别测算出有级差的间接费与直接费(或人工费)比率,即间接费率作为计算间接费的标准。

利润是施工企业的期望收益,一般也可以按工作量的一定百分率计算。其计算公式如下:

$$
利润=(直接费+间接费) \times 利润率
$$

或
$$
利润=人工费 \times 利润率
$$

税金是指上缴国家财政的流转税,包括营业税和城市维护建设税及教育费附加,为了简化计算,可将国家税法规定的税率,换算为工程计价的税金费用标准,参见第四章第二节上海市现行的建筑安装工程费用的组成。其计算公式如下:

$$税金费用标准 = \frac{税率}{1-税率} \times 100\%$$

$$税金 = (直接费 + 间接费 + 利润) \times 税金费用标准$$

最后将直接费、间接费、利润和税金汇总即得施工图预算造价,即:

$$施工图预算造价 = 直接费 + 间接费 + 利润 + 税金$$

三、施工图预算的编制方法

施工图预算的编制方法有三种:实物法、单价法和综合单价法。

(一) 实物法

用实物法计算建筑安装工程价格,首先将单位建筑安装工程按照定额的分部分项工程划分方法,罗列出分项工程名称,并计算出分项工程的工程量;其次,根据定额的分项工程人工、材料、机械消耗量标准,计算出分项工程的人工、材料、机械消耗量,经汇总得出整个单位建筑安装工程的人工、材料、机械的总消耗量;然后,将人工、材料、机械总消耗量乘以相应的人工、材料、机械单价,求得单位工程的直接费和其中的人工费、材料费和机械费;最后根据规定(或约定)的方法计算出间接费、利润和税金,并汇总出建筑安装工程的价格。

实物法的计算步骤和公式如下:

(1) 建筑安装工程 人工／材料／机械 总消耗量 = ∑(分项工程的工程量 × 相应定额 人工／材料／机械 消耗量)

(2) 建筑安装工程直接费 = ∑(建筑安装工程 人工／材料／机械 总消耗量 × 相应 人工／材料／机械 单价)

(3) 建筑安装工程 间接费／利润 = ∑(规定的计费基础 × 相应费率)

(4) 建筑安装工程价格 税金 = 直接费 + 间接费 + 利润 + 税金

实物法不常用,一般多见于包清工工程和居民的家庭装潢工程。

(二) 单价法

用单价法计算建筑安装工程价格,首先需编制单位估价表(即确定分项工程的单价),也就是将分项工程的定额人工、材料、机械消耗量乘以相应的人工、材料、机械单价,计算得分项工程的人工费、材料费、机械费及其合计所得的直接费,即分项工程单价;其次计算分项工程工程量;然后将分项工程工程量乘以相应分项工程单价,即得分项工程直接费,经汇总可得整个单位工程直接费。以后步骤同实物法。

单价法的计算步骤和公式如下:

(1) 建筑安装工程分项工程单价 = ∑(分项工程定额 人工／材料／机械 消耗量 × 相应 人工／材料／机械 单价)

(2) 建筑安装工程直接费 = ∑(分项工程的工程量 × 相应分项工程单价)

(3) 建筑安装工程 间接费／利润 = ∑(规定的计费基础 × 相应费率) 税金

（4）建筑安装工程价格＝直接费＋间接费＋利润＋税金

单价法是我国目前广为流行的一种计价方法。此计价方法中的步骤1是"量价合一"形成单位估价表的过程，此步骤在上海市建设工程预算定额（2000）以前（如93定额的单位估价表），是由国家统一完成，并公布于众的；2000定额的单位估价表须计价者自行完成，计价者首先须确定所有选用到的2000定额的"量"所对应的人工、材料、机械的"价"。

（三）综合单价法（又称工程量清单法）

用综合单价法计算建筑安装工程价格，首先是编制综合单价。如果说单价法中的分项工程单价仅包含人工费、材料费和机械费，是不完全单价的话；那么综合单价法中的分项工程综合单价，则包含了人工费、材料费、机械费、间接费、利润和税金等所有费用，是分项工程的完全单价。

综合单价法与单价法的主要区别在于综合单价法将单位工程的间接费、利润和税金等费用，用一个应计费用分摊率，将其分摊到各分项工程单价中去了，从而形成了分项工程的完全单价。

用综合单价法计价，更直观，更简便。只需将分项工程工程量乘以相应分项工程综合单价，经汇总即为建筑安装工程价格。

综合单价法计算步骤和公式如下：

（1）建筑安装工程分项工程综合单价

$$＝\sum（分项工程定额\begin{matrix}人工\\材料\\机械\end{matrix}消耗量×相应\begin{matrix}人工\\材料\\机械\end{matrix}单价）×（1＋相应的应计费用的分摊率）$$

（2）建筑安装工程价格＝∑（分项工程的工程量×相应分项工程综合单价）

综合单价法是国际上建筑安装工程计价的流行方法，也是我国建筑安装工程计价方法的改革目标。《建设工程工程量清单计价规范》（GB50500－2008）提倡（规定）在建设工程施工发包与承包计价（包括招标标底、投标报价、合同定价和施工结算）中，使用综合单价法。

应注意的是，工程量清单计价的综合单价包含了人工费、材料费、机械费、间接费和利润，而未包括规费和税金。参见第十一章第三节《08清单计价规范》及其应用。

四、施工图预算的编制步骤

（一）收集资料

收集施工图预算的全部编制依据，包括：施工图纸、施工方案、预算定额及其工程量计算规则、价格和费用信息及其他有关资料，为编制施工图预算作技术准备。

（二）审查和熟悉施工图纸

施工图纸是编制预算的基本依据，只有认真阅读图纸，了解设计意图，对建筑物的结构类型、平面布置、立体造型、材料和构配件的选用以及构造特点等做到心中有数，才能"把握全局、抓住重点"，构思出工程分解和工程量计算顺序，准确、全面、快速地编制预算。熟悉施工图纸时应注意以下三点：

1．清点、整理图纸

按图纸目录中的编号，逐一清点、核对，发现缺图要及时追索补齐或更正。对与本工程有关的各种标准图集、通用图集，一定要准备齐全。

2．阅读图纸

阅读图纸应遵循先粗后细、先全貌后局部、先建筑后结构、先主体后构造的原则，逐一加深印象，在头脑中形成一个清晰的、完整的和相互关联的工程实物形象。

3．审核图纸

阅读图纸要仔细核对建筑图与结构图，基本图与详图，门窗表与平面图、立面图、剖面图之间的数据尺寸、标高等是否一致，是否齐全。发现图纸上不合理，或前后矛盾的地方，或标注不清楚的地方，应及时与设计人员联系，以求完善，避免返工。

（三）熟悉施工组织设计或施工方案

施工方法、施工机械的选择、施工场地的布置等都直接影响定额的选用和工程造价的计算。熟悉施工组织设计（或施工方案）的要点有：

（1）土方工程。人工挖土还是机械挖土；挖沟槽还是大开挖（土方）；挖土的工作面、放坡系数、排水等措施；土方处置是余土外运，还是全进全出（挖土时全部运走，填土时再按需运回）。

（2）打桩工程。深基础开挖的保护措施，是采用钻孔灌注桩和深层搅拌桩，还是用地下连续墙。

（3）混凝土工程。混凝土构件是现浇的还是预制的；若是预制的，那么是现场预制，还是工厂预制；若是现浇的，那么是现浇现拌混凝土，还是现浇非泵送混凝土，或是现浇泵送混凝土；若是泵送混凝土，那么是泵车输送，还是管道泵输送；若是管道泵输送，泵管（水平泵管和垂直泵管）需使用（租赁）的天数。

（4）脚手架工程。是竹脚手架还是钢管脚手架。

（四）熟悉预算定额及其工程量计算规则

熟悉预算定额的分部分项工程划分方法及分项工程的工作内容，以便正确地将拟建工程按预算定额的分部分项工程划分方法进行分解；熟悉预算定额使用方法规定，以便正确选用定额、换算定额和补充定额；熟悉工程量计算规则，以便准确计算工程量。

（五）分解工程与列项目

在熟悉施工图纸和熟悉预算定额的基础上，根据预算定额的分部分项工程划分方法，将拟建工程进行合理分解，列出所有拟建工程所包含的预算定额分项工程的名称。换句话说，就是将施工图与预算定额相对照，将施工图所反映的工程内容，用预算定额分项工程名称来表达，这就是列项目。列项目要求做到不重复、不遗漏，全面、准确。定额中没有的，而施工图中有的项目，应先补充定额，再列出补充定额的分项工程名称。列项目一般可按预算定额的分部分项工程排列顺序进行罗列，初学者更应如此，否则容易出现漏项或重复。有实际施工经验者可以按施工顺序进行罗列。

（六）计算工程量

计算工程量，就是按照预算定额规定的工程量计算规则，根据施工图所标注的尺寸数据，逐项计算所列分项工程的工程量。

工程量是施工图预算的主要数据，计算工程量是预算编制工作中最繁重而又需细致的一道工序。其工作量大、花费精力和时间最多，而要求又最高。既要求准确，又要求迅速、及时。因此必须认真对待，精益求精，并在实际工作中总结和摸索出一些经验和规律来，做到有条不紊、不遗漏、不重复、同时又便于核对和审核。

（七）选用定额

工程量计算完毕并经汇总、核对无误后就可以选用定额，俗称套定额。选用定额应"对号入座"；无法"对号入座"的，可视情况不同，采取"强行入座"、"生搬硬套"，或换算定额后再套用；实在不行的，可补充定额。参见第二章第五节定额（指标）及其应用。

（八）确定人工、材料、机械台班单价和费率标准

根据工程施工进度和市场价格信息，确定人工、材料、机械台班的单价和间接费、利润、税金的费率标准，它们是编制预算的价格依据。

（九）编制工程预算书

预算书的编制工作，目前一般多由电脑来完成，其操作步骤如下：

（1）逐项输入定额编号（套定额）→电脑显示分项工程名称及其计量单位；

（2）逐项输入工程量→电脑自动进行人工、材料、机械分析；

（3）逐项输入人工、材料、机械台班单价（填单价）→电脑自动编制出单位估价表，并且计算汇总出直接费；

（4）逐项输入间接费、利润、税金的费用标准（滚费率）→电脑自动计算出间接费、利润、税金，并且汇总出总造价；

（5）电脑自动生成（显示）费用表（总造价），预算书（直接费），工、料、机消耗量表和技术经济指标（平方米造价）等；

（6）编辑工程概况、编制说明和封面；

（7）自我校对，确定无误后打印、装订。

电脑内部运算公式如下：

$$\begin{matrix}\text{人工}\\\text{材料}\\\text{机械}\end{matrix}\text{消耗量}=\sum^{\text{单位工程}}\sum^{\text{分部工程}}\left(\text{分项工程工程量}\times\text{相应预算定额分项工程}\begin{matrix}\text{人工}\\\text{材料}\\\text{机械}\end{matrix}\text{消耗量}\right) \quad\text{(7-1-1)}$$

$$\text{分项工程定额单价}=\sum\left(\text{分项工程预算定额}\begin{matrix}\text{人工}\\\text{材料}\\\text{机械}\end{matrix}\text{消耗量}\times\text{相应}\begin{matrix}\text{人工}\\\text{材料}\\\text{机械}\end{matrix}\text{单价}\right) \quad\text{(7-1-2)}$$

$$\text{直接费}=\sum\left(\begin{matrix}\text{人工}\\\text{材料}\\\text{机械}\end{matrix}\text{消耗量}\times\text{相应}\begin{matrix}\text{人工}\\\text{材料}\\\text{机械}\end{matrix}\text{单价}\right) \quad\text{(7-1-3)}$$

或 $$\text{直接费}=\sum^{\text{单位工程}}\sum^{\text{分部工程}}\left(\text{分项工程工程量}\times\text{相应分项工程定额单价}\right) \quad\text{(7-1-4)}$$

$$\text{间接费}=\text{规定的计费基础}\times\text{间接费率} \quad\text{(7-1-5)}$$

$$\text{利润}=\text{规定的计费基础}\times\text{利润率} \quad\text{(7-1-6)}$$

$$\text{税金}=\text{规定的计费基础}\times\text{税金率} \quad\text{(7-1-7)}$$

$$\text{总造价}=\text{直接费}+\text{间接费}+\text{利润}+\text{税金} \quad\text{(7-1-8)}$$

$$\text{平方米造价}=\text{总造价}\div\text{建筑面积} \quad\text{(7-1-9)}$$

倘若施工图预算用手工编制，则需按上述公式，列表逐一计算。

采用实物法的，首先利用公式（7-1-1）计算实物消耗量；其次利用公式（7-1-3）计算直接费；然后利用公式（7-1-5）、式（7-1-6）、式（7-1-7）分别计算出间接费、利润、税金，最后利用公式（7-1-8）汇总出总造价，利用公式（7-1-9）计算出技术经济指标（平方米造价）。

采用单价法的，首先利用公式（7-1-2）编制单位估价表，然后利用公式（7-1-4）计算直接费，余同下步骤同实物法。

（十）复核、编制说明、装订签章

复核是指施工图预算编制完成后，由本部门的其他预算专业人员对预算书进行的检查、核对。复核的内容主要是：分项工程项目有无遗漏或重复，工程量有无多算、少算或错算，定额选用、换算、补充是否合适，资源要素单价、费率取值是否合理、合规等等。以便及时发现错误、及时纠正，确保预算的准确性。

编制说明，无统一的内容和格式，但一般应包括以下内容：工程概况（范围），编制依据及编制中已考虑和未考虑的问题。

施工图预算经复核无误后，可装订、签章。装订的顺序一般为封面、编制说明、预算费用表、预算表、工料机分析表、补充定额表和工程量计算表。装订可根据不同用途，详略适当，分别装订成册。

预算书封面内容有工程名称、工程地点、建设单位名称、设计单位名称、施工单位名称、审计单位名称、结构类型、建筑面积、预算总造价和单位建筑面积造价、预算编制单位、编制人、复核人及编制日期。

在装订成册的预算书上,预算编制人员和复核人员应签字加盖有资格证号的印章,经有关负责人审阅签字后,最后加盖公章,至此完成了全部预算编制工作。

第二节　工程量计算的一般方法

一、工程计量概述

(一)工程量的含义

工程量,是指按照事先约定的工程量计算规则计算所得的,以物理计量单位或自然计量单位表示的分部分项工程的数量。物理计量单位,是指须经量度的,具有物理属性的单位,如长度(m)、面积(m^2)、体积(m^3)、重量(t 或 kg);自然计量单位,是指个、只、套、组、台、樘、座等。

应该注意的是:工程量≠实物量。实物量是实际完成的工程数量,而工程量是按照《工程量计算规则》,计算所得的工程数量。《工程量计算规则》是建筑安装工程交易各方进行思想交流和意思表达的共同语言。为了简化工程量计算,在《工程量计算规则》中往往对某些零星的实物量,作出了不扣除或应扣除、不增加或应增加的规定;更有甚者,还可以改变其计量单位,如现浇混凝土及钢筋混凝土的模板工程量,一般按混凝土与模板的接触面积,以平方米来计算;但现浇混凝土小型池槽,却按构件外围体积,以立方米计算。

(二)工程量计算规则

工程量计算规则,是规定在计算分项工程数量时,从施工图上摘取数据应遵循的原则。不同的定额,有不同的工程量计算规则。定额中的人工、材料、机械消耗量是综合考虑了分项工程所包含的工作内容以及分项工程的工程量计算规则后予以确定的,因此在计算工程量时,必须按照与所采用的定额相匹配的工程量计算规则进行计算。

1957 年原国家建委在颁发全国统一的《建筑工程预算定额》的同时,颁发了全国统一的《建筑工程预算工程量计算规则》。1958 年以后,预算管理权限下放给了地方,定额及其工程量计算规则也由地方自主规定,造成了目前各地区、各部门定额与工程量计算规则的不统一的局面。

为了统一全国预算工程量计算规则,建设部于 1995 年组织制定了《全国统一建筑工程基础定额》(土建工程)GJD—101—95 和《全国统一建筑工程预算工程量计算规则》(土建工程)GJD_{GZ}—101—95(以下简称《全国统一计算规则》)。它有利于打破地区封锁和部门垄断,有利于规范和繁荣建筑市场,促进企业竞争。统一全国预算工程量计算规则,与国际通行做法接轨,是未来工程计量的发展趋势。

《上海市建筑和装饰工程预算定额工程量计算规则(2000)》(以下简称《2000 计算规则》)与《全国统一计算规则》基本相同,但是在个别分项工程的计算规定上还是有所不同的,应予注意。如混凝土及钢筋混凝土工程中的现浇混凝土楼梯工程量,《全国统一计算规则》规定"按水平投影面积计算",而《2000 计算规则》规定"按实体体积计算";又如砌筑工程中的外墙高度,《全国统一计算规则》规定"平屋面算至钢筋混凝土板底",而《2000 计算规则》规定"平屋面算至屋面结构板面"。

建设部制定的《建设工程工程量清单计价规范》附有"工程量计算规则",它适用于招标、投标工程的招标标底、投标报价编制和合同价款调整和施工竣工结算。《计价规范》中的"工程量计算规则"与《全国统一计算规则》和《2000 计算规则》存在较大差异。

本书第八、九、十章,介绍"2000 定额"各专业工程的"工程量计算规则"。第十一章介绍《清单计价规范》中的"工程量计算规则"。

（三）工程量计算的依据

工程量计算的依据一般有：施工图纸及设计说明、施工组织设计或施工方案、定额说明及其工程量计算规则。

二、工程计量的一般方法

（一）工程计量的顺序

工程计量的特点是工作量大、头绪多。可用两个字来概括："繁"和"烦"。工程计量要求做到既不遗漏又不重复，既要快又要准确，就应按照一定的顺序，有条不紊地依次进行。这样既能节省看图时间，加快计算速度，又能提高计算的准确性。

1. 单位工程中各分项工程计量的顺序

一个单位工程包含数十项乃至上百项分项工程，先计算什么，后计算什么，应有个顺序。如果东一棒、西一锤的，看到什么想到什么就计算什么，这样做往往会产生遗漏或重复，而且心中无底，不知是否计算完毕。在工程计量前应先设定一个明确的计算顺序。

（1）按施工顺序计算法

按施工顺序计算法，就是按照工程施工工艺流程的先后次序来计算工程量。如一般土建工程从平整场地、挖土、垫层、基础、填土、墙柱、梁板、门窗、楼地屋面、内外墙装修等顺序进行。这种计算顺序法要求对施工工艺流程相当熟悉，适用于工人或现场施工管理人员出身的预算人员。

（2）按定额顺序计算法

按定额顺序计算法，就是按照预算定额的章、节、子目的编排顺序来计算工程量。这种计算顺序对施工经验不足的预算初学者尤为合适。

（3）按统筹法原理设计顺序计算法

实践表明，任何事物都有其内在的规律性。计算工程量没有必要去牵强附会施工的规律或定额编排的规律要求。对工程计量进行分析，可以看出各分项工程之间有着各自的特点，也存在一定的联系。如外墙地槽挖土、垫层、带形基础、墙体等工程量计算都离不开外墙的长度；墙体工程量要扣除门窗洞口所占体积，那么墙体工程量与门窗工程量就有着一定的关联。运用统筹法原理就是根据分项工程的工程量计算规则，找出各分项工程工程量计算的内在联系，统筹安排计算顺序，做到利用基数（常用数据）连续计算；一次算出，多次使用；结合实际，机动灵活。这种计算顺序适用于具有一定预算工作经验的人，它实质上是对预算工作精益求精的探索。不同的定额，不同的工程，应有不同的计算顺序，要因地制宜，灵活善变。

2. 分项工程中各部位工程的计算顺序

一项分项工程分布在施工图纸的各个部位上，如砖基础分项工程，包括外墙砖基础、内墙砖基础；其中外墙砖基础有横的、竖的，各段首尾相连围成圈；内墙砖基础更是横七竖八、纵横交错。计算砖基础工程量，需要逐段计算后相加汇总。为了防止遗漏和重复，必须按一定的顺序来计算。常用顺序如下：

（1）按顺时针方向计算法

按顺时针方向计算法，就是以平面图左上角开始向右进行，绕一周后回到左上角为止。这种顺时针方向转圈，依次分段计算工程量的方法，适用于计算外墙的挖地槽、垫层、基础、墙体、圈过梁，楼地面，天棚，外墙面粉刷等工程量，见图 7-2-1。

（2）按先横后竖，从上到下，从左到右计算法

此法适用于计算内墙的挖地槽、垫层、基础、墙体、

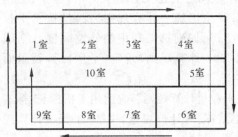

图 7-2-1　顺时针方向计算法示意图

圈过梁等工程量,见图 7-2-2。

（3）按构件代号顺序计算法

此法适用于计算钢筋混凝土柱、梁、屋架及门、窗等的工程量。如图 7-2-3 所示,可依次计算柱 Z1×4,Z2×4 和梁 L1×2,L2×2,L3×6。

（二）列表计算工程量

对于门窗、预制构件等大量标准构件可用列表法计算其工程量。表格的设计应考虑一表多用:一次计算,多处使用。

门窗工程量明细表中可汇总出门、窗的制作、安装、油漆的工程量,钢窗铁栅,门窗五金（如锁、拉手、定位器、地弹簧、闭门器等）工程量。门窗洞口所在部位的面积经汇总可作为计算墙身工程量,墙面粉刷工程量时应扣除部分的数据资料,如表 7-2-1 所示。

图 7-2-2 先横后竖、从上到下、从左到右计算法示意图

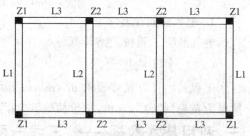

图 7-2-3 按构件代号顺序计算示意图

表 7-2-1 门窗工程量明细表

序号	门窗代号	所在图集	洞口尺寸(mm)		樘数	每樘面积 (m^2)	合计面积 (m^2)	所在部位(m^2/樘)			筒子板周长		窗台板长		备注
			宽	高				$L_{中}$	$L_{内}$	$L'_{内}$	每樘	合计	每樘	合计	
1	M1		1200	2100	2	2.52	5.04	5.04/2							
2	M2		1000	2100	2	2.1	4.20		4.20/2		5.20	10.40			
3	M3		900	2100	10	1.89	18.90	3.78/2	7.56/4	7.56/4	5.10	20.40			
…	…	…	…	…	…	…	…	…	…	…	…	…	…	…	
	小计						Σ								
11	SC1		2100	1900	4	3.99	15.96	15.96/4			5.90	23.60	2.30	9.20	
12	SC2		1500	1800	2	2.7	5.40	5.04/2			5.10	10.20	1.70	3.40	
13	SC3		900	1500	2	1.35	2.70	2.7/2			3.90	7.80	1.10	2.20	
…	…	…	…	…	…	…	…	…	…	…	…	…	…	…	
	小计						Σ								
21	空圈1		2820	2600	2	7.33	14.66	14.66/2							
22	空圈2														
23	空圈3														
…	…														
n	合计							Σ	Σ	Σ		Σ		Σ	

（三）规范计算式,并标记出构件的代号或所在的部位

工程量计算式应力求简单明了,并按一定的次序排列,以便日后审查核对,一般面积为宽×高、体积为长×宽×高或长×截面积。在计算式旁应标记出构件的代号,如 Z1,Z2,…,J1,J2,…等。没有代号的,如带形基础、墙体等,可标记出其所在的部位。如①;Ⓐ;Ⓑ,①～②;⑤,Ⓐ～Ⓒ,分别表示在Ⓐ轴上;在Ⓑ轴上;在Ⓑ轴的①轴到②轴段上;在⑤轴的Ⓐ轴到Ⓒ轴段上。

（四）装饰工程计算方法

对于装饰工程,不同楼层、不同房间的装饰要求差异较大。为便于审核与校核,应按楼层、按房

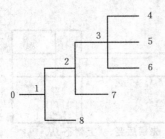

图 7-2-4　管网计算示意图

间分别计算工程量,且不宜汇总。

(五)管线工程量计算方法

1. 给排水管道工程

给排水管道工程,以每一管线为起讫,先干管,后支管,按不同管径分别计算后汇总。给水管道应顺水流方向计算;排水管道应逆水流方向计算。管网如树杈,可在节点上编号后逐段计算,然后汇总。如图7-2-4管网计算示意图,应依次计算 0-1,1-2,2-3,3-4,3-5,3-6,2-7 和 1-8。算式标记的特点是,横杆后面的数字从 1 至 8 是连续不间断的。

2. 电气照明工程

电气照明工程按回路计算。

(六)计算精度要求

工程量的计算精度要求 m^3,m^2,m 等取小数点后两位,t 取小数点后三位,kg、件等取整数。定额单价精确到"分",合价、总价精确到"元"即可。

三、利用基本数据——"三线一面"计算工程量

(一)"三线一面"的概念

"三线一面"的"三线"是指外墙中心线长度($L_{中}$)、外墙外包线长度($L_{外}$)和内墙净长线长度($L_{内}$);"一面"是指底层建筑面积($S_{底}$)。

建筑工程的许多分项工程的工程量计算与这"三线一面"有关,因此将"三线一面"称为基本数据。首先计算出"三线一面",以后计算各分项工程工程量时,可多次应用"三线一面"基本数据,以减少大量翻阅图纸的时间,达到简捷、准确、高效的目的。

(二)"三线一面"的计算

例 7-2-1 根据图 7-2-5 计算"三线一面"。

解:

(1)外墙中心线长是指外墙的墙中心线周长。

$$L_{中}=(3.5\times2+5)\times2=24(m)$$

(2)外墙外包线长是指外墙的外边线周长。

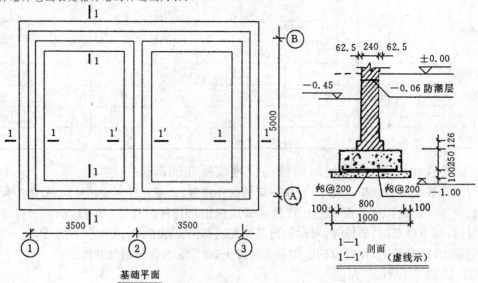

图 7-2-5　工程量计算示意图

$$L_外 = (7.24 + 5.24) \times 2 = 24.96 \text{(m)}$$

外墙中心线和外墙外包线之间存在以下关系：

$$L_外 = L_中 + 4B$$

或

$$L_中 = L_外 - 4B$$

式中，B为墙厚。

$$L_外 = 24 + 4 \times 0.24 = 24.96 \text{(m)}$$

（3）内墙净长线长是指所有内墙的净长度之和。

$$L_内 = 5 - 0.24 = 4.76 \text{(m)}$$

（4）底层建筑面积是指建筑物底层外墙外边线所围成的面积。

$$S_底 = 7.24 \times 5.24 = 37.94 \text{(m}^2)$$

（三）"三线一面"的用途

1. 外墙中心线（$L_中$）的用途

凡计算外墙及外墙下的体积或水平投影面积的工程量均可利用外墙中心线计算。如外墙挖基础地槽、基础垫层、基础混凝土、基础模板、砖基础、基础梁混凝土、基础梁模板、圈梁混凝土、圈梁模板、墙身等。不必分段用统长、净长来计算，而可以直接利用外墙中心线（$L_中$）来计算，如图 7-2-6 所示。

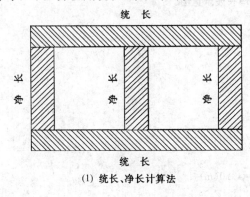

（1）统长、净长计算法

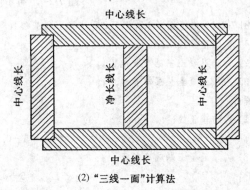

（2）"三线一面"计算法

图 7-2-6　"三线一面"用途示意图

$$V_外 = L_中 \times S$$
$$S_外 = L_中 \times B$$

式中　$V_外$——外墙处的体积工程量；

$S_外$——外墙处的水平投影面积；

S——阴影部分的截面积；

B——阴影部分的宽度。

当然，假如截面积（S）不同或宽度（B）不同，还是应该分段计算的。可将上述公式改为

$$V_外 = L_{中1}S_1 + L_{中2}S_2 + \cdots + L_{中n}S_n$$
$$S_外 = L_{中1}B_1 + L_{中2}B_2 + \cdots + L_{中n}B_n$$

2. 内墙净长线（$L_内$）的用途

外墙及外墙下的体积或水平投影面积的工程量计算完毕后，余下的内墙及内墙下的体积或水平投影面积的工程量计算，须用净长线（$L_净$）计算。

$$V_内 = L_净 \times S$$
$$S_内 = L_净 \times B$$

值得注意的是：不同分项工程（如垫层、混凝土基础、砖基础和砖墙）有不同的净长线，如图 7-2-7所示。

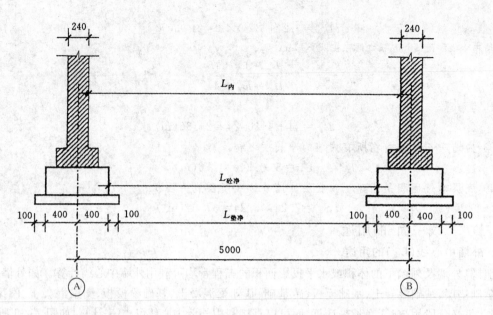

图 7-2-7　有不同的净长线示意图

例 7-2-2　根据图 7-2-5、图 7-2-7 计算下列基础数据。

(1) 内墙净长线 $L_{内}$；

(2) 内墙混凝土基础净长线 $L_{砼净}$；

(3) 内墙混凝土垫层净长线 $L_{垫净}$。

解：

(1) 内墙净长线

$$L_{内}=5-0.24=4.76(\text{m})$$

(2) 内墙混凝土基础净长线

$$L_{砼净}=5-0.80=4.20(\text{m})$$

(3) 内墙混凝土垫层净长线

$$L_{垫净}=5-1.00=4.00(\text{m})$$

3. 外墙外包线 $(L_{外})$ 的用途

外墙外包线，用于计算外墙面勒脚、腰线、抹灰、勾缝、外墙脚手架、散水等工程量。

4. 底层建筑面积 $(S_{底})$ 的用途

底面建筑面积，用于计算平整场地、室内填土、楼地屋面的垫层、找平面、面层、保温层、防水层和天棚的骨架和面层。以下公式在计算上述分项工程工程量时很有用。

(1) 地面净面积

$$S_{净}=S_{底}-(L_{中}+L_{内})B$$

(2) 楼面净面积

$$S_{净}=S_{底}-(L_{中}+L_{内})B-S_{梯}$$

式中，$S_{梯}$ 为楼梯的水平投影面积。

第三节　建筑面积计算规范

一、建筑面积的概念

建筑面积，亦称建筑平面展开面积，是建筑物各层外围水平投影面积的总和，它包括使用面积、辅助面积和结构面积三部分。

使用面积，是指直接为生产或生活使用的净面积，如住宅的各居室、书房和厅。

辅助面积,是指辅助生产或辅助生活所占用的净面积,如楼梯、走道、厨房、卫生间等。

结构面积,是指墙、柱等结构所占的面积,它不包括抹灰厚度所占的面积。

使用面积和辅助面积之和称有效面积。

建筑面积能反映建筑物的规模大小,它是确定投资规模,评价投资效益,对设计方案的经济性、合理性进行评价的重要参数。在众多技术经济指标中,有的直接引用建筑面积,如开工面积、竣工面积、总建筑面积等;有的则将建筑面积作为指标计算的重要数据,如:

$$单位面积造价 = \frac{工程造价}{建筑面积}(元/m^2)$$

$$人工单耗指标 = \frac{人工消耗量}{建筑面积}(工日/m^2)$$

$$材料单耗指标 = \frac{材料消耗量}{建筑面积}[(m^3, m^2, m \text{ 或 } t)/m^2]$$

$$建筑密度 = \frac{建筑底层占地面积}{建筑用地面积} \times 100\%$$

$$建筑面积密度 = \frac{总建筑面积}{建筑用地面积}(m^2/hm^2)$$

$$容积率 = \frac{总建筑面积(m^2)}{建筑用地面积(m^2)}$$

式中,hm^2 为公顷。

由于建筑面积是一项重要的数据,起着衡量工程建设规模、投资效益、建设标准等重要尺度的作用,因此建设部和国家质量监督检验检疫总局联合发布了《建筑工程建筑面积计算规范》(GB/T 50353—2005),该规范适用于新建、扩建、改建的工业与民用建筑工程的面积计算,包括工业厂房、仓库,公共建筑、居住建筑,农业生产使用的房屋、粮种仓库、地铁车站等的建筑面积的计算。

二、《建筑工程建筑面积计算规范》中的术语

1. 层高(story height):上下两层楼面或楼面与地面之间的垂直距离。

2. 自然层(floor):按楼板、地板结构分层的楼层。

3. 架空层(empty space):建筑物深基础或坡地建筑吊脚架空部位不回填土石方形成的建筑空间。

4. 走廊(corridor gallery):建筑物的水平交通空间。

5. 挑廊(overhanging corridor):挑出建筑物外墙的水平交通空间。

6. 檐廊(eaves gallery):设置在建筑物底层出檐下的水平交通空间。

7. 回廊(cloister):在建筑物门厅、大厅内设置在二层或二层以上的回形走廊。

8. 门斗(foyer):在建筑物出入口设置的起分隔、挡风、御寒等作用的建筑过渡空间。

9. 建筑物通道(passage):为道路穿过建筑物而设置的建筑空间。

10. 架空走廊(bridge way):建筑物与建筑物之间,在二层或二层以上专门为水平交通设置的走廊。

11. 勒脚(plinth):建筑物的外墙与室外地面或散水接触部位墙体的加厚部分。

12. 围护结构(envelop enclosure):围合建筑空间四周的墙体、门、窗等。

13. 围护性幕墙(enclosing curtain wall):直接作为外墙起围护作用的幕墙。

14. 装饰性幕墙(decorative faced curtain wall):设置在建筑物墙体外起装饰作用的幕墙。

15. 落地橱窗(French window):突出外墙面根基落地的橱窗。

16. 阳台(balcony):供使用者进行活动和晾晒衣物的建筑空间。

17. 眺望间(view room):设置在建筑物顶层或挑出房间的供人们远眺或观察周围情况的建筑空间。

18. 雨篷(canopy)：设置在建筑物进出口上部的遮雨、遮阳篷。

19. 地下室(basement)：房间地平面低于室外地平面的高度超过该房间净高的 1/2 者为地下室。

20. 半地下室(semi-basement)：房间地平面低于室外地平面的高度超过该房间净高的 1/3，且不超过 1/2 者为半地下室。

21. 变形缝(deformation joint)：伸缩缝(温度缝)、沉降缝和抗震缝的总称。

22. 永久性顶盖(permanent cap)：经规划批准设计的永久使用的顶盖。

23. 飘窗(bay window)：为房间采光和美化造型而设置的突出外墙的窗。

24. 骑楼(overhang)：楼层部分跨在人行道上的临街楼房。

25. 过街楼(arcade)：有道路穿过建筑空间的楼房。

三、计算建筑面积的规定

计算建筑面积的规定，是遵循科学、合理的原则制定的。学习计算建筑面积的规定应领悟两方面的内容：一是有的全部计算建筑面积，有的只将其面积的一半作为建筑面积，有的则不计算建筑面积；二是有的是按外围水平面积计算建筑面积，有的是按底板(或顶盖)水平面积计算建筑面积。

建筑面积计算规定具体如下。

1. 单层建筑物的建筑面积，应按其外墙勒脚以上结构外围水平面积计算，并应符合下列规定：

(1) 单层建筑物高度在 2.20m 及以上者应计算全面积；高度不足 2.20m 者应计算 1/2 面积。

(2) 利用坡屋顶内空间时净高超过 2.10m 的部位应计算全面积；净高在 1.20m 至 2.10m 的部位应计算 1/2 面积；净高不足 1.20m 的部位不应计算面积。

说明：

(1) 建筑物高度(或层高)不管有多高(如 10m，20m)，只要大于等于 2.20m 的，一层只能计算一层的建筑面积。

(2) 建筑面积的计算是以勒脚以上外墙结构外边线计算，勒脚是墙根部很矮的一部分墙体加厚，不能代表整个外墙结构，因此要扣除勒脚墙体加厚的部分。

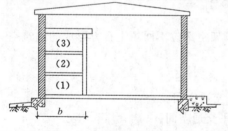

图 7-3-1　单层建筑物内设有
局部楼层者示意图

2. 单层建筑物内设有局部楼层者，局部楼层的二层及以上楼层，有围护结构的应按其围护结构外围水平面积计算，无围护结构的应按其结构底板水平面积计算。层高在 2.20m 及以上者应计算全面积；层高不足 2.20m 者应计算 1/2 面积。参见图 7-3-1。

3. 多层建筑物首层应按其外墙勒脚以上结构外围水平面积计算；二层及以上楼层应按其外墙结构外围水平面积计算。层高在 2.20m 及以上者应计算全面积；层高不足 2.20m 者应计算 1/2 面积。

说明：外墙结构外围水平面积包括保温隔热层，不包括抹灰、装饰面。

4. 多层建筑坡屋顶内和场馆看台下，当设计加以利用时净高超过 2.10m 的部位应计算全面积；净高在 1.20m 至 2.10m 的部位应计算 1/2 面积；当设计不利用或室内净高不足 1.20m 时不应计算面积。

说明：多层建筑坡屋顶内和场馆看台下，计算建筑面积必须同时满足两个条件：一是加以利用；二是净高。缺一不可。

5. 地下室、半地下室(车间、商店、车站、车库、仓库等)，包括相应的有永久性顶盖的出入口，应按其外墙上口(不包括采光井、外墙防潮层及其保护墙)外边线所围水平面积计算。层高在 2.20m 及以上者应计算全面积；层高不足 2.20m 者应计算 1/2 面积。参见图 7-3-2。

说明：各种地下建筑物，按其外墙上口外边线所围水平面积计算，其实质是为了剔除采光井、防

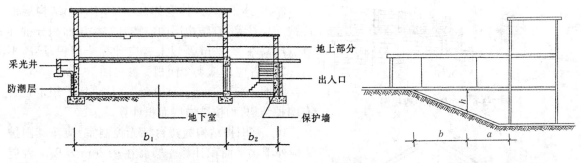

图 7-3-2　地下建筑物建筑面积计算示意图　　图 7-3-3　坡地吊脚架空层示意图

潮层及其保护墙所占的面积。

6. 坡地的建筑物吊脚架空层、深基础架空层，设计加以利用并有围护结构的，层高在 2.20m 及以上的部位应计算全面积；层高不足 2.20m 的部位应计算 1/2 面积。设计加以利用、无围护结构的建筑吊脚架空层，应按其利用部位水平面积的 1/2 计算；设计不利用的深基础架空层、坡地吊脚架空层、多层建筑坡屋顶内、场馆看台下的空间不应计算面积。参见图 7-3-3。

说明：坡地吊脚架空层、深基础架空层，计算建筑面积必须同时满足三个条件：一是加以利用；二是有围护结构；三是层高。缺一不可。

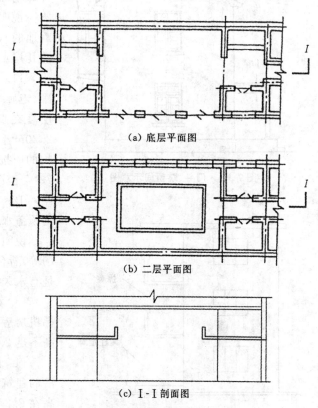

(a) 底层平面图

(b) 二层平面图

(c) I-I 剖面图

图 7-3-4　门厅、大厅内设有回廊示意图

7. 建筑物的门厅、大厅按一层计算建筑面积。门厅、大厅内设有回廊时，应按其结构底板水平面积计算。层高在 2.20m 及以上者应计算全面积；层高不足 2.20m 者应计算 1/2 面积。参见图7-3-4。

8. 建筑物间有围护结构的架空走廊，应按其围护结构外围水平面积计算。层高在 2.20m 及以上者应计算全面积；层高不足 2.20m 者应计算 1/2 面积。有永久性顶盖无围护结构的应按其结构底板水平面积的 1/2 计算。参见图 7-3-5。

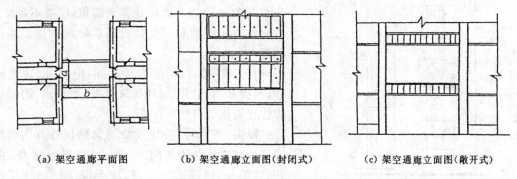

(a) 架空通廊平面图　　　(b) 架空通廊立面图（封闭式）　　　(c) 架空通廊立面图（敞开式）

图 7-3-5　建筑物间的架空走廊示意图

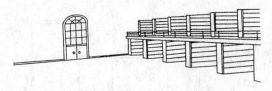

图 7-3-6　立体书库透视图

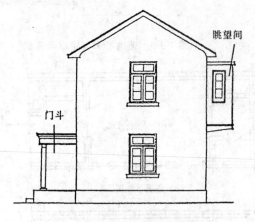

图 7-3-7　门斗、眺望间示意图

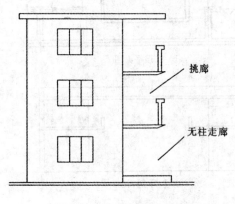

图 7-3-8　挑廊示意图

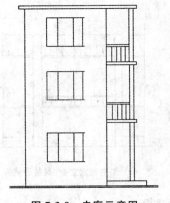

图 7-3-9　走廊示意图

9. 立体书库、立体仓库、立体车库，无结构层的应按一层计算，有结构层的应按其结构层面积分别计算。层高在 2.20m 及以上者应计算全面积；层高不足2.20m者应计算 1/2 面积。参见图 7-3-6。

说明：立体车库、立体仓库、立体书库不规定是否有围护结构，均按结构层面积计算。

10. 有围护结构的舞台灯光控制室，应按其围护结构外围水平面积计算。层高在 2.20m 及以上者应计算全面积；层高不足2.20m者应计算 1/2 面积。

说明：舞台灯光控制室是剧场内的悬空建筑（不着地的），所以按围护结构外围水平面积计算，有几层算几层。

11. 建筑物外有围护结构的落地橱窗、门斗、挑廊、走廊、檐廊，应按其围护结构外围水平面积计算。层高在 2.20m 及以上者应计算全面积；层高不足2.20m者应计算 1/2 面积。有永久性顶盖无围护结构的应按其结构底板水平面积的 1/2 计算。参见图7-3-7 至图 7-3-10。

12. 有永久性顶盖无围护结构的场馆看台应按其顶盖水平投影面积的 1/2 计算。

说明："场馆"实质上是指"场"（如：足球场、网球场等）看台上有永久性顶盖无围护结构部分。"馆"应是有永久性顶盖和围护结构的。

13. 建筑物顶部有围护结构的楼梯间、水箱间、电梯机房等，层高在 2.20m 及以上者应计算全面积；层高不足 2.20m 者应计算 1/2 面积。

14. 设有围护结构不垂直于水平面而超出底板外沿的建筑物，应按其底板面的外围水平面积计算。层高在 2.20m 及以上者应计算全面积；层高不足 2.20m 者应计算 1/2 面积。

说明："设有围护结构不垂直于水平面而超出底板外沿的建筑物"是指建筑物向外倾斜的墙体。"层高在 2.20m 及以上者应计算全面积；层高不足2.20m者应计算 1/2 面积。"是针对建筑物向内倾斜墙体的情况。

15. 建筑物内的室内楼梯间、电梯井、观光电梯井、提物井、管道井、通风排气竖井、垃圾道、附墙烟囱应按建筑物的自然层计算。

说明：可以将"按建筑物的自然层计算"简单地理解为将"室内楼梯间、电梯井、观光电梯井、提物井、管道井、通风排气竖井、垃圾道、附墙烟囱"视同"楼板"。

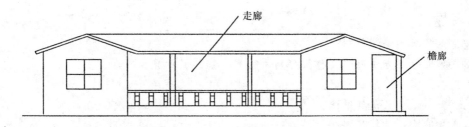

图 7-3-10 走廊、檐廊示意图

16. 雨篷结构的外边线至外墙结构外边线的宽度超过 2.10m 者,应按雨篷结构板的水平投影面积的 1/2 计算。

说明:雨篷不分有柱雨篷和无柱雨篷均按上述规定计算。

17. 有永久性顶盖的室外楼梯,应按建筑物自然层的水平投影面积的 1/2 计算。

说明:室外楼梯,最上层楼梯无永久性顶盖,或有不能完全遮盖楼梯的雨篷,最上层楼梯不计算面积;上层楼梯可视为下层楼梯的永久性顶盖,下层楼梯应计算面积。

18. 建筑物的阳台均应按其水平投影面积的 1/2 计算。

说明:建筑物的阳台不分敞开式或封闭式,凹阳台、凸阳台或半凹半凸阳台,均按上述规定计算。

19. 有永久性顶盖无围护结构的车棚、货棚、站台、加油站、收费站等,应按其顶盖水平投影面积的 1/2 计算。

说明:有永久性顶盖无围护结构的车棚、货棚、站台、加油站、收费站等不分独立柱、单排柱、多排柱,均按上述规定计算。

20. 高低联跨的建筑物,应以高跨结构外边线为界分别计算建筑面积;其高低跨内部连通时,其变形缝应计算在低跨面积内。

21. 以幕墙作为围护结构的建筑物,应按幕墙外边线计算建筑面积。

22. 建筑物外墙外侧有保温隔热层的,应按保温隔热层外边线计算建筑面积。

23. 建筑物内的变形缝,应按其自然层合并在建筑物面积内计算。

24. 下列项目不应计算面积:

(1) 建筑物通道(骑楼、过街楼的底层)。

(2) 建筑物内的设备管道夹层。

(3) 建筑物内分隔的单层房间,舞台及后台悬挂幕布、布景的天桥、挑台等。

(4) 屋顶水箱、花架、凉棚、露台、露天游泳池。

(5) 建筑物内的操作平台、上料平台、安装箱和罐体的平台。

(6) 勒脚、附墙柱、垛、台阶、墙面抹灰、装饰面、镶贴块料面层、装饰性幕墙、空调机外机搁板(箱)、飘窗、构件、配件、宽度在 2.10m 及以内的雨篷以及与建筑物内不相连通的装饰性阳台、挑廊。

(7) 无永久性顶盖的架空走廊、室外楼梯和用于检修、消防等的室外钢楼梯、爬梯。

(8) 自动扶梯、自动人行道。

(9) 独立烟囱、烟道、地沟、油(水)罐、气柜、水塔、贮油(水)池、贮仓、栈桥、地下人防通道、地铁隧道。

说明:凡构筑物、装饰物及构配件均不应计算建筑面积。

复习思考题

1. 简述施工图预算的编制依据。

2. 施工图预算的编制方法有哪几种？分别用公式来描述其计算步骤。

3. 简述施工图预算书的编制步骤。

4. 简述"三线一面"含义及其用途。

5. 根据第八章的附图计算"三线一面"。

6. 根据第八章的附图计算建筑面积。

7. 写出有关只将其面积的 1/2 作为建筑面积的有关规定。

8. 名词解释：外墙中心线($L_{中}$)、外墙外包线($L_{外}$)、内墙净长线($L_{内}$)、内墙混凝土基础净长线($L_{砼净}$)；内墙混凝土垫层净长线($L_{垫净}$)和底层建筑面积($S_{底}$)。

第八章 建筑和装饰工程预算

本章根据《上海市建筑和装饰工程预算定额(2000)》及《上海市建筑和装饰工程预算定额工程量计算规则(2000)》介绍建筑和装饰工程预算的分部分项工程划分及其工程量计算规则。

工程量计算是整个预算编制工作中最繁重,最关键的一道工序,它为预算提供主要的基本数据。工程量计算准确与否,直接影响到预算的准确程度。

在计算工程量时,不仅要懂得工程量计算规则,能从工程图纸中摘取有关数据计算出工程数量,而且要理解每一分项工程的含义,它所包含的工作内容,它与相似、相近分项工程的区别,以及与其相连分项工程的界限。只有真正掌握工程量计算规则,熟悉定额内容和相连分项工程的界面,才能确保预算质量。

第一节 土方工程

一、土方工程定额结构

土方工程分人工土方、机械土方、强夯土方、基坑钢管支撑、截(凿)桩、土方排水、逆作法等 7 节 119 项,其分项工程划分见图 8-1-1。

二、土方工程基础知识

在计算土方工程量前,应首先确定土方的密实程度、挖土的施工方案(工作面、放坡系数或支挡土板)。

(一)土方的密实程度

土方工程量中的土方体积,均以挖掘前的天然密实体积为准。若已知条件不是天然密实状况,可按表 8-1-1 土方体积折算表进行换算,将其换算成天然密实体积。

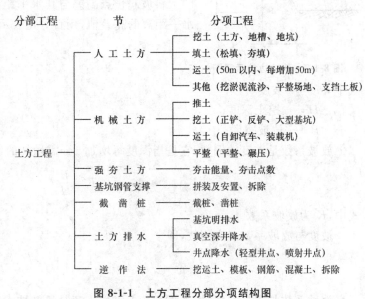

图 8-1-1 土方工程分部分项结构图

表 8-1-1 　　　　　　　　　土方体积折算表

虚方体积	天然密实体积	夯实后体积	松填体积
1.00	0.77	0.67	0.83
1.30	1.00	0.87	1.08
1.50	1.15	1.00	1.25
1.20	0.92	0.80	1.00

(二)挖土的施工方案

计算挖土工程量时,首先应确定挖土深度、放坡系数、工作面宽度和是否支挡土板等因素。见图 8-1-2。

1. 挖土深度

挖土以设计室外地坪标高为准。挖土深度是指设计室外地坪至基础或垫层底面的深度。

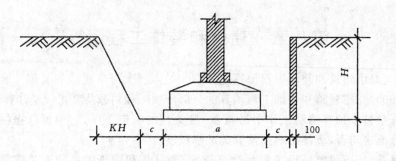

a—基础(垫层)宽度；c—工作面宽度；H—挖土深度,从设计室外地面至基础或垫层底面；

K—放坡系数；KH—放坡宽度；100—挡土板厚度(mm)

图 8-1-2　地槽挖土剖面示意图

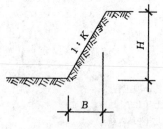

图 8-1-3　基坑边坡示意图

2. 放坡系数

如果挖土较深、土质较差,为防止坍塌、保证安全,需要将沟槽或基坑的边壁修成一定坡度,称为放坡,如图 8-1-3 所示。

斜坡起止点高差与其水平距离的比值,称为坡度,即坡度为单位水平距离的高差值,用百分比表示。

$$i = \frac{H}{B}$$

式中　i——坡度(%);

　　　H——挖土深度;

　　　B——放坡宽度。

放坡系数是坡度的倒数,它是指深度每增加 1m 需增加的边坡宽度。

$$K = \frac{B}{H}$$

式中,K 为放坡系数。

坡度与放坡系数互为倒数,即

$$i = \frac{1}{K} = 1 : K$$

放坡系数与土方类别、挖土深度及人工挖土还是机械挖土等因素有关。《全国统一建筑工程预算工程量计算规则》对放坡系数的规定,见表 8-1-2。

表 8-1-2　　　　　　　　　　　　放坡系数表(《全国统一定额》规定)

土 的 类 别	放坡起点(m)	人 工 挖 土	机 械 挖 土	
			在坑内作业	在坑上作业
一、二类土	1.20	1：0.50	1：0.33	1：0.75
三　类　土	1.50	1：0.33	1：0.25	1：0.67
四　类　土	2.00	1：0.25	1：0.10	1：0.33

《上海市建筑和装饰工程预算定额工程量计算规则(2000)》结合上海的土质条件和常规施工方案,对放坡系数作如下规定,见表 8-1-3。

3. 工作面宽度

在沟槽、基坑内进行基础施工,需要留有一定的操作空间,称工作面。基础施工所需的工作面宽度可按表 8-1-4 的规定取定。

表 8-1-3　　　　　　　　放坡系数表（上海《2000 定额》规定）

名　称	挖土深度（m 以内）	放　坡　系　数
挖　　土	1.5	—
挖　　土	2.5	1：0.5
挖　　土	3.5	1：0.7
挖　　土	5.0	1：1.0
采用井点抽水	不分深度	1：0.5

表 8-1-4　　　　　　　　基础施工所需工作面宽度取定表

名　称	每边增加工作面宽度（mm）
砖基础	200
浆砌毛石、条石基础	150
混凝土基础、垫层支模板	300
地下室底板	800
地下室埋深 3m 以上	1800

4. 支挡土板

有时现场条件不允许放坡，则只能支挡土板，挡土板厚度按 100mm 计算。

三、土方工程工程量计算规则

（一）人工土方

人工土方主要包括平整场地、挖土、运土和回填土等 4 道工序。挖土分挖地槽、地坑和土方，其分类标准如下：

凡图示槽底宽在 3m 以内，且槽长大于槽宽三倍以上的（即细长条的）为地槽。

凡图示坑底面积在 20m² 以内的（即小面积的）为地坑。

凡图示槽宽 3m 以上，坑底面积在 20m² 以外，平整场地挖土厚度在 300mm 以上的（即大面积，且挖土较厚的）为土方。

凡为建筑场地进行天然密实土方厚度在 ±300mm 以内的挖、填、找平为平整场地。

1. 平整场地

平整场地按建筑物或构筑物底面积的外边线，每边各加 2m，以 m² 计算，如图 8-1-4 所示。若建筑物或构筑物的底面积为矩形或组合矩形，平整场地工程量计算公式如下：

$$S_{平整} = S_{底} + 2L_{外} + 16$$

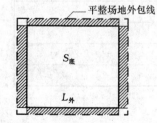
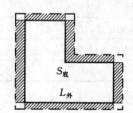
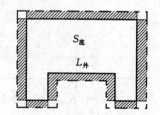

图例：

$L_{外}$：————

平整场地外包线：— · — · —

$S_{底}$：▭

图 8-1-4　平整场地工程量计算示意图

例 8-1-1　根据图 7-2-5，计算平整场地工作量。

解：
$$S_{平整} = 37.94 + 2 \times 24.96 + 16 = 103.86（m^2）$$

2. 挖土

人工挖土按天然密实体积,以 m^3 计算。

(1)挖地槽。沟槽挖土断面:见图 8-1-2 地槽挖土剖面示意图。地槽长度:外墙按图示中心线长度计算,内墙按图示基础底面间净长计算,内外突出部分(垛、附墙烟囱等)体积并入地槽土方工程量计算。放坡时,T 形交接处所产生的重复工程量不予扣除。挖地槽工程量计算公式如下:

$$V_{地槽}=L_{中}S+L_{基净}S+V_{凸}$$

式中　$V_{地槽}$——地槽土方体积工程量;

　　　$L_{基净}$——内墙基础底面间的净长度,截面积不同,长度分别计算(下同);

　　　S——地槽挖土断面积,按图 8-1-2 所示的不同施工方案计算;

　　　$V_{凸}$——内外突出部分(垛、附墙烟囱等)体积。

例 8-1-2　根据图 7-2-5,计算人工挖沟槽工程量。

解:放坡系数 K

挖土深度 $H=1-0.45=0.55(m)$,查表 8-1-3,得 $K=0$。

工作面宽度 c

混凝土垫层支模板,查表 8-1-4,得 $c=300(mm)$。

$$V_{地槽}=24×(1+0.3×2)×0.55+4×(1+0.3×2)×0.55=24.64(m^3)$$

挖管道沟槽,长度按图示尺寸(包括检查井)计算;断面底宽(包括工作面)按设计规定计算,如设计没有规定,可按表 8-1-5 计算。断面面积根据管道埋置深度和施工方案,考虑放坡系数和是否支挡土板等因素确定。各种检查井和排水管道接口等处,因加宽而增加的工程量均不计算(定额中或宽度中以综合考虑)。但铺设铸铁给水管道时,接口处的土方工程量应按铸铁管道沟槽全部土方工程量增加 2.5% 计算。挖管道沟槽工程量计算公式如下:

$$V_{一般管沟}=LS$$
$$V_{铸铁管沟}=LS×(1+2.5\%)$$

式中　L——管道长度,不扣除检查井所至长度;

　　　S——根据表 8-1-5 和施工方案计算的沟槽断面积。

表 8-1-5　　　　　　　　　　　　　　　　管、沟底宽度尺寸表　　　　　　　　　　　　　　　　单位:m

管径(mm)	铸铁管、钢管	PVC—U 管
50~75	0.60	—
100~200	0.70	0.90
250~350	0.80	1.00
400~450	1.00	1.30
500~600	1.30	—
700~800	1.60	—
900~1 000	1.80	—
1 100~1 200	2.00	—
1 300~1 400	2.20	—

(2)挖地坑、土方。地坑或土方,见图 8-1-5,其工程量计算公式如下:

$$V_{坑}=\frac{H}{3}(AB+\sqrt{ABab}+ab)$$

或

$$V_{坑}=\frac{H}{6}[AB+(A+a)(B+b)+ab]$$

对于其他形式的基坑底面的地坑或土方,可用下列公式近似计算:

$$V_坑 = \frac{H}{3}(S_上 + \sqrt{S_上 \, S_下} + S_下)$$

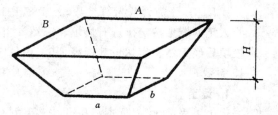

或
$$V_坑 = \frac{H}{6}(S_上 + 4S_中 + S_下)$$

式中 H——挖土深度；

　　$S_上$——基坑上口面积；

　　$S_下$——基坑底面积；

　　$S_中$——基坑中面积，应作图计算。要注意 $S_中 \neq (S_上 + S_下) \div 2$。

图 8-1-5　地坑和土方放坡示意图

例 8-3-3　根据图 7-2-5，计算大开挖土方工程量。

解：$K = 0, c = 300$

$$V_{土方} = (5 + 1 + 0.3 \times 2) \times (7 + 1 + 0.3 \times 2) \times 0.55 = 31.22 (\text{m}^3)$$

（3）支挡土板。挡土板工程量按垂直投影面积计算，其工程量计算公式如下：

$$S = 2(L_中 H + L_{基净} H) - 2nBH$$

式中 B——地槽宽；

　　H——地槽深；

　　n——内墙地槽的条数，参见图 8-10-3；

　　$2nBH$——地槽 T 形交接，不需支挡土板的面积。

挡土板工程量可参见本章第四节中的混凝土模板工程量。

3. 回填土

回填土按填土部位分基础回填土、室内回填土和管道沟槽回填土。

（1）基础回填土。基础回填土，系指基础完工后，将土回填至设计室外地面标高，其工程量计算公式如下：

$$V_{填1} = (V_挖 - V_0) K$$

式中 $V_{填1}$——基础回填土体积；

　　$V_挖$——原挖土体积；

　　V_0——埋设在设计室外地面以下的砌筑物的体积，箱形基础按埋设在设计室外地面以下所占的体积计算；

　　K——土方体积折算系数，查表 8-1-1。

（2）室内回填土。室内回填土，系指建筑物内，室内外地坪高差之间的房心填土，其工程量计算公式如下：

$$V_{填2} = [S_底 - (L_中 + L_内)B] \times (\Delta h - h_0) K$$

式中 $V_{填2}$——室内回填土体积；

　　Δh——室内外地坪的标高差；

　　h_0——室内地坪的垫层、找平层、面层厚度之和；

　　K——土方体积折算系数，查表 8-1-1。

（3）管道沟槽回填土。管道沟槽回填土，系指管道沟槽挖土、埋管后的恢复原状的回填土，其工程量计算公式如下：

$$V_{填3} = \left(V_挖 - \frac{\pi}{4} D^2 L\right) K$$

式中 $V_{填3}$——管道沟槽回填土体积；

　　L——管道长；

　　D——管道外径，当管道外径小于等于 500mm 时，D 取值为零，即不扣除管径在 500mm 以内的管道所占体积；

K——土方体积折算系数,查表 8-1-1。

人工回填土按定额分有松填和夯填。当要求松填至设计标高,其工作量应乘 0.92 系数;当要求松填后经天然密实达设计标高,其工程量应乘 1.00 系数;当要求夯填至设计标高,其工程量应乘 1.15 系数。

4. 运土

运土工程量,可根据现场条件和施工方案计算,工程量计算公式如下:

$$V_{运}=V_{挖}+V_{填}$$

或

$$V_{运}=V_{挖}-V_{填}$$

式中 $V_{运}$——运土体积;

$V_{挖}$——挖土体积;

$V_{填}$——回填土体积。

前一公式适用于场地狭小,土挖出时全运走,回填时再运回。后一公式中,当 $V_{运}$ 大于零时,为余土外运;当 $V_{运}$ 小于零时,为取土内运。

(二) 机械土方

1. 平整场地和碾压

机械平整场地以 m² 计算(同人工平整场地)。

机械碾压分原土碾压和填土碾压。原土碾压(压路机压两遍)按图示尺寸以 m² 计算;填土碾压(分内燃压路机和振动压路机)按图示尺寸以 m³ 计算。

2. 挖土

机械挖土定额分有桩基挖土和无桩基挖土。有桩基机械挖土工程量分别以基坑底面以上 1m(混凝土桩)、0.5m(钢管桩)、3m(钻孔灌注混凝土桩)的体积计算;余下的为无桩基机械挖土。见图 8-1-6。

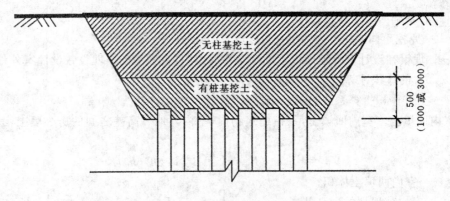

图 8-1-6 桩基挖土示意图

机械挖土定额又分挖土、挖土带自卸汽车运土、大型基坑支撑挖土。基坑深度不同,有不同的定额。

3. 运土

运土工程量以 m³ 计算。

运土定额分推土机推土、铲运机(装载机)运土和自卸汽车运土。运距不同,有不同的定额。运距按下列方法计算。

(1) 推土机运距:按挖方区重心至填方区重心直线距离计算;

(2) 铲运机运距:按铲土区重心至卸土区重心加转向距离 45m 计算;

(3) 自卸汽车运距:按挖方区重心至填方区(堆放地点)重心之间最短行驶距离计算。

4. 排水费用

机械土方定额未包括湿土排水费用,实际发生可另立项目计算,见本节(六)土方排水。

(三)强夯土方

强夯土方,系指用强夯机械锤击地基,以提高地基的承载能力。地基强夯工程量按强夯波及的外包面积,以 m² 计算。强夯波及外包面积,按设计图纸最外围点夯轴线加其最近两轴线的距离所包围的面积。参见图8-1-7,其工程量计算公式如下:

$$S_{强夯} = (L+2a)(B+2a)$$

强夯土方定额分夯击能量(120tm,200tm,300tm,400tm)、每100m² 夯击点数(25,23,13,9以内)及每点夯击次数(4击以下,每增1击)有不同的定额。

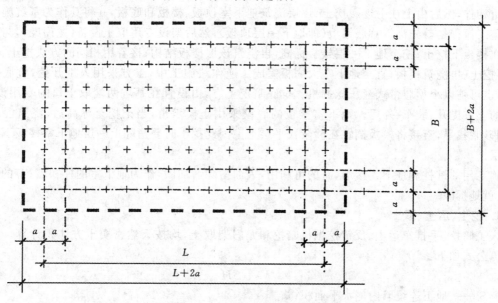

图 8-1-7 强夯土方波及外包面积示意图

(四)基坑钢管支撑

基坑钢管支撑,是深基坑施工的支撑和维护体系。其工程量按钢管重量,以 t 计算。详见本章第十一节中的现场制作金属结构。

钢管支撑中的十字接头、活络接头、钢箱梁围令、H型钢围令及为加强钢管支撑稳定性而设置的八字斜撑,分别按其重量并入钢管支撑。

地下钢管支撑和钢围令安装时所需的包箍铁件及搁支点所用铁件按其重量套用金属结构制作及附属工程分部的零星铁件定额子目。

基坑钢管支撑定额分拼装及安装、拆除两项定额,定额中大型支撑材料消耗量0.03t是指操作损耗,钢管支撑的租赁费另计。其工程量计算公式如下:

    钢管支撑的租赁费 = 钢管支撑的重量(t)×使用天数×租赁费单价(元/(t·d))

(五)截凿桩

余桩长度在0.5m以内的为凿桩;0.5m以外为截桩,同时还应计算凿桩。截(凿)混凝土桩均按根数计算。

(六)土方排水

基坑明排水(指集水井),安装与拆卸按口井计算;抽水按口井·天计算。

真空深井降水分不同深度,安装、拆除分别按口井计算;运行按口井·天计算。

井点降水分轻型井点降水、喷射井点降水和不同降水深度。井管安装、拆除分别按根计算;井管使用按套·天计算。

轻型井点按 50 根以内为一套,喷射井点按 30 根以内为一套。井管间距应根据地质条件和施工降水要求,依据施工组织设计确定。无规定时,可按轻型井点管距 0.8~1.6m,喷射井点管距 2~3m 确定。

(七)逆作法

多层地下室的传统施工方法是"敞开式"大开挖后,由下往上逐层施工;而逆作法施工则反其道而行之,是"封闭式"挖运土,由上往下逐层挖土、施工。其工艺原理是:先沿建筑物四周浇筑地下连续墙,在建筑物内按柱网轴线浇筑柱下支承桩,利用地下连续墙和柱下支承桩作为逆作法施工期间的承重构件,然后由上往下逐层挖土、逐层浇筑地下室顶板、楼板和底板,并将其作为基坑施工的支撑。施工流程是首先浇筑首层楼板(即地下一层顶板);然后架设专用取土设备(龙门架),与人力相结合在楼板下挖土,挖至地下一层楼板标高,再浇筑该层楼板结构;接着用相同的方法挖土、浇筑楼板;再挖土、再浇筑楼板;直至地下室大底板完成。逆作法施工中,土方采用人工开挖,坑底手推车运土,也可辅以小型履带式液压挖掘机。坑底暗挖土方,由设置在基坑两端取土口的专用设备,将挖出的土方提升、装车、外运。地下室楼板的底模采用土模承重,当土挖至标高后,浇筑混凝土垫层,用砂浆找平,直接将模板搁置在砂浆找平层上。因此挖土时要凿除上一层地下室楼板下的混凝土垫层。

施工用的桩柱和地下连接墙,有的可利用,表面凿除后加固,作为地下室的柱和墙;有的待施工完毕,就地拆除。

1. 挖土、运土、取土

人工暗挖、手推车运土、反铲挖掘机暗挖和龙门架取土,均按天然密实土方体积计算。其工程量计算公式如下:

$$V = SH$$

式中　S ——地下连续墙内侧水平面积;

　　　H ——地下室垫层底至地下室暗挖首层板底的高度。

2. 砼凿除

(1)砼垫层凿除按设计图纸以 m^3 计算;

(2)格孔柱砼凿除,按施工方案以 m^3 计算;

(3)桩柱、连续墙的表面凿除,按柱、墙表面凿除面积,以 m^2 计算。

3. 桩柱、复合墙

(1)桩柱、复合墙砼按施工方案图以 m^3 计算;

(2)桩柱、复合墙模板按设计图砼与模板的接触面积,以 m^2 计算;

(3)桩柱、复合墙钢筋按施工图及操作规范以 t 计算。

桩柱、复合墙砼、模板、钢筋的工程量计算详见本章第四节砼及钢砼工程。

四、土方工程有关定额说明

人工土方定额综合考虑了干、湿土的比例,且已包括湿土排水。

机械土方含水率大于 25% 时,定额人工、机械乘以系数 1.15;机械土方定额未包括湿土排水费用,实际发生可另立项目计算。

机械挖土方遇有桩土方按相应定额人工、机械乘以系数 2;机械挖地槽、地坑带桩基定额,已考虑群桩间挖土的人工、机械降效。

挖土机在垫板上施工,人工、机械乘以系数 1.25。定额未包括垫板的装、运及折旧摊销。

钢管支撑安装、拆除是按地面第一道支撑编制的,从地面以下第二道起,每增加一道钢管支撑,其定额人工、机械累计乘以系数1.1。即第二道支撑定额人工、机械累计乘以系数1.1;第三道支撑定额人工、机械累计乘以系数 $1.1 \times 1.1 = 1.21$;以此类推。

第二节 打桩工程

一、打桩工程定额结构

打桩工程分预制钢筋混凝土桩、临时性钢板桩、钢管桩、灌注桩、地基加固、地下连续墙等6节105项,其分项工程划分见图8-2-1。

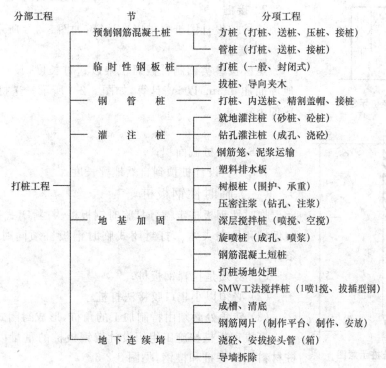

图 8-2-1 打桩工程分部分项结构图

二、打桩工程工程量计算规则

(一)预制钢筋混凝土桩

预制钢筋混凝土桩按桩断面分方桩和管桩;按桩长度分长桩和短桩,打钢筋混凝土短桩套地基加固定额子目;按施工方法分打桩和压桩。

预制钢筋混凝土桩应分别套打(压)桩、送桩和接桩定额子目。运桩工作已包含在打(压)定额之中;填送桩孔,套楼地面分部的垫层定额子目。

打(压)桩,系指将桩打(压)到余出自然地坪0.5m以内;送桩,系指利用送桩器(工具桩)将预制桩打(压)至地下设计标高处;接桩,系指按设计要求,将桩的总长分节预制,在打(压)桩过程中连接。运桩,系指将桩从现场堆放位置运至打桩桩位的水平运输,定额未包括运输过程中需要过桥、下坑和室内运桩等特殊情况。填送桩孔,系指送桩后,为了安全,需向送桩孔内填砂、石料。

1. 打(压)桩

打(压)预制钢筋混凝土方桩、管桩均按设计桩长(不扣除桩尖虚体积)乘以桩截面积,以 m^3 计算,如图8-2-2所示。打预制钢筋混凝土管桩应扣除其空心部分的体积。如管桩的空心部分按设计要求灌注混凝土或其他填充材料时

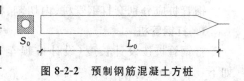

图 8-2-2 预制钢筋混凝土方桩

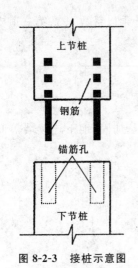

图 8-2-3 接桩示意图

应另行计算。打(压)桩工程量计算公式如下：

$$V_{打桩} = S_0 L_0$$

式中　S_0——桩截面积(管桩应扣除空心体积)；

　　　L_0——桩的设计长度。

施工中采用压预制钢砼管桩,定额可套用压方桩定额子目,桩制品相应换算。工程量计算时预制钢砼管桩空心部分体积不予扣除。

2. 接桩

接桩按设计图纸要求以个计算,如图 8-2-3 所示。

3. 送桩

送桩按各类预制桩截面积乘以送桩长度(设计桩顶面到自然地坪面加 0.5m)以 m^3 计算,如图 8-2-4 所示。送桩工程量计算公式如下：

$$V_{送桩} = S_0(L + 0.5)$$

式中　S_0——桩截面积；

　　　L——设计桩顶到自然地坪长度。

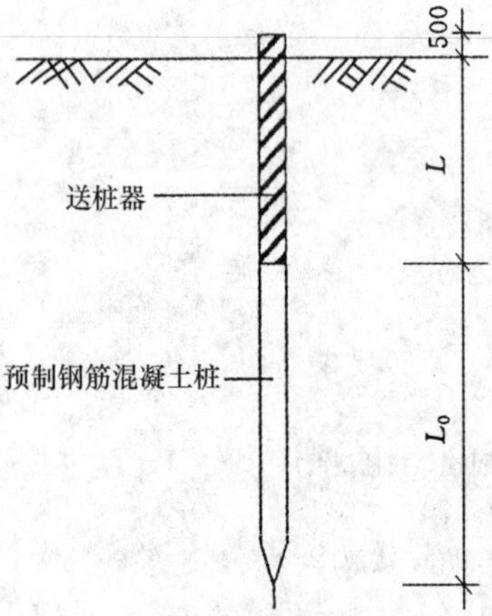

(二)临时性钢板桩

临时性钢板桩定额分打临时钢板桩、打封闭式钢板桩、拔临时钢板桩和导向夹木。打封闭式临时钢板桩须同时满足以下三个条件：

(1)必须是拉森钢板桩；

(2)必须以小止口咬接法打桩；

(3)转角处必须由特制加工的角桩,形成封闭式。

打拔钢板桩按施工组织设计按钢板桩的重量以 t 计算。钢板桩材料分拉森桩和槽钢,见图 8-2-5。

打拔钢板桩工程量计算公式如下：

$$W = n L_0 w_a \div 1000$$

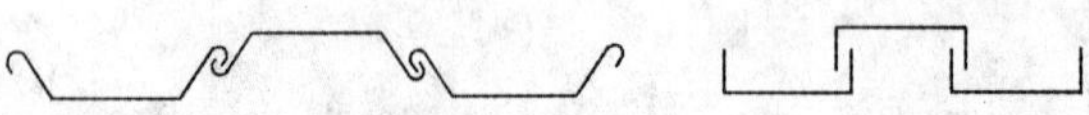

式中　W——钢板桩的重量(t)；

　　　L_0——钢板桩的长度(m)；

　　　w_a——钢板桩的理论重量(kg/m),查表 8-2-1；

图 8-2-4 送桩示意图

(a) 拉森桩示意图　　(b) 槽钢示意图

图 8-2-5 钢板桩示意图

　　　n——钢板桩的根数,n=围堰长度÷钢板桩的有效宽度。

表 8-2-1　　　　　　　　　　　　　钢板桩理论重量表

型　号	进口 #3 拉森桩	进口 #5 拉森桩	国产拉森桩	槽　钢
理论重量(kg/m)	62	100	77	查五金手册

导向夹木分木围令和钢围令按水平长度以延长米计算。定额包括铺设与拆除。

(三)钢管桩

钢管桩应分别套打钢管桩、内切割、精割盖帽、接桩等定额子目。

1. 打钢管桩

打钢管桩按设计长度(设计桩顶至桩底标高)、管径及厚度,以 t 计算。其工程量计算公式如下：

$$W = (D-t) \times t \times 0.0246 \times L_0 \div 1000$$

式中　W—— 钢管桩的重量(t);

　　　D—— 钢管桩的外径(mm);

　　　t—— 钢管桩的壁厚(mm);

　　　L_0—— 钢管桩的长度(mm);

　　0.0246—— 钢材的密度 $\times \pi$。

或　　　　　　　　　　　　$$W = L_0 w_a \div 1000$$

式中　L_0—— 钢管桩的长度(m);

　　　w_a—— 钢管桩的理论重量(kg/m),可查表 8-2-2。

表 8-2-2 　　　　　　　　　　　钢管桩的理论重量表 　　　　　　　　　单位:kg/m

规　　　格					
管　　径　(mm)					
$\phi 406.4$		$\phi 609.6$		$\phi 914.4$	
壁　　厚　(mm)					
10	12	10	12	10	12
97.51	116.43	147.50	176.41	222.50	266.40

例 8-2-1 某工程打钢管桩,管径 $\phi 609.6$mm,壁厚 10mm,设计桩长 18m,试计算每根钢管桩的重量。

解 $W = (609.6-10) \times 10 \times 0.0246 \times 18 \div 1000 = 2.655(\text{t})$

或　　　$W = 18 \times 147.50 = 2.655(\text{t})$

2. 钢管桩内切割、精割盖帽、接桩

(1) 钢管桩内切割按根计算;

(2) 钢管桩精割盖帽按只计算;

(3) 钢管桩接桩按只计算。

(四) 灌注桩

灌注桩按施工方法分就地灌注桩(用钢管打桩孔)、钻孔灌注桩(用钻机钻孔)。

1. 就地灌注桩

就地灌注桩按填充材料分砂桩、混凝土桩,其工程量按设计桩长(不扣除桩尖虚体积)乘以设计截面以 m³ 计算(多次复打桩按单桩体积乘以复打次数计算)。就地灌注桩工程量计算公式如下:

$$V = n S_0 L_0$$

式中　S_0—— 桩设计截面面积;

　　　L_0—— 桩设计长度;

　　　n—— 复打次数。

就地灌注桩设计采用钢筋笼时,钢筋笼套钻孔灌注桩钢筋笼定额子目。

2. 钻孔灌注桩

钻孔灌注桩按填充材料分现拌混凝土、非泵送混凝土,应分别套成孔、钢筋笼、浇混凝土和泥浆外运等定额子目。钻孔灌注砼桩的泥浆池,沟槽已包括在定额中,不得另计。钻孔灌注桩工程量按下列规定计算:

(1) 浇混凝土,按设计桩长加 0.25m 乘以设计截面面积,以 m³ 计算;

(2) 成孔,按设计室外地坪标高至桩底标高乘以设计截面积,以 m³ 计算;

(3) 泥浆外运,按成孔部分的体积计算;

(4) 钢筋笼制作,按图示尺寸及施工规范以 t 计算,详见本章第四节砼及钢工程。

钻孔灌注桩的浇混凝土、成孔、泥浆外运等的工程量计算公式如下:

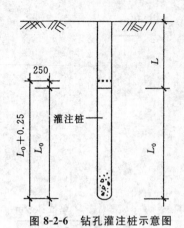

图 8-2-6　钻孔灌注桩示意图

$$V_{浇砼} = S_0(L_0 + 0.25)$$
$$V_{成孔} = S_0(L_0 + L)$$
$$V_{泥浆} = V_{成孔} = S_0(L_0 + L)$$

式中　S_0 —— 桩设计截面面积；

　　　　L_0 —— 桩设计长度；

　　　　L —— 设计桩顶面到设计室外地坪面的长度，见图 8-2-6。

（五）地基加固

地基加固定额分打塑料排水板、树根桩、压密注浆、深层搅拌桩、三重管高压旋喷桩、钢筋混凝土短桩和打桩场地处理等工程。

1. 塑料排水板

塑料排水板工程量按其设计长度计算。

2. 树根桩

树根桩，系指直径小于 400mm 的钢筋混凝土灌注小桩，一般若干根为一组，其中包括一些斜桩，呈树根状，并由此得名。用于加固软土，起支挡结构和边坡稳定作用。与旋喷桩结合还能起防渗作用，能形成坚固干燥的工作基坑。

与灌注桩不同，树根桩桩孔小，骨料与水泥浆液分别入孔，其施工顺序是钻孔→清孔→放钢筋笼→卸骨料→注浆。

树根桩定额分围护用、承重用。其工程量按设计截面面积乘以设计长度以 m³ 计算。

树根桩定额工作内容包括钻孔、清孔、安放石子和注浆。树根桩，设计采用钢筋笼时，套钻孔灌注桩钢筋笼定额子目。

3. 压密注浆

压密注浆，系指一种采用"钻孔→注浆"工艺，加固地基的一种施工方法。注浆材料用水泥浆液（水泥、水、磨细粉煤灰）和水玻璃液，故又称双液注浆。

压密注浆应分别套钻孔、注浆定额子目。钻孔按设计深度以 m 计算；注浆按加固土的体积，以 m³ 计算。

加固土的体积，设计有文字说明的，按文字说明计算；设计按布点形式，图示土体加固范围的，则按两孔间距的一半作为扩散半径，以布点边线加扩散半径作为计算面积乘以注浆深度计算；如设计图纸注浆点在钻孔灌注混凝土桩之间，按两注浆孔距作为每孔的扩散直径，以此圆面积乘以注浆深度计算。压密注浆工程量计算公式如下：

$$L_{钻孔} = L + L_0$$
$$V_{注浆} = S L_0$$

其中

$$S = (A + a)(B + a)$$

式中　S——土体加固范围；

　　　A, B, a——见图 8-2-7；

　　　L, L_0——同灌注桩，见图 8-2-6。

4. 深层搅拌桩

深层搅拌桩，系指利用深层搅拌机械，将水泥浆与地基土进行强制粉碎拌和，待固化后形成不同形状的柱、墙或块体，用于深坑开挖侧向挡土防水、支护结构和地基承重。

深层搅拌桩施工顺序是：预搅拌下沉→注（喷）浆搅拌提升→重复搅拌下沉→重复搅拌提升。

深层搅拌桩分围护桩、承重桩，应分别套喷搅、空搅定额子目。喷搅又分一喷二搅、二喷四搅（水泥掺量 12％）、水泥掺量增减 1％。其工程量按桩设计截面面积乘以桩长以 m³ 计算。桩长按下列规定计算：

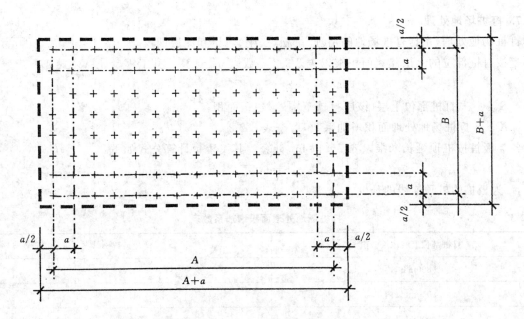

图 8-2-7　压密注浆土体加固范围示意图

（1）围护桩桩长按设计长度计算；

（2）承重桩桩长应按设计桩顶高度加 400mm；

（3）空搅按设计室外地坪至桩顶长度计算。

所以，深层搅拌桩工程量计算公式如下：

$$V_{护围} = S_0 L_0$$
$$V_{承重} = S_0 (L_0 + 0.4)$$
$$V_{空搅} = S_0 L$$

式中，S_0，L_0，L 含义同灌注桩。

5. 三重高压旋喷桩

三重高压旋喷桩，系指利用工程钻机钻孔至设计深度，插入端部侧面有一个同轴三重的特殊喷嘴的喷射管，同时喷射水、空气和水泥浆，破坏一定范围内的土体结构，并强制与喷射出来的水泥浆混合，胶结硬化。喷射管在喷射时旋转并以一定速度提升，随即在土体中形成圆柱状拌和物加固体，称旋喷桩。桩经叠合排列，形成隔水、挡土护壁墙。

三重高压旋喷桩的施工顺序是：钻孔→插喷射管→压水、压气、压浆→旋喷提升→成柱（或墙）。三重高压旋喷桩应分别套成孔、喷浆定额子目。成孔按设计室外地坪至桩底垂直长度以延长米计算；喷浆按设计加固桩截面积乘以设计桩长以 m³ 计算。三重高压旋喷桩成孔、喷浆的工程量计算公式如下：

$$L_{成孔} = L_0 + L$$
$$V_{喷浆} = S_0 L_0$$

式中　L_0——设计桩长；

　　　L——按设计室外地坪至桩顶垂直长度；

　　　S_0——设计加固桩截面积。

6. 钢筋混凝土短桩

钢筋混凝土短桩，系指断面为 200mm×200mm 的钢筋混凝土桩。定额包括接桩和送桩。工程量计算同预制钢筋混凝土方桩，工程量计算公式如下：

$$V = S_0 L_0$$

7. 打桩场地处理

打桩场地处理,系指打桩场地的清理、翻松、平整、碾压和面层铺设碎石等工作。其工程量计算规则是按打桩部位的上层建筑面积乘以表 8-2-3 系数以 m² 计算。其工程量计算公式如下:

$$S = S_{建筑} K$$

式中　$S_{建筑}$——打桩部位上层(该层打桩范围的)建筑面积;

　　　K——打桩场地处理面积增加系数,可查表 8-2-3。

各类板桩按桩顶延长米乘以 6.7m 以 m² 计算。其工程量计算公式如下:

$$S = 6.7L$$

式中,L 为板桩的桩顶连线的长度。

表 8-2-3　　　　　　　　　　　打桩场地处理面积增加系数表

打桩部位上层建筑面积	增加系数 K
1800m² 以内	1.67
4000m² 以内	1.37
8000m² 以内	1.26
10000m² 以内	1.21

打桩场地处理定额根据碎石层厚度分有:5cm,10cm,15cm 和 20cm 四项。一般情况下打钢筋混凝土短桩为 5cm;临时性钢板桩、压预制钢筋混凝土桩和灌注桩为 10cm;打预制钢筋混凝土(方桩、管桩)为 15cm;打钢管桩为 20cm。具体情况应根据施工组织设计确定。

8. SMW 工法搅拌桩

SMW 是 Soil Mixing Wall 的缩写,SMW 工法是以多轴型钻掘搅拌机在现场向一定深度进行钻掘,同时在钻头处喷出水泥系强化剂而与地基土反复混合搅拌,在各施工单元之间则采取重叠搭接施工,然后在水泥土混合体未结硬前插入 H 型钢或钢板作为其应力补强材,至水泥结硬,便形成一道具有一定强度和刚度的、连续完整的、无接缝的地下墙体。

SMW 工法施工顺序是:开挖导沟→置放导轨→SMW 钻拌(钻掘及搅拌,重复搅拌,提升时搅拌)→置放应力补强材(H 型钢或钢板)→固定应力补强材→施工完成 SMW。

SMW 工法搅拌桩应分别套 1 喷 1 搅、拔插型钢定额子目。一喷一搅按设计桩长(压梁底至桩底)乘以设计断面面积计算。搅拌桩成孔中重复套钻部分工程量已在定额中考虑,不另行计算;插拔型钢按图示尺寸以重量计算。沟槽土方开挖、大型机械安、拆及进出场费、型钢租赁费等均按相应规定另行计算。

(六)地下连续墙

地下连续墙,系指将地下墙分成若干小段,逐段施工,然后连成整体,故称地下连续墙。它是在拟建地下墙的地面上,用专用的成槽机械,沿设计部位,在泥浆护壁的条件下,分段挖槽、清基,向槽内沉放钢筋笼,然后用导管在充满泥浆的槽段内浇筑混凝土。

地下连续墙施工顺序是:构筑导墙→充入泥浆→挖槽→吊放接头管→清基→沉放钢筋笼→导管法浇筑混凝土→拔出接头管形成单元段。

地下连续墙用于地下构筑物,如港口驳岸、坞墙闸墩、水坝截水帷幕和岸坡挡墙等。地下连续墙能挡土隔水,同时承受竖向和侧向荷载,在地下水丰富的深基坑施工中,用作支护结构尤能显示其优越性。

地下连续墙的工程量计算规则及有关说明如下:

1. 地下连续墙导墙

(1) 导墙施工过程中导墙的挖土、运土和回填土,套用土方分部的相应定额子目;

(2) 导墙本身的模板、钢筋、混凝土,套用砼及钢砼分部中挡土墙定额子目;

(3) 导墙拆除按槽段以段计算。

2. 地下连续墙成槽

地下连续墙成槽工作内容包括制浆、成槽和护壁,按计算深度(设计室外地面至连续墙底加0.5m)乘以地下连续墙的设计长度及墙厚,以 m³ 计算,其工程量计算公式如下:

$$V_{成槽} = L_0 B_0 (H + H_0 + 0.5)$$

式中 L_0——设计墙长;

B_0——设计墙厚;

H_0——设计墙高;

H——设计室外地坪到设计墙顶面的高度;

0.5——实际槽底标高超过设计墙底标高的超挖深度。

3. 安装和拔起接头管(箱)

接头管又称锁口管,分单圆管和多圆波形管;地下连续墙深度,分 25m 和 40m。安装和拔起接头管(箱)按槽段,以段计算。

4. 清底置换

清底置换,系指在沉放钢筋前,清除槽底多余沉渣,并注入部分新泥浆,其工程量按槽段,以段计算。

5. 地下连续墙钢筋网片

地下连续墙钢筋网片施工,不同于地上建筑物。其钢筋宜用焊接固定,临时绑扎铁丝在入槽前也必须全部拆除,避免在铁丝上凝成泥球而影响混凝土质量。因此地下连续墙筋网片有其单独的定额,不能套用砼及钢砼分部中的钢筋定额。

地下连续墙钢筋网片,体形庞大,常分段起吊,竖向拼接,然后整体入槽。为保证钢筋网片质量,避免其在吊运时产生不可恢复的变形,钢筋网必须在胎具(制作平台)上制作。因此,地下连续墙钢筋网片应分别套钢筋网片制作、钢筋网片运输安放、钢筋网片制作平台定额子目。其工程量规则为

(1) 钢筋网片制作和运输安放,均按施工图纸及施工规范以 t 计算;

(2) 钢筋网片制作平台,按施工组织设计钢平台的用钢量以 t 计。定额中槽钢消耗量是指摊销量。

6. 地下连续墙混凝土

地下连续墙混凝土为泵送水下混凝土,工程量按设计长度乘以墙厚及墙深加 0.5m,以 m³ 计算。其工程量计算公式如下:

$$V_{砼} = L_0 B_0 (H_0 + 0.5)$$

式中,L_0,B_0,H_0,0.5 含义同地下连续墙成槽。

三、打桩工程有关定额说明

打桩定额均为打垂直桩,如打斜桩,斜度小于 1:6 时,人工、机械应乘以系数 1.2;斜度大于1:6 时,人工、机械应乘以系数 1.3。

打桩定额不适用于打试桩、水下打桩、室内打桩、地坑地槽内打桩、支架上打桩。

小型打桩工程,按相应定额人工、机械乘以系数 1.25。不满表 8-2-4 工程量的工程为小型打桩工程。

表 8-2-4　　　　　　　　　　小型打桩工程界限表

桩　　　类	工程量
各类预制混凝土桩	m³
灌注混凝土、砂桩	m³
打、拔钢板桩	100t
钢管桩（桩长 30m 以内）	100t
钢管桩（桩长 30m 以外）	150t
树根桩	50 根

　　管桩（如 PHC 桩）的空心部分设计要求灌注混凝土或其他填充材料，送桩孔施工要求灌注其他填充材料应另套相应定额子目。

　　打桩工程应另计打桩机械进出场费。打临时钢板桩，机械进出场费打、拔各计一次；压密注浆不计机械进出场费。

　　地下连续墙成槽工作内容包括制浆、护壁，但泥浆外运应另套相应定额子目。地下连续墙钢筋网片定额中的钢筋是现场制作用的钢筋，不是成型钢筋（注意：砼及钢砼分部定额中的钢筋均为成型钢筋）。

第三节　砌筑工程

一、砌筑工程定额结构

　　砌筑工程分砖基础、外墙及柱、内墙、砌块及隔墙、构筑物、其他等 6 节 128 项，其分项工程划分见图 8-3-1。

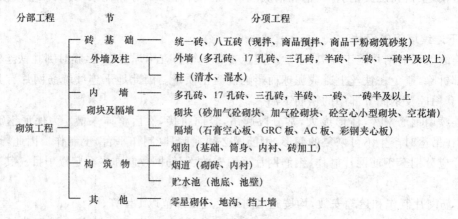

图 8-3-1　砌筑工程分部分项结构图

二、砌筑工程基础知识

（一）砌体材料规格

　　砖、砌块的规格不同，有不同的定额。砖、砌块的品种和规格见表 8-3-1。

表 8-3-1　　　　　　　　　　　　　砖、砌块规格表　　　　　　　　　　　　单位：mm

材料名称	长	宽	厚
统一砖	240	115	53
八五砖	220	105	43
20 孔砖	240	115	90
17 孔砖	190	90	90
三孔砖	300	200	115
砂加气砼砌块	600	100,120,150,200	250
加气砼砌块（A 型）	600	100,125,150,175,200	250

（二）砖砌墙体的计算厚度

砖砌墙体的计算厚度不同于砖砌墙体的图示厚度或设计厚度。习惯上图示厚度或设计厚度半砖墙表示为120mm，一砖半墙表示为370mm，两砖半墙表示为620mm。计算砖砌墙体的体积工程量应以其计算厚度计算，见表8-3-2，而不能以其图示厚度或设计厚度计算。

表 8-3-2　　　　　　　　　　　　砖砌墙体的计算厚度表　　　　　　　　　　　　单位：mm

墙厚名称	$\frac{1}{4}$砖	$\frac{1}{2}$砖	$\frac{3}{4}$砖	1 砖	1½砖	2 砖	2½砖	3 砖
统一砖	53	115	180	240	365	490	615	740
八五砖	43	105	160	220	335	450	565	680
20孔砖		侧砌 90 平砌 115		240	365	490	615	740
17孔砖		90		190	290	390	490	590
三孔砖		侧砌 115		200				

标准砖墙体厚度与砖规格的关系见图8-3-2。施工规范规定灰缝厚度为8～12mm，取定为10mm。

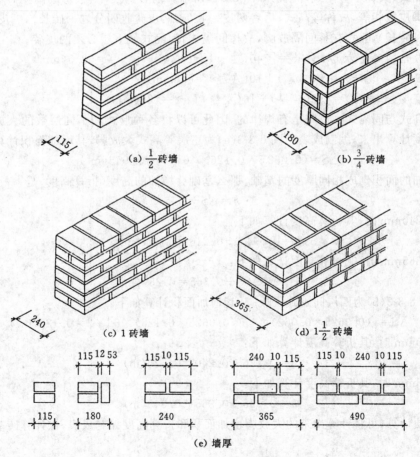

（a）$\frac{1}{2}$砖墙　　　（b）$\frac{3}{4}$砖墙

（c）1 砖墙　　　（d）1$\frac{1}{2}$砖墙

（e）墙厚

图 8-3-2　标准砖墙厚示意图

（三）砖基础大放脚

砖基础大放脚，系指为保证砖基础底部不受拉，将砖基础砌成台阶状。砖基础大放脚的形式有

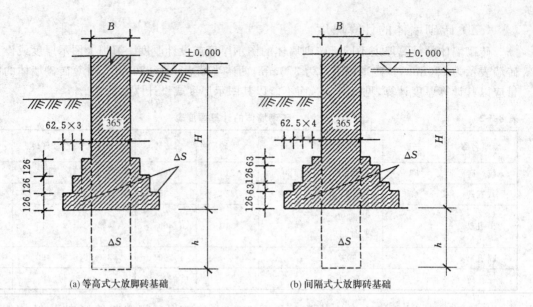

(a) 等高式大放脚砖基础   (b) 间隔式大放脚砖基础

图 8-3-3　砖基础大放脚示意图

等高式和间隔式(又称不等高式)两种,如图 8-3-3 所示。前者两皮一收(每砌两皮砖收四分之一砖长),每层放脚皮数相等,故称等高式;后者两皮一收(砌两皮砖收四分之一砖长),一皮一收(砌一皮砖收四分之一砖长),互相交替间隔放脚,故称间隔式,间隔式最下层必须两皮砖。

大放脚放出的宽度为 1/4 砖长＝[240(砖长)＋10(灰缝)]÷4＝62.5(mm)

大放脚高度(一皮砖)＝53(砖厚)＋10(灰缝)＝63(mm)

大放脚高度(二皮砖)＝[53(砖厚)＋10(灰缝)]×2＝126(mm)

由于等高式与间隔式大放脚是有规律的,因此可以将各种形式和不同层数的大放脚增加的面积或折算高度计算出来,编制成表。图 8-3-3(a)为三层等高式大放脚,其增加面积计算如下:

$$\Delta S=(0.0625\times0.126)\times6\times2=0.0945(\text{m}^2)$$

若将增加的面积砌成相同厚度的基础,那么基础会增加的高度(折算高度)是:

$$h=\Delta S\div B$$

墙厚为 240mm 时,其折算高度计算如下:

$$h=0.0945\div0.240=0.394(\text{m})$$

墙厚为 365mm 时,其折算高度计算如下:

$$h=0.0945\div0.365=0.259(\text{m})$$

同样,图 8-3-3(b)为四层间隔式大放脚,其增加面积计算如下:

$$\Delta S=[(0.0625\times0.063)\times4+(0.0625\times0.126)\times6]\times2=0.126(\text{m}^2)$$

墙厚 240mm 时,其折算高度计算如下:

$$h=0.126\div0.240=0.525(\text{m})$$

墙厚 365mm 时,其折算高度计算如下:

$$h=0.126\div0.365=0.345(\text{m})$$

为了方便计算,可将计算出的大放脚增加面积和折算高度编制成表,供计算砖基础工程量时查阅。

表 8-3-3 为砖墙基础大放脚折算高度和增加面积表。表 8-3-4 为砖柱基础大放脚增加体积表。该表的编制方法与砖墙基础大放脚折算高度和增加面积表相似。所不同的是:砖墙基础两边放脚,增加了面积(ΔS);而砖柱基础四边放脚,增加了体积(ΔV)。此外,体积的增加量(ΔV)不仅与放脚形式、放脚层数有关,而且与砖柱的水平断面的尺寸有密切关系。因此查阅表 8-3-4 时要根据砖柱

大放脚的放脚形式、放脚层数以及砖柱水平断面尺寸三个因素来确定。如：砖柱水平断面为365mm×490mm，等高式，放脚三层的砖柱基础大放脚增加体积（ΔV）为0.108m³。

表 8-3-3 　　　　　　　　　　　　　砖墙基础大放脚折算高度和增加面积表

大放脚层数	放脚形式	砖墙基大放脚折算高度（m）						大放脚墙加面积（m²）
		墙 厚（m）						
		0.115	0.180	0.240	0.365	0.490	0.615	
一	等高式	0.137	0.087	0.066	0.043	0.032	0.026	0.01575
	间隔式	0.137	0.087	0.066	0.043	0.032	0.026	0.01575
二	等高式	0.411	0.262	0.197	0.130	0.096	0.077	0.04725
	间隔式	0.342	0.219	0.164	0.108	0.080	0.064	0.03938
三	等高式	0.822	0.525	0.394	0.259	0.193	0.154	0.09450
	间隔式	0.685	0.437	0.328	0.216	0.161	0.128	0.07875
四	等高式			0.656	0.432	0.321	0.256	0.1575
	间隔式			0.525	0.345	0.253	0.205	0.126

表 8-3-4 　　　　　　　　　　　　　　砖柱基础大放脚增加体积表 　　　　　　　　　　　单位：m³

放脚形式	砖柱水平断面（mm²）	放 脚 层 数					
		一层	二层	三层	四层	五层	六层
间隔式	240×240	0.010	0.028	0.062	0.110	0.179	0.270
	240×365	0.012	0.033	0.071	0.126	0.203	0.302
	365×365	0.014	0.038	0.081	0.141	0.227	0.334
	365×490	0.015	0.043	0.091	0.157	0.250	0.367
	490×490	0.017	0.048	0.101	0.173	0.274	0.400
	490×615	0.019	0.053	0.111	0.189	0.298	0.432
	615×615	0.021	0.057	0.121	0.204	0.321	0.464
	615×740	0.023	0.062	0.130	0.220	0.345	0.497
	740×740	0.025	0.067	0.140	0.236	0.368	0.529
等高式	240×240	0.010	0.033	0.073	0.135	0.222	0.338
	240×365	0.012	0.038	0.085	0.154	0.251	0.379
	365×365	0.014	0.044	0.097	0.174	0.281	0.421
	365×490	0.015	0.050	0.108	0.194	0.310	0.462
	490×490	0.017	0.056	0.120	0.213	0.340	0.503
	490×615	0.019	0.062	0.132	0.233	0.369	0.545
	615×615	0.021	0.068	0.144	0.253	0.399	0.586
	615×740	0.023	0.074	0.156	0.273	0.429	0.627
	740×740	0.025	0.080	0.167	0.292	0.458	0.669

三、砌筑工程工程量计算规则

（一）砖基础

基础与墙身的划分以设计室内地坪（±0.000）为界，设计室内地坪以下为基础，以上为墙身。

砖砌围墙以设计室外地坪为界。

砖基础工程量以 m^3 计算,砖砌地垄墙的体积并入砖基础内。

砖基础长度,外墙墙基按外墙中心线、内墙墙基按内墙净长计算。砖基础的 T 形接头重叠部位、嵌入砖基础的钢筋、铁件、管子、基础防潮层及每个面积在 $0.3m^2$ 以内的孔洞所占体积均不扣除,靠墙设置暖气沟的挑砖亦不增加。

砖基础中应扣除钢筋混凝土柱、过梁、圈梁及面积在 $0.3m^2$ 以上孔洞所占体积。其工程量计算公式如下:

$$V_{砖基础}=L_{中}S+L_{内}S-V_0$$

式中 S——砖基础截面面积(截面面积不同应分段计算,下同),参见图 8-3-3;

   V_0——砖基础中应扣除的混凝土构件及面积在 $0.3m^2$ 以上的空洞所占的体积。

其中 $$S=HB+\Delta S \quad 或 \quad S=(H+h)B$$

式中 H——砖基础的高度,从砖基础底面到设计室内地坪(± 0.000);

   B——砖基础上墙的厚度;

   ΔS——砖基础大放脚增加的面积,查表 8-3-3;

   h——砖基础大放脚计算高度,查表 8-3-3。

例 8-3-1 根据图 7-2-5,计算砖基础工程量。

解:$V_{砖基础}=(24+4.76)\times(0.65\times0.24+0.01575)=4.94(m^3)$

或 $V_{砖基础}=(24+4.76)\times(0.65+0.066)\times0.24=4.94(m^3)$

(二)砖墙

凡砖砌墙体,应按砌体的不同砌筑部位(外墙、内墙)、不同用材料(多孔砖、17 孔砖、三孔砖)及不同厚度(1/2 砖、1 砖、1 砖以上,或平砌、侧砌)按体积,以 m^3 计算。计算时应遵循以下规则:

(1)应扣除门窗洞口、过人洞、空圈、每个面积在 $0.3m^2$ 以上的孔洞,嵌入墙体内的钢筋混凝土柱、梁、过梁、圈梁、暖气包、壁龛所占的体积。

(2)不扣除梁头、外墙板头、梁垫、木楞头、沿椽木、木砖、门窗走头、砌体内的加固钢筋、木筋、铁件所占的体积。

(3)不增加突出墙面的砖砌窗台、压顶线、山墙泛水、烟囱根、门窗套、三皮砖以下的腰线、挑檐等体积。

(4)砖垛、三皮砖以上的挑檐,砖砌腰线的体积,应并入所依附的墙身体积内计算。

(5)附墙烟囱(包括附墙通风道、垃圾道),采暖、锅炉烟囱,按其外形体积计算,并入所依附的墙身体积内,不扣除横断面积在 $0.1m^2$ 以内的孔洞所占的体积,孔洞内的抹灰工料亦不增加。

1. 外墙

外墙工程量计算公式如下:

$$V_{外墙}=(L_{中}H-S_{门})B-V_{砼}+V_{垛}$$

式中 $V_{外墙}$——外墙体积;

   H——外墙的计算高度;

   $S_{门}$——墙上的门窗及每个面积在 $0.3m^2$ 以上的空圈面积;

   B——墙厚;

   $V_{砼}$——墙内的混凝土构件所占体积;

   $V_{垛}$——依附于墙上的砖垛、腰线、烟囱等体积。

外墙计算高度,系指从设计室内地坪 ± 0.000 开始往上算至下列规定高度:

(1)平屋面外墙带有挑檐口者,高度算至屋面板板面;带有女儿墙者,高度算至女儿墙压顶面,见图 8-3-4。

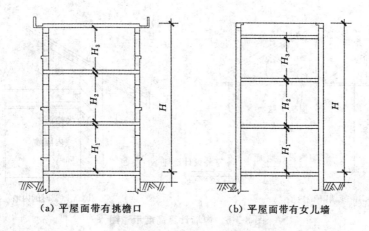

（a）平屋面带有挑檐口　　　　　（b）平屋面带有女儿墙

图 8-3-4　平屋面外墙计算高度示意图

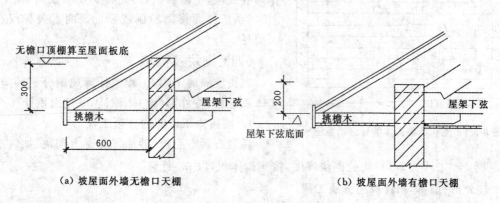

（a）坡屋面外墙无檐口天棚　　　　　（b）坡屋面外墙有檐口天棚

图 8-3-5　坡屋面外墙计算高度示意图

（2）坡屋面外墙无檐口天棚者，高度算至屋面板底；有檐口天棚者，高度算至屋架下弦底加200mm，见图 8-3-5。

（3）山墙山尖按平均高度计算。

2．内墙

内墙工程量计算公式如下：

$$V_{内墙}=[\sum(L_{内}H_{净})-S_{门}]B-V_{砼}+V_{垛}$$

式中，$H_{净}$为内墙的计算高度，分层计算。

内墙的计算高度原则上按净高度计算，规定如下：

（1）内墙位于屋架下，高度算至屋架底，见图 8-3-8；

（2）无屋架者，高度算至天棚底加 100mm，见图 8-3-9；

（3）有楼隔层者，高度算至楼板底，见图 8-3-4、图 8-3-5；

（4）有框架梁时，高度算至梁底。

（三）砖柱

砖柱工程量不分柱身与柱基，合并按体积，以 m³ 计算。其计算公式如下：

$$V_{砖柱}=V_{柱基}+V_{柱身}=SH+\Delta V$$

式中　S——砖柱截面面积；

　　　　H——砖柱高，从基础底面至柱顶面；

　　　　ΔV——砖柱基础大放脚增加的体积，可查表 8-3-4。

多孔砖矩形砖柱定额，其柱身为多孔砖，柱基为统一砖，分清水与混水两项。清水，系指柱面将

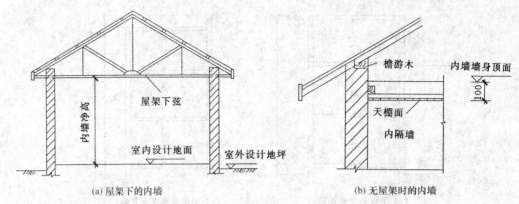

(a) 屋架下的内墙　　　　　　　　　　　(b) 无屋架时的内墙

图 8-3-6　内墙计算高度示意图

图 8-3-7　空花墙与实体墙划分示意图

作勾缝处理,不做粉刷,因此砌筑要求较高,耗工较多。混水,系指柱面将做粉刷或贴面。两者差异仅在于人工消耗。

(四)砌块及隔墙

砌块及隔墙工程,工程量计算规则分三种类型:按实体积计算、按外形(虚)体积计算、按面积计算。

1. 按实体积计算的分项工程

高强石膏空心板、砂加气混凝土砌块、加气混凝土砌块、混凝土空心小型砌块,均分砌块厚度,按实砌体积,以 m³ 计算。

2. 按外形(虚)体积计算的分项工程

空花墙按空花部分外形体积,以 m³ 计算,不扣除空隙部分的体积。若与实体墙连接,实体部分套用相应墙体定额子目。空花墙与实体墙划分见图 8-3-7。

3. 按面积计算的分项工程

GRC 轻质墙板、AC 板、彩钢夹芯板分别按图示尺寸,分不同厚度,以 m² 计算。

(五)构筑物

砌筑工程中的构筑物分砖烟囱、砖烟道和砖贮水池。

1. 砖烟囱

砖烟囱分基础、筒身、砖加工、内衬和填料。砖基础与砖筒身以砖基础大放脚的扩大顶面为界。

(1)砖烟囱基础分砖基础和毛石基础,按实体积,以 m³ 计算。

(2)砖烟囱筒身只分不同高度,不分圆形、方形,按实体积,以 m³ 计算,应扣除钢筋混凝土圈梁、过梁所占体积,钢筋混凝土圈梁、过梁,按砼和钢砼分部的相应定额子目计算。砖烟囱筒身定额包括原浆勾缝和烟囱帽抹灰。若设计采用加浆勾缝者,另按装饰分部勾缝定额子目计算,原浆勾缝的工料不予扣除。

(3)砖烟囱内衬分不同内衬材料,按实体积,以 m³ 计算,应扣除孔洞所占的体积。

(4)砖烟囱填料按筒身与内衬之间的体积,以 m³ 计算,应扣除孔洞所占的体积,但不扣除连接横砖(防沉带)的体积,填料及内衬伸入筒身的连接横砖所需的人工,已包括在内衬定额内。

(5)砖加工,系指将矩形砖砍磨成楔形砖,其工程量按施工组织设计规定的块数计算。

2. 砖烟道

砖烟道分砌砖和内衬。烟道与炉体的划分以第一道闸门为准,在炉体内的烟道应列入炉体工程量内。砌砖和内衬均按实体积,以 m³ 计算。烟道砖需加工成楔形砖时,套烟囱砖加工定额。

3. 砖贮水池

砖贮水池分毛石池底和砖池壁,其工程量均按实体积,以 m³ 计算。

（六）其他

其他包括零星砌体、砖砌地沟和毛石挡土墙。

1. 零星砌体

零星砌体适用于厕所蹲台、水槽脚、灯箱、台阶、台阶挡墙、花台、花池、屋面出风口等,分多孔砖和统一砖,其工程量按实体积,以 m³ 计算。

2. 砖砌地沟

砖砌地沟按实砌体积,以 m³ 计算。地沟挖土、垫层、盖板应另按相应定额子目计算。

3. 毛石挡土墙

毛石挡土墙按实砌体积,以 m³ 计算。

四、砌筑工程有关定额说明

框架、剪力墙之间嵌砌的墙,按相应定额的砖瓦工乘以系数 1.22。

加气混凝土砌块墙体定额内已包括镶砌砖;砂加气混凝土砌块墙体定额内已包括第一皮砌块 1：3 水泥砂浆。

GRC 轻质墙板、AC 板定额已包括墙板底细石混凝土;彩钢夹芯板外墙定额已包括门斗。

墙体内放置的拉接钢筋,套砼和钢砼分部相应定额子目。

第四节　砼及钢砼工程

一、砼及钢砼工程定额结构

砼及钢砼分部工程与其他分部工程有所不同,该分部中一个构件通常要分别套用三项定额,即模板定额、钢筋定额和混凝土定额。也就是说,砼及钢砼分部有三大工种工程组成,即模板工程、钢筋工程和混凝土工程,每一工种工程还可细分,共分 15 节 400 项,其分项工程划分见图 8-4-1。

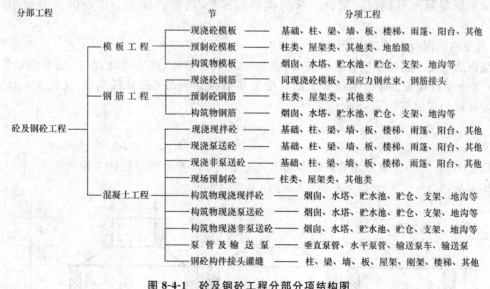

图 8-4-1　砼及钢砼工程分部分项结构图

二、模板工程

（一）模板工程定额结构

模板工程分现浇混凝土模板、预制混凝土模板和构筑物混凝土模板等 3 节 117 项,其分项工程划分见图 8-4-2。

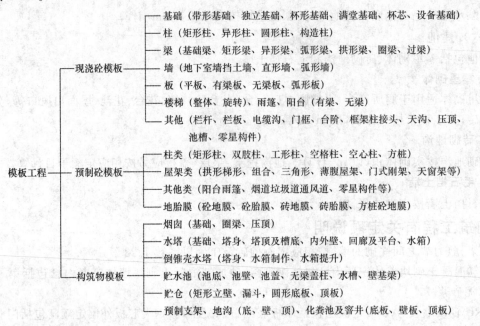

模板工程
- 现浇砼模板
  - 基础（带形基础、独立基础、杯形基础、满堂基础、杯芯、设备基础）
  - 柱（矩形柱、异形柱、圆形柱、构造柱）
  - 梁（基础梁、矩形梁、异形梁、弧形梁、拱形梁、圈梁、过梁）
  - 墙（地下室墙挡土墙、直形墙、弧形墙）
  - 板（平板、有梁板、无梁板、弧形板）
  - 楼梯（整体、旋转）、雨篷、阳台（有梁、无梁）
  - 其他（栏杆、栏板、电缆沟、门框、台阶、框架柱接头、天沟、压顶、池槽、零星构件）
- 预制砼模板
  - 柱类（矩形柱、双肢柱、工形柱、空格柱、空心柱、方桩）
  - 屋架类（拱形梯形、组合、三角形、薄腹屋架、门式刚架、天窗架等）
  - 其他类（阳台雨篷、烟道垃圾道通风道、零星构件等）
  - 地胎膜（砼地膜、砼胎膜、砖地膜、砖胎膜、方桩砼地膜）
- 构筑物模板
  - 烟囱（基础、圈梁、压顶）
  - 水塔（基础、塔身、塔顶及槽底、内外壁、回廊及平台、水箱）
  - 倒锥壳水塔（塔身、水箱制作、水箱提升）
  - 贮水池（池底、池壁、池盖、无梁盖柱、水槽、壁基梁）
  - 贮仓（矩形立壁、漏斗，圆形底板、顶板）
  - 预制支架、地沟（底、壁、顶）、化粪池及窖井（底板、壁板、顶板）

图 8-4-2　模板工程分项结构图

（二）现浇混凝土模板

现浇混凝土及钢筋混凝土模板工程量，有的按混凝土与模板的接触面积计算，有的按水平（或垂直）投影面积计算，有的按混凝土实体积计算，有的按混凝土外形（虚）体积计算。工程量计算规则规定：除另有规定者外，均按混凝土与模板的接触面积，以 m^2 计算。

1. 按混凝土与模板的接触面积计算的现浇混凝土模板

现浇钢筋混凝土基础、柱、梁、墙、板的模板工程量，均按混凝土与模板的接触面积，以 m^2 计算。

1）现浇钢筋混凝土基础模板

现浇钢筋混凝土基础模板分带形基础、独立基础、杯形基础、满堂基础、杯芯、设备基础等。

（1）带形基础模板。带形基础分无梁式带形基础和有梁式带形基础两种，见图 8-4-3，其模板的工程量计算公式如下：

$$S_{无梁}=2L_{中}h_1+2L_{砼净}h_1-2nBh_1$$
$$S_{有梁}=2L_{中}(h_1+h_3)+2L_{砼净}h_1+2L_{梁净}h_3-2n(Bh_1+bh_3)$$

式中　$S_{无梁}$，$S_{有梁}$ —— 分别为无梁式带形基础和有梁式带形基础的模板的工程量；

B,b,h_1,h_3 —— 字母代号参见图 8-4-3；

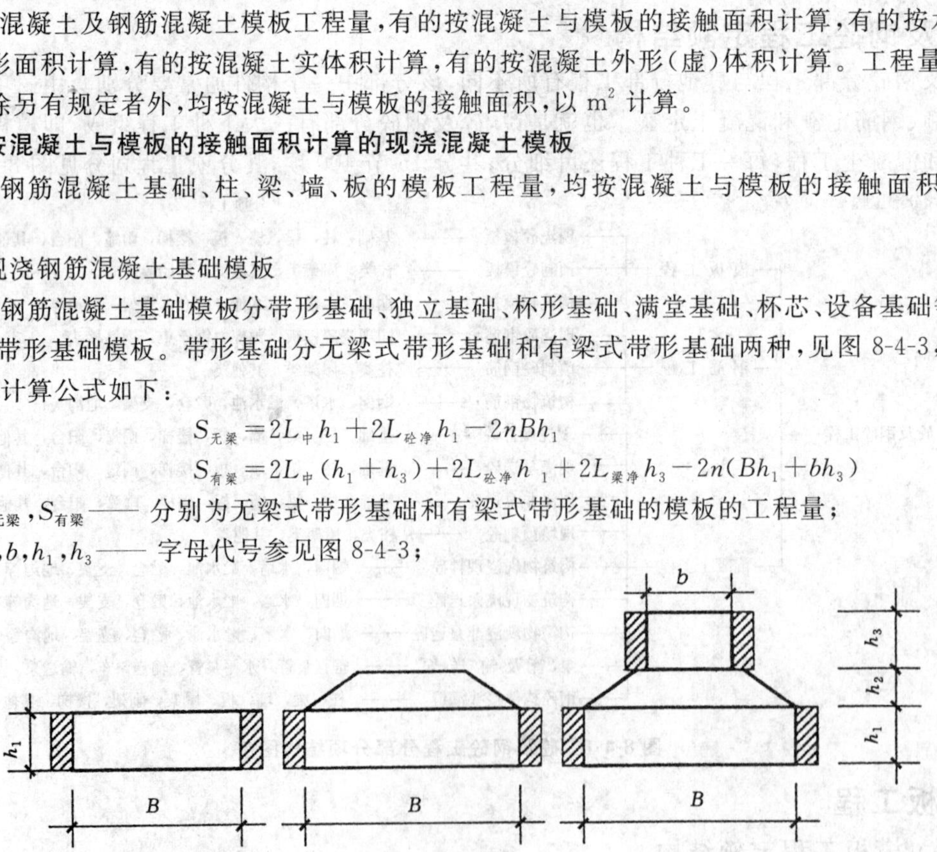

（1）无梁式（矩形）　（2）无梁式　（3）有梁式

图 8-4-3　现浇钢筋混凝土带形基础及其模板示意图

$L_{砼净}$—— 内墙带形基础底部的净长线,参见图 8-4-29;

$L_{梁净}$—— 内墙带形基础凸起的梁的净长线,参见图8-4-29;

n—— 内墙带形基础的条数,参见图 8-10-3。

有梁式带形基础的模板定额未包括杯芯,若设计有杯芯的,另套定额 4-1-10 模板杯芯子目。

例 8-4-1 根据图 7-2-5,计算钢筋混凝土带形基础模板工程量。

解:$S=2×24×0.25+2×4.20×0.25$
$-0.8×0.25×2=13.70$ (m²)

(2)独立基础模板。独立基础模板的工程量计算公式如下:

$$S_{独立}=2(A+B)h_1$$

式中,A,B,h_1 字母代号参见图 8-4-4。

独立基础如做成阶梯形,如图 8-4-5 所示,则模板按图示基础的两层侧面积计算。

(3)杯形基础模板。杯形基础分杯形基础和高杯基础,杯口高度大于杯口大边长度的,套高杯基础模板定额子目。杯形基础模板的工程量计算公式如下:

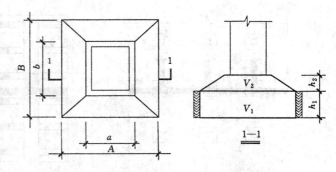

图 8-4-4 钢筋混凝土独立基础及其模板示意图

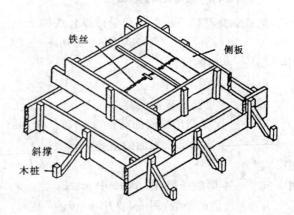

图 8-4-5 阶梯形基础模板

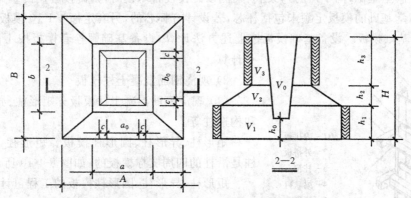

图 8-4-6 钢筋混凝土杯形基础及其模板示意图

$$S=2(A+B)h_1+2(a+b)h_3$$

式中,A,B,a,b,h_1,h_3 字母代号参见图 8-4-6。

(4)杯芯模板。杯芯模板不分大小按只计算。参见图 8-4-7。

(5)满堂基础模板。满堂基础模板分无梁式满堂基础和有梁式满堂基础。参见图 8-4-8、图 8-4-9。

无梁式满堂基础模板的工程量计算公式如下:

$$S=2(A+B)h$$

式中,A,B,h 分别为无梁式满堂基础底板的长、宽、厚。

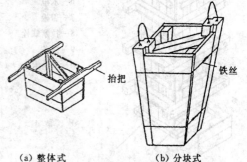

(a)整体式　　(b)分块式

图 8-4-7 杯口内模板图

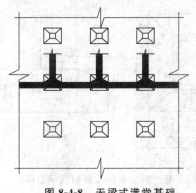

图 8-4-8　无梁式满堂基础

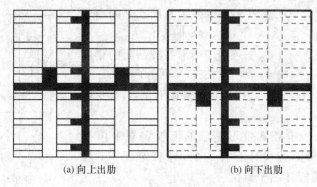

(a) 向上出肋　　　　　(b) 向下出肋

图 8-4-9　有梁式满堂基础

有梁式满堂基础模板的工程量计算公式如下：

$$S=2(A+B)h+2\sum Lh_1+2\sum L_{净}h_2-S_0$$

式中　L——主梁的统长；

$L_{净}$——次梁的净长；

h_1——主梁凸出板面的高；

h_2——次梁凸出板面的高；

S_0——主次梁凸出板面的重叠面积。

其中　　　　　　　　　　$S_0=2nb_2h_2-2mb_1h_1$

式中　m——主梁的条数，图 8-4-9 中 $m=2$；

n——次梁的条数，图 8-4-9 中 $n=6$；

b_1——主次梁的宽；

b_2——次梁的宽。

当有梁式满堂基础(向下出肋)，梁底、梁侧以砖模代替木模时，则砖模套用砖基础定额子目。

有梁式满堂基础的模板定额未包括杯芯，若设计有杯芯的，另套定额 4-1-10 模板杯芯子目。

（6）设备基础模板。设备基础模板按上述方法计算；设备基础螺栓套模板按不同预留深度以个计算。

2）现浇钢筋混凝土柱模板

（1）现浇钢筋混凝土柱模板分矩形柱、异形柱、圆形柱和构造柱等。

矩形柱、异形柱、圆形柱模板。矩形柱、异形柱、圆形柱是沿柱的四周支撑模板的，如图 8-4-10 所示。

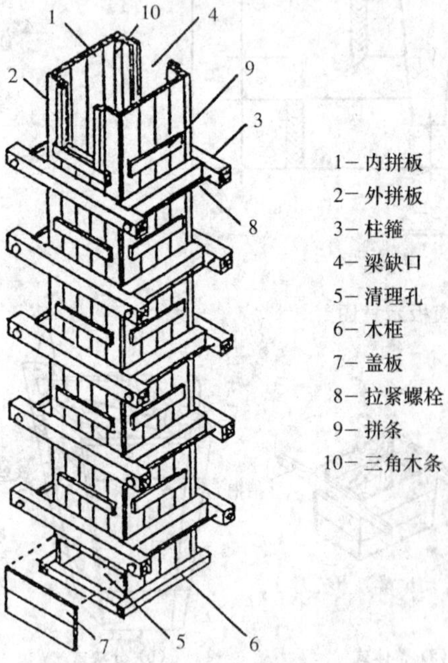

矩形柱、异形柱、圆形柱模板的工程量计算公式如下：

$$S=CH$$

式中　C——矩形柱、异形柱、圆形柱的周长；

H——柱的支模高度，以基础的扩大顶面（或板面）到板底（或柱帽的扩大底面），见图 8-4-11、图 8-4-12。

注：柱与梁、主梁与次梁的重叠开口部分，不扣除模板；附墙柱的模板，并入混凝土墙体模板工程量中计算。

（2）构造柱模板构造柱形式如图 8-4-13、图 8-4-14 所示。其模板工程量按图示外露部分（包括马牙槎）计算模板面积。构造柱与墙接触面不计算模板面积。

1—内拼板
2—外拼板
3—柱箍
4—梁缺口
5—清理孔
6—木框
7—盖板
8—拉紧螺栓
9—拼条
10—三角木条

图 8-4-10　矩形柱的模板

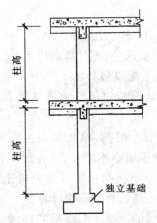

图 8-4-11　有梁板柱计算高度示意图

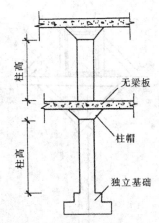

图 8-4-12　无梁板柱计算高度示意图

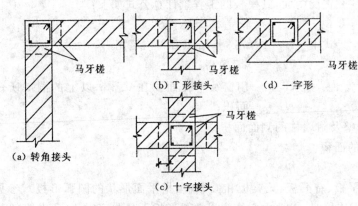

(a) 转角接头　　(b) T 形接头　　(d) 一字形

(c) 十字接头

图 8-4-13　构造柱平面示意图

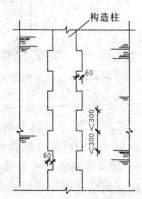

图 8-4-14　构造柱立面示意图

构造柱模板的工程量计算公式如下：

$$S = nBH + mbH$$

式中　B——墙厚；

H——构造柱净高；

n——构造柱外露面的片数，可查表 8-4-1；

m——构造柱马牙槎的条数，可查表 8-4-1；

b——马牙槎嵌入砖墙内的深度，一般 b—0.06m。

表 8-4-1　　　　　　　　　　　　　构造柱马牙槎参数表

参　数	90°转角	T 形接头	十字接头	一字形
外露面片数 n	2	1	0	2
马牙槎条数 m	2	3	4	2

3) 现浇钢筋混凝土梁模板

现浇钢筋混凝土梁模板由底模、侧模和琵琶撑等组成，如图 8-4-15 所示。现浇钢筋混凝土梁模板分基础梁、单梁(矩形梁、弧形梁、拱形梁)、过梁、圈梁等。

(1) 单梁、过梁的混凝土与模板的接触面积为底面和两侧面，其模板的工程量计算公式如下：

$$S = L(b + 2h)$$

式中，L，b，h 分别为梁的长、宽、高。

圈梁与过梁连接时，过梁长度按门、窗洞口宽度两端共加 500mm 计算。

(2) 基础梁、圈梁的混凝土与模板的接触面积仅为两侧面，不需底模。其模板的工程量计算公

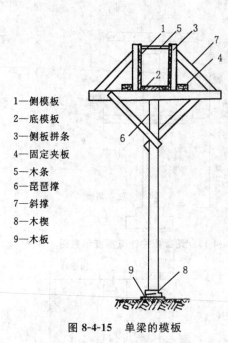

1—侧模板
2—底模板
3—侧板拼条
4—固定夹板
5—木条
6—琵琶撑
7—斜撑
8—木楔
9—木板

图 8-4-15　单梁的模板

式如下：

$$S = 2Lh$$

注：伸入墙内的梁头部分，不计算模板面积。

4）现浇钢筋混凝土墙模板

现浇钢筋混凝土墙模板定额分地下室墙和挡土墙、直形墙、弧形墙。

现浇钢筋混凝土墙上留孔，单孔面积在 $0.3m^2$ 以内的孔洞不予扣除，洞侧壁模板亦不增加；单孔面积在 $0.3m^2$ 以外时，应予扣除，洞侧壁模板面积并入墙模板工程量计算。附墙柱模板并入混凝土墙模板工程量计算。

现浇钢筋混凝土墙的混凝土与模板的接触面积为墙的正反两面，其模板的工程量计算公式如下：

$$S = 2(LH_{净} - S_{门}) + S_{侧} - S_0$$

式中　L——墙长，外墙用 $L_{中}$，内墙用 $L_{内}$；

　　　$H_{净}$——墙净高；

　　　$S_{门}$——门窗及单孔面积在 $0.3m^2$ 以上的洞口所占面积；

　　$S_{侧}$——$0.3m^2$ 以上的洞口侧壁及附墙柱的侧面面积；

　　S_0——内外墙交错重叠部分的面积。

5）现浇钢筋混凝土板模板

现浇钢筋混凝土板模板定额分平板、有梁板、无梁板和弧形板（指平面形状的圆弧形板），参见图 8-4-16—图 8-4-19。不同类型的板连接时，以墙中心线为界。弧形板不分曲率大小，不分有梁板与平板，按圆弧部分的弓形面积计算工程量。圆弧形板如为整圆、半圆或椭圆形时，应扣除其内接正方形或矩形所占的面积。

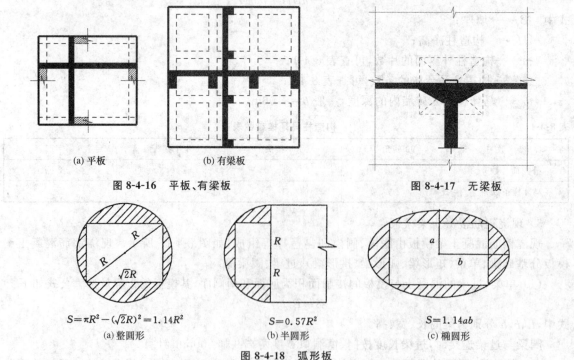

(a) 平板　　　　(b) 有梁板

图 8-4-16　平板、有梁板　　　　图 8-4-17　无梁板

$S = \pi R^2 - (\sqrt{2}R)^2 = 1.14R^2$
(a) 整圆形

$S = 0.57R^2$
(b) 半圆形

$S = 1.14ab$
(c) 椭圆形

图 8-4-18　弧形板

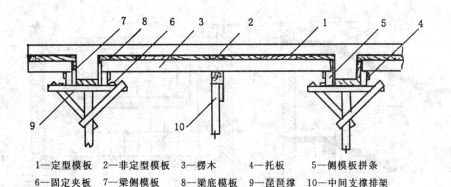

1—定型模板　2—非定型模板　3—楞木　　4—托板　　5—侧模板拼条
6—固定夹板　7—梁侧模板　8—梁底模板　9—琵琶撑　10—中间支撑排架

图 8-4-19　有梁板的模板

（1）平板模板。平板模板的工程量计算公式如下：

$$S_{平板}=S_{底模}+S_{侧模}$$

式中　$S_{底模}$——平板底外露面积；

$S_{侧模}$——平板四周侧模面积。

（2）有梁板模板。有梁板模板的工程量计算公式如下：

$$S_{有梁板}=S_{底模}+S_{侧模}$$

式中　$S_{底模}$——有梁板的板底面积（包括梁底）；

$S_{侧模}$——有梁板的梁和板的侧面积。

（3）无梁板模板。无梁板模板的工程量计算公式如下：

$$S_{无梁板}=S-S'_{柱帽}+S_{柱帽}+S_{侧模}$$

式中　S——无梁板水平投影面积；

$S'_{柱帽}$——柱帽的水平投影面积；

$S_{柱帽}$——柱帽的侧面积；

$S_{侧模}$——无梁板四周的侧面积。

（4）弧形板模板。弧形板，系指封闭曲线板扣除其最大内接矩形后的板。最大内接矩形部分套相应平板、有梁板、无梁板的模板定额子目。

整圆形板中的弧形板模板的工程量计算公式如下：

$$S=\pi R^2-2R^2=1.14R^2$$

半圆形板中的弧形板模板的工程量计算公式如下：

$$S=\frac{1.14}{2}R=0.57R^2$$

椭圆形板中的弧形板模板的工程量计算公式如下：

$$S=1.14ab$$

式中，R,a,b 字母含义参见图 8-4-18。

注：伸入墙内的板头部分，不计算模板面积。

2. 按水平（或垂直）投影面积计算的现浇混凝土模板

现浇钢筋混凝土楼梯、阳台、雨篷、台阶、栏板、栏杆的模板工程量均按其水平（或垂直）投影面积计算。

（1）现浇钢筋混凝土楼梯模板

现浇钢筋混凝土楼梯模板，按图示露明面的水平投影面积计算，不扣除小于 500mm 楼梯井所占面积。楼梯的踏步板、平台梁等侧面模板不计算。楼梯与楼板以楼梯梁的外侧面为界，见图 8-4-20。现浇钢筋混凝土楼梯模板的工程量计算公式如下：

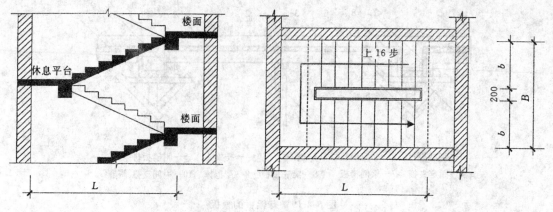

图 8-4-20　现浇钢筋混凝土楼梯

$$S = LB$$

式中，L，B 为字母代号参见图 8-4-20。

2）现浇钢筋混凝土悬挑板（阳台、雨篷）模板

现浇钢筋混凝土悬挑板（阳台、雨篷）的模板工程量，按图示外挑部分的水平投影面积计算，见图 8-4-21。挑出墙外的牛腿梁及板边模板不另计算。阳台、雨篷模板的工程量计算公式如下：

$$S = LB$$

式中　L——雨篷或阳台的长度；

　　　B——雨篷或阳台挑出墙外的宽度，参见图 8-4-21。

注：由柱支承的大雨篷应按砼框架结构柱、板分别计算模板。

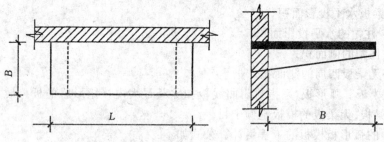

图 8-4-21　现浇钢筋混凝土雨篷或阳台

3）现浇钢筋混凝土台阶模板

现浇钢筋混凝土台阶（不包括梯带）的模板工程量，按图示尺寸的水平投影面积计算。台阶与平台连接时，以最上层踏步外沿加 300mm 为界，见图 8-4-22，其模板的工程量计算公式如下：

$$S = L(B + 0.3)$$

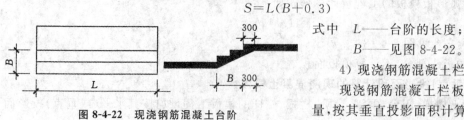

图 8-4-22　现浇钢筋混凝土台阶

式中　L——台阶的长度；

　　　B——见图 8-4-22。

4）现浇钢筋混凝土栏板、栏杆的模板

现浇钢筋混凝土栏板、栏杆的模板工程量，按其垂直投影面积计算。

3. 按实体积计算的现浇混凝土模板

现浇钢筋混凝土暖气电缆沟、门框、框架柱接头、挑檐天沟、压顶、零星构件等的模板工程量均按其实体积，以 m³ 计算。

现浇钢筋混凝土挑檐天沟与现浇屋面板连接时，以外墙面为界；与梁连接时，以梁外边为界。

外墙边线或梁外边线以外为挑檐天沟。

4. 按构件外围(虚)体积计算的现浇混凝土模板

现浇钢筋混凝土池槽按构件外围(虚)体积,以 m³ 计算,池槽内、外侧及底部的模板不另计算。

(三)预制混凝土模板

预制混凝土构件的模板一般按其混凝土的实体积,以 m³ 计算,少数以虚体积或面积计算。

1. 按混凝土实体积计算的预制混凝土模板

柱类:矩形柱、双肢柱、工形柱、空格柱、空心柱。

屋架类:拱形梯形屋架、组合屋架、三角形锯齿形屋架、薄腹屋架、门式刚架、天窗架、天窗端壁。

其他:阳台雨篷、烟道垃圾道通风道、零星构件。

2. 按虚体积计算的预制混凝土模板

预制小型池槽:按外形体积,以 m³ 计算。

预制方桩:不扣除桩尖虚体积,以 m³ 计算。

3. 按虚面积计算的预制混凝土模板

花饰漏窗、花饰栏板:按设计外形面积计算,不扣除空花部分的面积。

4. 按施工组织设计面积计算预制混凝土模板

混凝土地模、混凝土胎模、砖地模、砖胎模和方桩混凝土地模。

地模,是指按照构件平面大小,砌砖后,用水泥砂浆抹平做成的底模(砖地模);或利用露天场地,用混凝土做成的大面积的构件生产场地(混凝土地模、方桩混凝土地模)。

胎模,是指按照构件形状,用砌砖抹灰或浇筑混凝土做成的与构件形状相吻合的内模(砖胎模、混凝土胎模)。

(四)构筑物混凝土模板

构筑物混凝土模板工程量,除另有规定者外,分别按现浇和预制混凝土模板的有关规定计算。

大型池槽、设备基础等分别按基础、柱、梁、墙、板等有关规定计算。

液压滑升施工的倒锥壳水塔塔身钢模板,按混凝土体积,以 m³ 计算。

预制倒锥壳水塔水箱模板制作,按不同容积,以 m³ 计算。

预制倒锥壳水塔水箱模板提升,按不同容积及其高度,以座计算。

化粪池及窨井分别按底、壁、顶以 m³ 计算。

(五)模板工程有关定额说明

现浇钢筋混凝土基础模板,采用工具式钢模板,支模深度按 3m 编制的,支模深度为 3m 以上时,超过部分另套定额 4-1-9 模板基础埋深每超过 3m 的子目。

现浇钢筋混凝土柱、梁、墙、板模板,采用工具式钢模板,支模高度按层高 3.6m 编制的,层高为 3.6m 以上时,超过部分另套定额 4-1-26,4-1-30,4-1-35 模板柱梁、板、墙超 3.6m 每超 3m 的子目。

现浇钢筋混凝土圆柱模板,采用木模,支模高度按层高 6m 编制的,层高为 6m 以上时,超过部分另套定额 4-1-17 模板圆柱超 6m 每增 1m 的子目。

杯形基础模板,杯口高度大于杯口大边长度的,套高杯基础模板定额子目。

有梁式带形基础、有梁式满堂基础的模板定额均未包括杯芯,若设计有杯芯的,另套定额 4-1-10模板杯芯子目。

预制混凝土板间的板缝,下口宽度在 20mm 以内者,应套用接头灌缝定额子目,定额工作内容包括模板、钢筋和混凝土;下口宽度在 150mm 以内者,应分别套用平板模板、钢筋和混凝土定额子目,其中模板部分工、料、机消耗量乘以系数 0.6;下口宽度在 150mm 以上者,应分别套用平板模板、钢筋和混凝土定额子目。

三、钢筋工程

（一）钢筋工程定额结构

钢筋工程分现浇混凝土钢筋、预制混凝土钢筋和构筑物混凝土钢筋等 3 节 111 项，其分项工程划分见图 8-4-23。

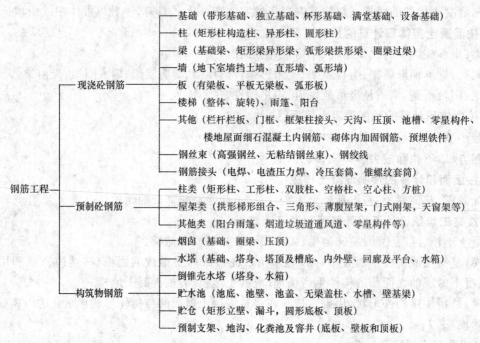

图 8-4-23　钢筋工程分项结构图

（二）钢筋工程工程量计算规则

钢筋工程按材料分成型钢筋（包括钢丝束、钢绞线）、钢筋接头、预埋铁件和现场钢筋。

1. 成型钢筋（包括钢丝束、钢绞线）

成型钢筋已包括了钢筋制作的人工、机械及其制作损耗。换句话说，钢筋制作的人工费、材料费、机械费以及制作损耗费均已包含在成型钢筋的材料单价内。

钢筋工程量均按设计图纸及施工规范规定的直径和长度，以重量 t 计算。钢筋以手工绑扎为准。钢筋接头按规范搭接倍数考虑。

砌体内的拉接钢筋应根据设计规定以 t 计算。

后张法预应力钢丝束、钢绞线，按设计规定的预应力钢筋预留孔道长度，以 t 计算。预应力钢筋预留孔道长度在 20m 以内，预应力钢筋长度增加 1m；孔道长度在 20m 以上时，预应力钢筋长度增加 1.8m 计算。其工程量计算公式如下：

$$W = L \times w_b \div 1000$$

式中　W —— 钢筋重量（t）；

L——钢筋的长度（m）；

w_b——钢筋的理论重量（kg/m）。

2. 钢筋接头

钢筋接头若采用电焊接头、电渣压力焊接头、套筒冷压接头、锥螺纹接头，按设计图纸或施工规范规定以个计算。

3. 预埋铁件

现浇钢筋混凝土构件的钢筋定额，未包括预埋铁件，即预埋铁件应另行计算，套预埋铁件定额。

预制钢筋混凝土构件的钢筋定额,已包括预埋铁件。若预制钢筋混凝土构件设计采用标准图集,则预埋铁件不可另列项计算;若预制钢筋混凝土构件设计采用非标准图集,则定额中的预埋铁件含量可按实调整。

现浇钢筋混凝构件内的预埋铁件,按设计图示尺寸以 t 计算。

地下室外墙施工,穿墙对拉螺栓中需增加止水钢片,套预埋铁件定额子目。

4. 现场钢筋

现场钢筋工程按圆钢、螺纹钢及箍筋等不同品种和规格分别列项。现场钢筋工程工作内容包括:制作、绑扎、安装以及浇灌混凝土时维护钢筋用工。现场预制构件钢筋制作人工、机械乘以系数0.9。原定额中地下连续墙钢筋网片制作已按现场钢筋制作计列,仍按原规定执行。

(三)钢筋实际(下料)长度计算

钢筋实际长度,又称钢筋下料长度,是根据构件的配筋图和施工规范计算的。为此必须了解和掌握施工规范中对钢筋的混凝土保护层厚度、钢筋的弯钩长度、弯起钢筋的斜长、弯曲伸长的量度差值和钢筋的搭接长度等有关规定。钢筋下料长度计算公式如下:

直钢筋下料长度＝构件长度－保护层厚度＋弯钩增加长度

弯起钢筋下料长度＝直段长度＋斜段长度＋弯钩增加长度－量度差值

或 弯起钢筋下料长度＝构件长度－保护层厚度＋斜长增加长度＋弯钩增加长度－量度差值

1. 钢筋的混凝土保护层厚度

受力钢筋的混凝土保护层厚度应符合设计要求;当设计无具体要求时,不应小于受力钢筋的直径,并应符合表 8-4-2 的要求。

表 8-4-2　　　　　　　　　　　　混凝土保护层的最小厚度 c　　　　　　　　　　单位:mm

环境类别	板、墙、壳	梁、柱、杆
一	15	20
二 a	20	25
二 b	25	35
三 a	30	40
三 b	40	50

注:1. 混凝土强度等级不大于 C25 时,表中保护层厚度数值应增加 5mm;

　　2. 钢筋混凝土基础宜设置混凝土垫层,其受力钢筋的混凝土保护层厚度应从垫层顶面算起,且不应小于 40mm。

2. 钢筋的弯钩增加长度

Ⅰ级钢筋末端需要做 180°,135°或 90°弯钩时,其圆弧弯曲直径 D 不应小于钢筋直径 d 的 2.5 倍,平直部分长度不宜小于钢筋直径 d 的 3 倍。据此,钢筋弯钩增加长度,由图 8-4-24 可见:

180°半圆弯钩增加长度 $6.25d$;

135°斜弯钩增加长度 $4.9d$;

90°直弯钩增加长度 $3.5d$。

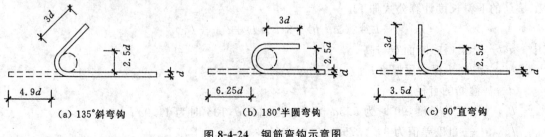

(a) 135°斜弯钩　　　　　(b) 180°半圆弯钩　　　　　(c) 90°直弯钩

图 8-4-24　钢筋弯钩示意图

以上弯钩增加长度值均已包括量度差值。

3. 弯起钢筋的斜长及增加长度

弯起钢筋的弯起角度一般有 30°(板)、45°(梁高小于等于 800mm)和 60°(梁高大于 800mm)。弯起钢筋斜长增加长度,是指弯起钢筋的斜长与其水平投影长度之间的差值。可查表 8-4-3 计算。

表 8-4-3　　　　　　　　　　弯起钢筋的斜长和增加长度计算表

弯起角度(θ)	斜长(s)	水平长(l)	增加长度($s-l$)	示　意　图
30°	$2.000h'$	$1.732h'$	$0.268h'$	
45°	$1.414h'$	$1.000h'$	$0.414h'$	
60°	$1.154h'$	$0.577h'$	$0.577h'$	

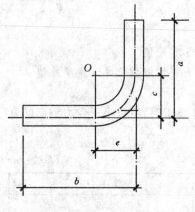

图 8-4-25　钢筋的量度差值示意图

表中 h' 的计算公式如下:

$$h' = h - 2c - d$$

式中　h——构件的(梁)高或(板)厚;

　　　c——混凝土保护层的厚度;

　　　d——弯起钢筋的直径。

4. 量度差值(又称下料调整值)

如图 8-4-25 所示,尺寸 a,b 为弯起钢筋长度的习惯表示方法,计算弯起钢筋的长度不能简单地用 $a+b$。根据钢筋的特性,弯曲后外包拉长而内表压缩,中心线保持原状。从中心线看,原来的 a 段和 b 段中的 c 段和 e 段,变成了圆弧 f 段。$f<a+b$。$(a+b)-f$ 就是量度差值,其大小与钢筋直径、弯曲半径和弯起角度有关。

设弯曲半径为 $\dfrac{2.5}{2}d$,那么量度差值可查表 8-4-4。

表 8-4-4　　　　　　　　　　弯起钢筋的量度差值表

弯起角度	30°	45°	60°	90°	135°
量度差值	$0.25d$	$0.50d$	$0.75d$	$1.75d$	$2.50d$

5. 箍筋的下料长度及其数量

箍筋的末端应作弯钩,弯钩形式应符合设计要求。当设计无具体要求时,用Ⅰ级钢筋或冷拔低碳钢丝制作的箍筋,其弯钩的弯曲直径应大于受力钢筋直径,且不小于箍筋直径的 2.5 倍;弯钩平直部分的长度,对一般结构,不宜小于箍筋直径的 5 倍,对于有抗震要求的结构,不应小于箍筋直径的 10 倍,如图 8-4-26 所示。

箍筋的下料长度计算公式如下:

$$L = 2(a+b) - 8(c-d) + l_{弯钩} - l_{量度差}$$

式中　a,b——梁(柱)断面宽与高;

　　　c——混凝土保护层厚度;

　　　d——箍筋的直径;

　　　$l_{弯钩}$——弯钩长度,90°时为 5.5d,180°时为 8.25d,135°时为 11.9d;

　　　$l_{量度差}$——量度差值为 $3×1.75d=5.25d$。

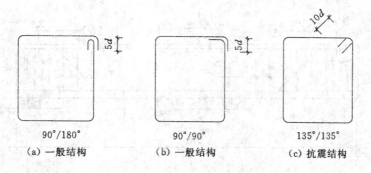

|（a）一般结构|（b）一般结构|（c）抗震结构|
|90°/180°|90°/90°|135°/135°|

图 8-4-26　箍筋弯钩长度示意图

设混凝土保护层厚度为 25mm，那么

$$L = 2(a+b) + \left[(l_{弯钩} + 2.75d) - 200 \right]$$
$$= 断面周长 + 箍筋长度增减值$$

箍筋长度增减值可查表 8-4-5。

表 8-4-5　　　　　　　　　　　　　　　　　箍筋长度增减值　　　　　　　　　　　　　　　　　单位：mm

形　状		箍筋直径（d）						备　注
		4	6	6.5	8	10	12	
		Δl						
抗震结构		−94	−41	−33	112	66	117	$\Delta l = 26.55d - 200$
一般结构		−134	−101	−93	−68	−35	−2	$\Delta l = 16.50d - 200$
		−145	−117	−111	−90	−62	−35	$\Delta l = 13.75d - 200$

箍筋的个数计算公式如下：

$$箍筋的个数 = \frac{箍筋配置段长度}{箍筋间距} + 1$$

6. 钢筋的搭接长度

钢筋的搭接长度按设计要求计算，设计未说明的可近似按表 8-4-6 计算。

表 8-4-6　　　　　　　　　　　　　　　　钢筋最小搭接长度取定表

序号	钢筋类型	绑扎搭接		电焊搭接	
		受拉区	受压区	绑条焊	搭接焊
1	Ⅰ级钢筋	30d	20d	4d	4d
2	5 号钢筋	30d	20d	5d	5d
3	Ⅱ级钢筋	35d	25d	5d	5d
4	Ⅲ级钢筋	40d	30d	5d	5d
5	冷拔低碳钢丝	250mm	200mm		
当混凝土强度等级为 C15 时，除冷拔低碳钢丝外，其余均增加 5d					

钢筋单根长度一般 6~12m，故平均取 9m。

例 8-4-1　根据图 8-4-27，计算钢筋混凝土矩形梁的钢筋工程量。

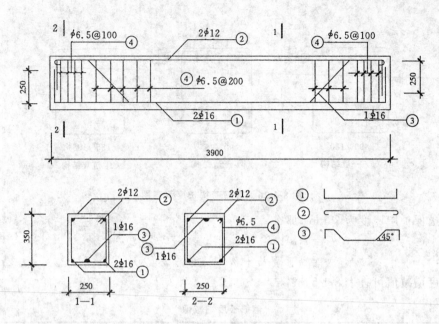

图 8-4-27　现浇钢筋混凝土矩形梁

解:1. 钢筋下料长度

① 号钢筋 2 $\pm$ 16　$3\,900-25\times2+250\times2-1.75\times16\times2=4\,294(mm)$

② 号钢筋 2ϕ12　$3\,900-25\times2+6.25\times12\times2=4\,000(mm)$

③ 号钢筋 1 $\pm$ 16　$3\,900-25\times2+250\times2+(350-25\times2-16)\times0.414\times2$

$-1.75\times16\times2-0.5\times16\times4=4\,497(mm)$

④ 号钢筋 ϕ6.5@100,ϕ6.5@200

$$\text{箍筋的个数}=\frac{3\,900-25\times2-100\times3\times2-200\times2}{200}+1+4\times2=23.25\approx23(\text{个})$$

$$\text{箍筋的长度}=(250+350)\times2-33=1\,167(mm)$$

2. 钢筋工程量(kg)

① 号钢筋 2 $\pm$ 16　$4.294\times2\times1.580(kg/m)=13.57(kg)$

② 号钢筋 2ϕ12　$4.000\times2\times0.888(kg/m)=7.10(kg)$

③ 号钢筋 1 $\pm$ 16　$4.497\times1\times1.580(kg/m)=7.11(kg)$

④ 号钢筋 ϕ6.5　$1.167\times23\times0.260(kg/m)=6.98(kg)$

钢筋的理论重量可以查五金手册或利用下面公式计算:

$$\text{钢筋(圆钢)理论重量}=\frac{\pi}{4}d^2\rho=\frac{3.14159}{4}\times7\,850d^2=6\,165d^2(kg/m)$$

式中,d 为钢筋的直径(m)。

如 ϕ12 钢筋的理论重量为 $6\,165\times(0.012)^2=0.888\ (kg/m)$

四、混凝土工程

(一)混凝土工程定额结构

混凝土工程分现浇混凝土、预制混凝土和构筑物混凝土等 9 节 172 项,其分项工程划分见图8-4-28。

预制混凝土仅指现场预制混凝土。工厂预制混凝土将以制品的形式出现在钢砼及金属结构件驳运、安装分部定额中。

此外,混凝土工程定额还包括泵管、输送泵和钢筋混凝土构件接头灌缝。

(二)现浇混凝土

现浇、预制混凝土和钢筋混凝土除另有规定者外,均按图示尺寸实体体积,以 m³ 计算。不扣

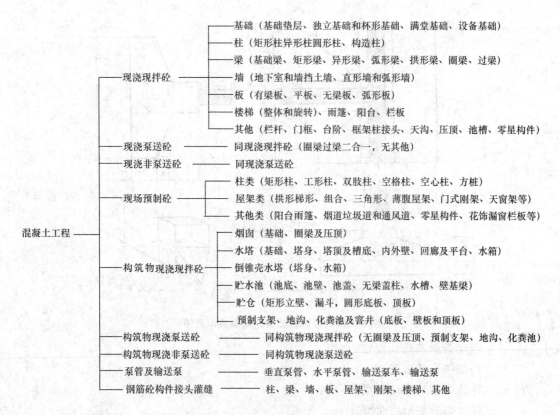

图 8-4-28　混凝土工程分项结构图

除钢筋、预埋铁件和螺栓所占体积。空心构件均应扣除空心部分体积,按实体体积计算。

1. 现浇混凝土基础

1）基础垫层混凝土

基础垫层的混凝土工程量计算公式如下：

$$V = Sh$$

式中　S——基础垫层底面积;

h——垫层厚度。

2）带形基础混凝土

凡两个以上柱基联成的基础和墙下的条形基础,均按带形基础计算。带形基础的截面形式有三种,如图 8-4-3 所示。

外墙下的带形基础混凝土按外墙中心线长度乘以基础的截面积计算;内墙下的带形基础混凝土按内墙混凝土基础的净长度乘以基础的截面积计算。不论是有梁式还是无梁式,其内外墙基础 T 形交错接头部分的体积(图 8-4-29),应并入带形基础工程量内。有梁式带形基础内,如留有预制钢筋混凝土柱的杯口,应扣除杯口的体积,其混凝土工程量计算公式如下：

$$V_{带基} = L_{中}S + L_{砼净}S + \sum V_{接头} - \sum V_0$$

式中　S——带形基础的截面积;

V_0——带形基础中杯口空心部分的体积;

$V_{接头}$——带形基础 T 形交错接头部分的体积。

其中

$$V_{接头} = a_1 b h_1 + \frac{b h_2}{6}(2a_1 + a_2)$$

$$b = \frac{b_2 - b_1}{2}$$

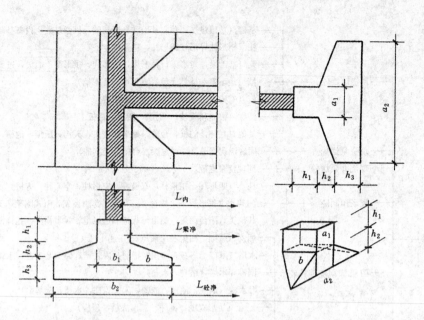

图 8-4-29　带形基础内外墙接头示意图

式中　a_1——内墙带形基础顶面宽；

　　　a_2——内墙带形基础底面宽；

　　　b_1——外墙带形基础顶面宽；

　　　b_2——外墙带形基础底面宽。

3）独立基础、杯形基础混凝土

独立基础是柱下的基础，如果独立基础内留有插入预制钢筋混凝土柱的杯口，就成了杯形基础，如图 8-4-4、图 8-4-6 所示。

独立基础、杯形基础的混凝土工程量按实体积计算时，可以首先将其分割成一块块能用几何计算公式计算体积的块体，然后将其累加，其数学表达式是：

$$V = V_1 + V_2 + \cdots + V_n$$

式中，$V_i(i = 1, 2, \cdots, n)$ 为被分割成的块体体积。

独立基础的混凝土工程量计算公式如下：

$$V_{独立} = V_1 + V_2 = ABh_1 + \frac{h_2}{3}(AB + \sqrt{ABab} + ab)$$

或　　　　　　　$$V_{独立} = V_1 + V_2 = ABh_1 + \frac{h_2}{6}[AB + (A+a)(B+b) + ab]$$

杯形基础的混凝土工程量计算公式如下：

$$V_{杯形} = V_1 + V_2 + V_3 - V_0$$

$$= ABh_1 + \frac{h_2}{3}(AB + \sqrt{ABab} + ab) + abh_3 - (a_0 + c)(b_0 + c)(H - h_0)$$

式中，$A, B, a, b, a_0, b_0, h_0, h_1, h_2, h_3, c$ 分别为字母代号，参见图 8-4-4、图 8-4-6，上海地区 c 一般设计为 0.025m。

4）满堂基础、地下室底板混凝土

两条或两条以上轴线上的基础连成一片称满堂基础。满堂基础的形式有无梁式和有梁式两种。无梁满堂基础的形式如同倒置的无梁式楼板，有底板和柱帽组成，见图 8-4-8。有梁式满堂基础是指板上或板下有梁（肋）的基础，由底板和梁（肋）组成，见图 8-4-9。有梁式满堂基础上如有预制钢筋混凝土柱时,基础内会留有插钢筋混凝土柱的杯口。

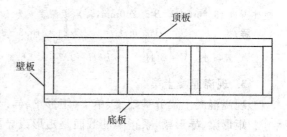

图 8-4-30　箱形基础

大体积基础,若中间挖空称箱形基础(或地下室基础),箱形基础由底板、壁板和顶板组成。其底板套地下室底板定额,壁板套地下室墙定额,顶板套板定额,见图 8-4-30。

满堂基础混凝土(不分有梁式和无梁式)和地下室底板混凝土套用同一定额。

(1) 无梁式满堂基础由底板和柱帽组成,柱与基础以柱帽扩大顶面为分界。其混凝土工程量计算公式如下:

$$V_{无梁式} = V_板 + V_{柱帽}$$

(2) 有梁式满堂基础由底板和梁组成,有梁式满堂基础如带有杯口的,应增加杯口突出部分的体积(V 杯口),扣除杯口内空体积(V 杯芯),其混凝土工程量计算公式如下:

$$V_{有梁式} = V_板 + V_梁 + V_{杯口} - V_{杯芯}$$

在计算梁的体积($V_梁$)时,应注意梁与梁交叉部分,梁与板重叠部分不能重复。

(3) 地下室底板与地下室墙以地下室底板的上表面为分界线,其混凝土工程量计算公式如下:

$$V_{底板} = V_板$$

5) 设备基础混凝土

(1) 设备基础混凝土按实体积计算。

(2) 设在楼层上的设备基础混凝土,体积并入所依附的楼板混凝土工程量计算。

2. 现浇混凝土柱

现浇混凝土柱分独立柱(矩形柱、异形柱、圆形柱)和构造柱两项定额。地下室的独立柱混凝土,按体积计算,套独立柱定额子目。突出墙身的垛或柱,并入地下室墙体混凝土内计算。

(1) 现浇混凝土独立柱(矩形柱、异形柱、圆形柱)

现浇混凝土独立柱按图示断面尺寸乘以柱高以 m³ 计算,依附于柱上的牛腿并入柱体内计算。

有梁板的柱高自柱基或楼板上表面至上一层板底的高度计算(注:93定额和《建设工程工程量清单计价规范》中有梁板的柱高,自柱基或楼板上表面至上一层楼板上表面之间的高度计算);无梁板的柱高自柱基或楼板上表面至柱帽下表面的高度计算。其混凝土工程量计算公式如下:

$$V_柱 = SH + V_{牛腿}$$

式中　S——柱的截面积;

　　　H——柱的计算高度(参见图 8-4-11、图 8-4-12);

　　　$V_{牛腿}$——依附于柱上的牛腿。

(2) 现浇混凝土构造柱

现浇混凝土构造柱按净高计算,与砖墙嵌接部分的体积并入柱身体积计算(参见图 8-4-13、图 8-4-14)。其混凝土工程量计算公式如下:

$$V_{构造柱} = B^2 H + \frac{1}{2} mBbH$$

式中　B——墙厚;

　　　H——构造柱净高;

　　　m——马牙槎条数(见表 8-4-1);

　　　b——马牙槎嵌入砖墙内的深度,一般 $b = 0.06$m。

例 8-4-2　根据图 8-4-27,计算钢筋混凝土构造柱的模板和混凝土工程量。已

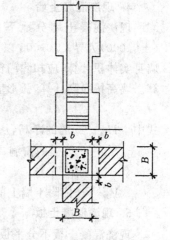

图 8-4-31　钢筋混凝土构造柱

知柱高为 16.8m，墙厚 B 为 240mm，马牙槎深度 b 为 60mm。

解：模　板　$S=nBh+mbH=1\times0.24\times16.8+3\times0.06\times16.8=7.056(\text{m}^2)$

混凝土　$V=B^2H+\dfrac{1}{2}mBbH=0.24^2\times16.8+\dfrac{1}{2}\times3\times0.24\times0.06\times16.8=1.33$（m³）

3. 现浇混凝土梁

现浇混凝土梁分基础梁、单梁（矩形梁、异形梁、弧形梁、拱形梁）、圈梁、过梁四项定额。

矩形梁、异形梁，系指梁的截面是矩形或异形（如 T 形梁、花篮梁等非矩形梁），见图 8-4-32。

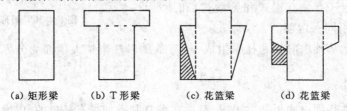

|（a）矩形梁|（b）T 形梁|（c）花篮梁|（d）花篮梁|

图 8-4-32　矩形梁、异形梁

弧形梁、拱形梁，系指梁的截面形心的连线是水平面上的曲线（弧形）或垂直面上的曲线（拱形），其截面可以是矩形或异形。

有梁板下的梁，其体积并入所依附的板工程量内，套有梁板定额子目。

楼梯梁（包括斜梁、平台梁），其体积并入楼梯工程量内，套楼梯定额子目。

阳台、雨篷下的悬臂梁（伸出墙外部分），其体积并入阳台、雨篷工程量内，套阳台或雨篷定额子目；阳台、雨篷嵌入墙内的梁，套圈梁或过梁定额子目。

预制花篮梁的后浇部分，套现浇矩形梁定额子目。

梁按图示断面尺寸乘以梁长以 m³ 计算，梁头处加捣梁垫的体积并入梁内计算。

梁长的计算：梁与柱连接时，梁长算至柱侧面；次梁与主梁连接时，次梁的长度算至主梁的侧面；梁与砖墙连接时，伸入砖墙内的梁头应计入梁的长度内；梁与混凝土墙连接时，梁长算至混凝土墙侧面；圈梁与过梁连接时，过梁长度按门、窗洞口宽度两端共加 500mm 计算，余下长度为圈梁；弧形梁、拱形梁，按梁中心部分的弧长计算。其混凝土工程量计算公式如下：

$$V_{梁}=SL+V_{梁垫}$$

式中　S——梁的截面积，见图 8-4-32；

　　　L——梁的计算长度；

　　　$V_{梁垫}$——梁头处加捣的梁垫体积。

4. 现浇混凝土墙

现浇混凝土墙分地下室墙挡土墙、直形墙弧形墙两项定额。地下室墙按设计室内地坪（±0.000）为界；±0.000 以下为地下室墙，±0.000 以上为直形墙弧形墙。现浇混凝土墙工程量按墙身实体积计算，应扣除门窗洞口及 0.3m² 以上孔洞所占的体积，突出墙身的垛或柱均并入墙体计算。墙高按净高计算，弧形墙的墙长按墙中心线的弧长计算。其混凝土工程量计算公式如下：

$$V_{墙}=[(L_{中}+L_{内})H_{净}-S_{门}]\times B+V_{垛}$$

式中　$H_{净}$——墙的净高，从板面至上一层板底（或梁底）；

　　　$S_{门}$——墙内门窗洞口及 0.3m² 以上的孔洞面积；

　　　B——墙厚；

　　　$V_{垛}$——依附于墙上的混凝土垛或柱的体积。

5. 现浇混凝土板

现浇混凝土板不分平板、有梁板、无梁板和弧形板，按实体积，以 m³ 计算，应扣除 0.3m² 以上孔洞所占的体积。伸入砖墙内的板头体积应并入板内计算。板的混凝土工程量计算公式如下：

$$V_{平板} = V_板$$
$$V_{有梁板} = V_板 + V_梁$$
$$V_{无梁板} = V_板 + V_{柱帽}$$

以上混凝土工程量计算可参见满堂基础混凝土工程量计算。

6. 其他(按实体积计算的现浇混凝土构件)

现浇混凝土构件中按实体积计算的构件,还有楼梯、雨篷、阳台、栏板、暖气电缆沟、门框、框架柱接头、挑檐天沟、压顶、池槽、零星构件等。

(1)现浇混凝土楼梯

现浇混凝土楼梯与楼板以楼梯梁的外侧面为界。整体楼梯及旋转楼梯包括踏步、斜梁、休息平台、平台梁、楼梯与楼板连接的梁,其混凝土工程量按实体体积计算。

(2)现浇混凝土阳台、雨篷

现浇混凝土阳台、雨篷,系指悬臂结构的阳台、雨篷,其混凝土工程量均按伸出墙外部分的实体体积计算。凹阳台,套混凝土板定额子目;由柱支承的大雨篷,应分别套混凝土柱和板的定额子目。

(3)现浇混凝土栏板

现浇混凝土栏板(包括伸入砖墙内的部分)、楼梯栏板的混凝土工程量分别按长、斜长乘以其垂直高度及厚度以 m³ 计算。

(4)现浇混凝土框架柱接头

现浇混凝土框架柱接头包括预制柱接头和现浇柱与预制梁接头,其混凝土工程量按实体体积计算。

(5)现浇混凝土挑檐天沟

现浇钢筋混凝土挑檐天沟与现浇屋面板连接时,以外墙面为界;与梁连接时,以梁外边为界,外墙边线以外为挑檐天沟,其混凝土工程量按实体体积计算。

(6)现浇混凝土池槽

应注意:现浇混凝土池槽的混凝土工程量是按实体积计算的;而现浇混凝土池槽的模板工程量是按外围体积计算的。

(7)零星构件

零星构件,系指未列入上述定额子目的,单件体积在 0.05m³ 以内的构件,其混凝土工程量按实体体积计算。

7. 另类(非按实体计算的现浇混凝土构件)

(1)现浇混凝土栏杆

现浇混凝土栏杆的混凝土工程量,按长或斜长乘以垂直高度以 m² 计算。

(2)现浇混凝土台阶

现浇混凝土台阶的混凝土工程量,按水平投影面积计算。台阶与平台连接时,以最上层踏步外沿加 300mm 为界。参见图 8-4-22,与现浇混凝土台阶的模板工程量计算方法相同。

(三)现场预制混凝土

预制混凝土构件分现场预制混凝土构件和工厂预制混凝土构件。工厂预制混凝土构件是以材料费(制品费)的名义,出现在钢砼构件安装定额子目中。

1. 按实体积计算的现场预制混凝土构件

按实体积计算的现场预制混凝土构件有柱、屋架类和其他类构件。

柱:矩形柱、双肢柱、工形柱、空格柱、空心柱。

屋架类:拱形屋架和梯形屋架、组合屋架、三角形屋架和锯齿形屋架、薄腹屋架、门式刚架、天窗架、天窗端壁。

其他类:阳台和雨篷、烟道垃圾道和通风道、零星构件。

2. 按投影面积计算的现场预制混凝土构件

预制花饰漏窗和花饰栏板的混凝土工程量,按投影面积计算。

3. 按虚体积计算的现场预制混凝土构件

预制桩的混凝土工程量,按全长(包括桩尖)乘以桩断面,以 m^3 计算。

4. 预制混凝土构件的接头灌缝

预制混凝土构件(包括现场预制混凝土构件和工厂预制混凝土构件)的接头灌缝的工作内容包括坐浆、灌缝、堵板孔、塞板梁缝等,预制楼屋面板的接头灌缝还包括板缝钢筋。

预制混凝土构件的接头灌缝分柱、梁、屋架、板、墙及其他(小型构件、过梁、楼梯等),均按预制混凝土构件实体积,以 m^3 计算。

柱与柱基的灌缝,按首层柱体积计算;首层以上柱灌缝,按各层柱体积计算。

(四) 构筑物混凝土

构筑物混凝土,均按实体积计算。计算时应分清构筑物组成部件的分界面。

1. 烟囱

烟囱分基础、筒身和砖砌烟囱的圈梁压顶。筒身套水塔筒式塔身定额子目。

2. 水塔

水塔分基础、塔身、槽底和塔顶、槽壁、回廊及平台。

(1) 基础

钢筋混凝土基础包括基础底板和塔座。

(2) 塔身

钢筋混凝土塔身分为筒式塔身和柱式塔身。筒式塔身应扣除门窗洞口所占体积,依附于塔身的过梁、雨篷、挑檐等工程量并入筒壁体积内计算;柱式塔身不分柱、梁和直柱、斜柱均以实体积合并计算。

塔身和基础的分界面:钢筋混凝土筒式塔身,以塔座上表面或基础底板上表面为界;柱式塔身以柱脚与基础底板或梁交接处为界,与基础底板相接的梁,并入基础内计算。

(3) 槽底及塔顶

钢筋混凝土槽底及塔顶的工程量合并计算。槽底不分平底、拱底,包括底板、挑出斜壁和圈梁;塔顶不分锥形、球形,包括顶板和圈梁。

塔身与槽底的分界面:塔身与槽底以与槽底相连的圈梁为界,以上为槽底,以下为塔身。

(4) 槽壁

从结构上看,槽壁分为内壁和外壁。保温水槽的外保护壁为外壁,直接承受水侧压力的水槽壁为内壁,非保温水槽的水槽壁为内壁。模板定额分内外壁,混凝土定额不分内外壁。内外壁应扣除门窗洞口以实体积计算。依附于壁的柱、梁等均并入壁体积计算。

(5) 回廊及平台

回廊及平台按实体积计算

3. 倒锥壳水塔

倒锥壳水塔分基础、筒身、槽底、水槽内壁和塔顶。均按实体积合并以 m^3 计算,

基础,套水塔基础定额;筒身,套液压滑升筒身定额;槽底、水槽内壁和塔顶,按实体积计算后合并,套水箱定额。

水塔、倒锥形壳水塔的附件,如铁件、铁梯、围栏、塔顶保温材料等水塔附件,应按相应定额子目计算。

4. 贮水(油)池

贮水(油)池分底板、壁基梁、壁板、盖板、无梁盖柱、沉淀池水槽。

(1) 底板

底板不分平底和锥形底套池底定额。

(2) 壁基梁

壁基梁是壁板下与底板相连的梁。

(3) 壁板

壁板不分厚度,不分方、圆,以实体积计算,套池壁定额。

底板与壁板(或壁基梁)的分界面:以壁板的扩大顶面或壁基梁的底面为界。

(4) 盖板

盖板不分有梁式、无梁式、球形,以实体积计算,套池盖定额。

壁板与底板、盖板的分界面:壁板高度不包括池壁上下的扩大部分。无扩大部分时,则自池底上表面算至池盖下表面。无梁盖应包括与池壁相连的扩大部分的体积;肋形盖应包括主、次梁及盖部分的体积;球形盖应自池壁顶面以上,包括边侧梁的体积在内。

(5) 无梁盖柱

无梁盖柱与底板、盖板分界面为底板的上表面和盖板的下表面为界,包括柱座、柱帽的体积。无梁盖柱,若是砖石砌筑的,另套相应定额子目,其上带有混凝土或钢筋混凝土者,其体积并入池盖计算。

(6) 沉淀池水槽

沉淀池水槽,系指池壁上的环形溢水槽及纵横U形槽,但不包括与水槽相连接的矩形梁,矩形梁按相应定额子目计算。

5. 贮仓

贮仓分矩形贮仓和圆形贮仓。

矩形贮仓分立壁和漏斗,立壁和漏斗的分界线以相互交点的水平线为分界线,壁上圈梁并入漏斗工程量内,基础、支承漏斗的柱和柱间的联系梁分别套用相应基础、柱、梁的定额子目计算。

圆形贮仓分底板和顶板。

6. 地沟

地沟定额适用于内径深或宽小于1.2m的地沟项目。地沟分底板、壁板和顶板。

7. 化粪池及窨井

化粪池及窨井定额分底板、壁板和顶板。

8. 预制支架

预制支架均以实体积计算,包括支架各组成部分,应将柱、梁的体积合并计算,如支架带操作平台板的,亦合并计算。支架基础应按相应的基础定额子目计算。支架安装不计算脚手架。

(五)泵管及输送泵

凡使用泵送混凝土,需另计算泵管的安装及拆除费用、使用(租赁)费用和输送泵的费用或输送泵车的费用。

1. 泵管

泵管分垂直泵管和水平泵管,垂直泵管安拆费用,按设计室内地坪±0.000至屋面檐口板面加500mm以延长米计算。

水平泵管安拆费用,按建筑物标准层外墙周长的一半以延长米计算。

泵管使用费,按元/(m·d)计算。使用天数按施工组织设计规定的天数计算。

2. 输送泵或输送泵车

输送泵或输送泵车,按泵送混凝土相应定额子目的混凝土消耗量,以 m³ 计算。施工组织设计采用二级输送泵时,按输送泵工程量乘以系数 2。

第五节　钢砼及金属结构件驳运与安装工程

一、钢砼及金属结构件驳运与安装工程定额结构

钢筋混凝土及金属结构件的驳运与安装工程分金属构件驳运、混凝土构件驳运、构件卸车、钢筋混凝土构件安装及拼装、金属构件拼装及安装、构件安装安全护栏、高层金属构件拼装及安装等7 节 107 项,其分项工程划分见图 8-5-1。

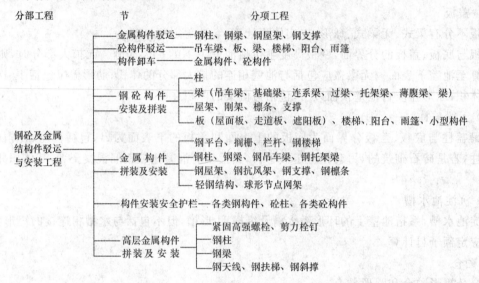

图 8-5-1　钢砼及金属结构件驳运与安装工程分部分项结构图

二、钢砼及金属结构件驳运与安装工程有关定额说明

(一) 驳运、卸车

构件驳运,系指构件从堆放点装车运至安装位置,运距以 1km 为准(不足 1km 按 1km 计算)。运距超过 1km,每增加 1km 按相应定额汽车台班消耗量增加 25%。

构件驳运,包括装车和运输,未包括卸车,卸车费用另套构件卸车定额子目。

混凝土构件驳运定额中的制品费,系指构件驳运损耗(4%)。

(二) 安装及拼装

构件安装,系指构件整体预制、整体吊装;构件拼装,系指整体构件先分件预制、然后在施工现场进行组装、最后整体吊装。

混凝土构件安装及拼装定额中包括了"制品费"和 1.5% 的安装及拼装损耗。所谓"制品费",即工厂预制混凝土构件。未含"制品费"的混凝土构件安装及拼装定额,其构件是现场预制构件,需套用砼及钢砼工程相关定额子目另行计算。

金属构件拼装及安装定额中包括了金属构件本身。

金属构件拼装连接螺栓已列入制作定额子目中。安装用的连接螺栓定额子目已综合考虑,但未包括高强度螺栓。

混合结构、现浇框架结构的构件安装,在套用相应定额子目时,应扣除其安装机械台班,因为它已包含在垂直运输费用中了。

带牛腿的预制钢筋混凝土柱安装,其牛腿挑出长度(从柱边)1m以上时,按相应定额子目的人工、机械乘以系数1.33。

预制钢筋混凝土拱形薄板屋架安装,套用拱形屋架相应定额子目。

采用履带式起重机在跨外吊装的板、梁、屋架构件,应分别按相应定额子目的人工、机械乘以系数1.25。

钢筋混凝土和钢结构的管道支架、栈桥、通廊、冷却塔等构筑物安装按相应定额子目的人工、机械乘以系数1.25。

金属结构的屋架单重在0.5t以下和薄壁型钢屋架,均套用钢支撑安装定额子目。

建筑构件安装高度定额子目编制以20m为准,构件高度超过20m以上者,相应定额子目乘以系数1.11。

(三)安全护栏

装配式结构构件安装所需的安全护栏,另套构件安装安全护栏定额子目。管道支架、栈桥、通廊、冷却塔等构筑物所需的安全护栏,按相应定额子目乘以系数2。高层钢结构安装所需的安全脚手架,按外墙脚手架定额子目乘以系数0.08。

(四)高层金属构件拼装与安装

高层金属构件拼装与安装定额子目,未包括金属构件本身,但包括了人工、机械降效。

高层金属构件紧固高强螺栓、焊接剪刀栓钉未包括栓钉本身,高强螺栓已包含在高层金属构件拼装与安装定额子目中。

三、钢砼及金属结构件驳运与安装工程工程量计算规则

(一)预制钢筋混凝土构件

预制钢筋混凝土构件的驳运、卸车、安装及拼装、安全护栏均按构件设计图示尺寸的实际体积,以 m³ 计算。其中小型构件安装按设计外形体积,以 m³ 计算,不扣除空花部分的体积。

小型构件,系指遮阳板、花饰漏窗、花饰栏板、通风道、垃圾道、排烟道、围墙柱、楼梯踏步板、隔断板以及单体构件小于0.1m³的构件。

(二)金属构件

金属构件的驳运、卸车、拼装及安装、安全护栏及高层金属构件拼装与安装,均按设计图示规格、尺寸以重量t计算。采用焊接连接的另加1.5%焊缝重量;采用螺栓连接的另加2%的螺栓重量。其工程量计算公式如下:

$$W_{焊接连接} = W_0 \times (1 + 1.5\%)$$
$$W_{螺栓连接} = W_0 \times (1 + 2.0\%)$$

式中,W_0 为金属结构设计重量(参见金属结构制作及附属工程)。

(三)高层金属构件紧固高强螺栓、焊接剪刀栓钉

高层金属构件紧固高强螺栓、焊接剪刀栓钉,均按套计算。

第六节 门窗及木结构工程

一、门窗及木结构工程定额结构

门窗及木结构工程中,门窗分木门窗、特种门、铝合金门窗、彩钢板门窗、塑钢门窗、钢门窗、五金安装、五金配件表等8节;木结构分屋架、屋面木基层、隔断及其他等3节。共11节248项,其分项工程划分见图8-6-1。

木地板、木墙柱面、木天棚等分别套楼地面工程和装饰工程的相应定额子目。

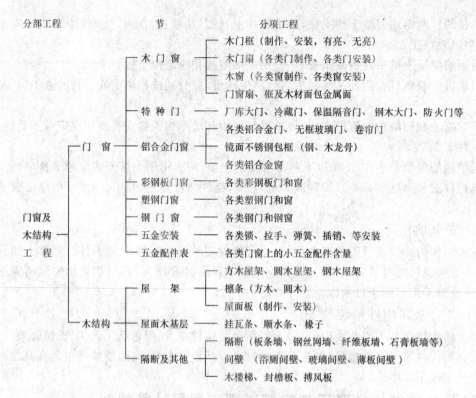

分部工程　　　　　　　　节　　　　　　　分项工程

门窗及木结构工程
- 门窗
  - 木门窗
    - 木门框（制作、安装，有亮、无亮）
    - 木门扇（各类门制作、各类门安装）
    - 木窗（各类窗制作、各类窗安装）
    - 门窗扇、框及木材面包金属面
  - 特种门 —— 厂库大门、冷藏门、保温隔音门、钢木大门、防火门等
  - 铝合金门窗
    - 各类铝合金门、无框玻璃门、卷帘门
    - 镜面不锈钢包框（钢、木龙骨）
    - 各类铝合金窗
  - 彩钢板门窗 —— 各类彩钢板门和窗
  - 塑钢门窗 —— 各类塑钢门和窗
  - 钢门窗 —— 各类钢门和钢窗
  - 五金安装 —— 各类锁、拉手、弹簧、插销、等安装
  - 五金配件表 —— 各类门窗上的小五金配件含量
- 木结构
  - 屋架
    - 方木屋架、圆木屋架、钢木屋架
    - 檩条（方木、圆木）
    - 屋面板（制作、安装）
  - 屋面木基层 —— 挂瓦条、顺水条、椽子
  - 隔断及其他
    - 隔断（板条墙、钢丝网墙、纤维板墙、石膏板墙等）
    - 间壁（浴厕间壁、玻璃间壁、薄板间壁）
    - 木楼梯、封檐板、搏风板

图 8-6-1　门窗及木结构工程分部分项结构图

二、门窗及木结构工程工程量计算规则

（一）门窗

1. 木门窗

木门窗分木门框、木门扇、木窗（包括框和扇）、木门窗扇框面包皮。木门框、木门扇和木窗定额均分制作与安装,玻璃在安装定额中,制品费中未包括玻璃。

1）木门框。木门框分有亮（有气窗）和无亮;断面 52mm×90mm 和 52mm×145mm。

门边带窗者,应分别计算套用相应木门框和木窗定额子目,门宽度算至门框外口。

木门框工程量,按门框的上框、边框及中竖框之和以延长米计算。

2）木门扇。木门扇分有亮和无亮、不同类型的门扇。各类木门的区分如下:

（1）全部用冒头结构镶木板（或夹板）的为"镶板门扇";

（2）方格木骨架上双面粘贴夹板的为"夹板门扇";

（3）二冒以下或丁字中冒,上部装玻璃、带玻璃棱,下部镶板的为"半截玻璃门扇";

（4）无中冒或带玻璃棱（芯子）,全部装玻璃的为"全玻璃门扇";

（5）上、下冒头或带一根中冒头直装板,板面起三角槽的为"拼板门扇";

（6）门扇上装有弹簧铰链的为"自由门扇";

（7）门扇边框内装纱布的为"纱门扇";

（8）门扇边框内装横薄板条,上、下重叠成鱼鳞状的为"百叶门扇"。

各类无亮木门扇均按门扇净面积计算;有亮木门扇按门扇和亮扇净面积之和计算。

3）木窗。木窗工作内容包括窗框和窗扇,定额分圆形、半圆形、单层、双层、固定、推拉玻璃窗,一玻一纱、纱、木百叶窗等。

木窗工程量,均按门窗洞口面积,以 m² 计算。若为凸出墙面的圆形、弧形、异形窗（系指门窗的水平投影为圆、弧线、折线）,均按展开面积计算。普通窗上部带有半圆窗时,应以普通窗和半圆窗之间的横框上裁口线为界,分别计算。

4）木门窗扇、框包皮。

门窗扇、框面同时包镀锌薄钢板(带衬或不带衬),按门窗洞口面积,以 m² 计算。

门窗框包镀锌薄钢板,按框长度,以延长米计算。

木材面包镀锌薄钢板,按展开面积,以 m² 计算。

橱窗框包金属面,定额工作内容包括橱窗框、玻璃和金属面,按洞口面积,以 m² 计算。

木门扇包金属面或合成革,按门扇净面积(单面),以 m² 计算,定额包括双面包皮。

镜面不锈钢、铜皮等装饰材料包门框,定额分木龙骨和钢龙骨,均按门框外表展开面积计算,套定额 6-3-10 或 6-3-11。

2. 特种门

特种门,系指厂库房大门、冷藏门、保温隔音门、防火门、防射线门等。除实拼式、框架式防火门按门扇面积计算外,其余均按门洞口面积,以 m² 计算。

特种门安装所需混凝土块按砼及钢砼工程中的现浇零星构件计算。

3. 铝合金门窗、彩钢板门窗、塑钢门窗、钢门窗

铝合金门窗、彩钢板门窗、塑钢门窗、钢门窗,均为成品门窗安装,成品门窗中包括了框、扇、玻璃(除钢门窗外)和五金配件。

各类有框门窗除另有说明外,均按门窗洞口面积,以 m² 计算,若为凸出墙面的圆形、弧形、异形窗,均按展开面积,以 m² 计算。

全玻地弹簧门,按设计洞口面积(包括固定扇),以 m² 计算。

无框玻璃门,应按设计门扇净面积,以 m² 计算;无框固定扇按设计洞口面积套侧亮定额子目计算。

铝合金卷帘门,按卷帘门的实际高度乘实际宽度以 m² 计算,卷帘门上有小门,应扣除小门所占面积,实际高度不明确时可按洞口高度增加 0.6m 估算。卷帘门上的小门以个计算。电动装置按套计算。

钢窗密闭框,按装置范围的砖口面积,以 m² 计算。

4. 五金安装

五金,系指门锁、拉手、门定位器、门开闭器、地弹簧、联动开关等。五金安装按设计要求分别以把、个、副、组等计算。

5. 五金配件表

五金配件表中仅有材料消耗量,人工消耗量已计入相应安装子目。五金配件均按樘计算。

(二)木结构

1. 木屋架

木屋架定额工作内容包括制作与安装,分方木屋架、圆木屋架、钢木屋架;分不同跨度,按竣工木料,以 m³ 计算。附属于圆木屋架的木夹板、垫木、风撑和挑檐木为方木时应乘以系数 1.5,折算为圆木并入相应的屋架工程量。

（1）方木屋架。方木屋架的工程量计算公式如下:

$$V = \sum L_i b_i h_i$$

式中　b_i, h_i——方木屋架各杆件断面的宽度和高度(m);

　　　L_i——方木屋架各杆件的长度(m)。

其中　　　　　　　　　　　　$L_i = K_i L$

式中　L——方木屋架的跨度(m);

　　　K_i——屋架杆件的长度系数,可查表 8-6-1。

表 8-6-1　　　　　　　　　屋架杆件的长度系数表

屋架形式	角度	杆件编号										
		1	2	3	4	5	6	7	8	9	10	11
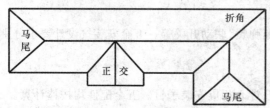	26°34′	1	0.559	0.250	0.280	0.125						
	30°	1	0.577	0.289	0.289	0.144						
	26°34′	1	0.559	0.250	0.236	0.167	0.186	0.083				
	30°	1	0.577	0.289	0.254	0.192	0.192	0.096				
	26°34′	1	0.559	0.250	0.225	0.188	0.177	0.125	0.140	0.063		
	30°	1	0.577	0.289	0.250	0.217	0.191	0.144	0.144	0.072		
	26°34′	1	0.559	0.250	0.224	0.200	0.180	0.150	0.141	0.100	0.112	0.050
	30°	1	0.577	0.289	0.252	0.231	0.200	0.173	0.153	0.116	0.115	0.057

（2）圆木屋架。圆木屋架的工程量计算公式如下：

$$V=\sum=\frac{\pi}{4}L_iD_i^2+1.5\sum L_jb_jh_j$$

式中　L,b_j,h_j——圆木屋架中各方木配件的长度、宽度和厚度（m）；

L_i——圆木屋架各杆件的长度（m）；

D_i——圆木屋架各杆件的计算直径（m）。

其中　　　　　　$L_i=K_iL$

$$D_i=D_i'+0.004\,5L_i+0.002$$

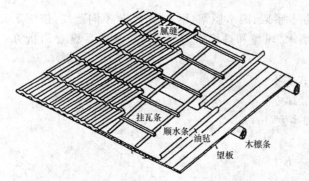

图 8-6-2　屋架的马尾、折角和正交示意图

式中　L_i——圆木屋架各杆件的长度（m）；

D_i'——圆木屋架各杆件的梢径（m）。

（3）钢木屋架分方木钢木屋架和圆木钢木屋架，其工程量按竣工木料，以 m³ 计算，计算公式同前方（圆）木屋架。

（4）半屋架。屋架的马尾、折角和正交部分的半屋架应并入相应的屋架，见图 8-6-2。

2. 屋面木基层

屋面木基层（复杂的）自下往上一般有：檩木、屋面板（望板）、防水卷材（油毡）、顺水条和挂瓦条，见图 8-6-3。

屋面木基层（简单的）自下往上仅有：檩木、椽子和挂瓦条，见图 8-6-4。

（1）檩木

檩木定额工作内容包括制作与安装。檩垫木和檩托木已包括在定额内。檩木按竣工木料体积，以 m³ 计算。简支檩木的长度按设

图 8-6-3　屋面木基层（复杂）示意图

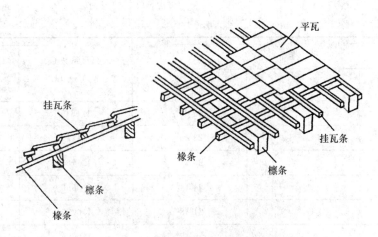

图 8-6-4　屋面木基层(简单)示意图

计图示计算,如设计未规定,按屋架或山墙中距增加 200mm 接头计算。两端檩木长度算至搏风板。连续檩木的长度按设计图示计算,其接头按全部连续檩木的总长度增加 5% 计算。

简支檩木的工程量计算公式如下:

$$V_{简支} = (L_0 + 0.2) S$$

式中　L_0——简支檩木搁置点的中距;

　　　S——檩木断面积。

连续檩木的工程量计算公式如下:

$$V_{连续} = 1.05 LS$$

式中,L 为连续檩木的总长度。

单独的方挑檐木,以 m³ 计算,套檩木定额,见图 8-6-6。

(2) 屋面板制作

屋面板制作分:平口和错口、一面刨光和不刨光。按屋面斜面积,以 m² 计算。天窗挑檐重叠部分,按设计规定增加,不扣除屋面烟囱及斜沟部分所占面积。其工程量计算公式如下:

$$S_{屋面板} = (S_0 + S') C$$

式中　S_0——斜屋面的水平投影面积;

　　　S'——天窗挑檐重叠部分的水平投影面积;

　　　C——坡屋面的延尺系数(查表 8-6-2)。

屋面坡度系数见表 8-6-2 和图 8-6-5。

表 8-6-2　　　　　　　　　　　　　　　屋面坡度系数表

坡　度			延尺系数 C ($A = 1$)	隔延尺系数 D ($A = 1$)
$B(A = 1)$	$B/2A$	角度 θ		
1.000	1/2	45°00′	1.4142	1.7320
0.750		36°52′	1.2500	1.6008
0.700		35°00′	1.2207	1.5780
0.666	1/3	33°40′	1.2015	1.5632
0.650		33°01′	1.1927	1.5564
0.600		30°58′	1.1662	1.5362

坡　度			延尺系数 C （$A = 1$）	隔延尺系数 D （$A = 1$）
$B(A = 1)$	$B / 2A$	角度 θ		
0.577		30°00′	1.1545	1.5274
0.550		28°49′	1.1413	1.5174
0.500	1 / 4	26°34′	1.1180	1.5000
0.450		24°14′	1.0996	1.4841
0.400	1 / 5	21°48′	1.0770	1.4697
0.350		19°47′	1.0595	1.4569
0.300		16°42′	1.0440	1.4457
0.250	1 / 8	14°02′	1.0308	1.4361
0.200	1 / 10	11°19′	1.0198	1.4283
0.150		8 52′	1.0112	1.4241
0.125	1 / 16	7°08′	1.0078	1.4197
0.100	1 / 20	5°42′	1.0050	1.4177
0.083	1 / 24	4°45′	1.0035	1.4166
0.060	1 / 30	3°49′	1.0022	1.4157

注：(1) 两坡水屋面的实际面积为水平投影面积乘以延尺系数 C；

(2) 四坡水屋面当斜脊长度 $= A \times D$（$S = A$）；

(3) 沿山墙泛水长度 $= A \times C$。

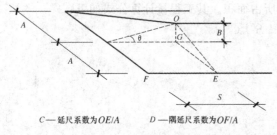

C—延尺系数为 OE/A　　D—隔延尺系数为 OF/A

图 8-6-5　屋面坡度系数示意图

（3）檐木上钉屋面板、椽子、顺水条、挂瓦条

檐木上钉屋面板、椽子、顺水条、挂瓦条工程量计算同屋面板制作。

3. 隔断及其他

1）隔断墙

隔断墙定额分木龙骨和面层；面层又分单面和双面；面层材料分板条、钢丝网、纤维板、水泥压木丝板、鱼鳞板、纸面石膏板。木龙骨和面层工程量均按图示净面积，以 m^2 计算，其工程量计算公式如下：

$$S_{隔断} = L_{净} H_{净} - S_{门}$$

2）瓦楞墙

瓦楞墙分单面和双面；钉在木梁上和安装在钢梁上。工程量按图示净面积，以 m^2 计算，其工程量计算公式如下：

$$S_{瓦楞墙} = L_{净} H_{净} - S_{门}$$

钉在木梁上，定额包括木梁；安装在钢梁上，钢梁另套相应定额子目。

3）间壁墙

间壁墙分浴厕间壁、玻璃间壁、薄板间壁。间壁按图示净长乘以高度（自下横档底面至上横挡顶面）以 m^2 计算。浴厕隔断的木门扇，按门扇面积计算。

（4）其他

① 木楼梯

木楼梯定额工作内容已包括踢脚板、休息平台及伸入墙内部分的工料，但未包括楼梯及休息平台底的钉天棚。

木楼梯工程量按水平投影面积，以 m² 计算，应扣除宽度 300mm 以上的楼梯井面积。

② 封檐板、搏风板

封檐板、搏风板、大刀头（鱼尾），见图 8-6-6、图 8-6-7。

封檐板按檐口外围长度计算。

搏风板按屋面斜长计算，每个端部（鱼尾）接头增加 500mm 并入相应项目计算。

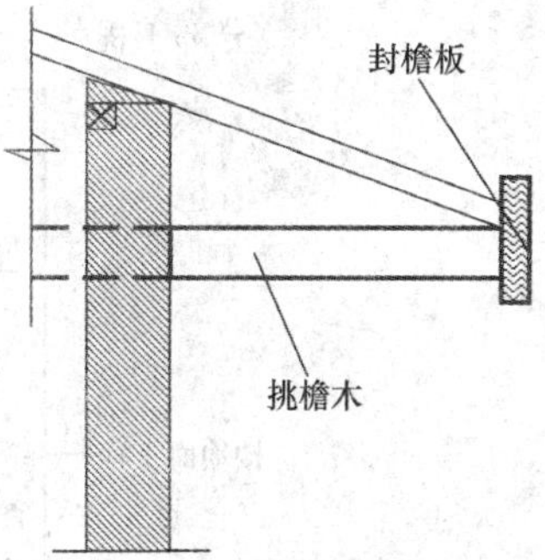

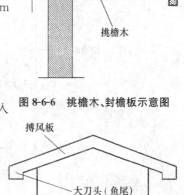

图 8-6-6 挑檐木、封檐板示意图

图 8-6-7 搏风板、大刀头（鱼尾）示意图

三、门窗及木结构工程有关定额说明

门窗及木结构工程中的木材木种均以一、二类木种为准，如采用三、四类木种时，分别按相应定额子目的人工和机械乘以下列系数：

木门窗制作	1.30；
木门窗安装	1.16；
其他项目	1.35。

木材木种分类见表 8-6-3。

表 8-6-3　　　　　　　　　　　　木材木种分类表

木　材　类　别	木　材　木　种
一　类	红松、水桐木、樟子松
二　类	白松（云杉、冷杉）、杉木、枸木、柳木、椴木
三　类	青松、黄花松、秋子木、马尾松、东北榆木、柏木、苦楝木、梓木、黄菠萝、椿木、楠木、柚木、樟木
四　类	栎木（柞木）、檀木、色木、槐木、荔木、麻栗木（麻栎、青刚）、桦木、荷木、水曲柳、华北榆木

定额中（屋架和檩条除外）所注明的木材断面或厚度均以净料为准。定额消耗量已包括刨光损耗为：板、方材一面刨光增加 3mm；两面刨光增加 5mm。圆木构件按每 m³ 材积增加 0.05m³ 计算。

定额中木门框断面有 52×90 和 52×145 两种，若设计与定额不同时，应按比例换算。换算公式如下：

$$换算后材积 = \frac{设计断面}{定额断面} × 定额材积$$

注：《全国统一建筑工程基础定额》中所注明的木材断面或厚度均以毛料为准。因此，其定额的公式如下：

$$换算后材积 = \frac{设计断面（加刨光损耗）}{定额断面} × 定额材积$$

第七节　楼地面工程

一、楼地面工程定额结构

楼地面工程分垫层、找平层、整体面层、块料面层和栏杆扶手等 5 节 238 项，其分项工程划分见图 8-7-1。

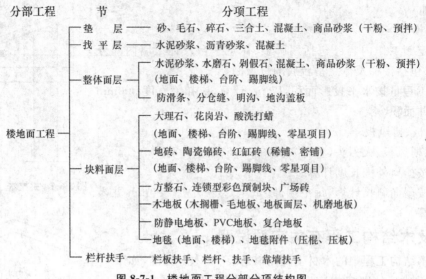

图 8-7-1　楼地面工程分部分项结构图

（一）垫层

垫层按材料分砂垫层、毛石垫层（干铺与灌浆）、碎砖垫层（干铺与灌浆）、三（四）合土垫层、碎石垫层（干铺无砂、干铺有砂、灌浆）、混凝土垫层（现拌、泵送、非泵送、矿渣）。

（二）找平层

找平层按材料分水泥砂浆找平层、沥青砂浆找平层、混凝土找平层（现拌、泵送、非泵送）；按施工部位分填充保温材料上、混凝土及硬基层面；按找平层厚度分基本厚度（20mm 或 30mm）和调整厚度（每增减 5mm）。

（三）整体面层

整体面层系指水泥砂浆、水磨石、垛假石、细石混凝土等面层。整体面层按施工部位分地面、楼梯面、砖台阶面、混凝土台阶面、散水、坡道等。此外，还有地面金属嵌条、防滑条、地面分仓缝、明沟、地沟盖板等。

（四）块料面层

块料面层系指大理石、花岗岩、地砖、马赛克、红缸砖、镭射玻璃地砖、方整石、连锁形彩色预制块、广场砖、木地板、防静电地板、PVC 地板、地毯等面层。

块料面层按施工部位分楼地面、踢脚线、楼梯、台阶、零星项目；按施工方法分用水泥砂浆铺贴、用粘结剂铺贴和用石油沥青铺贴；红缸砖面层还分稀铺和密铺；彩釉地砖面层按块料周长分800mm 以内、1 200mm 以内和 1 200mm 以外。

木地板定额分基层（木搁栅、毛地板）、面层（直铺、席纹、拼花）、其他地板、机磨地板，可按设计要求组合选用。其他地板分木地板砖、防静电活动地板（铝质和木质）、PVC 地板（块料和卷材）、复合地板等。

地毯分有胶垫地毯和无胶垫地毯；按施工部位分楼地面和楼梯。

（五）栏板（杆）、扶手

栏板（杆）扶手按材料分不锈钢管、铝合金管、木、型钢等；栏板（杆）扶手按形式分半玻、全玻、直管、二横档等；靠墙扶手按材料分钢管、不锈钢管、木等。

二、楼地面工程工程量计算规则

（一）垫层

垫层定额既适用于楼地面工程，也适用于基础工程。混凝土垫层为有筋垫层时，钢筋套用砼及钢砼工程的相应定额子目。

地面垫层工程量,按室内主墙间净面积乘以设计厚度,以 m^3 计算,应扣除凸出地面的构筑物、设备基础、地沟等所占体积,不扣除柱、垛、间壁墙、附墙烟囱及面积在 $0.3m^2$ 以内孔洞所占体积。其工程量计算公式如下:

$$V_{垫层} = (S_净 - S_0)h$$

式中　$S_净$——室内主墙间净面积;

　　　S_0——凸出地面构筑物等和大于 $0.3m^2$ 孔洞所占面积;

　　　h——垫层的厚度。

其中　　　　　$S_净 = S_底 - (L_中 + L_内)B$　　　　　(适用于底层)

或　　　　　$S_净 = S_底 - (L_中 + L_内)B - S_梯$　　　　　(适用于楼层)

式中,$S_梯$ 为楼梯、电梯井等所占面积。

(二) 找平层

找平层定额既适用于楼地面工程,也适用于基础工程。

找平层工程量,均按主墙间净面积,以 m^2 计算,应扣除凸出地面的构筑物、设备基础、地沟等所占面积,不扣除柱、垛、间壁墙、附墙烟囱及面积在 $0.3m^2$ 以内孔洞所占面积,但门洞、空圈、暖气包槽、壁龛的开口部分亦不增加。其工程量计算公式如下:

$$S_{找平层} = S_净 - S_0$$

(三) 整体面层

整体面层定额工作内容,均已包括面层下的找平层。水泥砂浆地面面层还包括了水泥砂浆踢脚线,其余面层均未包括踢脚线;水泥砂浆楼梯面层已包括了踢脚线,楼梯底面抹灰,刷石灰浆;水磨石楼梯面层已包括底面及侧面抹灰,刷石灰浆,未包括靠墙踢脚线,应另列项目计算。

1. 地面整体面层

地面整体面层工程量计算与找平层工程量相同,其工程量计算公式如下:

$$S_{地面} = S_净 - S_0$$

2. 楼梯整体面层

楼梯整体面层工程量,按楼梯水平投影面积(包括踏步、休息平台以及小于 500mm 宽的楼梯井)计算,与楼梯混凝土模板工程量相同,其工程量计算公式如下:

$$S_梯 = LB$$

3. 台阶整体面层

台阶整体面层工程量,按水平投影面积(包括踏步及最上面一层踏步外沿加 300mm)计算,与台阶混凝土模板工程量相同,其工程量计算公式如下:

$$S_{台阶} = L(B + 0.3)$$

4. 散水、防滑坡道

散水、防滑坡道工程量,按图示尺寸,以 m^2 计算。

5. 踢脚线

踢脚线工程量,按实际长度,以延长米计算,应扣除门洞空圈部分,同时增加门洞侧边、靠墙柱、垛的侧边长度。

6. 金属嵌条及防滑条

水磨石地面面层未包括金属嵌条;楼梯、台阶面层也均未包括防滑条。金属嵌条及防滑条工程量,按设计长度,以延长米计算。

7. 地面分仓缝

地面分仓缝工程量,按图示尺寸,以延长米计算。

8. 明沟

明沟分混凝土明沟和砖砌明沟,其工作内容包括挖、填、运土方和垫层。明沟工程量按图示尺寸,以延长米计算。

9. 盖板

盖板,系指地沟及水池的盖板。盖板按材料分木盖板、钢(或铸铁)盖板、预制钢筋混凝土盖板。

木盖板按图示尺寸,以 m^2 计算。

钢(或铸铁)盖板按重量,以 t 计算。

预制钢筋混凝土盖板,按实体积,以 m^3 计算。

(四) 块料面层

块料面层由于材料价格相对整体面层昂贵,因此其工程量大多是以实铺面积计算。

1. 楼地面块料面层

楼地面块料面层定额,均未包括找平层和踢脚线,应另列项目计算。

楼地面块料面层工程量,按图示尺寸实铺面积,以 m^2 计算,应扣除凸出地面的构筑物、设备基础、地沟等所占面积,还需扣除柱、垛、间壁墙、附墙烟囱等所占面积;门洞、空圈、暖气包槽和壁龛的开口部分的工程量并入相应的面层内计算,其工程量计算公式如下:

$$S_{块料地面} = S_净 - S_0 - S_1 + S_2$$

式中 S_1——柱、垛、间壁墙、附墙烟囱等所占面积;

S_2——门洞、空圈、暖气包槽和壁龛的开口部分面积。

2. 楼梯块料面层

楼梯块料面层定额也未包括踢脚线、楼梯底面和侧面,应另列项目计算。

楼梯块料面层工程量,按楼梯水平投影面积(包括踏步、休息平台以及小于 500mm 宽的楼梯井)计算,与楼梯整体面层工程量相同。

3. 台阶块料面层

台阶块料面层工程量,按水平投影面积(包括踏步及最上面一层踏步外沿加 300mm)计算,与台阶整体面层工程量相同。

台阶翼墙块料面层按展开面积计算,套装饰分部定额子目。

4. 块料踢脚线

块料踢脚线工程量,按实际长度,以延长米计算,与整体面层踢脚线工程量相同。

块料踢脚线定额高度为 150mm。若设计高度超过 150mm 且在 300mm 以内,可按比例调整材料用量,人工、机械用量不变;若设计高度超过 300mm,则按实际面积,以 m^2 计算,套装饰分部的相应墙面、墙裙定额子目。

5. 零星项目

零星项目适用于水盘脚、砖砌花坛等零星小面积项目。

零星项目工程量,按实铺面积,以 m^2 计算。

6. 木地板

木地板基层、面层、其他地板及机磨地板工程量,均按图示尺寸实铺面积,以 m^2 计算,应扣除 $0.3m^2$ 以上孔洞所占的面积。

木楼梯归属木结构,套门窗及木结构分部的相应定额子目。

7. 地毯

楼地面铺设地毯,工程量按实铺面积计算,与楼地面块料面层工程量相同。

楼梯铺设地毯,工程量按楼梯水平投影面积计算,与楼梯整体面层工程量相同。

地毯附件的工程量,踏步压棍以套计算,压板以延长米计算。

（五）栏杆、扶手

1. 栏杆、扶手

栏杆、扶手工程量，按包括弯头长度的延长米计算，其工程量计算公式如下：

$$L_{栏杆、扶手}=L_{水平}+L_{斜}$$

式中　$L_{水平}$——水平栏杆、扶手的水平长度；

$L_{斜}$——斜栏杆、扶手的斜长度。

其中

$$L_{斜}=\sqrt{l^2+h^2}$$

式中　l——斜栏杆、扶手的水平投影长度；

h——斜栏杆、扶手两端的高度差。

2. 扶手弯头

扶手弯头工程量按个计算。

三、楼地面工程有关定额说明

水磨石面层定额未包括分格嵌条，可套用相应定额子目。若设计为弧形嵌条时，弧形嵌条部分人工乘以系数 1.1。

块料面层定额以包括块料直边切割，未包括异形切割及磨边，异形切割及磨边或计入材料成品单价中，或另列项目计算。

块料面层若设计为镶边或不同规格块料拼色，其镶边或拼色部分的人工乘以系数 1.2。

广场砖铺贴环形及菱形者，其人工乘以系数 1.2。

螺旋形楼梯的块料装饰，按相应定额子目的人工与机械乘以系数 1.2，块料乘以系数 1.1；栏杆、扶手材料用量以系数 1.05。

第八节　屋面及防水工程

一、屋面及防水工程定额结构

屋面及防水工程分屋面、屋面防水、平立面防水、变形缝、屋面排水等 5 节 110 项，其分项工程划分见图 8-8-1。

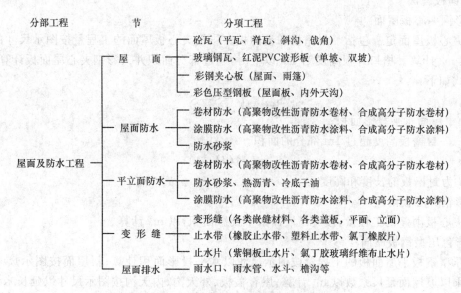

图 8-8-1　屋面及防水工程分部分项结构图

二、屋面及防水工程工程量计算规则

（一）屋面

屋面，系指瓦屋面和彩钢板屋面。

1. 瓦屋面

瓦屋面定额仅指瓦屋面面层，瓦屋面基层（屋架、檩条、屋面板等）套门窗及木结构分部的相应定额子目。

（1）混凝土瓦、小玻璃钢瓦、红泥 PVC 彩色波形板

混凝土瓦、小玻璃钢瓦、红泥 PVC 彩色波形板，均按图示尺寸的水平投影面积乘以坡屋面延尺系数，以 m^2 计算。不扣除房上烟囱、风帽底座、风道、屋面小气窗和斜沟等所占面积，屋面小气窗出檐与屋面重叠部分亦不增加。天窗出檐部分重叠的面积，并入相应屋面工程量计算。其工程量计算公式如下：

$$S_{瓦屋面} = (S + S')C$$

式中　S——瓦屋面的水平投影面积；

　　　S'——天窗出檐重叠部分的水平投影面积；

　　　C——坡屋面延尺系数，可查表 8-6-2。

（2）混凝土脊瓦、斜沟戗角线

混凝土脊瓦（不分平脊瓦、斜脊瓦）、斜沟戗角线，均按图示尺寸分别以延长米计算，其工程量计算公式如下：

$$L = L_{平} + L_{斜}$$

式中　$L_{平}$——平脊瓦长度；

　　　$L_{斜}$——斜脊瓦长度。

四坡水屋面，当 $S = A$ 时：

$$L_{斜} = AD$$

式中　A——坡屋面半跨长；

　　　D——坡屋面隅延尺系数，查表 8-6-2。

2. 彩钢板屋面

（1）彩钢夹心板屋面

彩钢夹心板屋面定额包括了封檐板和天沟板。彩钢夹心板屋面的工程量按图示尺寸的水平投影面积，以 m^2 计算。檐口外板高度为 1m 以上时，超过部分面积并入彩钢夹心屋面板计算，其工程量计算公式如下：

$$S_{彩钢板屋面} = S + S'$$

式中　S——屋面水平投影面积；

　　　S'——封檐板高度超过 1m 部分的面积。

其中　　　　　　　　　$S' = L \times (H - 1)$

式中，L, H 为封檐板的长度和高度。

（2）彩钢夹心板雨篷

彩钢夹心板雨篷的工程量，按突出墙面水平投影面积，以 m^2 计算。

（3）彩色压型钢板屋面

彩色压型钢板平屋面板的工程量按图示尺寸以水平投影面积计算；斜屋面按图示尺寸的水平投影面积乘以坡屋面延尺系数以 m^2 计算；屋脊盖板、外天沟、内天沟按图示尺寸以延长米计算。

（二）屋面防水

屋面防水材料的种类有卷材、涂料和防水砂浆。

防水卷材定额均包括了附加层、接缝、收头、冷底子油等;防水涂料的涂油层厚度定额已综合取定;防水砂浆的厚度为 20mm。

1. 屋面防水卷材、防水涂料和防水砂浆

平屋面防水卷材、防水涂料和防水砂浆工程量,按水平投影面积,以 m² 计算;斜屋面防水卷材、防水涂料和防水砂浆工程量,按图示尺寸的水平投影面积乘以坡屋面延尺系数,以 m² 计算。不扣除房上烟囱、风帽底座、风道、斜沟等所占面积,其弯起部分(包括平屋面女儿墙和天窗等处弯起部分)和天窗出檐部分重叠的面积应按图示尺寸计算。如图纸无规定时,伸缩缝女儿墙可按 250mm,天窗部分可按 500mm,并入相应屋面工程量计算。其工程量计算公式如下:

$$S_{屋面防水} = (S+S')C+S''$$

式中　S——屋面的水平投影面积;

　　　S'——天窗出檐重叠部分的水平投影面积;

　　　S''——弯起部分(泛水)面积;

　　　C——坡屋面延尺系数,查表 8-6-2。

2. 嵌缝、灌缝、盖缝、分格缝

涂膜屋面的油膏嵌缝、发泡 851 焦油聚氨酯灌缝、玻璃布盖缝、屋面分格缝分别以延长米计算。

(三) 平、立面防水

1. 平面防水、防潮层

建筑物地面防水、防潮层,按主墙间净面积计算,应扣除突出地面的构筑物、设备基础等所占的面积,不扣除柱、垛、间壁墙、附墙烟囱及 0.3m² 以内孔洞所占的面积。与墙面连接处高度在 500mm 以内的立面面积应并入平面防水计算。立面高度 500mm 以外,其立面部分,均按立面定额子目计算。

2. 防水砂浆防潮层

防水砂浆防潮层,按图示尺寸,以 m² 计算。

3. 平面防潮层

墙身防潮层,按图示尺寸,以 m² 计算,应扣除 0.3m² 以上孔洞所占面积。

4. 地下室防水层

构筑物及建筑物地下室防水层,按实铺面积计算,应扣除 0.3m² 以上的孔洞面积。平面与立面交接处的防水层,其上卷高度为 500mm 以上时,按立面防水计算。

平面防水的工程量计算公式如下:

$$S = S_{净} - S_0 + S'$$

立面防水的工程量计算公式如下:

$$S = LH - S_0$$

式中　S_0——突出地面的构筑物、设备基础、0.3m² 以上孔洞等所占的面积;

　　　S'——高度在 500mm 以内的立面面积;

　　　L,H——立面防水的长度和高度。

(四) 变形缝

各类变形缝、止水带、止水片,按不同用料分别以延长米计算。外墙变形缝如内外双面填缝者,工程量分别计算。

(五) 屋面排水

1. 水落管

水落管,应区别不同直径,按明沟面至檐沟底的垂直高度,以延长米计算。

2. 雨水口、水斗、出水弯管、阳台落水头子等

雨水口、水斗、出水弯管、阳台落水头子等,均以个(套)计算。

3. 檐沟

檐沟,按图示尺寸,以延长米计算。

三、屋面及防水工程有关定额说明

(一)瓦屋面

粘土瓦、混凝土瓦、小玻璃钢瓦、PVC波形瓦的规格与定额不同时,瓦材的数量可以换算,每 m² 瓦材的消耗量参考公式如下:

$$瓦材消耗量(张)=\frac{1}{(瓦长-长边搭接长度)\times(瓦宽-短边搭接长度)}\times(1+损耗率)$$

(二)防水层

防水卷材定额中已包括了按规范要求的附加层、接缝、收头、冷底子油等工料。

防水涂料定额中的涂油厚度是综合取定的。

防水层定额未包括找平层,应另套楼地面分部的相应定额子目。

(三)变形缝

变形缝是伸缩缝、沉降缝、抗震缝的统称,适用于屋面、楼地面和墙面等部位。

变形缝定额缝口尺寸宽(mm)×深(mm)为:

建筑油膏、聚氨乙烯胶泥	30mm×40mm
油浸木丝板	25mm×150mm
紫铜板止水带板厚2mm	展开宽450mm
氯丁橡胶片止水带	宽300mm
涂刷式一布二涂氯丁胶贴玻璃纤维布	宽350mm
木板盖缝	断面为200mm×25mm
铁皮盖缝展开宽	屋面为570mm　墙面为250mm
其余填料	30mm×150mm

若设计要求与定额不同时,用料可以调整,但人工不变。调整值按下列公式计算:

$$变形缝调整值=定额消耗量\times\frac{设计缝口断面面积}{定额缝口断面面积}$$

(四)水落管

PVC水落管定额已包括了PVC水斗。

第九节　防腐、保温、隔热工程

一、防腐、保温、隔热工程定额结构

防腐、保温、隔热工程分防腐工程和保温、隔热工程2节229项,其分项工程划分见图8-9-1。

二、屋面及防水工程工程量计算规则

防腐、保温、隔热工程实质上是用特殊材料(防腐材料或绝热材料)做的楼地面、墙柱面及天棚,因此其工程量计算规则与楼地面分部和装饰分部相似。

(一)防腐工程

防腐工程按材料分有四大类:防腐整体面层类(胶泥、砂浆、混凝土),防腐玻璃钢、玻璃布和软塑料地板类,防腐块料面层类和防腐油漆类。

整体面层应区分不同防腐材料及其厚度,按实铺面积计算,定额设有基本厚度和每增减10mm

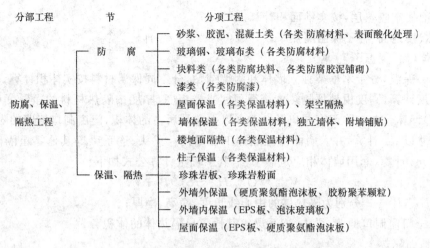

图 8-9-1　防腐、保温、隔热工程分部分项结构图

厚度两项定额供选用,既适用于平面防腐,又适用于立面防腐。

玻璃钢、玻璃布面层应区分不同防腐材料和施工分层做法,按实铺面积计算。定额按分层做法设置一布二油,每增减一布一油,既适用于平面防腐,又适用于立面防腐

块料面层应区分不同块料材料和不同结合层材料,区分密铺和稀铺(勾缝),按实铺面积计算。块料面层仅适用于平面防腐,若为立面铺砌,则按平面铺砌的相应定额子目人工乘以下列系数:墙面、墙裙人工乘以系数 1.38;踢脚板人工乘以系数 1.56。池、沟、槽内铺砌,套相应池、沟、槽定额子目。

防腐油漆应区分不同防腐材料,不同基层(混凝土面或抹灰面)和施工分层作法,按实铺面积计算。适用于平面和立面。

防腐工程实铺面积的计算方法:

(1)平面防腐的工程量,按设计图示尺寸,以 m^2 计算,并扣除 $0.3m^2$ 以上的孔洞、突出地面的设备基础等所占的面积。

(2)立面防腐的工程量,按净长乘高以 m^2 计算,并扣除门窗洞口所占的面积,侧壁的面积相应增加。

(3)平面砌双层耐酸块料,按单层面层面积乘以系数 2 计算。

(二)保温、隔热工程

保温、隔热工程分屋面保温(室外),墙体、楼地面、柱子保温、隔热(室内)和珍珠岩板三部分。保温隔热层除另有规定外均按图示尺寸面积乘以平均厚度以 m^3 计算。保温隔热体的厚度,按隔热材料净厚度(不包括胶结材料的厚度)尺寸计算。

1. 屋面保温,隔热

(1)屋面保温层(现浇或干铺),分不同保温材料,均按实体积计算。其工程量计算公式如下:

$$V_{屋面} = S\bar{h}$$

式中　S——屋面保温层的实铺面积;

$\bar{h}$——屋面保温层的平均厚度。

其中

$$\bar{h} = \frac{h_{max} + h_{min}}{2}$$

式中　h_{max}——屋面保温层最厚处的厚度;

h_{min}——屋面保温层最薄处的厚度。

屋面保温层(块料),分不同保温材料,均按设计图示尺寸以面积计算。

（2）屋面架空隔热层，按实铺面积计算。

2. 墙体、楼地面、柱子保温隔热

（1）墙体（面）保温

墙体（面）保温，分带木框架独立墙体和附墙铺贴，分不同保温材料按实体积计算。长度按隔热体中心线长度计算，高度由地坪隔热体算至顶棚或楼板底，厚度按隔热材料的净厚度（不包括胶结材料的厚度）计算。并扣除门窗洞口及 $0.3m^2$ 以上空洞所占的体积；门窗洞口侧壁的隔热部分按图示隔热层尺寸以 m^3 计算，并入墙面保温隔热工程量内。梁头、连系梁等其他零星隔热工程，均按实际尺寸以 m^3 计算，套用墙体相应定额子目，其工程量计算公式如下：

$$V_{墙体} = (L'_{中} H_净 - S_口) B' + V_0$$

式中　$L'_{中}, H_净, B'$——分别为隔热体的中心线长度、净高、净厚；

　　　V_0——门窗洞口侧壁、梁头、连系梁等其他零星隔热体的体积。

（2）楼地面隔热

楼地面隔热，分不同隔热材料，按墙体间的净面积乘以厚度，以 m^3 计算，不扣除柱、孔洞、台所占的体积。其工程量计算公式如下：

$$V_{地面} = S_净 h$$

（3）柱面保温

柱面保温，分不同保温材料按实体积计算。即按图示柱的隔热层中心线的展开长度乘以图示高度及厚度，以 m^3 计算。其工程量计算公式如下：

$$V_{柱} = (C + 4B') H_净 B'$$

式中　C——柱的结构断面周长；

　　　$H_净, B'$——分别为隔热体的净高、净厚。

（4）池、槽隔热

池、槽隔热，按图示尺寸，以 m^3 计算。池壁、池底分别套用隔热墙体及隔热地坪的定额子目。

3. 珍珠岩板保温

高强度珍珠岩板、珍珠岩粉面，均按图示尺寸，以 m^2 计算，并扣除门窗洞口及 $0.3m^2$ 以上空洞所占的面积。树脂珍珠岩板按实铺面积计算。

4. 外墙保温

外墙保温工程量按设计图示尺寸的保温层中心线长度乘以高度以面积计算，并扣除门窗洞口及 $0.3m^2$ 以上空洞所占面积，门窗洞口侧壁面积应并入保温墙体工程量内计算。

三、屋面及防水工程有关定额说明

（一）防腐工程

各种防腐（除软聚乙烯塑料地面），均不包括踢脚板。

花岗岩板以六面剁斧的板材为准。底面为毛面者，水玻璃砂浆增加 $0.38m^3$，耐酸沥青砂浆增加 $0.44m^3$。

（二）保温、隔热工程

保温、隔热工程定额仅包括保温隔热材料的铺贴，不包括隔气防潮、保护层或衬墙等。

保温材料的设计配合比、标号与定额不同时，可以换算。

干铺珍珠岩保温项目亦适用于墙及天棚内的填充保温。

隔热层铺贴，除玻璃棉、矿渣棉隔热层外，其他保温材料均以石油沥青作胶结材料。

玻璃棉、矿渣棉需用塑料薄膜包装，包装材料和人工均已包括在定额内。

墙体铺贴块料材料，包括基层涂沥青一遍。

硬质聚氨酯泡沫板、增强粉刷石膏面 EPS 板、泡沫玻璃板外墙保温适用于以混凝土和各种砌体为基层墙体的外墙保温工程。单面钢丝网架 EPS 板、整浇外墙保温只适用于外墙为现浇混凝土的墙体。

硬质聚氨酯泡沫板屋面保温分为上人屋面和不上人屋面两个项目。上人屋面保温定额仅考虑保温层,其余部分应另行套用相关定额。不上人屋面定额包括了保温工程全部工作内容。

保温定额中玻璃纤维网格布已考虑正常施工搭接及阴阳角重叠搭接。

聚合物改性胶浆面外墙内保温定额适用于厨房和卫生间的保温体系。

第十节　装饰工程

一、装饰工程定额结构

装饰工程由墙柱面装饰、天棚装饰、油漆裱糊装饰和其他装饰四部分组成,共分 14 节 882 项,其分项工程划分见图 8-10-1。

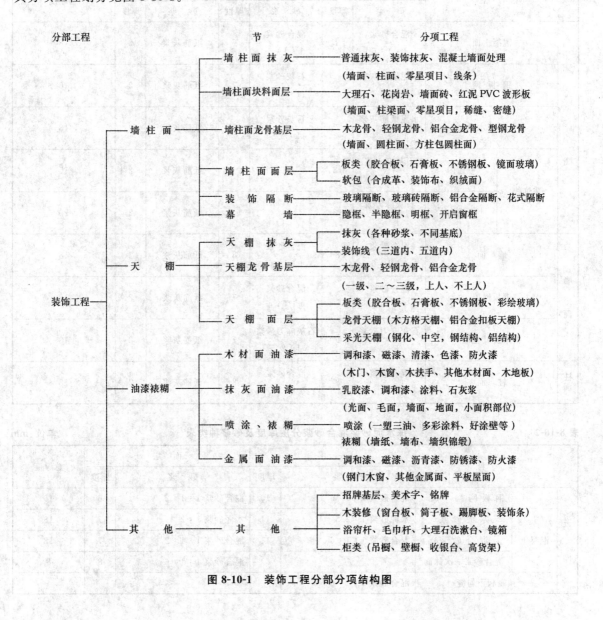

图 8-10-1　装饰工程分部分项结构图

二、装饰工程有关定额说明

（一）墙柱面装饰

墙柱面装饰分墙柱面抹灰、墙柱面块料面层、墙柱面龙骨基层、墙柱面（装饰）面层、装饰隔断和玻璃幕墙等六部分。

1. 墙柱面抹灰和块料面层

1）墙柱面抹灰分一般抹灰和装饰抹灰。按抹灰材料分石灰砂浆、水泥砂浆、混合砂浆、水刷石、水磨石、斩假石和特种砂浆。内墙面抹灰，定额以中级抹灰为准，抹灰砂浆分层厚度及砂浆种类，详见表 8-10-1、表 8-10-2、表 8-10-3。若设计与定额规定的抹灰厚度不同时，可另套抹灰每增减 5mm 定额子目。

表 8-10-1　　　　　　　　　　　　抹石灰砂浆分层厚度及砂浆种类表　　　　　　　　　　　单位：mm

项　目		底　层		中　层		面　层		总厚度
		砂浆	厚度	砂浆	厚度	砂浆	厚度	
天棚	混凝土面	混合砂浆 1:1:6	9	混合砂浆 1:1:6	7	纸筋灰浆	2	18
	钢板网	水泥纸筋灰浆 1:2:4	7	石灰砂浆 1:2.5	7	纸筋灰浆	2	16
	板条及其木质面	水泥纸筋灰浆 1:2:4	7	石灰砂浆 1:2.5	7	纸筋灰浆	2	18
	装饰线 三道内	石灰麻刀浆 1:3	13			纸筋灰浆	2	15
	装饰线 五道内	石灰麻刀浆 1:3	18			纸筋灰浆	2	20
墙面	墙面	混合砂浆 1:1:6	8	混合砂浆 1:1:6	8	纸筋灰浆	2	18
	钢板网墙	混合砂浆 1:1:6	9	混合砂浆 1:1:6	7	纸筋灰浆	2	18
	板条及其他墙	石灰麻刀砂浆 1:3	9	石灰麻刀砂浆 1:2.5	7	纸筋灰浆	2	18
柱面	柱面	混合砂浆 1:1:6	8	混合砂浆 1:1:6	8	纸筋灰浆	2	18

表 8-10-2　　　　　　　　　　抹水泥砂浆混合砂浆分层厚度及砂浆种类表　　　　　　　　　　单位：mm

项　目			底　层		面　层		总厚度
			砂浆	厚度	砂浆	厚度	
天棚		钢板网	混合砂浆 1:1:6	10	混合砂浆 1:1:2	6	16
	混凝土	水泥砂浆	水泥砂浆 1:2.5	11	水泥砂浆 1:2	7	18
		混合砂浆	混合砂浆 1:1:6	11	混合砂浆 1:1:2	7	18
		混合砂浆一次抹面			混合砂浆 1:1:6	8	8
	预制板下勾缝		混合砂浆 1:1:6				

续表

项 目			底 层		面 层		总厚度
			砂 浆	厚度	砂 浆	厚度	
墙面	墙 面	水泥砂浆	水泥砂浆 1:2.5	13	水泥砂浆 1:2	7	20
		混合砂浆无嵌条	混合砂浆 1:1:4	13	混合砂浆 1:1:4	7	20
		混合砂浆无嵌条	混合砂浆 1:1:6	13	混合砂浆 1:1:6	7	20
		混合砂浆无嵌条	混合砂浆 1:1:4	13	混合砂浆 1:1:4	10	23
		混合砂浆无嵌条	混合砂浆 1:1:6	13	混合砂浆 1:1:6	10	23
	钢板网墙	水泥砂浆	水泥砂浆 1:2.5	15	水泥砂浆 1:2	5	20
		混合砂浆	混合砂浆 1:1:6	15	混合砂浆 1:0.5:1	5	20
	墙 裙		水泥砂浆 1:2.5	17	水泥砂浆 1:2	8	25
池 槽		水泥砂浆	水泥砂浆 1:2.5	12	水泥砂浆 1:2	8	20
柱 面		水泥砂浆	水泥砂浆 1:2.5	10	水泥砂浆 1:2	7	17
		混合砂浆	混合砂浆 1:1:6	10	混合砂浆 1:1:6	7	17
挑檐天沟、腰线栏杆及扶手		水泥砂浆	水泥砂浆 1:2.5	14	水泥砂浆 1:2	8	22
窗台线、门窗套压顶及其他		水泥砂浆	水泥砂浆 1:2	17	水泥砂浆 1:2	8	25
		混合砂浆	混合砂浆 1:1:6	17	混合砂浆 1:1:6	8	25
阳台遮阳板雨篷	平面		水泥砂浆 1:2	20			20
	顶面		水泥砂浆 1:2.5	15	水泥砂浆 1:2	7	22
	侧面		混合砂浆 1:1:6	10	纸筋灰浆 1:2	2	12
单刷素水泥浆一度					素水泥浆	1	1
厕所蹲台、池槽(包括踏步、挡板)			水泥砂浆 1:2.5	18	水泥白石浆 1:2	14	32

表 8-10-3 　　　　　　　　　　抹特种砂浆分层厚度及砂浆种类表　　　　　　　　　　单位:mm

项 目			底 层		中 层		面 层		总厚度
			砂 浆	厚度	砂 浆	厚度	砂 浆	厚度	
特种砂浆		耐酸砂浆墙面	耐酸砂浆	20					20
	珍珠岩砂浆	天 棚	珍珠岩砂浆 1:1:6	13			纸筋灰浆	2	15
		砖墙面	珍珠岩砂浆 1:3	9	珍珠岩砂浆 1:3	9	纸筋灰浆	2	20
		砼墙面	珍珠岩砂浆 1:1:6	8	珍珠岩砂浆 1:1:6	8	纸筋灰浆	2	18
	重晶石砂浆	天 棚	水泥重晶石砂浆 1:0.2:4	30					30
		墙 面	水泥重晶石砂浆 1:0.2:4	30					30

　　2)墙柱面块料面层定额,均已包括结构层与块料面层的结合层。墙柱面块料面层按材料分大理石、花岗岩、面砖。

（1）墙柱面大理石、花岗岩面层按施工方法分粘贴、挂贴和干挂。

粘贴，系指在基层打底抹灰后，直接铺贴大理石或花岗岩面层。根据粘贴材料不同，又可分为水泥砂浆镶贴和粘结剂（水泥砂浆加干粉型粘结剂）镶贴，它适用于小规格块料（边长小于400mm）。

挂贴，系指先将钢筋网与墙面上的预埋铁件用电焊固定，再将铜丝穿过大理石或花岗岩板上的安装孔，将其绑扎固定在钢筋网上，最后灌水泥砂浆固定。

干挂，系指用预埋铁件或膨胀螺栓固定不锈钢连接挂件，然后安装大理石或花岗岩板，最后用大力胶粘结固定。

墙柱面大理石和花岗岩面层按施工部位不同，粘贴或挂贴分墙面、柱面和零星项目；干挂分内墙、外墙和柱面；干挂外墙面还分密缝和勾缝。

大理石、花岗岩块料面层均为成品安装，定额未包括切割和磨圆边的人工及机械。也就是说切割，磨边费用应包括在制品价格中。若现场有少量磨边，可套现场磨边定额子目。

（2）墙柱面面砖面层按材料分无釉面砖、假麻石砖、金属面砖、劈裂砖、陶瓷锦砖、瓷砖、波形瓦、红泥PVC波形板。按粘贴材料分无粘结剂和有粘结剂。

按铺贴方式分密缝和稀缝。若是稀缝，应另套嵌缝定额子目。此外，考虑到面砖、瓷砖品种和规格较多，所以定额不分品种，而以块料周长400mm（或600mm）以内和400mm（或600mm）以外来划分。

3）不规则墙面的定额换算。圆弧形、锯齿形、复杂不规则的墙面抹灰镶贴块料装饰，按相应定额子目人工乘以系数1.15。

2．墙柱面木装饰

墙柱面木装饰分龙骨基层和装饰面层，可按设计要求组合选用。

（1）墙柱面龙骨基层按材料分木龙骨、轻钢龙骨、铝合金龙骨和型钢龙骨；按施工部位分墙（方）柱面、圆柱面、方柱包圆形面。

墙柱面木龙骨的断面大小不同、中距（间距）不同，有不同的定额；定额木材种类除注明外，均以一、二类木种为准，如采用三、四类木种，其人工、机械乘以系数1.3。木材木种分类见表8-6-3。

（2）墙柱面（装饰）面层按材料分胶合板、镶嵌拼花胶合板、隔音板、竹片、硬木板条、单面钢丝网板墙、纸面石膏板、不锈钢柱面、铝合金装饰板条、电化铝板、珍珠岩板、镁铝曲板、镭射玻璃、镜面玻璃、合成革、装饰布、织绒面等。

胶合板定额不分品种，可根据设计品种，更换其名称（如柚木夹板，榉木夹板等），以便确定其相应的单价。

不锈钢柱面、镁铝曲板、镭射玻璃、镜面玻璃、合成革、装饰布和织绒面等面层定额，均包括了胶合板基层。

3．装饰隔断和玻璃幕墙

（1）装饰隔断分硬木玻璃隔断、玻璃砖隔断、活动塑料隔断、铝合金隔断、镜面玻璃格式木隔断、花式隔断和隔断内超细玻璃棉隔音层。

普通隔断包括板条墙、钢丝网墙、纤维板墙、水泥压木丝板墙、鱼鳞板墙、石膏板墙等，套门窗及木结构分部的相应定额子目。

饰面、隔墙、隔断木基层定额均未包括压条、收边线、装饰线（板）及刷防火涂料。

（2）玻璃幕墙分隐框（180系列、140系列）、半隐框和明框。定额中玻璃为工厂制品安装，如是现场制作和安装，玻璃可增加15％的制作损耗。

玻璃幕墙定额未包括防火棉、保温棉。

（二）天棚装饰

天棚装饰分天棚抹灰、天棚龙骨基层和天棚面层三部分。

1. 天棚抹灰

天棚抹灰按材料分石灰砂浆（拉毛、不拉毛）、特种砂浆（水泥重晶石、珍珠岩）；按抹灰基底分现浇板、预制板、钢板网、板条木材面。

天棚抹灰中的抹灰砂浆分层厚度及砂浆种类，详见表8-10-1、表8-10-2、表8-10-3。

天棚抹灰如带有装饰线条时，分别按三道线以内或五道线以内，线角的道数以一个突出的棱角为一道线，见图8-10-2。

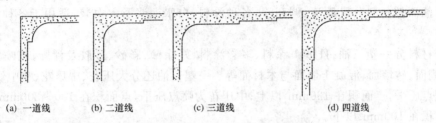

| (a) 一道线 | (b) 二道线 | (c) 三道线 | (d) 四道线 |

图 8-10-2　天棚装饰线示意图

2. 天棚龙骨基层

天棚龙骨基层按材料分木龙骨、轻钢龙骨、铝合金龙骨。

木龙骨按施工部位分吊在屋架或搁在砖墙上、吊在混凝土板下。

轻钢龙骨分上人型和不上人型（上人型大龙骨为D60，不上人型大龙骨为D45）；龙骨方格周长分2m以内、2.5m以内和2.5m以外。

铝合金龙骨分T形（上人型和不上人型）、方板天棚龙骨（浮搁式和嵌入式）、板条龙骨（中型、轻型、格片式）。

此外还按天棚面层的高低落差分一级天棚和二至三级天棚。一级天棚，系指天棚面层在同一标高的平面上；二至三级天棚，系指天棚面层不在同一标高的平面上，即有高低落差。

轻钢龙骨、铝合金龙骨定额均以双层结构为准，即中小龙骨底面吊挂，若为单层结构天棚，应扣除定额中的大龙骨及其配件的含量。

定额中吊筋均以预埋为准。后期施工的工程在混凝土板上钻洞、挂筋者，按相应天棚定额子目每 m^2 增加人工0.034工日；如在砖墙上打洞搁放者，按相应天棚定额子目每 m^2 增加人工0.014工日。

上人型天棚骨架的吊筋改为射钉固定时，按相应天棚定额子目每 m^2 扣除人工0.0025工日、吊筋0.038kg，增加钢板0.276kg，射钉5.58个；不上人型天棚骨架改为全预埋时，按相应天棚定额子目每 m^2 增加人工0.0097工日，吊筋0.3kg。

3. 天棚面层

天棚面层定额有三类：

一是在基层上安装各种面层，套定额10-9-1—10-9-38。

二是其他与天棚有关的工作，如镜面玻璃车边、天棚保温层、风口安装等，套定额10-9-39—10-9-42。

三是无龙骨面层或龙骨代面层（木方格吊顶天棚）和龙骨加面层，如钢（铝）结构中空玻璃采光天棚，套定额10-9-43—10-9-49。

方形风口在380mm×380mm以上时，定额人工乘以系数1.25。矩形风口周长在1 280～1 800mm时，定额人工乘以系数1.25；矩形风口周长在1801～2 600时，定额人工乘以系数1.50；矩形风口周长在 2600mm 以上时,定额人工乘以系数 1.75。

(三)油漆裱糊装饰

油漆裱糊装饰分木材面油漆、抹灰面油漆、喷涂裱糊和金属面油漆四部分。

木材面油漆种类按适用范围分四大类:一是调和漆、磁漆、聚氨酯漆(清漆和色漆)、酚醛清漆、醇酸清漆、硝基清漆(含亚光)、丙烯酸清漆、过氯乙烯,熟桐油,广(生)漆等,适用于各种木门、木窗、木扶手和其他木材面;二是地板漆、水晶地板漆、聚氨酯清漆、酚醛清漆等,适用于各种木地板、踢脚板等;三是防腐油、防火漆等,适用于各种基层龙骨;四是其他,如木地板烫硬蜡、擦软蜡、打蜡、木材面做花纹(木纹、石纹、仿红木)等。

抹灰面油漆按材料分乳胶漆、调和漆、各种涂料、白水泥浆及大白浆,适用于各种部位的抹灰面层。

喷涂按材料分一塑三油、JH801 涂料、多彩涂料、好涂壁、彩砂、砂胶及浮雕;按喷涂部位分墙柱梁面、天棚面、砖墙面、混凝土墙面与木材面等。一塑三油还分大压花、中压花、喷中幼点和平面,大压花为喷点压平,点面积在 120mm^2 以上;中压花为喷点压平,点面积在 100~200mm^2;喷中点幼点为喷点面积在 100mm^2 以下。

裱糊按材料分墙纸和织锦缎;墙纸又分拼花、不拼花及金属墙纸;织锦缎分连裱宣纸和连裱宣纸带海绵底。按裱糊部位分墙面、柱面和天棚面。

金属面油漆按材料分调和漆、醇酸磁漆、过氯乙烯漆、沥青漆、防锈漆、银粉漆、防火漆及防腐油、磷化锌黄底漆;按套用定额(或工程量计算规则)分单层钢门窗(面积)类、其他金属面(重量)类和刷磷化、锌黄底漆类。

刷涂料、刷油漆定额均以手工操作为准编制,喷塑、喷涂、喷油均以机械操作为准编制。

油漆定额已考虑了刷浅、中、深等各种颜色的因素。

油漆定额已考虑了在同一平面上的分色以及门窗内外分色等因素,未包括做美术图案。

油漆定额规定的喷、涂、刷遍数,如与设计或实际施工要求不同时,可按每增减一遍的定额子目进行调整。

油漆工序名词解释:

清扫、磨砂纸:又称基层处理,清理灰尘和表面残留的砂浆、灰膏,用砂纸打磨。

点漆片:将漆片溶于酒精形成泡立水,在表面污点处(如虫眼、钉眼)点到为止。

(满)刮腻子:用刮板(满)刮一遍油腻子,腻子的配合比(重量比)为:调和漆∶松节油∶滑石粉=60∶40∶适量,腻子调成糊状。

刷底子油:又称抄清油,底子油是用熟桐油(光油)加松香水或香蕉水调制而成的。

润粉:润粉目的是着色和补眼。润粉分润油粉和润水粉,润油粉是将大白粉加色粉、熟桐油(光油)、松香水调合成糯糊状,用麻丝团浸蘸,将木材表面上孔眼擦平;润水粉是将大白粉加色粉、水胶调合成糯糊状,用麻丝团浸蘸,将木材表面上孔眼擦平。

理漆片:将漆片溶于酒精形成泡立水,用白细布浸蘸,反复来回在木材面上擦,直至擦亮。

磨退出亮:用水砂纸蘸肥皂水全面湿磨多遍(擦漆→湿磨→擦漆→湿磨……擦漆),用砂蜡抛光,最后上光蜡。

(四)其他装饰

其他装饰分招牌基层、美术字铭牌安装、室内细部装饰和橱柜类四部分。

招牌基层为凸出墙面的六面体,定额已包括钢结构防锈和顶面防水。

美术字、铭牌均为成品安装。

室内细部装饰分窗台板、窗帘盒、筒子板、贴脸、踢脚板、装饰线及其他。

踢脚板、装饰条分现场制作安装和成品安装,其余均为现场制作安装。

木基层天棚面需钉压条、装饰条者,其人工按相应定额子目乘以系数 1.34;轻钢龙骨天棚面需钉压条、装饰条者,其人工按相应定额子目乘以系数 1.68;木装饰条做艺术图案者,其人工按相应定额子目乘以系数 1.80。

橱柜分吊橱、壁橱、收银台、高货架等,以细木工板制作为准,若设计要求在细木工板表面再粘贴装饰面伴和装饰线条,可另套相应定额子目。

三、装饰工程工程量计算规则

(一)墙柱面装饰

墙柱面装饰分墙柱面抹灰、墙柱面块料面层、墙柱面龙骨基层、墙柱面(装饰)面层、装饰隔断和玻璃幕墙等六部分。

1. 墙柱面抹灰

墙柱面抹灰按抹灰部位分墙面(砖或混凝土墙面、钢板墙、板条墙)、柱面(圆柱面、方柱面)、墙裙(内墙裙、外墙裙)、线条(普通线条、复杂线条)、阳台雨篷、垂直遮阳板栏板、池槽、零星项目等。其工程量均按展开面积,以 m^2 计算。

墙柱面抹灰不分在砖面上或在混凝土面上,但是若在混凝土面上抹灰,需凿毛或涂界面处理剂时,按实际面积另套相应定额子目;抹灰不分有嵌条和无嵌条,若设计有嵌条时,可另套玻璃嵌条或木嵌条相应定额子目。

1)外墙面抹灰,按外墙的垂直投影面积,以 m^2 计算,应扣除门窗洞口、外墙裙和 $0.3m^2$ 以上孔洞所占面积。门窗洞口、空圈侧壁及附墙垛、柱侧面抹灰面积并入外墙面抹灰工程量内计算。

外墙裙抹灰,按设计长度乘以高度以 m^2 计算,应扣除门窗洞口和 $0.3m^2$ 以上孔洞所占面积,洞口侧壁抹灰并入外墙裙抹灰工程量内计算。

外墙裙、外墙面抹灰工程量计算公式如下:

外墙裙
$$S_{外墙裙}=(L_外-L_0)h+S'_{洞侧}+S'_{垛侧}$$

式中　L_0——门洞口、花坛、台阶等所占长度;

　　　h——外墙裙高。

　　　$S'_{洞侧}$——外墙裙上的门窗洞口侧壁面积;

　　　$S'_{垛侧}$——外墙裙上的附墙柱、垛的侧面积。

外墙面
$$S_{外墙面}=L_外 H-S_门+S_{洞侧}+S_{垛侧}-S_{外墙裙}$$

式中　H——外墙面抹灰高度,从室外地面算至墙顶面;

　　　$S_门$——外墙面上的门窗洞口和 $0.3m^2$ 以上孔洞所占面积;

　　　$S_{洞侧}$——外墙面上的门窗洞口侧壁面积;

　　　$S_{垛侧}$——外墙面上的附墙柱、垛的侧面积。

2)内墙面抹灰内墙面抹灰,按主墙间净长乘以净高,以 m^2 计算。应扣除门窗洞口和空圈所占的面积,不扣除踢脚板及 $0.3m^2$ 以内的孔洞和墙与构件交接处的面积,洞口侧壁和顶面亦不增加。墙垛和附墙烟囱侧壁面积与内墙面抹灰工程量合并计算。内墙面抹灰高度确定如下:

无墙裙的,其高度按室内地面或楼面至上层楼板底面之间距离计算。

有墙裙的,其高度按墙裙顶至上层楼板底面之间距离计算。

有天棚的,其高度按室内地面或楼面至天棚底面另加 100mm 计算。

内墙裙抹灰,按内墙裙净长乘以高度,以 m^2 计算,应扣除门窗洞口和空圈所占的面积,门窗洞口和空圈的侧壁面积不另增加,墙垛、附墙烟囱侧壁面积并入墙裙抹灰面积内计算。

内墙裙、内墙面抹灰工程量计算公式如下：

内墙裙
$$S_{内墙裙} = L'_{净}H'_{净} - S'_0 + S'_{垛侧}$$

式中　$L'_{净}$，$H'_{净}$——内墙裙净长、净高；

　　　S'_0——门窗洞口占内墙裙面积；

　　　$S'_{垛侧}$——内墙裙上的附墙柱、垛的侧壁面积。

内墙面
$$S_{内墙面} = \sum[(L_{净} + L_{垛侧})H_{净} - S_{门}] - S_{内墙裙}$$

或
$$S_{内墙面} = 外墙的里面 + 内墙的双面 + 垛的侧面 - 内墙裙$$
$$= [L_{中} - (2n + 4)B + \sum L_{垛侧}]\sum H_{净} - S_{外门}$$
$$+ [\sum(L_{内}H_{净}) - S_{内门}] \times 2 - S_{内墙裙}$$

式中　$S_{外门}$，$S_{内门}$——外墙、内墙上的门窗及大于 $0.3m^2$ 的洞口面积；

　　　$H_{净}$——内墙面抹灰高度；

　　　n——内墙的条数（两头靠墙为一条），见图 8-10-3。

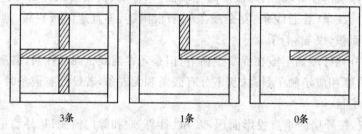

图 8-10-3　内墙条数示意图

3) 独立柱抹灰。独立柱抹灰，按结构断面周长乘以净高，以 m^2 计算。其工程量计算公式如下：

$$S_{独立柱} = CH_{净}$$

式中，C 为柱的结构断面（抹灰前）周长。

4) 墙柱面水泥砂浆勾缝。墙柱面水泥砂浆勾缝，不分墙或柱，分砖或石、凹缝或凸缝，均按墙面垂直投影面积计算，应扣除墙裙和墙面抹灰的面积，不扣除门窗洞口、门窗套、腰线等零星抹灰所占的面积，附墙柱和门窗洞口侧面的勾缝亦不增加。独立柱及烟囱勾缝按图示尺寸展开面积，以 m^2 计算。其工程量计算公式如下：

$$S_{勾缝} = L_{外}H - S_0 + CH$$

式中　S_0——墙裙和墙面抹灰（不勾缝）部分的面积；

　　　C，H——独立柱及烟囱的周长和高。

5) 装饰线条、零星抹灰、垂直遮阳板或栏板抹灰。装饰线条按材料分水泥砂浆、石灰砂浆和混合砂浆。适用于门窗套、挑檐口、腰线、压顶、遮阳板、楼梯边梁、边框出墙面或抹灰面展开宽度在 300mm 以内的竖、横线条抹灰。

(1) 水泥砂浆抹灰，如带有装饰线条者，三道线以内为简单线条，三道线以外为复杂线条，均以 m^2 计算。

(2) 石灰砂浆、混合砂浆抹灰，抹窗台线、门窗套、挑檐、腰线等展开宽度在 300mm 以内者，套装饰线条定额，以延长米计算；展开宽度在 300mm 以上者，套零星抹灰定额，以展开面积计算。

(3) 垂直遮阳板、栏板（包括立柱、扶手或压顶等）抹灰，套垂直遮阳板、栏板定额，按垂直投影面积乘以系数 2.2，以 m^2 计算。

6) 界面处理剂、混凝土面凿毛、每增减一遍素水泥浆，均是为了增加抹灰与混凝土墙面粘结力所采取的措施,一般可根据设计或施工要求选取其中一项。其工程量按实际面积,以 m² 计算。

7) 玻璃嵌条、木分隔嵌条与墙面抹灰定额配套使用,其工程量按墙面抹灰面积,以 m² 计算。

2. 墙柱面块料面层

墙柱面块料面层按施工部位分墙面墙裙(内墙面、外墙面)、柱面(圆柱面、方柱面)、零星项目。

立面高度超过 1 500mm 的为墙面;立面高度在 300～1 500mm 的为墙裙;立面高度小于 300mm 的为踢脚板。踢脚板套楼地面分部定额子目。

零星项目,系指挑檐、天沟、腰线、窗台板、门窗套、压顶、栏板、扶手、遮阳板、雨篷周边、楼梯侧面、池槽、花台等。

(1) 墙面墙裙块料面层,均按饰面面积以 m² 计算,应扣除腰带砖面积,不扣除阴阳角条、压顶线所占面积。其工程量计算公式如下:

$$S_{墙面} = LH - S_{门} + S_{侧} - S_{腰带砖}$$

式中 L,H——块料面层长度和高度;

$S_{门}$——门窗洞口和 0.3m² 以上孔洞所占面积;

$S_{侧}$——门窗洞口和垛的侧面积及其他零星块料面积;

$S_{腰带砖}$——腰带砖面积。

(2) 独立柱块料面层,按柱外围块料饰面面积(装饰后的面积),以 m² 计算。不同于柱面抹灰,也不同于 93 装饰定额的工程量计算规则。其工程量计算公式如下:

$$S_{独立柱} = C'H_{净}$$

式中,C' 为柱的饰面(装饰后)周长。

(3) 大理石、花岗岩艺术线条、瓷砖腰带、阴阳角条、压顶线,均按饰面长度,以延长米计算。

(4) 嵌缝、酸洗打蜡,按饰面面积,以 m² 计算。大理石、花岗岩嵌缝套定额 10-2-33;釉面砖嵌缝套定额 10-2-69。

(5) 磨边,按实际磨边长度,以延长米计算。

3. 墙柱面龙骨基层

墙柱面龙骨基层,均按图示尺寸的实铺面积,以 m² 计算。其工程量计算公式如下:

$$S_{墙面} = L_{净} H_{净} - S_{门}$$
$$S_{柱面} = C'H_{净}$$

式中,C 为柱的饰面(装饰后)周长。

4. 墙柱面面层

墙柱面面层,均按图示尺寸的实铺面积,以 m² 计算,与墙柱面龙骨基层工程量相同。

5. 装饰隔断

(1) 硬木玻璃隔断分全玻璃隔断和半玻璃隔断。全玻璃隔断,按下横档底面至上横档顶面之间的高度乘以两边立梃外边线之间的宽度,以 m² 计算;半玻璃隔断,按半玻璃设计边框外边线为界,分别按不同材料,以 m² 计算。

(2) 玻璃砖隔断分全玻璃砖隔断和木格式玻璃砖隔断。全玻璃砖隔断,按玻璃砖外围面积,以 m² 计算;木格式玻璃砖隔断,按玻璃砖格式框外围面积,以 m² 计算。

(3) 铝合金隔断分扣板隔断和玻璃隔断;镜面玻璃格式木隔断分夹花式和全镜面玻璃;花式隔断分直栅和网眼。其工程量均按框外围面积,以 m² 计算。

(4) 隔断超细玻璃棉隔音层,按填充隔音材料部分的隔断面积,以 m² 计算。

6. 玻璃幕墙

玻璃幕墙,按框外围面积以 m² 计算。幕墙上有开启扇(系指撑窗),计算幕墙面积时,窗扇面积不扣;开启扇工程量以扇框延长米计算。幕墙上有平开窗、推拉窗,计算幕墙面积时,应扣除窗洞口面积,平开窗、推拉窗另套门窗及木结构分部相应定额子目。

(二) 天棚装饰

天棚装饰分天棚抹灰、天棚龙骨基层和天棚面层三部分。

1. 天棚抹灰

1) 天棚抹灰工程量按以下规定计算:

(1) 天棚抹灰面积按主墙间的净面积计算,不扣除间壁墙、垛、柱、附墙烟囱、检查口和管道所占的面积。带梁天棚的梁两侧抹灰面积及檐口天棚的抹灰面积并入天棚抹灰工程量内计算。

(2) 井字梁天棚抹灰按展开面积计算。

(3) 阳台底面抹灰按水平投影面积计算,并入相应天棚抹灰面积内。阳台如果带悬臂梁者,其工程量乘以系数 1.30 计算。

(4) 雨篷底面或顶成抹灰分别按水平投影面积计算,并入相应天棚抹灰面积内。雨篷顶面带反沿或反梁者,其工程量乘以系数 1.20 计算。

天棚抹灰工程量计算公式如下:

$$S_{天棚抹灰} = S_{底} - (L_{中} + L_{内})B - S_{梯} + S_{梁侧} + S_{檐口} + S_{阳台}K_{阳台} + S_{雨篷}(1 + K_{雨篷})$$

式中　$S_{梁侧}$——带梁天棚的梁的侧面积;

$S_{檐口}$,$S_{阳台}$,$S_{雨篷}$——分别为檐口、阳台、雨篷的水平投影面积;

$K_{阳台}$——当阳台底面无悬臂梁时,$K_{阳台} = 1.00$;当阳台底面有悬臂梁时,$K_{阳台} = 1.30$。

$K_{雨篷}$——当雨篷顶面无反沿或反梁时,$K_{阳台} = 1.00$;

当雨篷顶面无反沿或反梁时,$K_{阳台} = 1.20$。

(2) 天棚抹灰装饰线条。天棚抹灰装饰线条,按延长米计算。

2. 天棚龙骨基层

天棚龙骨基层按主墙间实际面积计算,不扣除间隔墙、检查口、附墙烟囱、垛和管道所占面积,应扣除与天棚相连的窗帘箱所占的面积,其工程量计算公式如下:

$$S_{天棚龙骨} = S_{底} - (L_{中} + L_{内})B - S_{梯} - S_{窗帘盒}$$

3. 天棚装饰面层

天棚面层定额有三类:一是在基层上安装各种面层(10-9-1—10-9-38);二是其他与天棚有关的工作,如镜面玻璃车边、天棚保温层、风口安装等(10-9-39—10-9-42);三是无龙骨面层或龙骨代面层(木方格吊顶天棚)和龙骨加面层,如钢(铝)结构中空玻璃采光天棚(10-9-43—10-9-49)。

(1) 天棚装饰面层,按主墙间实际面积计算,不扣除间壁墙、检查口、附墙烟囱、垛和管道所占面积,但应扣除 0.3m² 以上的灯饰、灯槽、风口、独立柱及与天棚相连的窗帘箱所占的面积。天棚面层中的假梁按展开面积,合并在天棚面层工程量内计算;天棚中带艺术形式的折线、迭落、圆弧形、拱形、高低灯槽等的天棚面层均按展开面积计算。其工程量计算公式如下:

$$S_{天棚面层} = S_{底} - (L_{中} + L_{内})B - S_{梯} - S_{灯} + S_{侧}$$
$$= S_{天棚龙骨} - S_{灯} + S_{侧}$$

式中　$S_{灯}$——0.3m² 以上的灯饰、灯槽、风口、独立柱及窗帘箱所占的面积;

$S_{侧}$——面层高低落差展开的侧面积。

(2) 天棚其他装饰镜面玻璃车边,按实际车边长度以延长米计算。天棚超细玻璃棉保温层,按安放保温材料部分的天棚基层面积计算。送(回)风口,按个计算。

(三) 油漆裱糊装饰

油漆裱糊装饰分木材面油漆、抹灰面油漆、喷涂裱糊和金属面油漆四部分。

1. 木材面油漆

木材面油漆工程量计算分五种情况(五大类),分别为:木门类(以单层木门为准)、木窗类(以单层玻璃窗为准)、木线条类(以不带托板的木扶手为准)、其他类(以木板、纤维板、胶合板天棚、檐口为准)、木地板类(以木地板、木踢脚板为准)。

(1)木门类油漆。各类木门油漆,按木门洞口面积乘以木门类油漆工程量系数,以 m^2 计算,套单层木门油漆定额子目。其工程量计算公式如下:

$$S_{木门油漆} = S_m K_m$$

式中　S_m——木门洞口面积;

　　　K_m——木门类油漆工程量系数,可查表 8-10-4。

表 8-10-4　　　　　　　木 门 类 油 漆 工 程 量 系 数 表

项 目 名 称	工程量系数	工程量计算方法
单层木门	1.00	按单面洞口面积计算
双层(一板一纱)木门	1.36	
双层(单裁口)木门	2.00	
单层全玻门	0.83	
木百叶门	1.25	
厂库大门	1.10	

(2)木窗类油漆。各类木窗油漆,按木窗洞口面积乘以木窗类油漆工程量系数,以 m^2 计算,套单层木窗油漆定额子目。其工程量计算公式如下:

$$S_{木窗油漆} = S_c K_c$$

式中　S_c——木窗洞口面积;

　　　K_c——木窗类油漆工程量系数,可查表 8-10-5。

表 8-10-5　　　　　　　木 窗 类 油 漆 工 程 量 系 数 表

项 目 名 称	工程量系数	工程量计算方法
单层玻璃窗	1.00	按单面洞口面积计算
双层(一玻一纱)窗	1.36	
双层(单裁口)窗	2.00	
三层(二玻一纱)窗	2.60	
单层组合窗	0.83	
双层组合窗	1.13	
木百叶窗	1.50	

(3)木线条类油漆。凡木扶手、窗帘盒、封檐板、顺水板、挂衣板、黑板框、生活园地框、挂镜线、窗帘棍等油漆,均按长度乘以木线条类油漆工程量系数,以延长米计算,套木扶手(不带托板)油漆定额子目。其工程量计算公式如下:

$$L_{木线条类油漆} = L_x K_x$$

式中　L_x——木线条长度;

　　　K_x——木线条类油漆工程量系数,可查表 8-10-6。

表 8-10-6　　　　　　　　　　　　　木 线 条 类 油 漆 工 程 量 系 数 表

项　目　名　称	工程量系数	工程量计算方法
木扶手(不带托板)	1.00	
木扶手(带托板)	2.60	
窗帘盒	2.04	按延长米计算
封檐板、顺水板	1.74	
挂衣板、黑板框	0.52	
生活园地框、挂镜线、窗帘棍	0.35	

（4）其他类油漆凡木墙面、木墙裙、木间壁、木隔断、木天棚、窗台板、筒子板、盖板、木栅栏、木栏杆、木屋架、屋面板、木橱柜及零星木装修等油漆,均按其基本工程量乘以其他类油漆工程量系数,以 m^2 计算,套其他木材面油漆定额子目。其计算公式如下:

$$S_{其他类油漆} = S_{qt} K_{qt}$$

式中　S_{qt}——其他类构件基本工程量,见表 8-10-7;

　　　K_{qt}——其他类油漆工程量系数,可查表 8-10-7。

表 8-10-7　　　　　　　　　　　　　其 他 类 油 漆 工 程 量 系 数 表

项　目　名　称	工程量系数	工程量计算方法
木板、纤维板、胶合板天棚、檐口	1.00	
清水板条天棚、檐口	1.07	
木方格吊顶天棚	1.20	
吸音板墙面、天棚面	0.87	
鱼鳞板墙	2.48	长×宽
木护墙、墙裙	0.91	
窗台板、筒子板、盖板	0.82	
暖气罩	1.28	
屋面板(带檩条)	1.11	斜长×宽
木间壁、木隔断	1.90	
玻璃间壁、露明墙筋	1.65	单面外围面积
木栅栏、木栏杆(带扶手)	1.82	
木屋架	1.79	跨度(长)× 中高 ÷2
衣柜、壁柜	0.91	展开面积
零星木装修	0.87	展开面积

（5）凡木地板、木踢脚板、木楼梯油漆,按其基本工程量乘以木地板类油漆工程量系数,以 m^2 计算,套木地板油漆定额子目。其工程量计算公式如下:

$$S_{木地板类油漆} = S_{db} K_{db}$$

式中　S_{db}——木地板类构件基本工程量,见表 8-10-8;

　　　K_{db}——木地板类油漆工程量系数,可查表 8-10-8。

表 8-10-8 **木 地 板 类 油 漆 工 程 量 系 数 表**

项 目 名 称	工程量系数	工程量计算方法
木地板、木踢脚板	1.00	长×宽
木楼梯(不包括底面)	2.30	水平投影面积

(6)其他烫硬蜡、擦软蜡、打蜡,按木地板、木楼梯的油漆工程量,以 m² 计算。绘木花纹,按实做面积,以 m² 计算。龙骨基层刷防火漆,按龙骨基层工程量,以 m² 计算。

2．抹灰面油漆

抹灰面油漆工程量,均按楼地面、墙柱梁面、天棚面的相应抹灰工程量,以 m² 计算。或按其基本工程量乘以抹灰面油漆工程量系数,以 m² 计算,套抹灰面油漆定额子目。其工程量计算公式如下:

$$S_{抹灰面油漆} = S_{mh}K_{mh}$$

式中　S_{mh}——抹灰面油漆基本工程量,见表 8-10-9;

　　　K_{mh}——抹灰面油漆工程量系数,可查表 8-10-9。

表 8-10-9　　　　　　　　**抹 灰 面 油 漆 工 程 量 系 数 表**

项 目 名 称	工程量系数	工程量计算方法
槽形板底、混凝土折板	1.30	长×宽
有梁板底	1.10	
密肋、井字梁板底	1.50	
混凝土平板式楼梯底	1.30	水平投影面积

3．喷涂、裱糊

喷涂、裱糊工程量,均按楼地面、墙柱梁面、天棚面的相应抹灰工程量,以 m² 计算。与抹灰面油漆工程量计算方法相同。

4．金属面油漆

金属面油漆工程量计算分三种情况(三大类),分别为:面积类(以单层钢门窗为准)、重量类(以钢屋架、天窗架、挡风架、屋架梁、支撑、檩条为准)、底漆类(以单面涂刷的平板屋面瓦为准)。

(1)单层钢门窗(面积类)油漆。凡金属门、窗、间壁、屋面、盖板、吸气罩等油漆(除磷化、锌黄底漆),均按其基本工程量乘以单层钢门窗(面积)类工程量系数,以 m² 计算,套单层钢门窗油漆定额子目。其计算公式如下:

$$S_{面积类油漆} = S_{mj}K_{mj}$$

式中　S_{mj}——单层钢门窗(面积)类构件基本工程量,见表 8-10-10;

　　　K_{mj}——单层钢门窗(面积)类油漆工程量系数,可查表 8-10-10。

表 8-10-10　　　　　　　**单层钢门窗(面积类)油漆工程量系数表**

项 目 名 称	工程量系数	工程量计算方法
单层钢门窗	1.00	
双层(一玻一纱)钢门窗	1.48	
百叶钢门	2.74	
半截百叶钢门	2.22	洞口面积
满钢门或包铁皮门	1.63	
钢折叠门	2.30	

续表

项 目 名 称	工程量系数	工程量计算方法
射线防护门	2.96	框(扇)外围面积
厂库房平门、推拉门	1.70	
铁丝网大门	0.81	
间壁	1.85	长×宽
平板屋面	0.71	斜长×宽
瓦垄板屋面	0.89	
排水、伸缩缝盖板	0.78	展开面积
吸气罩	1.63	水平投影面积

(2) 其他金属面(重量类)油漆。凡钢结构、钢栏杆、钢爬梯、钢扶梯、零星铁件等油漆(除磷化、锌黄底漆),均按其主材重量乘以其他金属面(重量)类工程量系数,以 t 计算,套其他金属面油漆定额子目。其计算公式如下:

$$W_{重量类油漆} = W_{zl}K_{zl}$$

式中　W_{zl}——其他金属面(重量)类构件的主材重量,见表 8-10-11;

　　　K_{zl}——其他金属面(重量)类油漆工程量系数,可查表 8-10-11。

表 8-10-11　　　　　　　　其他金属面(重量类)油漆工程量系数表

项 目 名 称	工程量系数	工程量计算方法
钢屋架、天窗架、挡风架、屋架梁、支撑、檩条	1.00	重量(t)
墙架(空腹式)	0.50	
墙架(格板式)	0.82	
钢柱、吊车梁、花式梁柱、空花构件	0.63	
操作台、走台、制动梁、钢梁车挡	0.71	
钢栅栏门、栏杆、窗栅	1.71	
钢爬梯	1.18	
轻型屋架	1.42	
踏步式钢扶梯	1.05	
零星铁件	1.32	

(3) 刷磷化、锌黄底漆类油漆凡金属瓦屋面、盖板、吸气罩、包镀锌铁皮门等刷磷化、锌黄底漆,均按其基本工程量乘以刷磷化、锌黄底漆类工程量系数,以 m² 计算,套平板屋面磷化、锌黄底漆定额子目。其计算公式如下:

$$S_{底漆} = S_{dq}K_{dq}$$

式中　S_{dq}——刷磷化、锌黄底漆类构件基本工程量,见表 8-10-12;

　　　K_{dq}——刷磷化、锌黄底漆类工程量系数,可查表 8-10-12。

表 8-10-12　　　　　　　　刷磷化、锌黄底漆类工程量系数表

项 目 名 称	工程量系数	工程量计算方法
平板屋面瓦(单面涂刷)	1.00	斜长×宽
垄板屋面(单面涂刷)	1.20	
排水、伸缩缝盖板(单面涂刷)	1.05	展开面积
吸气罩	2.20	水平投影面积
包镀锌铁皮门	2.20	洞口面积

（四）其他装饰

其他装饰分招牌基层、美术字铭牌安装、室内细部装饰和橱柜类四部分。

1. 招牌基层

钢结构招牌基层，按设计钢材用料，以 t 计算；木结构招牌基层，按正立面面积以 m² 计算。

招牌面层和突出面层的灯饰、店徽及其他艺术装潢物等均应另行计算，套相应定额子目。

2. 美术字和铭牌

美术字分中文和外文，按个计算；铭牌按块计算。

3. 室内细部装饰

室内细部装饰分窗台板、窗帘盒、筒子板、贴脸、踢脚板、装饰线及其他。

（1）窗台板，分硬木和细木工板，按实铺面积，以 m² 计算。

（2）窗帘盒，分硬木、细木工板和胶合板带木筋，按长度，以延长米计算。如设计图未说明尺寸时，可按窗洞口宽加 300mm 计算。窗帘盒未包括窗帘导轨，应另行计算，套相应定额子目。

（3）筒子板，分硬木带木筋、细木工板和胶合板带木筋，按实铺面积，以 m² 计算。

（4）踢脚板，分硬木、细木工板和成品安装，按长度，以延长米计算。

（5）粘贴装饰簿皮窗台板、窗帘盒、筒子板、踢脚板中细木工板和胶合板面上粘贴装饰夹板的，则再套用贴装饰簿皮定额子目，按实贴面积，以 m² 计算。

（6）门窗贴脸和装饰条门窗贴脸，又称门头线，按长度，以延长米计算。装饰条，分成品安装和制作安装。成品安装的装饰条有木装饰条、石膏饰条、金属饰条、镜面玻璃条、镶嵌铜条；制作安装的装饰条有金属条，按宽度分 60mm 以内、100mm 以内和 100mm 以外。装饰条，无论成品安装还是制作安装，其工程量均按长度，以延长米计算。

（7）石材洗漱台。石材洗漱台，按台板水平投影面积，以 m² 计算。定额已包括垂直板材（如挡水板）的用量，开孔费用应包括在石材价格之中。

（8）其他装饰面层上贴缝条，按装饰面层的面积，以 m² 计算。开灯孔，按个计算；悬挑灯槽，按延长米计算。镜箱、溶帘杆、浴缸拉手、毛巾杆安装，均按个、套计算。壁镜制作安装，按面积，以 m² 计算。窗帘（垂直帘）安装，按实际面积，以 m² 计算。

4. 橱、柜类

橱柜分吊橱、壁橱、收银台、高货架，均按正立面的高（连脚）乘以宽，以 m² 计算。

第十一节　金属结构制作及附属工程

一、金属结构制作及附属工程定额结构

金属结构制作及附属工程分现场制作金属构件、道路、排水管铺设、砖砌窨井及化粪池 5 节 88 项，其分项工程划分见图 8-11-1。

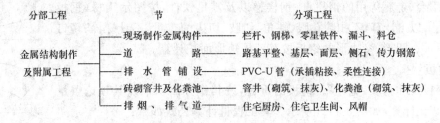

图 8-11-1　金属结构制作及附属工程分部分项结构图

二、金属结构制作及附属工程有关定额说明

（一）现场制作金属构件

金属结构制作，系指施工现场加工、制作的金属小型构件，边制作、边安装，无需专业吊装设备，如栏杆、钢梯、零星铁件、钢板漏斗、料仓。

除栏杆、钢梯、漏斗、料仓以外的其他现场制作金属构件，一般套用零星铁件定额子目。

钢梯中的直梯是指带有踏步、扶手、护栏的垂直梯。没有扶手、护栏的消防爬梯套零星铁件定额子目。

依附于金属构件的钢楼梯、钢栏杆，并入金属主体构件工程量内计算；钢平台的栏杆，并入平台工程量计算。

在 2000 定额中，金属主体构件、钢平台，均为预制金属构件。预制金属构件制作，2000 定额是以材料费（或制品费）形式，列入金属结构件的安装定额子目内的。

金属结构制作定额，均已包括刷一遍防锈漆的工料。

（二）附属工程

附属工程定额中的道路，系指按规划红线内的小区及厂区道路标准设计和验收的道路，若为规划红线外的市政道路或按市政设计、施工规范验收的道路，应套市政定额。

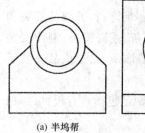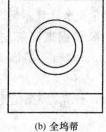

(a) 半坞帮　　　(b) 全坞帮

图 8-11-2　下水道坞帮示意图

道路路基定额中综合考虑了 30cm 厚的挖、填、运土方的含量，厚度超过 30cm 时可按实调整。

排水管，系指 PVC－U 硬管，按连接方式分有：承插粘接和柔性橡胶圈连接；按管径分有：PVC－U 排水管 De110,160,200,250,315 和 PVC－U 加筋管 DN225,300,400；按管道铺设方式分：不坞帮、半坞帮、全坞帮，如图 8-11-2所示。

PVC－U 排水管（下水道）定额是按不坞帮铺设方法编制的，若需半坞帮，人工乘以系数 2.5；若需全坞帮，人工乘以系数 4 计算。坞帮材料套楼地面分部垫层定额子目，但需扣除人工工日。

附属工程定额中未包括的项目，如挖土、垫层、抹灰、成型钢筋等，应另行计算，套相应定额子目。

住宅排气道、风帽适用于工厂预制（含配件），现场安装施工工艺。

三、金属结构制作及附属工程工程量计算规则

（一）现场制作金属构件

现场制作金属构件分栏杆、钢梯、零星铁件和漏斗料仓等。

1. 栏杆、钢梯、零星铁件

楼梯、阳台、走廊等用的钢栏杆、钢楼梯以及零星铁件，按图示钢材（钢板或型钢）尺寸，以 t 计算，不扣除孔眼、缺角、切肢、切边的重量，不计螺栓、铆钉或焊缝的重量。圆形、多边形的钢板按其外接矩形面积计算。

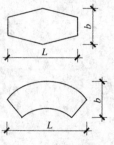

（1）钢板

图示钢板尺寸为长、宽、厚。钢板的重量，按其作方面积乘以其理论重量（kg／m²），以 t 计算，如图 8-11-3 所示。其工程量计算公式如下：

$$W = S w_a = L b w_a \div 1000$$

式中　S——钢板的作方面积（m²）；

图 8-11-3　钢板的作方面积示意图

L, b——作方矩形的长度、宽度(m),如图 8-11-1 所示;

w_a——不同厚度钢板的理论重量(kg /m²)。

（2）型钢

图示型钢尺寸为长度及其型号。型钢的重量,按图示长度乘以其理论重量(kg /m),以 t 计算。其工程量计算公式如下:

$$W = L w_b \div 1000$$

式中　L——型钢的图示长度(m);

w_b——不同型号型钢的理论重量(kg /m)。

2. 金属漏斗、料仓

金属漏斗、料仓,按排版图示尺寸,以 t 计算,不扣除上人孔、检查孔、清洁孔的面积。所谓排版图,即根据矩形漏斗、料仓的分片图或圆形漏斗、料仓的展开图,按钢板宽度排版分段计算。每段以其上口长度(圆形以分段展开上口长度)与钢板宽度作方计算,见图 8-11-4。依附于漏斗、料仓的型钢并入漏斗、料仓的重量内计算。

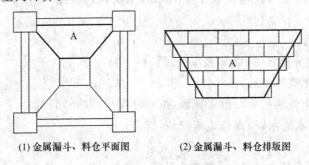

(1)金属漏斗、料仓平面图　　(2)金属漏斗、料仓排版图

图 8-11-4　金属漏斗、料仓排版示意图

例 8-11-1　计算图 8-11-5 所示柱间支撑的工程量。已知∟63×6 等边角钢的理论重量为 5.72kg /m,—8 钢板的理论重量为 62.8kg /m²。

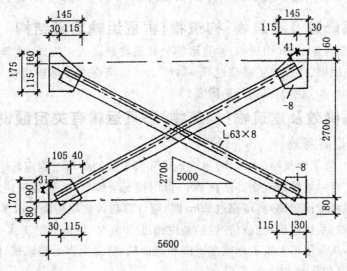

图 8-11-5　上柱支撑示意图

解　角钢∟63×6　$(\sqrt{2.7^2 + 5.6^2} - 0.031 + 0.041) \times 2 \times 5.72 = 70.3$(kg)

　　钢板—8　　$(0.145 \times 0.175 + 0.145 \times 0.17) \times 2 \times 62.8 = 6.28$(kg)

(二) 附属工程

附属工程,系指附属于工程项目的室外工程,分道路、排水管(下水道)、砖砌窨井、化粪池等。

1. 道路

道路按施工工序分路基平整、基层(大石块、道渣、砂)、面层、安装传力杆及边缘钢筋、侧石等。

(1) 路基平整。路基平整,系指30cm以内的挖、填、运土方及平整、滚压工作。按实际平整面积,以 m² 计算。

(2) 基层、面层。道路基层、面层,分不同用料(大石块、道渣、砂、混凝土)及厚度,按实际面积,以 m² 计算。

(3) 传力杆及边缘钢筋。道路安装传力杆及边缘钢筋,按道路面积,以 m² 计算。

(4) 侧石。道路路边的预制混凝土侧石,以延长米计算,应扣除雨水进水口所占长度。定额中已包括基座(垫层)用量。

2. 排水管(下水道)铺设

PVC-U 排水管(下水道),以延长米计算,不扣除窨井所占长度,管径不同时以窨井中心为界分别计算。

3. 砖砌窨井及化粪池

砖砌窨井及化粪池分砌筑、抹面和盖座安装。

(1) 砌筑。窨井、化粪池砌筑,按实体积,以 m³ 计算。

(2) 抹面。窨井、化粪池的水泥砂浆抹面,按实际面积,以 m² 计算。

(3) 盖座安装。雨水进水口、窨井盖座安装,按套计算。

4. 排烟、排气道

住宅排烟气道工程量按节计算,风帽按个计算。

定额未包括风帽承托板,风帽承托板按零星构件项目套用。

第十二节　建筑物超高降效及建筑物(构筑物)垂直运输

一、建筑物超高降效及建筑物(构筑物)垂直运输定额结构

建筑物超高降效及建筑物(构筑物)垂直运输分建筑物超高人工降效、建筑物超高其他机械降效、建筑物垂直运输机械、建筑物层高超过3m每增1m、构筑物垂直运输机械、建筑物基础垂直运输机械等8节123项,其分项工程划分见图8-12-1。

二、建筑物超高降效及建筑物(构筑物)垂直运输有关定额说明

(一) 建筑物超高降效

在2000定额中,除了建筑物(构筑物)垂直运输和脚手架的分项工程定额子目标明其适用高度外,其余分部分项工程一般按建筑物高度在20m以下情况下编制的,适用于建筑物高度在20m以下的工程。当建筑物(或构筑物)高度超过20m时,应计算建筑物超高降效所增加的费用。

建筑物超高降效,系指建筑物(或构筑物)高度超过20m时,所造成的工人上、下楼时间增加和材料垂直运输时间,从而使得人工工作效率下降和其他机械(除垂直运输机械)使用效率下降,因此仅适用于建筑物高度在20m以上的工程。

建筑物高度,系指设计室内地坪(±0.000)至檐口屋面结构板面的高度;构筑物高度,系指设计室外地坪至结构顶面的高度。

建筑物超高降效分超高人工降效和超高其他机械降效(除垂直运输机械),以建筑物不同的高度(从30m以内起,步距15m,至270m以内止)设置定额。2000定额还补充了高层建筑分段、分层

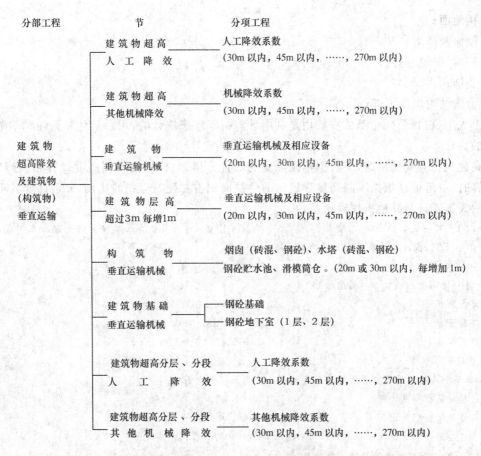

分部工程	节	分项工程
建筑物超高降效及建筑物（构筑物）垂直运输	建筑物超高 人工降效	人工降效系数 （30m以内，45m以内，……，270m以内）
	建筑物超高 其他机械降效	机械降效系数 （30m以内，45m以内，……，270m以内）
	建筑物 垂直运输机械	垂直运输机械及相应设备 （20m以内，30m以内，45m以内，……，270m以内）
	建筑物层高 超过3m每增1m	垂直运输机械及相应设备 （20m以内，30m以内，45m以内，……，270m以内）
	构筑物 垂直运输机械	烟囱（砖混、钢砼）、水塔（砖混、钢砼） 钢砼贮水池、滑模筒仓。（20m或30m以内，每增加1m）
	建筑物基础 垂直运输机械	钢砼基础 钢砼地下室（1层、2层）
	建筑物超高分层、分段 人工降效	人工降效系数 （30m以内，45m以内，……，270m以内）
	建筑物超高分层、分段 其他机械降效	其他机械降效系数 （30m以内，45m以内，……，270m以内）

图 8-12-1 建筑物超高降效及建筑物（构筑物）垂直运输工程分部分项结构图

超高人工降效和超高其他机械降效（除垂直运输机械）的定额子目,适用于建筑物高度超过20m且仅做建筑物某一段或某一层的工程。

（二）建筑物（构筑物）垂直运输机械

93 定额建筑物（构筑物）垂直运输机械是随各分部分项工程编制的,即垂直运输机械分摊在各分部分项工程之中;2000 定额将垂直运输机械集中起来,单独列项计算,因此定额中的垂直运输机械为建筑物（构筑物）单位工程合理工期内完成全部工程项目所需的垂直运输机械。

垂直运输机械,在 20m 以下为塔式起重机和井架;20m 以上为自升式塔式起重机、人货两用电梯及相应上下通讯器材、加压水泵等。若采用泵送混凝土时,定额子目中的塔式起重机台班数应乘以系数 0.98。

三、建筑物超高降效及建筑物（构筑物）垂直运输工程量计算规则

（一）建筑物超高降效

建筑物超高降效分超高人工降效、超高其他机械降效。

建筑物超高降效,按不同建筑物高度,以增加人工、机械消耗量的百分率计算。

建筑物超高人工及其他机械降效的工程量（人工、机械消耗量基数）,分别以设计室内地坪（±0.000）以上,并按下列规定范围的工日数及其他机械台班数的总和计算。

1. 砌筑（砖基础、构筑物及挡土墙除外）;

2. 混凝土及钢筋混凝土（基础、预制构件、构筑物、输送泵及输送泵车除外）;

3. 门窗及木结构;

4. 楼地面；

5. 屋面及防水；

6. 防腐、保温、隔热；

7. 装饰；

8. 金属结构制作工程。

以上人工、机械消耗量基数一般用是利用计算机程序来统计的，用手工计算其耗时和精度是不堪设想的。

超高建筑物有高低层时，应根据不同高度的垂直分界面，分别按不同高度计算超高降效费用。具体计算时，可近似地根据不同高度建筑物的建筑面积占总建筑面积的比例，分别计算其不同高度建筑物的人工工日及其他机械台班基数。

例 8-12-1 某一高层办公楼，其面积、高度、层数见图 8-12-2。经计算该办公楼降效部分的人工工日数为 GR，机械台班数为 TB。试计算该高层办公楼的超高降效工程量。

解：

1. 计算不同高度的垂直分界面的面积

(1) 建筑面积 $25 \times 24 \times 22 = 13\,200(\text{m}^2)$

(2) 建筑面积 $25 \times 24 \times 18 = 10\,800(\text{m}^2)$

(3) 建筑面积 $25 \times 24 \times 12 = 7\,200(\text{m}^2)$

   总建筑面积 $31\,200(\text{m}^2)$

2. 计算不同高度的垂直分界面的建筑面积占总建筑面积的比例

(1) 占总建筑面积的比例 $13\,200 \div 31\,200 = 42.3\%$

(2) 占总建筑面积的比例 $10\,800 \div 31\,200 = 34.6\%$

(3) 占总建筑面积的比例 $7\,200 \div 31\,200 = 23.1\%$

3. 计算高层办公楼的超高降效工程量

(1) 套定额 75m 以内，12-1-4 人工降效系数 11.78%；12-2-4 其他机械降效系数 11.78%

   人工降效增加 $GR \times 42.3\% \times 11.78\% = GR \times 4.98\%$ (工日)

   机械降效增加 $TB \times 42.3\% \times 11.78\% = TB \times 4.98\%$ (台班)

(2) 套定额 60m 以内，12-1-3 人工降效系数 9.06%；12-2-4 其他机械降效系数 9.06%

   人工降效增加 $GR \times 34.6\% \times 9.06\% = GR \times 3.13\%$ (工日)

   机械降效增加 $TB \times 34.6\% \times 9.06\% = TB \times 3.13\%$ (台班)

(3) 套定额 45m 以内，12-1-2 人工降效系数 6.38%；12-2-2 其他机械降效系数 6.38%

   人工降效增加 $GR \times 23.4\% \times 6.38\% = GR \times 1.47\%$ (工日)

   机械降效增加 $TB \times 23.4\% \times 6.38\% = TB \times 1.47\%$ (台班)

（二）建筑物（构筑物）垂直运输机械

建筑物（构筑物）垂直运输机械分建筑物（上部建筑）、建筑物（上部建筑）层高超过 3m 每增加 1m，构筑物及建筑物基础四部分。

1. 建筑物（上部建筑）垂直运输机械

建筑物（上部建筑）垂直运输机械，以设计室内地坪（±0.000）以上的建筑面积（包括技术层）总和，以 m² 计算。建筑物有高低层时，应根据不同高度的垂直分界面，分别计算建筑面积，见图 8-12-2。

超出屋面的楼梯间、电梯机房、水箱间、塔楼、瞭望台可计算建筑面积，但不计算高度；屋顶以上装饰用的棚架、葡萄架、花台等特殊构筑物，不计算建筑面积和高度。

建筑物（上部建筑）垂直运输机械，定额有 20m 以内和 30m 以内起，步距 15m，直至 270m 以内。

此外，还有单层厂房垂直运输机械，分 20m 以内及高度每增加 1m 定额。

高度在 3.6m 以内的单层建筑物,不计算垂直运输机械。

2. 建筑物层高超过 3m 每增 1m 垂直运输机械

由于建筑物(上部建筑)垂直运输机械工程量是分不同高度按建筑面积计算的,当层高增加,工程量增加,垂直运输机械使用量也随之增加,但建筑面积却没增加。因此作为补偿(或修正),建筑物层高大于 3m 时,可按每增加 1m 的定额子目,计算增加的垂直运输机械,增加 0.5m 以内不计算增加的垂直运输机械台班。其工程量按该层建筑面积计算。

3. 构筑物垂直运输机械

构筑物垂直运输机械,分别不同类型的构筑物,按其设计高度,以座计算。

4. 建筑物基础垂直运输机械

建筑物基础垂直运输机械为塔式起重机,定额分钢筋混凝土基础和钢筋混凝土地下室。

(1) 钢筋混凝土基础,系指钢筋混凝土独立基础、杯形基础、带形基础、满堂基础和设备基础,工程量按上述钢筋混凝土基础的混凝土实体积,以 m^3 计算。

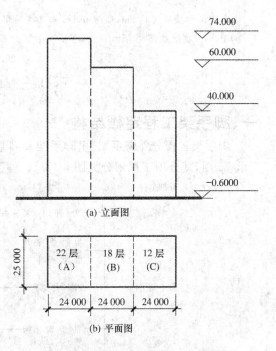

图 8-12-2　不同高度垂直分界面示意图

(2) 钢筋混凝土地下室基础地下室基础分地下一层和地下二层,其工程量按设计室内地坪(±0.000)以下的地下室外围水平面积总和,以 m^2 计算。

例 8-12-2　某一高层办公楼,其面积、高度、层数见图 8-12-2。其中底层、二层层高分别为 5m 和 4m,其余各层层高均小于等于 3.5m,大于等于 3m。试计算该高层办公楼的垂直运输机械。

解:

1. 上部建筑垂直运输机械

(1) 建筑面积　　　　$25 \times 24 \times 22 = 13\,200(m^2)$,套定额 12-3-5(75m 以内)

(2) 建筑面积　　　　$25 \times 24 \times 18 = 10\,800(m^2)$,套定额 12-3-4(60m 以内)

(3) 建筑面积　　　　$25 \times 24 \times 12 = 7\,200(m^2)$,套定额 12-3-3(45m 以内)

2. 建筑物层高超过 3m,每增减 1m 垂直运输机械

(1) 建筑面积　　　　$25 \times 24 \times (2+1) = 1\,800(m^2)$,套定额 12-4-5(75m 以内)

(2) 建筑面积　　　　$25 \times 24 \times (2+1) = 1\,800(m^2)$,套定额 12-4-4(60m 以内)

(3) 建筑面积　　　　$25 \times 24 \times (2+1) = 1\,800(m^2)$,套定额 12-4-3(45m 以内)

例 8-12-3　某一高层住宅,地下一层的外围水平面积为 $1000m^2$;地上 25 层,每层建筑面积为 $1200m^2$,其中底层层高 4m,其余各层层高 2.8m;室外地面标高一0.600,檐口屋面板标高 71.200;屋面上的楼梯间、电梯间和水箱间的屋面标高分别为:74.000、75.200 和 74.700;建筑面积分别为 $40m^2$,$90m^2$ 和 $60m^2$。试计算该高层住宅的垂直运输机械工程量。

解:

1. 基础垂直运输机械

12-6-2　钢筋混凝土地下室一层垂直运输机械

$$1\,000m^2$$

2. 上部建筑垂直运输机械

12-3-5　建筑物高度 75m 以内垂直运输机械

$$1\,200 \times 25 + 40 + 90 + 60 = 30\,190m^2$$

3. 建筑物层高超过 3m,每增减 1m 垂直运输机械

12-4-5　建筑物高度 75m 以内,层高超过 3m,每增减 1m 垂直运输机械

$$1200+90=1290m^2$$

第十三节　脚手架工程

一、脚手架工程定额结构

脚手架工程分外脚手架、里脚手架及满堂脚手架、电梯井脚手架、防护脚手架、构筑物脚手架等 5 节 75 项,其分项工程划分见图 8-13-1。脚手架按材料分竹制及钢管扣件式两种。

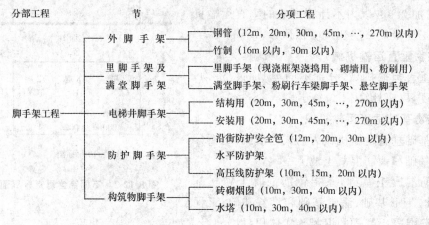

图 8-13-1　脚手架工程分部分项结构图

二、脚手架工程有关定额说明

(一)外脚手架

外脚手架,系指供外墙砌筑和外墙面装饰用的脚手架。定额已综合了考虑斜道、上料平台、铁梯等用料,并包括了屋面顶部滚出物的防患措施;20m 以上的外脚手架定额,还包括了防护安全笆及悬挂安全网。20m 以下的沿街外脚手架,如需搭设防护安全笆,应另套相应定额子目。

(二)里脚手架和满堂脚手架

里脚手架分砌墙用里脚手架和粉刷用里脚手架两种。内墙净高在 3.6m 以上,可套用砌墙用里脚手架;内墙面净高在 3.6m 以上可套用粉刷用里脚手架;围墙净高在 3.6m 以上应分别套用砌墙用和单面粉刷用里脚手架。

室内净高在 3.6m 以上,需做吊顶天棚或板底粉刷时,应套用满堂脚手架定额子目。满堂脚手架高度在 3.60～5.20m 之间为基本层,每增高 1.20m 一个增加层,以此累加(增高 0.60m 以内的不计增加层)。

采用满堂脚手架后不再计算满堂脚手架范围内的粉刷脚手架。

三、脚手架工程工程量计算规则

(一)外脚手架

外脚手架按外墙面的垂直投影面积,以 m² 计算。其工程量计算公式如下:

$$S_{外脚手}=L_外 H$$

式中,H 为外脚手架计算高度,自设计室外地坪面至檐口屋面结构板面或女儿墙顶面。

外脚手架计算高度与定额高度是两个容易混淆的概念。

外脚手架计算高度是计算外脚手架工程量用的,是自设计室外地坪面至檐口屋面结构板面或

女儿墙顶面的高度。它是从设计室外地面开始往上测量。

外脚手架定额高度是套用定额用的,是自设计室内地坪至檐口屋面结构板面的高度。它从设计室内地坪(±0.000)开始往上测量。多跨建筑物高度不同时,应分别按不同高度计算外脚手架。

外脚手架工程量计算规则的具体规定如下:

1. 外脚手架计算高度,自设计室外地坪面至檐口屋面结构板面。有女儿墙时,高度算至女儿墙顶面。

2. 斜屋面的山尖部分只计面积不计高度,并入相应墙体外脚手架工程量内。

3. 坡度大于45°铺瓦脚手架,按屋脊高乘以周长,以 m^2 计算。工程量并入相应墙体外脚手内。

4. 建筑物屋面以上的楼梯间、电梯间、水箱间等(包括与外墙连成一片的墙体)脚手架工程量并入主体建筑脚手架工程量内,按主体建筑物高度的脚手定额子目计算。

5. 高度在 3m 以下的外墙,不计算外脚手架。

6. 埋深 3m 以外的地下室、设备基础、贮水池、油池,在必须搭设脚手架时,可套用外脚手架相应定额子目,按基础垫层面至基础顶板面的垂直投影面积,以 m^2 计算。

7. 砌独立砖柱用脚手,按砖柱断面周长加 3.6m 乘以柱高计算。套用外脚手架的相应定额子目。其工程量计算公式如下:

$$S_{外脚手} = (C+3.6)H$$

式中　C——砖柱的断面周长;

　　　H—— 砖柱的高度。

(二)里脚手架及满堂脚手架

1. 里脚手架

里脚手架,按内墙(面)垂直投影面积,以 m^2 计算,脚手架高度按设计室内地坪面至楼板或屋面板底计算。

围墙里脚手架,按按围墙中心线长度乘以设计室外地坪面至围墙顶的高度,以 m^2 计算,不扣除围墙门所占面积,独立门柱面积也不增加。套用里脚手架砌墙用和粉刷用(单面)定额。

砌墙用里脚手架工程量计算公式:

$$S_{里脚手} = \sum (L_{内} H_{净})$$

粉刷用里脚手架工程量计算公式:

$$S_{里脚手} = 外墙的里面 + 内墙的双面$$
$$= [L_{中} - (2n+4)B] \sum H_{净} + \sum (L_{内} H_{净}) \times 2$$

式中,$H_{净}$为净高。

围墙里脚手架工程量计算公式:

$$S_{里脚手} = L'_{中} H$$

式中　$L'_{中}$——围墙中心线长度;

　　　H—— 设计室外地坪面至围墙顶的高度。

3.6m 以下的内墙(面)、围墙、砖柱,均不计算里脚手架。当计算了满堂脚手架后,就不能再计算粉刷用里脚手架。

2. 满堂脚手架

满堂脚手架,按室内地面净面积计算,不扣除柱、垛所占的面积。其工程量计算公式如下:

$$S_{满堂脚手} = S_{底} - (L_{中} + L_{内})B$$

3. 其他脚手架

(1) 现浇框架浇捣混凝土用脚手架。现浇框架结构层高超过 3.6m 时,其浇捣混凝土用的脚手架,按现浇框架部分的建筑面积计算。

（2）悬空竹脚手架。室内净高在 3.6m 以上,需作板底勾缝、粉缝、刷白、油漆等工作,套用悬空脚手架定额子目,按水平投影面积,以 m^2 计算。

（3）混凝土行车(吊车)梁粉刷脚手架。混凝土吊车梁的梁面粉刷脚手架,按搭设长度乘以高度,以 m^2 计算,计算高度为室内地坪至吊车梁面高度。

（三）电梯井脚手架

电梯井脚手架分土建结构用和电梯设备安装用两种。当结构搭设的脚手架延续至安装使用,套用安装用电梯井脚手架定额时应扣除定额中的人工和机械消耗量。

电梯井脚手架,按单孔(一座电梯)以座计算。高度自电梯井坑底板面至电梯机房的楼板底。

（四）防护脚手架

（1）沿街建筑外侧防护安全笆,仅适用于高度在 20m 以下的沿街建筑物。其工程量按建筑物外侧沿街长度的垂直投影面积计算。

（2）建筑物搭设钢管水平防护架,按立杆中心线的水平投影面积计算。搭设使用期超过基本使用期(六个月),可按每增加一个月子目累计计算。

（3）高压线防护架,按搭设长度乘以高度以 m^2 计算。搭设使用期超过基本使用期(五个月),可按每增加一个月子目累计计算。

（五）构筑物脚手架

（1）砖烟囱脚手架,按室外地坪至烟囱顶部的筒身高度,以座计算。

（2）水塔脚手架,按室外地坪至塔顶的高度,以座计算;倒锥壳水塔脚手架,按水塔脚手架相应定额子目乘以系数 1.3。

例 8-13-1 某一高层办公楼,见图 8-12-2,采用钢管双排脚手架。试计算该高层办公楼的外脚手架工程量。

解:

(A)$(25+24\times2)\times74.6+25\times(74-60)=5\,795.8(m^2)$,套定额 13-1-6(75m 以内)

(B)$(24\times2)\times60.6+25\times(60-40)=3\,408.8(m^2)$,套定额 13-1-5(60m 以内)

(C)$(24\times2+25)\times40.6=2\,963.8(m^2)$,套定额 13-1-4(45m 以内)

复习思考题

1. 根据附图计算平整场地、挖土(地坑)、运土、回填土的工程量。

2. 打预制钢筋混凝土方桩,一般应套哪几项定额? 写出其工程量计算公式。

3. 钻孔灌注桩,一般应套哪几项定额? 写出其工程量计算公式。

4. 分析比较树根桩、压密注浆、深层搅拌桩、三重高压旋喷桩的工程量计算规则。

5. 根据附图计算砖基础、外墙、内墙的工程量。

6. 根据附图计算钢筋混凝土带形基础,地圈梁 JCL、圈梁 QL、屋面圈梁 WQL,天沟 WQL,梁 L、屋面梁 WL,构造柱 GZ,预制过梁 YL,楼板、屋面板、楼梯,雨篷的模板工程量。

7. 根据附图计算地圈梁 JCL 的钢筋工程量。

8. 根据附图计算钢筋混凝土带形基础,地圈梁 JCL、圈梁 QL、屋面圈梁 WQL,天沟 WQL,梁 L、屋面梁 WL,构造柱 GZ,预制过梁 YL,楼板、屋面板、楼梯,雨篷的混凝土工程量。

9. 混凝土构件的驳运与安装定额中,混凝土构件本身费用如何计算? 根据附图计算预制过梁 YL 驳运与安装工程量。

10. 金属构件的驳运与安装定额中,金属构件本身费用如何计算?

11. 根据附图计算门窗工程量(编制门窗表)。

12. 根据附图计算基础垫层,室内地面道渣垫层、素混凝土找平层、面层工程量,楼面面层工程量。

13. 木地板工程一般应套哪几项定额?

14. 哪些面层已包括同种材料的踢脚线?哪些面层已包括找平层?

15. 根据附图计算外墙面抹灰,内墙面抹灰、天棚面抹灰、柱面抹灰,木门油漆,外墙面乳胶漆工程量。

16. 根据附图计算垂直运输机械。

17. 根据附图计算外脚手架工程量。

18. 根据附图计算雨水管,水斗工程量。

19. 根据附图计算屋面保温,防水工程量。

20. 名词解释:工作面、放坡系数、挖土深度、逆作法施工;树根桩、压密注浆、深层搅拌桩、三重高压旋喷桩、钢筋混凝土短桩、地下连续墙;砖砌墙体的计算厚度;钢筋的下料长度、构造柱的马牙槎;钢板的作方面积;全玻璃门、无框玻璃门;主墙间净面积、图示实铺面积;延尺系数 C、隔延尺系数 D;柱结构断面周长、柱饰面周长;超高降效、垂直运输机械;外墙脚手架定额高度、外墙脚手架计算高度。

附图:某工程施工图。

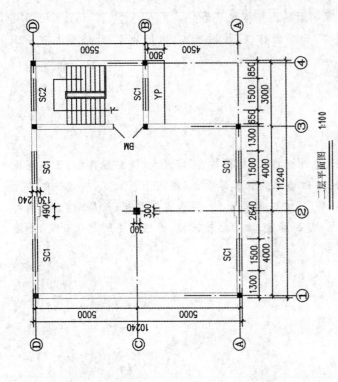

底层平面图 1:100

二层平面图 1:100

1. 本工程设计标高±0.000相当于绝对标高4.450m，室内外高差300，所有图示尺寸均以mm计，标高以m计。

2. 地面做法
 (1) 地面：素土夯实，100厚碎石垫层，100厚C20素砼随打随光，1：2水泥砂浆粉面。
 (2) 踢脚线：120高120厚1：2水泥砂浆踢脚线。
 (3) 室内外踏步：素土夯实70厚碎石垫层100厚C10素砼垫层，1：2水泥砂浆粉面30厚。

3. 楼面做法：钢筋混凝土现浇板上1：2水泥砂浆粉面30厚。

4. 内墙面做法：内墙面均做12厚1：1：6水泥石灰砂浆打底，8厚1：1：4水泥石灰砂浆粉面，8厚刷白涂料刷黄色外墙立邦乳胶漆二度。

5. 外墙面做法：20厚1：3混合砂浆打底，分三层施工刷饰黄色外墙立邦乳胶漆二度。

6. 顶棚做法：9厚1：1：4混合砂浆楼板上刷白水泥二度，8厚刷白水泥地坡找平。

7. 屋面做法：钢筋混凝土现浇板上铺膨胀珍珠岩保温，6厚白水泥1/20，最薄处50厚，坡度20厚1：2防水水泥砂浆找平；改性沥青防水卷材（APP）。

8. 排水：100×75PVC 矩形雨水管。

9. 门窗：见门窗表。

10. 油漆凡露面木料均做油漆（一底二度），金属制品均做红丹漆一度调和漆二度。

图8-附-1 平面图

门 窗 表

类别	名称	设计编号	洞口尺寸 (mm)		数量	备注
			宽	高		
门	塑钢窗	SM	2000	2700	1	
	木门	BM	1500	2400	2	
窗	塑钢门	SC1	1500	1800	9	
		SC2	1500	900	1	

北

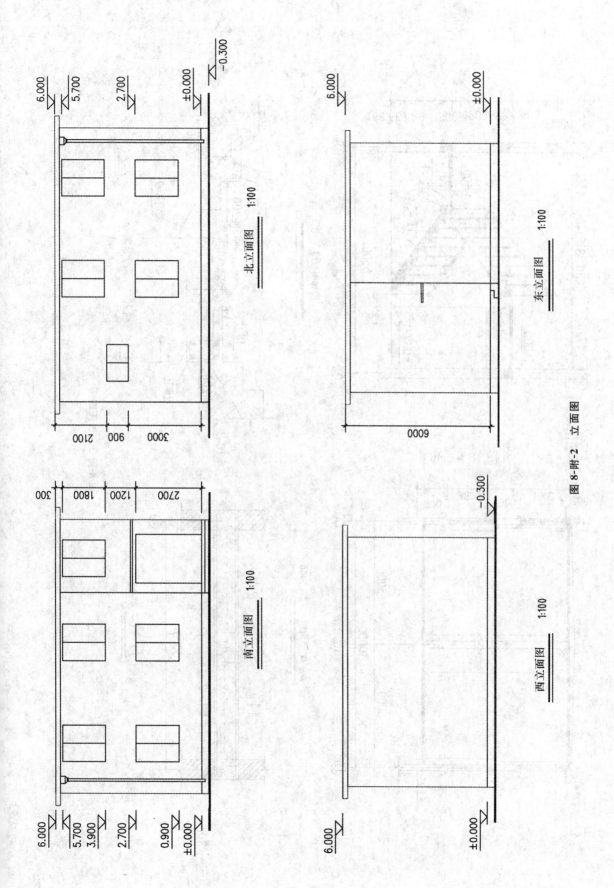

图 8-附-2 立面图

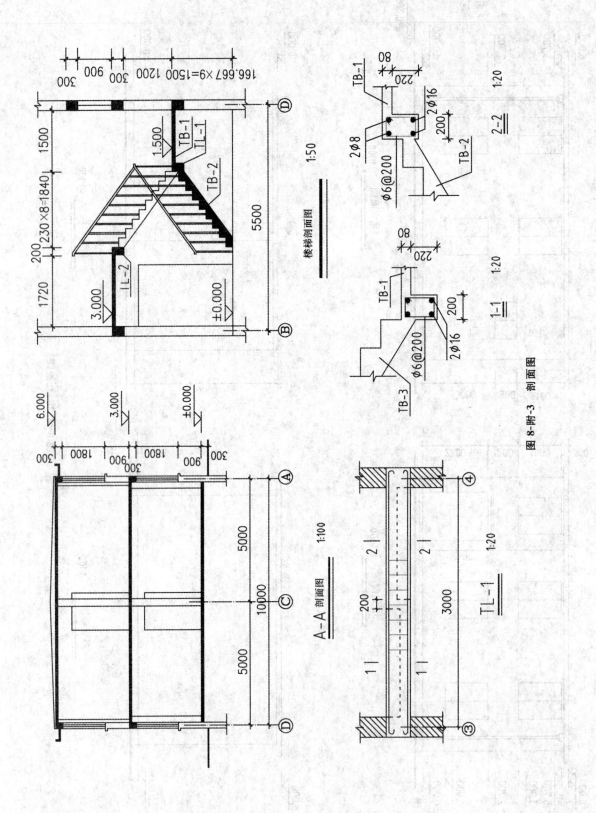

楼梯剖面图 1:50

A-A 剖面图 1:100

TL-1 1:20

2-2 1:20

1-1 1:20

图 8-附-3 剖面图

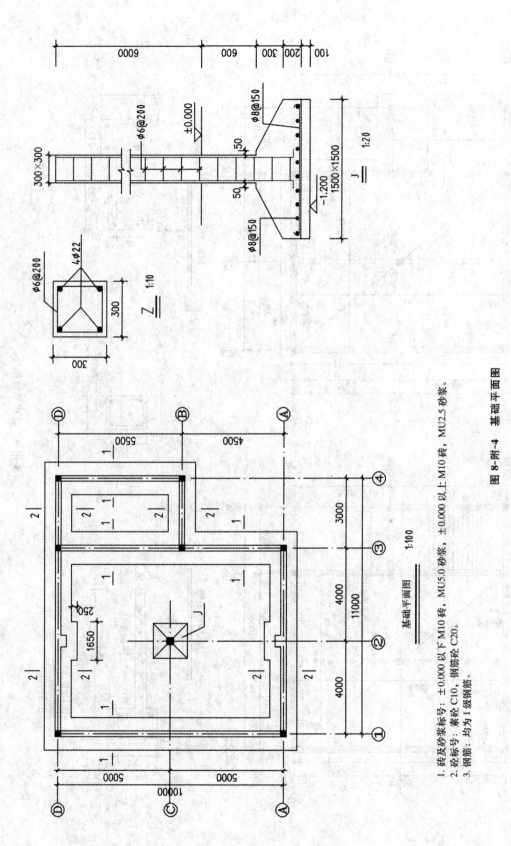

基础平面图　1:100

1. 砖及砂浆标号：±0.000 以下 M10 砖，MU5.0 砂浆，±0.000 以上 M10 砖，MU2.5 砂浆。
2. 砼标号：素砼 C10，钢筋砼 C20。
3. 钢筋：均为Ⅰ级钢筋。

图 8-附-4　基础平面图

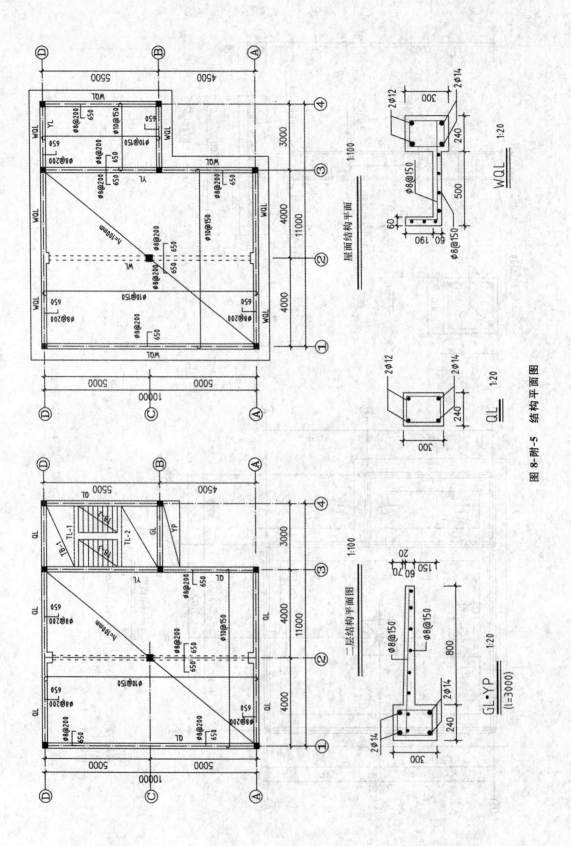

图 8-附-5　结构平面图

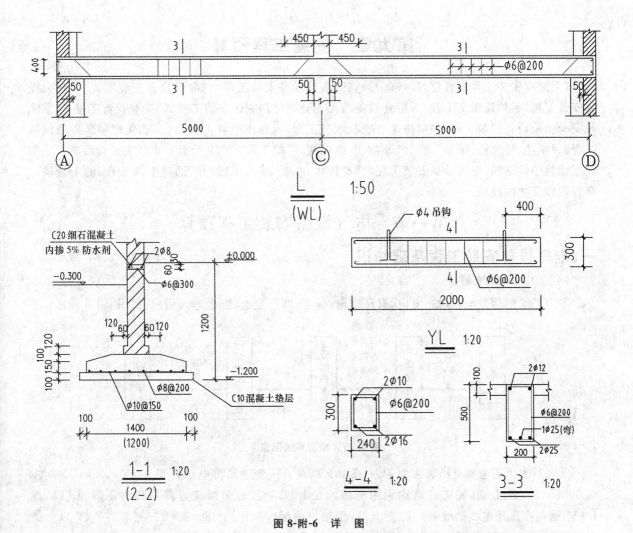

图 8-附-6 详 图

第九章　安装工程预算

《上海市安装工程预算定额(2000)》包括《机械设备安装工程》、《电气设备安装工程》、《热力设备安装工程》、《炉窑砌筑工程》、《静止设备与工艺金属结构制作安装工程》、《工业管道工程》、《消防及安全防范设备安装工程》、《给排水、采暖、燃气工程》、《通风空调工程》、《自动化控制装置及仪表工程》、《刷油、防腐蚀、绝热工程》、《通信、有线电视、广播工程》等12分册。本章主要介绍在工业与民用建筑中常遇的《电气设备安装工程》、《给排水、采暖、燃气工程》和《通风空调工程》的工程量计算规则和定额的使用。

第一节　电气设备安装工程预算

一、电气设备安装工程基础知识

(一)电力系统概念

电力系统包括发电厂(站)发电、升压变电、输电、降压变电、配电进入用户,如图9-1-1所示。

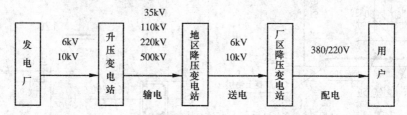

图 9-1-1　电力系统示意图

发电厂发出的电其电压通常为6kV或10kV,在升压变电站将电压升至35kV,110kV,220kV或500kV后,通过高压输电线路输到用电地区变电站,再经过分级变电降压将电压降至6kV或10kV,通过高压送电线路输到厂区变电站,至用户的配电电压为380/220V。通常将1kV以上的电称为高压电,1kV以下的电称为低压电,而36V及其以下称为安全电压。

发电机发出的电一般为三相交流电,到达用户的低压供电线路多为三相四线制,即三根相线(以A,B,C表示)和一根零线(以O表示)。动力线路为三相四线,相线与相线间的电压为380V;照明用电为单相二线,相线与零线间的电压为220V。

电力系统是由一系列变配电设备和装置、操作控制和保护设备和装置、用电设备和装置以及电气仪表组成,并通过不同的导线连接成系统。

(二)常用设备和材料

1. 变压器

电力变压器是发电厂和变电所的主要设备之一,它利用电磁感应把交流电由一种等级的电压与电流转变为相同频率的另一种等级的电压与电流。电压经升压变压器升压后,可以减少线路损耗,提高送电的经济性,达到远距离送电的目的。而降压变压器则能把高电压变为用户所需要的各级使用电压,满足用户需要。变压器分干式变压器、油浸式变压器、有载调压变压器和组合型成套箱式变压器。变压器的主要指标是:额定容量(kVA)、额定电压(V)、额定电流(A)。

2. 配电装置

配电装置有高压断路器、高压隔离开关、高压负荷开关、熔断器、互感器、电抗器、电容器和成套高压配电柜。

高压断路器是变电所主要的电力控制设备,它能在任何状态下(空载、负载、短路)安全、可靠地接通或断开电路。高压断路器分多油断路器、少油断路器、真空断路器和 SF$_6$ 断路器。断路器的主要指标是:额定电压(kV)和额定电流(A)。

高压隔离开关具有明显的分段间隙,它主要用来隔离高压电源,保证安全检修,并能够通断一定的小电流。因无灭弧装置,故不能带负荷操作。因隔离开关具有明显的分段间隙,因此它通常与断路器配合使用。

高压负荷开关是一种带有灭弧装置和限制负荷电流值的分合开关。它与高压隔离开关相似,在断开状态时都有可见的断开点;但它可用来开闭电路,这又与高压断路器类似。然而,高压断路器可以控制任何电路,而负荷开关只能开闭负荷电流,或者开断过负荷电流,而不能用于断开短路故障电流。所以负荷开关在多数情况下,应与高压熔断器配合使用,由后者来担任切断短路故障电流的任务。负荷开关的开闭频度和操作寿命往往高于断路器。

熔断器串联在电路中,利用热熔断原理防止过载、短路电流通过,以保护电气装置和线路的安全。常用的高压熔断器有 RN1、RN2 型户内式;RW4 型户外跌落式;低压熔断器有瓷插式、螺塞式、密闭管式(常用 RM10)、填料式(常用 RTO)等。

互感器分电压互感器和电流互感器。电压互感器是将高电压按一定的比例变换成二次标准电压(100V)的设备。电流互感器是将大电流或高压大电流按一定的比例变换成二次标准电流(5A 或 1A)的设备。专供测量仪表和继电保护配用,起隔离高压电路或扩大测量范围的作用。

电气回路的主要组成部分有电阻、电容和电感。电感具有抑制电流变化的作用,并能使交流电移相,把具有电感作用的绕线式的静止感应装置称为电抗器。电抗器常用作限流、稳流、降压、补偿、移相等。按用途分有限流电抗器(又称串联电抗器,补偿电容器组回路中串入电抗器后,能抑制电容器支路的高次谐波,降低操作过电压,限制故障过电流)、并联电抗器(一般接于超高压输电线的末端和地之间,起无功补偿作用)、消弧电抗器(又称消弧线圈,接于三相变压器的中性点与地之间,用以在三相电网的一相接地时供给电感性电流,以补偿流过接地点的电容性电流,消除过电压)、启动电抗器(与电动机串联,限制其启动电流)、电炉电抗器(与电炉变压器串联,限制其短路电流)、滤波电抗器(用于整流电路,以减少电流上纹波的幅值,可与电容器构成对某种频率共振的电路,以消除电力电路某次谐波的电压或电流)。

电力电容器是一种无功补偿装置。电力系统的负荷和供电设备如电动机、变压器、互感器等,除了消耗有功电力以外,还要"吸收"无功电力。如果这些无功电力都由发电机供给,必将影响它的有功出力,不但不经济,而且会造成电压质量低劣,影响用户使用。电容器在交流电压作用下能"发"无功功率(电容电流),如果把电容器并联在负荷(如电动机)或供电设备(如变压器)上运行,那么,负荷或供电设备要"吸收"的无功功率,正好由电容器"发出"的无功功率供给,这就是并联补偿。并联补偿减少了线路能量损耗,可改善电压质量,提高功率因数,提高系统供电能力。如果把电容器串联在线路上,补偿线路电抗,改变线路参数,这就是串联补偿。串联补偿可以减少线路电压损失,提高线路末端电压水平,减少电网的功率损失和电能损失,提高输电能力。

成套高压配电柜(又称成套高压配电装置)是由制造厂成套供应的设备,运抵现场后组装而成的高压配电装置。它将电气主电路分成若干个单元,每个单元即一条回路,将每个单元的断路器、隔离开关、电流互感器、电压互感器,以及保护、控制、测量等设备集中装配在一个整体柜内(通常称为一面或一个高压开关柜),有多个高压开关柜在发电厂、变电所或配电所安装后组成的电力装置称为成套配电装置。成套高压配电柜分单母线柜和双母线柜。按柜体内容又分油断路器柜、互感器柜、母线桥、变压器柜。

3. 控制设备及低压电器

控制设备及低压电器有控制屏(控制屏、继电信号屏、弱电控制返回屏、低压配电屏、模拟屏、保护屏、控制台、直流屏、蓄电池端电池控制屏)、硅整流柜、可控硅柜、分流器、端子箱电度表、配电盘箱柜(动力、照明)、空气断路器(空气开关、漏电开关)、控制开关(刀型开关、铁壳开关、胶盖闸刀开关、万能转换开关)、熔断器和限位开关、启动控制电器(磁力启动器、Y-△自耦减压启动器)、电阻器和变阻器、电磁制动器和快速自动开关。

4. 用电设备

(1)蓄电池。蓄电池也称二次电池,是将所获得的电能以化学能的形式贮存并可将化学能转化为电能的一种电学装置。蓄电池按电解质不同,通常分为碱性蓄电池和酸性蓄电池。电气系统中的蓄电池主要应用于保护和自动控制的应急(备用)电源。

(2)电动机。电动机俗称马达,按电能种类分为直流电动机和交流电动机;从电动机的转速与电网电源频率之间的关系来分类可分为同步电动机与异步电动机;按电源相数来分类可分为单相电动机和三相电动机;按防护形式可分为开启式、防护式、封闭式、隔爆式、防水式、潜水式;按安装结构形式可分为卧式、立式、带底脚、带凸缘等。

(3)起重机。起重机根据外形可分为桥式起重机、梁式起重机、门式起重机、悬臂式起重机和电动葫芦。

(4)电梯。电梯按驱动方式分为交流电梯(用交流感应电动机作为驱动力的电梯)、直流电梯(用直流电动机作为驱动力的电梯)、液压电梯(利用电动泵驱动液体流动,由柱塞使轿厢升降的电梯)、齿轮齿条电梯(将导轨加工成齿条,轿厢装上与齿条啮合的齿轮,电动机带动齿轮旋转使轿厢升降的电梯)、螺杆式电梯(将直顶式电梯的柱塞加工成矩形螺纹,再将带有推力轴承的大螺母安装于油缸顶,然后通过电机经减速机或皮带带动螺母旋转,从而使螺杆顶升轿厢上升或下降的电梯)。此外还有自动扶梯和自动步行道。

5. 照明器具及开关、插座及其他电器

照明按系统可分为正常照明和事故照明,正常照明还可分为一般照明、局部照明和混合照明。一般照明是供整个面积上需要的照明,如教室、阅览室等,局部照明只供某一局部的照明,混合照明是一般照明和局部照明兼而有之,往往用于工业建筑中。为满足消防要求,较重要工作场所还设有事故照明,在正常照明中断的情况下供继续工作和人员安全通行。

灯具可以分为不同类型。根据光源可以分为白炽灯、日光灯、镁光灯、节能灯、霓虹灯钠灯、金属卤化物灯、LED灯等;根据用途可以分为工业用途的高跨度灯,家庭用途的台、吊、壁、落地灯、公共用途灯,装饰用途灯,特种用途灯(防尘灯,防爆灯,密闭灯,黑光灯,激光灯,应急灯等);根据固定方式可以分为吸顶灯、镶嵌灯、吊灯、壁灯、台灯、落地灯和轨道灯。

开关直接用于断通电路,有拉线开关、翘板开关、声控延时开关、红外感应延时开关、节能钥匙开关、密闭开关等。

插座是移动式电气设备(台灯、电视机、洗衣机、电冰箱……)的供电点。动力电气设备用三相四眼插座,单相电气设备用单相三眼(有机壳接零)或单相二眼插座。此外还有防爆插座、地插座。

其他电器是指固定式小电器。如:门铃、吊扇、壁扇等。

6. 电气线路材料

电气线路材料有导线、电缆、母线、母线槽及其敷设材料(管材、桥架和线槽)。

(1)导线。导线是传送电能的金属材料,有裸线和绝缘线,绝缘材料有橡胶或聚氯乙烯,芯材有铜芯或铝芯。单根导线截面为 $1.5mm^2$, $2.5mm^2$, $4mm^2$, $6mm^2$, $10mm^2$, $16mm^2$, $25mm^2$, $35mm^2$, $50mm^2$, $70mm^2$, $95mm^2$, $120mm^2$。常用配电导线的型号和用途参见表 9-1-1。

表 9-1-1　　　　　　　　　　　常用配电导线的型号和用途表

型　号	名　　称	用　　途
BX	棉纱编织的铜芯橡皮线	500V,户内和户外固定敷设用
BLX	棉纱编织的铝芯橡皮线	500V,户内和户外固定敷设用
BBX	玻璃丝编织的铜芯橡皮线	500V,户内和户外固定敷设用
BBLX	玻璃丝编织的铝芯橡皮线	500V,户内和户外固定敷设用
BV	铜芯塑料线	500V,户内固定敷设用
BLV	铝芯塑料线	500V,户内固定敷设用
BVV	铜芯塑料护套线	500V,户内固定敷设用
BLVV	铝芯塑料护套线	500V,户内固定敷设用
BVR	铜芯塑料软线	500V,要求比较柔软时用
BVRP	平行铜芯塑料线	500V,户内连接可移动小型电器用

　　(2)电缆。电缆是将一根或数根导线集成后被包裹在一根更粗大的绝缘管子内的单股导线。电缆分电力电缆和控制电缆。常用电力电缆有塑料绝缘电缆(代号为 V)、橡胶绝缘电缆(代号为 X)和纸绝缘电缆(代号为 Z)。控制电缆是供配电装置中仪表、电器、电路、控制或供连接电路信号之用,有 KLVV 系列聚氯乙烯绝缘控制电缆,KXV 系列橡皮聚氯乙烯绝缘护套控制电缆。

　　预制分支电缆是工厂按照电缆用户要求的主、分支电缆型号、规格、截面、长度及分支位置等指标,在工厂内制作完成的带有分支的电缆。广泛用于高层建筑、机场、港口、隧道项目中,作为供、配电的主干线电缆使用。

　　(3)母线。母线是用于连接变电所中各级电压配电装置以及变压器等电气设备和相应配电装置的矩形或圆形截面的裸导线或绞线。母线按结构分为硬母线和软母线。硬母线又分为矩形母线和管形母线。矩形母线一般使用于主变压器至配电室内,软母线用于室外。

　　(4)母线槽。母线槽系统是一个高效输送电流的配电装置,替代传统的大电流输送所需的多路电缆并联。母线槽是由金属板(钢板或铝板)为保护外壳、导电排、绝缘材料及有关附件组成的母线系统。它可制成每隔一段距离设有插接分线盒的插接型封闭母线,也可制成中间不带分线盒的馈电型封闭式母线。母线槽系统一般多应用在变压器和配电柜之间的连接以及由配电中心(配电盘、柜)至负载的呈树干式布线方式的供电系统。在高层建筑的供电系统中,动力和照明线路往往分开设置,母线槽作为供电主干线在电气竖井内沿墙垂直安装一趟或多趟。应注意的是电缆是按照截面来表示的,母线槽是按照额定工作电流表示。

　　(5)管材。敷设导线用的管材主要有钢管(镀锌管和黑铁管)、电线管(涂漆薄型管和镀锌电线管)和塑料管、金属软管(蛇皮管)。电线管(涂漆薄型管和镀锌电线管)和塑料管适用于干燥环境,是室内照明配线最常用的材料,分别用 DG 和 VG 表示;钢管(镀锌管和黑铁管)适用于受力和潮湿环境,多用于动力线路或底层地面内的暗配管,用 G 表示;金属软管(蛇皮管)用于电器设备连接处。穿管配线时,一般情况下导线与管径匹配如表 9-1-2 所示。

　　(6)桥架。桥架是敷设电缆用的金属带盖的槽,其形式有槽式、托盘式和梯级式;材质有钢的和铝合金的;钢的表面处理分塑料喷涂、镀锌、喷漆等。

　　(7)线槽。线槽分塑料线槽和防火线槽。将电线放在槽板底板的槽中,底板用铁钉或螺丝与建筑物固定,上面再加上盖板。在旧建筑物改造工程中塑料线槽使用相当普遍。

　　(8)钢索及其拉紧装置。钢索(圆钢或钢丝绳)及其拉紧装置(花篮螺栓)用于敷设移动软电缆和电缆。

表 9-1-2　　导线穿管对照表

导线截面	最小管径(mm)								
（mm²）	DG	G	VG	DG	G	VG	DG	G	VG
	2 根			3 根			4 根		
1.5	15	15	15	20	15	20	25	20	20
2.5	15	15	15	20	15	20	25	20	25
4	20	15	20	25	20	20	25	20	25
6	20	15	20	25	20	25	25	25	25
10	25	20	25	32	25	32	40	32	40
16	32	25	32	40	32	40	40	32	40
25	40	32	32	50	32	40	50	40	50
35	40	32	40	50	40	50	50	50	50
电缆穿管时,线管内径不小于电缆外径的 1.5 倍									

7. 防雷接地装置

防雷接地装置由三部分组成:引雷装置(避雷针、避雷带网)、引下装置(避雷引下线)和接地装置(接地跨接线、接地母线、接地极)。

均压环是高层建筑物为防侧击雷而设计的环绕建筑物周边的水平避雷带。在建筑设计中当高度超过滚球半径时(一类 30m,二类 45m,三类 60m),每隔 6m 设一均压环。在设计上均压环可利用圈梁内两条主筋焊接成闭合圈,此闭合圈必须与所有的引下线连接。要求每隔 6m 设一均压环,其目的是便于将 6m 高度内上下两层的金属门、窗与均压环连接。

二、电气设备安装工程预算定额概述

(一)电气设备安装工程预算定额的适用范围

《上海市电气设备安装工程预算定额(2000)》适用于 35kV 以下的变配电设备及 10kV 以下的架空线路安装、车间动力电气设备及电气照明器具、防雷及接地装置安装;规划红线内的配管配线、电梯电气装置、起重设备电气装置、电气调整试验等各类工业与民用的新建扩建项目的安装工程;规划红线外的 10kV 以下的架空线路安装工程、路灯工程及电缆工程。不适用于 35kV 以上的变配电设备及发电机组所属的电气设备。

(二)电气设备安装工程预算定额的结构

《上海市电气设备安装工程预算定额(2000)》结构如图 9-1-2 所示。

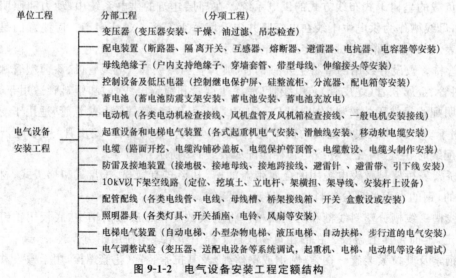

图 9-1-2　电气设备安装工程定额结构

（三）电气设备安装工程预算定额与其他专业预算定额的关系

起重设备、各类电梯机械装置的运输检查安装调试等执行《机械设备安装工程预算定额》,其配管配线、电缆敷设、电机检查接线、电气调试等执行《电气设备安装工程预算定额》。

火灾报警系统中的探测器、报警按钮、控制模块、控制器、火灾事故广播安装、消防通讯设备安装等执行《消防及安全防范设备安装工程预算定额》,其配管配线、电缆敷设、接线盒、桥架安装、动力制器设备、应急照明制器设备、应急照明器具、防雷接地装置、铁构件制作安装等执行《电气设备安装工程预算定额》。

各类控制仪、检测仪、监控装置、工厂通讯线路敷设等执行《自动化控制装置及仪表工程》定额,其配管配线、电力电缆和控制电缆敷设、仪表线缆保护管敷设、线槽桥架安装、电气接地系统、铁构件制作安装等执行《电气设备安装工程预算定额》。

光缆、同轴电缆及附属设备的安装执行《通信、有线电视、广播工程预算定额》。

金属结构件及管道的除锈刷油工程执行《刷油、防腐蚀、绝热工程预算定额》。

《电气设备安装工程预算定额》中没有的项目可执行其他专业相应定额的定额子目,各册均没有的项目可根据实际情况以及定额规定编制补充定额。

三、电气设备安装工程的工程量计算规则

电气设备安装工程预算包括设备、装置安装及调试和线路敷设两部分。以下介绍《上海市电气设备安装工程预算定额(2000)》的工程量计算规则。

（一）变压器

1. 工程量计算规则

(1) 各类变压器安装、干燥、吊芯检查、组合型成套箱式变压器安装,应区分电压等级、容量,以"台"为计量单位。

(2) 变压器油过滤以"t"为计量单位。不论过滤多少次,直到过滤到合格为止,其具体计算方法如下:过滤油量(t)＝设备油量(t)×(1＋损耗率)。

2. 应注意的问题

(1) 变压器干燥,只有经判定变压器绝缘受潮,确需进行干燥的,经甲方和监理签证后方可进行干燥,并作相关记录,提供有关资料才能计取此项费用。

(2) 变压器吊芯检查,只有在单独进行吊芯检查时才能计取,应根据签证和有关吊芯检查资料再计取此项费用。

(3) 组合型成套箱式变压器的工作内容已包括两侧的高、低压开关柜检查接线、接地工作内容;未包括基础槽钢、母线以下线的配置安装。

(4) 消弧圈安装已综合了绝缘油过滤工作,不能再计取油过滤费用。

（二）配电装置

1. 工程量计算规则

(1) 断路器、电流互感器、电压互感器、熔断器、油浸式电抗器、电容器、成套高压配电柜的安装,均以"台"为计量单位。

(2) 隔离开关、负荷开关、避雷器、干式电抗器的安装,均以"组"为计量单位,每组按三相计算。

2. 应注意的问题

(1) 配电设备定额中未包括基础槽钢的制作安装,基础槽钢的制作安装可套用"控制设备及低压电器"基础槽钢、角钢制作安装定额 2-227—2-230。

(2) 配电设备定额中未包括端子板外部接线,端子板外部接线可套用"控制设备及低压电器"

端子板外部接线定额 2-320—2-323。

（三）母线及绝缘子

母线是变配电设备之间连接的大截面导线，绝缘子是支持母线的绝缘瓷器。

1. 工程量计算规则

（1）母线安装定额分带型铝母线和带型铜母线（带型钢母线可直接套用带型铜母线定额），应区分截面和片数，以"m/单相"为计量单位。硬母线配置安装预留长度按表 9-1-3 的规定计算。

表 9-1-3 硬母线配置安装预留长度表

序号	项　目	预留长度（m/根）	说　明
1	带型母线终端	0.3	从最后一个支持点算起
2	带型母线与分支线连接	0.5	分支线预留
3	带型母线与设备连接	0.5	从设备端子接口算起

（2）户内支持绝缘子安装、穿墙套管安装、母线伸缩接头及铜过渡板安装均以"个"为计量单位。

2. 应注意的问题

（1）固定母线用的金具已包括在"母线安装"定额内。

（2）母线与变压器连接桩头上方应按规范要求制作连接短母线，该段短母线不能套用母线伸缩接头制作安装定额，已综合考虑在母线安装工程量中。

（3）带型母线安装均不包括支持瓷瓶安装和钢构件配置安装。

（四）控制设备及低压电器

1. 工程量计算规则

（1）控制设备及低压电器安装均以台（个）为计量单位。

（2）基础槽钢、角钢制作安装均以"m"为计量单位。

（3）铁构件制作安装，应区分单件成品重量，以"kg"为计量单位，

（4）铁箱（盒）制作，以"t"为计量单位。

（5）网门、保护网制作安装，按网门或保护网设计图示的框外围尺寸以"m²"为计量单位。

（6）配电板（木、塑料、胶木）制作，以"m²"为计量单位。

（7）盘、柜配线以"m"为计量单位。盘、箱、柜的外部进出线预留长度按表 9-1-4 的规定计算。

表 9-1-4 盘、箱、柜的外部进出线预留长度表

序号	项　目	预留长度（m/根）	说　明
1	各种箱、柜、盘、板	高+宽	盘面尺寸
2	单独安装的铁壳开关、自动开关、刀开关、启动器、箱式电阻器、变阻器	0.3	从安装对象中心算起
3	继电器、控制开关、信号灯、按钮、熔断器等小电器	0.3	从安装对象中心算起

（8）导线分流器仅适用于住宅楼层分线箱内主干线与分支线接头。当设计及验收有此要求时方可以主干线相应截面积选用相应定额，以"个"为计量单位。

（9）端子板外部接线，按设备盘、箱、柜、台的外线接线图示以"个头"为计量单位。

2. 应注意的问题

（1）基础槽钢角钢、铁构件、铁箱（盒）网门、保护网制作定额均已包括刷漆、补漆，但不包括镀

锌、镀锡、镀铬、喷塑等其他金属防护费用,需要时应另行计算,但须扣除刷漆、补漆费用。

(2)焊(压)接线端子定额只适用于配电箱、盘、柜内截面积大于 $10mm^2$ 的导线。电缆终端头制作安装定额中已包括焊(压)接线端子,不得重复计算。

(3)定型配电箱内电器与电器之间的连接导线已由制造厂完成安装,只有配电箱的进线(电源线)及出线(馈电线)由施工单位安装,此项内容已包括在配电箱安装的工作内容中,不可另行套用焊(压)接线端子定额。但 $16mm^2$ 及以上铜铝导线由于一般均需焊、压铜铝接线端子,故可根据实际发生数量套用 2-490—2-500 焊、压铜铝接线端子定额子目。如配电箱的进出线选用电力电缆,则不能套用"焊压铜、铝接线端子"定额子目。因电力电缆可按规定套用"电缆终端头制作安装"定额,焊压铜、铝接线端子的工作内容已包含在"电缆头制作安装"定额内。

(五)蓄电池

1. 工程量计算规则

(1)防震支架安装应区分支架形式(单层、双层;单排、双排),以"m"为计量单位。

(2)各类蓄电池安装应区分额定容量,以"个(组件)"为计量单位。例如某项目设计一组蓄电池为 $220V/500A \cdot h$,由 $12V$ 的组件 18 个组成,则应套用 $12V/500A \cdot h$ 的定额 18 组件。

(3)蓄电池充放电应区分容量,以"个"为计量单位。

2. 应注意的问题

(1)"蓄电池安装"定额已包括电解液材料消耗量,不包括蓄电池接头连接用的电缆及电缆保护管的安装。

(2)"蓄电池充放电"定额中的电量及工日数不允许调整。

(六)电动机

发电机、电动机本体安装套用《机械设备安装工程》分册的有关定额,这里只列电机检查接线定额。

1. 工程量计算规则

电动机检查接线,应区分电机类别和功率,以"台"为计量单位。

2. 应注意的问题

(1)电动机检查接线定额中已包括电机本体接地,执行中无论用何种方式何种材料均不做调整,更不能再套用接地跨接线安装定额项目。

(2)"电动机检查接线"定额均不包括控制装置的安装和接线,也不包括电机的干燥工作。

(3)"电机干燥"定额系按一次所需的工、料、机消耗量考虑的,如需进行干燥,应在建设单位确认和签证后,根据干燥记录按实际干燥次数计算。

(4)带有短线及插头的小型电机不能套用交流电机检查接线定额,应套用一般电器安装接线。

(七)起重设备电气装置

1. 工程量计算规则

(1)起重设备电气装置应区分起重机主钩的起重量,以"台"为计量单位。

(2)滑触线安装以单相长度"m/单相"为计量单位;安全型滑触线安装以三相长度"m/三相"为计量单位。滑触线的附加长度和预留长度按表 9-1-5 的规定计算。

(3)单相安全型滑触线安装按相应定额乘以系数 0.5;三相四线或三相五线参照本定额执行。

(4)移动软电缆以"根"为计量单位。

(5)滑触线支架、指示灯、拉紧装置、支持器以"副(套)"为计量单位。

表 9-1-5 滑触线的附加长度和预留长度表

序号	项　　目	预留(附加)长度(m/根)	说　　明
1	圆钢、铜母线与设备连接	0.2	从设备接线端子接口起
2	圆钢、铜滑触线终端	0.5	从最后一个固定点算起
3	角钢滑触线终端	1.0	从最后一个支持点算起
4	扁钢滑触线终端	1.3	从最后一个固定点算起
5	扁钢母线分支	0.5	分支线预留
6	扁钢母线与设备连接	0.5	从设备接线端子接口起
7	轻轨滑触线终端	0.8	从最后一个支持点算起
8	安全节能及其他滑触线终端	0.5	从最后一个固定点算起

2. 应注意的问题

(1) 起重机电气设备安装定额系按成套起重机考虑的,其电气安装主要指电气检查接线。非成套供应的起重机,则需按分部分项定额逐项套用计算。

(2) 起重机本体安装执行《机械设备安装工程》分册的有关定额。

(3) 起重机基础及预埋件执行土建定额。

(4) 根据规范要求,钢滑触线除接触面外,其余表面应涂以红色漆或相色漆,定额已包括。

(5) 滑触线及支架的安装高度以 10m 为准,超过 10m 可按规定增加超高系数。

(6) 根据规范要求,在跨越建筑物伸缩缝时,滑触线应装伸缩器,两侧的滑触线应用软导线跨接,其允许截留量不应小于导线的允许截留量。"角钢滑触线"定额已按每单相 100m 综合一套伸缩器,实际工作中不论多少均不做调整。

(八) 电缆

1. 工程量计算规则

(1) 直埋电缆路面开挖以"m²"为计量单位。

(2) 直埋电缆挖、填土方以"m³"为计量单位。除特殊要求外,挖、填土方工程量可按以下标准计算工程量:

两根以内的电缆沟,系按上口宽度 600mm,下口宽度 400mm,深度 900mm 计算的常规土方量(深度按规范的最低标准)。每增加一根电缆,其宽度增加 170mm。根据此最低标准可编制出直埋电缆土方工程量计算表,参见表 9-1-6。

表 9-1-6　　　　　　　　　　　直埋电缆土方工程量计算表

项　　目	电缆根数	
	1~2 根	每增加一根
每米沟长挖方量(m³/m)	0.45	0.153

注:埋深从自然地坪起算,如设计埋深超过 900mm 时,多挖的土方量另行计算。

(3) 电缆沟铺砂、盖砖(保护板),按设计图示以"m"为计量单位。

(4) 电缆沟揭盖盖板按每揭或每盖一次以"m"为计量单位。

(5) 电缆保护管敷设按设计规定长度以"m"为计量单位。如设计无规定时应按以下规定计算长度:横穿道路,按路基宽度两端各加 1m;垂直敷设,管口距地面加 2m;穿过建筑物外墙者,按基础外缘以外加 1m;穿过排水沟,按沟壁外缘以外加 0.5m。

(6) 电缆保护管顶管以"根"为计量单位。

(7) 电缆保护管埋地敷设的土方量按设计图示以"m³"为计量单位。(无施工图时一般按沟深0.9m,沟宽按最外边的保护管两侧边缘各加0.3m工作面计算工程量)。

(8) 电缆敷设应区分材质(铜芯、铝芯)以单根长度"m"为计量单位。如:一个沟内(或架上)敷设三根各长100m的电缆,应按300m计算,以此类推。电缆敷设长度应根据敷设路径的水平和垂直敷设长度,另按表9-1-7规定增加附加长度。

(9) 电缆终端头及中间头均以"个"为计量单位。电力电缆和控制电缆均按一根电缆有两个终端头计算,中间电缆头按实际情况计算(当发生中间电缆头时,凭现场签证计算)。

表 9-1-7　　　　　　　　　　　　电缆敷设预留(附加)长度表　　　　　　　　　　单位:m/根

序号	项　　目	预留(附加)长度	说　　明
1	电缆敷设驰度、波形弯度、交叉	2.5%	按电缆全长计算
2	电缆进入建筑物	2.0m	规范规定最小值
3	电缆进入沟内或吊架时引上(下)预留	1.5m	规范规定最小值
4	变电所进线、出线	1.5m	规范规定最小值
5	电力电缆终端头	1.5m	检查余量最小值
6	电缆中间接头盒	两端各留2.0m	检查余量最小值
7	电缆进控制、保护屏及模拟盘等	高+宽	按盘面尺寸
8	高压开关柜及低压配电盘、箱	2.0m	盘下进出线
9	电缆至电动机	0.5m	从电机接线盒计算
10	厂用变压器	3.0m	从地坪起算
11	电缆绕过梁柱等增加长度	按实计算	按被绕物的断面情况计算增加长度
12	电梯电缆与电缆架固定点	每处0.5m	规范最小值

说明:①电缆附加及预留的长度是电缆敷设长度的组成部分,应计入电缆长度工程量以内。

②如电缆敷设后实量,应按实量值计算,不考虑预留长度。

③实际敷设中,未按表中规定预留时,不应计算预留长度。

2. 应注意的问题

(1) 电缆沟铺砂、盖砖(保护板),如实际施工中未铺砂(利用沟边软土),则人工乘以系数0.5,并扣除定额中的黄砂消耗量。

(2) 电缆沟揭盖盖板按每揭或每盖一次以"m"计算工程量。如又揭又盖,则按两次计算。

(3) 竖直通道电缆是指(必须是)在电视塔、灯塔及高层建筑竖井中的垂直敷设部分的电缆。

(4) 1kV以下截面积在10mm²以下的电缆一般不计算终端头制作安装。单芯电缆头制作安装按相应定额乘以系数0.6。

(5) 电缆支架、吊架制作安装另套"控制设备及低压电器"铁构件制作安装定额2-343—2-356。

(6) 吊电缆的钢索及拉紧装置,另套"配管配线"钢索、拉紧装置定额2-1384—2-1392。

(九) 防雷接地装置

1. 工程量计算规则

(1) 接地极制作安装,按设计长度以"根"为计量单位。设计无规定时,每根长度按2.5m计算。不论现场加工或成品供货均不做调整。如设计有管帽时,另按加工件计算。

(2) 接地母线、避雷带、网敷设,按设计长度(水平长度加垂直长度)另加3.9%附加长度(包括转弯、上下波动、避绕障碍物、搭接头所占长度)以"m"为计量单位。

（3）接地跨接线安装按实际数量以"处"为计量单位。

（4）避雷针制作、安装均以"根"为计量单位；独立避雷针安装均以"基"为计量单位。独立避雷针制作套用"控制设备及低压电器"20kg以上一般铁构件制作定额2-349，按设计图示，以"kg"为计量单位。

（5）球状避雷器安装以"套"为计量单位。

（6）避雷引下线（装在建筑物、构筑物上）敷设，按设计长度以"m"为计量单位。

（7）利用建筑物柱内主筋作引下线、利用圈梁内主筋作均压环安装，按设计需要焊接的主筋长度以"m"为计量单位。

（8）利用建筑物柱内主筋作引下线（机械连接）是指建筑物柱内主筋土建施工采用机械连接后的跨接，按设计需要跨接的主筋长度以"m"为计量单位。

2．应注意的问题

（1）接地母线埋地敷设定额已包括挖、填土方及夯实工作，不应再计算土方量，如遇有石方、积水等不明障碍物等情况时可另行计算。

（2）接地母线沿建筑物明敷及避雷带、网安装均已包括了支持卡子的制作和安装。

（3）接地跨接线安装仅适用于不需敷设接地线的金属物断联点。只有非电气设备或管道在要求接地时，方可套用接地跨接线安装定额。接地跨接线安装定额分螺栓连接、焊接、幕墙支架支持点接地和钢铝门窗接地。如金属管道管件跨接（防静电）利用法兰盘螺栓，钢轨利用鱼尾板固定螺栓，高于屋顶排水铸铁管防雷采用螺栓抱箍式接地，但定额本身未带螺栓；平行管道采用焊接；屋顶金属旗杆采用焊接；幕墙支架支持点的接地，高层建筑物防侧击雷的钢铝门窗接地，均按设计要求与均压环连接。

（4）利用桩基及底板钢筋作引下线，应按需焊接的钢筋引下线延长米套用2-963定额子目，定额中已综合了底板钢筋与桩基连接的焊接用短钢筋的工作内容，不可再另外套用"接地跨接线安装"定额。

（5）建筑物屋顶的防雷接地装置套用"避雷带、网安装"相关定额。电缆支架的接地母线安装套用相应"接地母线敷设"定额项目。

（6）引下线的引下点一般应装置断接卡子及楼地面保护管，定额中已包括。

（7）接地电阻测试分接地极（组）、接地网（系统），套用"电气调整试验"中的接地装置调试定额2-1907和2-1908。

（十）10kV以下架空线路

1．工程量计算规则

（1）架空线杆施工定位以"基"为计量单位；架空线杆基础的挖填方量以"m³"为计量单位。无底盘、卡盘的电杆坑，其挖土体积为

$$V=0.8\times0.8\times h$$

式中，h为坑深，设计无规定时可按表9-1-8规定的深度计算；底拉盘按底宽每边增加0.1m。

表9-1-8　　　　　　　　　　　　　　　**杆 坑 深 度 表**

杆高(m)	7	8	9	10	11	12	13	15
埋深(m)	1.2	1.4	1.5	1.7	1.8	2.0	2.2	2.5

（2）底盘、卡盘、拉线盘安装以"个"为计量单位；水泥杆焊接"一个口"为计量单位；木杆根部防腐以"根"为计量单位。

（3）立电杆按杆类型及长度，以"根"为计量单位；横担安装按杆类型及单双根，以"组"为计量单位。

（4）拉线制作安装按施工图设计规定，分别不同形式以"组"为计量单位。定额按单根拉线考虑，若安装V形、Y形或双拼形拉线时，按两根计算。主材拉线长度按设计全根长度计算，设计无规定时可按表9-1-9规定的长度计算。

表 9-1-9　　　　　　　　　　　　　　　拉线长度表　　　　　　　　　　　　　　

项　　目		普通拉线	V(Y)形拉线	弓形拉线
杆高(m)	8	11.47	22.94	9.33
	9	12.61	25.22	10.10
	10	13.74	27.48	10.92
	11	15.10	30.20	11.82
	12	16.14	32.28	12.62
	13	18.69	37.38	13.42
	14	19.68	39.36	15.12
水平拉线		26.47		

说明:水平拉线间距以 15m 为准,实际间距每增大 1m,则拉线长度相应增加 1m。

(5)导线架设按线路总长度加预留长度之和,以"m/单线"为计量单位。导线预留长度可按表 9-1-10 的规定计算。计算主材费时应另增加规定的损耗。

表 9-1-10　　　　　　　　　　　　　　导线预留长度表　　　　　　　　　　　　　

项　目　名　称		长　度
高　压	转角	2.5
	分支、终端	2.0
低　压	分支、终端	0.5
	交叉、跳线、转角	1.5
与　设　备　连　线		0.5
进　户　线		2.5

(6)导线跨越架设,包括越线架的搭、拆和运输以及因跨越(障碍)施工难度增加而增加的工作量,以"处"为计量单位。每个跨越间距按 50m 以内考虑,大于 50m 而小于 100m 时按两处计算,以此类推;在同一跨越档内,有多种(或多次)跨越物时,则每一跨越物视为"一处"跨越;在计算架线工程量时,不扣除跨越档的长度;单线广播线不计算跨越物。

(7)杆上变配电设备安装以"台"为计量单位。定额内包括杆和钢支架及设备的安装工作,调试应另套本分册相应定额项目。

2. 应注意的问题

(1)定额中已综合考虑施工现场的工器具材料设备的运输工作,无论现场情况如何均不作调整。

(2)"架空线路工程"定额中已考虑了高空作业因素。

(3)杆上变配电设备安装定额内未包括及变压器调试、抽芯、干燥工作,应另套本分册相应定额项目。

(十一)配管配线

1. 工程量计算规则

(1)各种配管应区分敷设方式(砖混凝土结构明暗配管、钢结构支架配管、钢索配管、轻型吊顶内配管)、管材(电线管、镀锌电线管、钢管、防爆钢管、硬塑料管、易弯塑料管、金属软管)、管径,以"m"为计量单位。不扣除管路中间的接线箱(盒)、灯头盒、开关盒所占长度;但必须扣除配电箱、板、柜所占的长度。

(2)人防穿墙管、过墙管适用于地下室各种进线保护管及穿过内墙、梁的预留管,按每穿越一处为一根，以"根"为计量单位。

（3）管内穿线应区分照明线路和动力线路、导线的截面，以单线长度"m"为计量单位。塑料护套线应区分芯数，以单根线路长度"m"为计量单位。"管内穿线"定额已综合了灯具、开关、按钮、插座等的预留线及线路分支的接头线长度，不得另行计算。但配线进入开关箱、柜、板的预留线应按表 9-1-11 规定的长度计入相应的工程量。

表 9-1-11 配线进入箱、柜、板的预留线长度表 单位：m/根

序号	项 目	预留长度	说 明
1	各种开关箱、柜、板	高＋宽	盘面尺寸
2	单独安装(无箱、盘)的铁壳开关、闸刀开关、启动器、线槽进出线盒等	0.3	从安装对象中心算起
3	由地面管子出口引至电动机接线箱	1.0	从管口算起
4	电源与管内导线连接(管内穿线与软硬母线接头)	1.5	从管口算起
5	出户线	1.5	从管口算起

（4）绝缘子配线应区分绝缘子的形式（针式、蝶式）、配线位置（沿屋架、梁、柱、墙，跨屋架、梁、柱）、导线截面积，以线路长度"m"为计量单位。

（5）塑料护套线明敷应区分导线的截面、芯数、敷设位置，以单根线路长度"m"为计量单位。

（6）接插式母线槽安装应区分额定电流，按施工实际节数，以"节"为计量单位。

（7）接插式开关箱、接插式母线电缆进线箱应区分额定电流，以"台"为计量单位。

（8）桥架、托盘及线槽安装应区分其展开宽度（宽＋高×2），以"m"为计量单位。安装方式已综合考虑，实际与定额不符时均不做调整。工作内容已包括盖板、支架安装和桥架的接地跨接线安装。

（9）线槽配线应区分导线的截面，以单根线路长度"m"为计量单位。

（10）钢索架设应区分圆钢、钢丝绳及其直径，按图示墙（柱）内缘距离（不扣除拉紧装置所占长度），以"m"为计量单位。

（11）母线拉紧装置及钢索拉紧装置制作安装应区分母线截面、花篮螺栓直径，以"套"为计量单位。

（12）车间带形母线安装应区分母线材质（铝、铜）、截面、安装位置（沿屋架、梁、柱、墙，跨屋架、梁、柱），以"m"为计量单位。

（13）配管砖墙、混凝土墙地面刨沟应区分管子直径，以"m"为计量单位。

（14）接线箱安装应区分安装形式（明装、暗装）、接线箱半周长，以"个"为计量单位。

（15）开关盒、接线盒、灯头盒、插座盒安装应区分安装形式（明装、暗装、钢索上）以及接线盒类型，以"个"为计量单位。

2. 应注意的问题

（1）配管定额中均未包括接线箱、盒、支架制作安装。

（2）"暗配管"定额中已综合考虑了修凿、填补、看护用工及配合土建施工的因素，不可再另计"刨沟"的用工。但属下列三种情况可套用"刨沟"定额：

① 旧建筑物改造，需刨沟配管的；

② 因建设单位原因，安装施工单位进场时土建已完成，配管需刨沟的；

③ 施工单位已配管完毕，土建结构已完成，因建设单位或设计单位图纸修改需配管刨沟的。

（3）照明线路中的导线截面大于或等于 6mm² 时，应套用动力线路相应定额。

（4）各种多芯软导线（如 RVS，RVV）、屏蔽线（如 RVVP）等执行《自动化控制装置及仪表工程》分册相应定额；视频线（如 SYKV-75）、3 类线、5 类线等执行《通信、有线电视、广播工程》分册相应定额。

(十二)照明器具

1. 工程量计算规则

(1)普通灯具安装应区分种类、型号、规格,以"套"为计量单位。普通灯具安装定额适用范围见表 9-1-12。

表 9-1-12 普通灯具安装定额适用范围表

定额名称		灯具种类	套用定额
吸顶灯具	圆球吸顶灯	材质为玻璃、塑料的,独立的,螺口或卡口的圆球吸顶灯	2-1444 和 2-1445
	半圆球吸顶灯	材质为玻璃、塑料的,独立的半圆球、扁圆罩、平圆型吸顶灯	2-1446 至 2-1448
	方形吸顶灯	材质为玻璃、塑料的,独立的矩型罩、方形罩、大口方罩、两联方罩、四联方罩吸顶灯	2-1449 至 2-1452
其他普通灯具	软线吊灯	利用软线为垂吊材料,独立的,材质为玻璃、塑料、搪瓷的形状如碗、伞、平盘灯罩组成的各式软线吊灯	2-1453
	吊链灯	材质为玻璃、塑料罩的,利用吊链作辅助悬吊材料,独立的各式链灯	2-1454
	防水吊灯	一般防水吊灯	2-1455
	一般弯杆灯	圆球弯脖灯、风雨壁灯	2-1456
	一般壁灯	各种材质的一般壁灯、镜前灯	2-1457
	座灯头	一般塑胶、瓷质座灯头	2-1460
	声光控座灯头	一般声控、光控座灯头	2-1461
	其他	太平门灯 一般信号灯 "请勿打扰"灯、地坪嵌装灯 游泳池壁灯	2-1458, 2-1459, 2-1462 至 2-1465

(2)荧光灯具安装应区分种类、安装形式、灯管数,工厂灯及防水灯安装应区分安装形式,以"套"为计量单位。荧光灯具、工厂灯及防水灯安装定额适用范围见表 9-1-13。

表 9-1-13 荧光灯具、工厂灯及防水灯安装定额适用范围表

定额名称	灯具种类	套用定额
成套型荧光灯	成套型、独立的、荧光灯或紫外线灯 单管、双管、三管、四管 吊链式、吊管式、吸顶式、嵌入式、线槽下安装	2-1466 至 2-1484
工厂罩灯	配照、广照、深照、斜照,圆球、双罩、局部深罩 吊管式、吊链式、吸顶式、弯杆式、悬挂式	2-1486 至 2-1489
防水防尘灯	广照、广照保护网、散照 直杆式、弯杆式、吸顶式	2-1490 至 2-1492

(3)其他灯具、医院灯具安装应区分种类、安装形式、安装高度,以"套"为计量单位。其他灯具、医院灯具安装定额适用范围见表 9-1-14。

表 9-1-14 其他灯具、医院灯具安装定额适用范围表

定额名称	灯具种类	套用定额
碘钨灯、投光灯	防潮灯、腰形船顶灯、碘钨灯、管形氙气灯、投光灯、泛光灯、高压水银灯、钠灯、镇流器	2-1493 至 2-1501
烟囱、水塔、独立式塔架标志灯	安装高度 30,50,100,120,150,200m	2-1502 至 2-1507
密闭灯具	安全灯、防爆灯、高压水银防爆灯、防爆荧光灯(单、双管) 直杆式、弯杆式	2-1508 至 2-1515
混光灯	吸顶式、吊杆式、吊链式、嵌入式	2-1516 至 2-1519
医院灯具	病房指示灯或影剧院太平灯、病房或其他建筑物暗脚灯 紫外线杀菌灯、3～12 孔管式无影灯	2-1520 至 2-1523

(4) 装饰灯具安装应根据装饰灯具示意图集所示,区分种类、安装形式、安装高度,灯体直径(或半周长)、灯体垂吊长度,以"套"为计量单位。装饰灯具安装定额适用范围见表 9-1-15。

表 9-1-15 装饰灯具安装定额适用范围表

定额名称	灯具种类(形式)	套用定额
普通吊灯	一头、二头、三头、五头、七头、九头花灯	2-1524 至 2-1528
吊式艺术装饰灯具	不同材质、不同灯体垂吊长度、不同灯体直径的 蜡烛灯、挂片灯、串珠(穗)串棒灯、吊杆式组合灯、玻璃罩(带装饰)灯	2-1529 至 2-1567
吸顶式艺术装饰灯具	不同材质、不同灯体垂吊长度、不同灯体直径(圆形)或灯体半周长(矩形)的 串珠(穗)、串棒灯、挂片、挂碗、挂吊蝶灯、玻璃罩(带装饰)灯	2-1568 至 2-1633
荧光艺术装饰灯具	组合荧光灯光带(吊杆式、吸顶式、嵌入式,单管、双管、三管、四管) 内藏组合式灯(方形、日形、田字形、六边形、锥形、双管组合、圆管光带) 发光棚内荧光灯、立体广告灯箱、荧光灯光沿	2-1634 至 2-1658
几何形状组合艺术灯具	繁星灯(单点固定六火、四点固定十六火、单点固定四十火、四点固定一百火)、钻石星灯(单点固定五火)、星形双火灯、礼花灯组、玻璃罩钢架组合灯、凸片灯(单火、四火以内、十八火以内、二十八火以内)、反射柱灯、筒形钢架灯、U 形组合灯、弧形管组合灯	2-1659 至 2-1674
标志、诱导装饰灯具	吸顶式、吊杆式、墙壁式、嵌入式	2-1675 至 2-1678
水下艺术装饰灯具	水下彩灯 简易型彩灯、密封型彩灯、喷水池灯、幻光灯	2-1679 至 2-1682
点光源艺术装饰灯具	吸顶式、嵌入式、滑轨式 筒灯、牛眼灯、射灯	2-1683 至 2-1689

(5) 特殊场所灯具安装应区分种类、安装形式、灯数、臂长,以"套"为计量单位。特殊场所灯具安装定额适用范围见表 9-1-16。

表 9-1-16   特殊场所灯具安装定额适用范围表

定额名称	灯 具 种 类（形 式）	套用定额
草坪灯具	立柱式、墙壁式	2-1690,2-1691
歌舞厅 灯具	变色转盘灯、雷达射灯、十二头幻影转彩灯、维纳斯旋转彩灯、卫星旋转效果灯、飞碟旋转效果灯、八头转灯、十八头转灯、滚筒灯、频闪灯、太阳灯、雨灯、歌星灯、边界灯、射灯、泡泡发生灯、迷你满天星彩灯、迷你单立盘彩灯、宇宙灯（单排20头、双排20头）、镜面球灯、塑管灯、满天星彩灯带、彩控器	2-1692 至 2-1715
路灯	大马路弯灯（悬臂）、马路灯（杆顶安装）、庭园路灯、广场塔灯	2-1716 至 2-1738

（6）开关、按钮安装应区分种类、安装形式、位数，插座安装应区分种类、安装形式、电源相数、额定电流，以"套"为计量单位。其他电器安装应区分种类、安装形式，以"台（个）"为计量单位。开关、插座、其他电器安装定额适用范围见表 9-1-17。

表 9-1-17   开关、插座、其他电器安装定额适用范围表

定额名称	灯 具 种 类（形 式）	套用定额
开关 及按钮	拉线开关、平开关、暗开关（单联、双联、三联、四联、五联） 声控延时开关、红外感应延时开关、照明楼梯灯延时开关 节能钥匙开关、微动开关、按钮、密闭开关	2-1739,2-1753
插座	单相插座、三相安全插座、埋地插座、须刨插座、防爆插座 明装、暗装；一位、二位、三位、复式	2-1754 至 2-1772
其他电气	安全变压器、电铃、门铃、电风扇	2-1773 至 2-1785

2. 应注意的问题

（1）各种型号灯具的引下线，除注明者外，均已综合在定额内，不得再另行计算。

（2）灯具安装已包括利用兆欧表测量绝缘及灯具试亮工作。

（十三）电梯电气装置

1. 工程量计算规则

（1）自动电梯电气安装应区分电梯层/站数及运行速度，以"部"为计量单位。

（2）小型杂物电梯电气安装应区分电梯层/站数，以"部"为计量单位。

（3）液压电梯电气安装应区分电梯层/站数，以"部"为计量单位。

（4）自动扶梯、步行道电气安装，以"部（段）"为计量单位。

（5）电梯电气安装是以每层一个厅门，每部电梯一个轿厢门为准。电梯增减厅门、增加轿厢门，以"个"为计量单位。电梯提升高度以每层 4m 以内为准，如超过 4m 需增加提升高度以"m"为计量单位。

2. 应注意的问题

（1）电梯按运行速度选用相应定额。运行速度 4m/s 以上、6m/s 以下，选用 2m/s 以上相应定额乘 1.05 系数；运行速度 6m/s 以上，选用 2m/s 以上相应定额乘 1.08 系数。

（2）小型杂物电梯是以载重量在 200kg 以内，轿厢内不载人为准。载重量大于 200kg，轿厢内有司机操作的杂物电梯，套用自动电梯运行速度 2m/s 以下的相应定额。

（3）两部或两部以上并列运行或群控电梯，按相应定额乘 1.2 系数。

（4）电梯安装材料、电线管、线槽、金属软管、管子配件、紧固件、电缆、电线、接线箱（盒）、荧光灯及其他附件、备件等，均按设备自带考虑。

（十四）电气调整试验

电气工程中高压（1000V以上）部分应根据定额规定按系统计算调试费用。低压（1000V以下）部分一般不可计取调试费。只有同时满足以下三项条件才能计取调试费：①应建设单位要求，并有合同规定或签证；②施工单位有调试能力，并有调试仪器、仪表等手段；③编制填写试验记录和调试报告。

电气调整系统的划分以电气原理系统图为依据，电气设备元件的本体试验均包括在相应定额的系统调试之内，不得重复计算。绝缘子和电缆等单体试验，只在单独试验时使用。在系统调试定额中各工序的调试费用如需单独计算时，可按表9-1-18所列比例计算。

表 9-1-18 电气调试系统各工序灯调试费用表

工序	发电机调相机系统	变压器系统	送配电设备系统	电动机系统
一次设备本体试验	30%	30%	40%	30%
附属高压二次设备试验	20%	30%	20%	30%
一次电流及二次回路检查	20%	20%	20%	20%
继电器及仪表试验	30%	20%	20%	20%

供电回路的断路器、母线分段断路器，均按独立的送配电设备系统计算调试费。

1. 工程量计算规则

（1）三相电力变压器系统调试，以"系统"为计量单位，按每个电压侧有一台断路器为准。多于一个断路器的按相应电压等级送配电设备系统调试的相应定额另行计算。

（2）送配电设备系统调试，按变配电装置中的低压配电柜（屏）的台数，以"系统（台）"为计量单位。

（3）特殊保护装置调试，按构成一个保护回路为一套，以"套（台）"为计量单位。

（4）自动投入装置调试，均包括继电器、控制回路的调整试验，以"套"为计量单位。

（5）事故照明切换及中央信号装置调试，均包括控制回路的调整试验，以"系统（台）"为计量单位。

（6）母线系统调试应区分电压，以"段"为计量单位。

（7）接地网、避雷网接地电阻的测定以"系统"为计量单位。一般的发电厂或电站连为一体的母网，按一个系统计算；自成母网不与厂区母网相连的独立接地网，另按一个系统计算。高层建筑以桩基连成一体的避雷网，一幢建筑物的避雷网按一个系统计算。

（8）防雷接地装置接地电阻的测定，以"组"为计量单位。单独接地装置（包括独立的避雷针、烟囱避雷针等），均按一组计算。

（9）独立的接地装置。以"组"为计量单位，如一台柱上变压器有一个独立的接地装置，即按一组计算。

（10）避雷器、电容器的调试，按每三相为一组计算；单个装设的亦按一组计算，上述设备如设置在发电机、变压器、输、配电线路的系统或回路内，仍应按相应定额另外计算调试费用。

（11）静电电容器及其他设备调试，以"组（台）"为计量单位。

（12）电压（电流）互感器试验，以"台"为计量单位。

（13）安全保护用具试验及其他试验。以"件、只、根/次"为计量单位。

（14）硅整流设备调试按一套硅整流装置为一个系统计算，以"系统"为计量单位。

（15）起重机电气调试应区分起重机形式、起重量，以"台"为计量单位。

（16）电梯电气调试应区别其运行速度、层/站数，以"部"为计量单位。两部或两部以上并列运行或群控电梯,按相应的定额以 1.5 系数。

（17）可控硅调速直流电动机调试以"系统"为计量单位,其调试内容包括可控硅整流装置系统的直流电动机控制回路系统两个部分的调试。

（18）普通交流同步电动机调试、高(低)压交流异步电动机调试,以"台"为计量单位。

（19）微型电动机系指功率在 0.75kW 以下的电动机,不分类别,一律执行微型电动机综合定额,以"台"为计量单位。电机功率在 0.75kW 以上的电机调试应按电机类别和功率分别执行相应的调试定额。

（20）交流变频调速电动机调试以"系统"为计量单位,其调试内容包括变频装置系统和交流电动机控制回路系统两个部分的调试。

（21）电动机组及联锁装置调试,以"组"为计量单位。

2. 应注意的问题

（1）送配电设备系统调试,适用于各种供电回路的系统调试。凡供电回路中带有仪表、继电器、电磁开关等调试元件的(不包括闸刀开关、保险器),均按调试系统计算。移动式电器和以插座连接的家电设备业经厂家调试合格、用户需作简单调试即可使用的设备均不应计算调试费用。

（2）电气调试所需的电力消耗已包括在定额内,一般不另行计算。但 10kW 以上电机及变压器空载试运转的电力消耗,另行计算。

（3）干式变压器、油浸电抗器调试,执行相应容量变压器调试定额乘以系统 0.8。

四、电气设备安装工程预算定额的定额系数

《上海市安装工程预算定额(2000)》规定的调整系数或费用系数分为两类:一类为子目系数,另一类为综合系数。子目系数是指只涉及定额项目自身的局部调整系数。综合系数是指符合条件时,须对所有项目进行整体调整的系数。

（一）子目系数

《上海市电气设备安装工程预算定额(2000)》子目系数有定额中的换算系数、超高系数和高层建筑增加系数。

1. 定额中的换算系数

定额中的换算系数有很多,以下列举若干。

（1）单芯电缆头制作安装按相应定额乘以系数 0.6。

（2）电缆沟铺砂盖砖(保护板)时,如实际施工未铺砂,则人工乘以系数 0.5,并减去材料中的黄砂耗量。插接式母线槽安装定额是按三相以上综合考虑的,如遇单相则按相应定额乘以系数 0.6。

（3）芯线穿管按铜芯线相同截面积,相应定额乘以系数 0.85。

（4）10kV 以下架空线路工程中如线路一次施工电杆数量在 5 根以内,其人工和机械乘以系数 1.2。

2. 超高增加费用(超高系数)

超高增加费用(已考虑了超高因素的定额项目除外)按操作物高度离楼地面 5m 以上的电气安装工程,其定额人工费乘以表 9-1-19 的超高系数来计取工程超高增加费,工程超高增加费全部为人工费。

表 9-1-19　　　　　　　　　　电气设备安装工程超高系数表

操作高度(m)	5～10	5～20	20 以上
超高系数	1.25	1.4	1.8

3. 高层建筑增加费用(高层建筑增加系数)

高层建筑(指高度在 6 层或 20m 以上的工业和民用建筑)增加费用按表 9-1-20 的高层建筑增加系数计取。高层建筑增加费用内容包括人工降效,材料、设备、工具垂直运输增加的机械台班费、施工用水加压水泵的台班费、施工人员上下所乘的升降设备台班费及对讲联络工具使用的费用。高层建筑增加费用中 75% 为人工费,其余为机械费。

表 9-1-20 高层建筑增加系数表

层 数	9 层以下	12 层以下	15 层以下	18 层以下	21 层以下	24 层以下	27 层以下	30 层以下	33 以下	36 层以下
按人工费的百分比(%)	1	2	4	6	8	10	13	16	19	22
层 数	39 层以下	42 层以下	45 层以下	48 层以下	51 层以下	54 层以下	57 层以下	60 层以下	65 层以下	70 层以下
按人工费的百分比(%)	25	28	31	34	37	40	43	46	49	52
层 数	75 层以下	80 层以下	85 层以下	90 层以下	95 层以下	100 层以下	105 层以下	110 层以下	115 层以下	120 层以下
按人工费的百分比(%)	55	58	61	64	67	70	73	76	79	82

使用《高层建筑增加系数表》应注意以下七点:

(1)《高层建筑增加系数表》不仅适用于《电气设备安装工程》分册、还适用于《消防及安全防范设备安装工程》、《给排水、采暖、燃气工程》、《通风空调工程》等分册。不适用于《机械设备安装工程》、《热力设备安装工程》、《炉窑砌筑工程》、《静止设备与工艺金属结构制作安装工程》、《工业管道工程》、《自动化控制装置及仪表工程》、《刷油、防腐蚀、绝热工程》、《通信、有线电视、广播工程》等分册。

(2)室外总体、路灯工程及高层建筑中的地下室部分不能列入取费基数内。

(3)在高层建筑施工中,同时又符合操作物高度超过工程超高增加费用计算高度时,两项费用可同时计取。

(4)单层建筑物高度超过 20m 时,按平均层高 3m 计算出相当于高层建筑的层数。

(5)同一建筑物有部分高度不同时,应分别以不同高度计算高层建筑增加费。

(6)屋顶水箱、电梯机房及屋面构筑物不计层数,也不可按复式建筑计算。

(7)复式多层建筑,当该建筑的突出部分符合高层建筑增加费收费标准时,可按下式先算出百分比,再按突出部分层数查出表中对应的取费费率,再乘以上式求得的百分比,即算出应计取的高层建筑增加费。

高层建筑增加费百分比=(突出部分投影建筑面积÷屋面水平投影建筑面积)×100%

(二) 综合系数

《上海市电气设备安装工程预算定额(2000)》综合系数有脚手架搭拆和摊销系数、在有害身体健康的环境中施工增加费系数和安装与生产同时进行系数。

1. 脚手架搭拆和摊销费用(系数)

脚手架搭拆和摊销费用按全部电气安装工程(35kV 变配电工程及 10kV 以下架空线路除外)总人工费的 2% 计取,其中人工费占 25%,其余为材料费。

室外总体的电缆和路灯、电梯电气装置、10kV 以下架空线路及电气调整试验工程不计此项费用。

定额中的脚手架搭拆和摊销费用系数是综合取定的,不论工程中实际是否搭拆脚手架或搭拆数量多少,均应按规定系数计取脚手架搭拆及摊销费用,包干使用。

2. 在有害身体健康的环境中施工增加费(系数)

在有害身体健康的环境(包括高温、多尘、噪声超过标准和在有害气体等有害环境)中施工,生产效益将降低,其增加的费用按全部电气安装工程总人工费的 10% 计算,全部为降效而增加的人工费。

有害身体健康环境是指施工环境(改扩建工程的车间、装置范围内)有害气体、粉尘或噪音超过国家标准,而影响身体健康。其施工增加费仅是降效的增加费用,不包括劳保条例规定应享受的工种保健费。

3. 安装与生产同时进行增加费(系数)

安装与生产同时进行的增加费用,是指改扩建工程在生产车间或装置内施工,因生产操作或生产条件限制(如不能动火)干扰了安装工作正常进行而降效的增加费用。不包括为了保证安全生产和施工所采取的措施费用。

安装与生产同时进行增加费按全部电气安装工程总人工费的 10% 计取,全部为因降效而增加的人工费。安装工作不受干扰的,不应计取此项费用。

(三)子目系数与综合系数应用

子目系数(费用)如多项同时发生,应按以下顺序逐项计算,前项子目系数(费用)可为后项子目系数(费用)的取费基数:

(1)定额中的换算系数;

(2)超高系数;

(3)高层建筑增加系数。

综合系数(费用)必须在子目系数(费用)计算完后独立计取,且不可连乘,即前项综合系数(费用)不可同时成为后项综合系数(费用)的取费基数,也就是综合系数的取费基数为计算完子目系数后的定额人工费。

如综合系数计算时,工程中只有某一部分可计综合系数,则应将可计部分和不可计部分分列为两个分项后分别计算。

例 9-1-1 定额"2-1070"明配 20mm 电线管 100m,安装在 8 层高层建筑内,操作高度 5m 以上 10m 以下,且安装与生产同时进行。假定人工单价取 80 元/工日,则定额"2-1070"明配 20mm 电线管 100m 的人工费为 882.40 元。试计算脚手架搭拆费、超高费和高层建筑增加费和安装与生产同时进行增加费,并计算该项目的全部人工费。

解:首先应注意计算顺序:先子目系数,后综合系数;子目系数先定额中的换算系数,其次超高系数,最后高层建筑增加系数。其次应注意取费基数(人工费),应把增加费用(直接费)中的人工费、材料费、机械费分离出来。

本题的计算顺序应是子目系数的超高费、高层建筑增加费、综合系数的安装与生产时进行增加费、脚手架搭拆费(后两项顺序可颠倒)。

超高费(5~10m)=882.40×25%=220.600 元

(全部是人工费)

高层建筑增加费=(882.40+220.600)×1%=11.03 元

(其中人工费=11.03×75%=8.272 元,机械费=11.03×25%=2.758 元)

安装与生产同时进行增加费=(882.40+220.600+8.272)×10%=111.127 元

(全部是人工费)

脚手架搭拆费=(882.40+220.600+8.272)×2%=22.225 元

(其中人工费=22.225×25%=5.556 元,材料费=22.225×75%=16.669 元)

该项目的全部人工费=882.40+220.600+8.272+111.127+5.556=1228 元

第二节 给排水、采暖、燃气工程预算

一、管道工程基础知识

(一)管道工程概念

管道在生产和生活中发挥着重要的输送介质的路径(通道)作用。常见的介质路径有输送净水的给水管道,泄放污水、废水、雨水的排水管道,提供冷(热)源的供回水管道及冷凝水管道,供应城市煤气或天然气的燃气管道,输送各种生产介质的工业管道(如输油管道、化工管道、压缩空气管道等),还有消防灭火系统(水灭火、气灭火、泡沫灭火)中的消防和喷淋管道。根据管道的输送介质、管子材质、工作压力、制作方法、接口方式、施工方法及专业分工,可以多种分类,统称为管道工程。

编制管道工程预算的适用定额有《工业管道工程预算定额》、《消防及安全防范设备安装工程预算定额》和《给排水、采暖、燃气工程预算定额》。

《工业管道工程预算定额》适用于车间内外、装置内外、站类内外、罐区及厂区以内的车间与车间等相互之间输送各种生产介质的管道;也适用于生产与生活共用给水、排水、蒸气管道及民用建筑中的锅炉房、泵房、冷冻机房等的管道;还适用于气体灭火系统中的不锈钢管和铜管管道、泡沫灭火系统中的管道。

《消防及安全防范设备安装工程预算定额》适用于水灭火系统中的喷淋管道、气体灭火系统中的钢管管道。

《给排水、采暖、燃气工程预算定额》适用于室内外生活用给水、排水、雨水、采暖热源、民用燃气管道;也适用于消火栓管道和室外(消防)给水管道。本节主要介绍《上海市给排水、采暖、燃气工程预算定额(2000)》。

管道工程按管子材质分碳钢管(焊接钢管、无缝钢管、16Mn 钢管)、碳钢板卷管(低压螺旋钢管、16Mn 钢板卷管)、不锈钢管、不锈钢板卷管、铜管(紫铜、黄铜、青铜管)、铜板卷管、铝管、铝板卷管、合金钢管、塑料管、玻璃钢管、预应力混凝土管、搪瓷管、石墨管、铅管、硅铁管、陶土管等(以上为《工业管道工程预算定额》分类);镀锌钢管、钢管、铸铁管、硬聚氯乙烯管、聚乙烯管、交联聚乙烯管、塑复铝管、塑复铜管、铜管、不锈钢管等(以上为《给排水、采暖、燃气工程预算定额》分类)。

管道工程按工作压力分低压(0<P≤1.6MPa)、中压(1.6MPa<P≤10MPa)、高压(10MPa<P≤42MPa)。蒸汽管道 P≥9MPa、工作温度≥500℃时为高压。

管道工程按制作方法分成品管、板卷管。

管道工程按接口方式分钢管(螺纹连接和焊接)、承插铸铁管(青铅接口、膨胀水泥接口、石棉水泥接口、水泥接口、胶圈接口)、塑料管(粘接连接、热熔连接、夹紧式连接、卡套式连接、卡箍式连接、热风焊)、铜管(螺纹连接、氧乙炔焊)。

管道工程按施工方法分成品管的安装和预安装、板卷管的集中预制现场安装和现场预制安装。

(二)常用材料和设备

1. 管材

(1)焊接钢管(有缝钢管)。一般用于低压给水管道、空调供回水管道等。焊接钢管分镀锌钢管(白铁管)和不镀锌钢管(黑铁管),焊接钢管的公称直径用 DN 表示,有"公制"和"英制"两种表达,参见表 9-2-1 焊接钢管公称直径两种单位对照表。

表 9-2-1　　　　　　　　　　　焊接钢管公称直径两种单位对照表

公称直径	(mm)	10	15	20	25	32	40	50	70	80	100	125	150
	(in)	$\frac{3}{8}$	$\frac{1}{2}$	$\frac{3}{4}$	1	$1\frac{1}{4}$	$1\frac{1}{2}$	2	$2\frac{1}{2}$	3	4	5	6

(2)无缝钢管。广泛用于中、低压工业管道和高层建筑以及室外给水管道。无缝钢管分热轧和冷拔两种,规格用外径×壁厚表示。热轧无缝钢管的规格范围为 $\mathbb{C}32×2.5$～$\mathbb{C}530×50$mm,冷拔无缝钢管的规格范围为 $\mathbb{C}4×1$～$\mathbb{C}150×12$mm。

(3)钢板卷管。由钢板卷制焊接而成。钢板卷管分工厂制品(螺旋焊接钢管)和自行或委托加工(直缝焊接钢管),规格也是用外径×壁厚表示。

（4）铸铁管（生铁管）。经久耐用、抗腐性较强,埋地敷设时壁管内外均涂沥青。铸铁管的连接形式分承插式和法兰式。广泛用于给水、排水、燃气管道。给水、燃气铸铁管分低压管($\geqslant$0.45MPa)、普压管($\geqslant$0.75MPa)和高压管($\geqslant$1MPa),常用承插式铸铁给水管壁厚 9～30mm,公称直径从 75～1500mm,采用青铅、膨胀水泥、石棉水泥、胶圈接口。承插式铸铁排水管一般不承受压力,管壁厚 5～7mm,公称直径从 50～200mm,采用水泥、石棉水泥接口。

（5）塑料管。常用塑料给水管有硬聚氯乙烯管(PVC-U、粘接连接)、聚乙烯管(PE、热熔连接)、交联聚乙烯管(PEX、卡套式连接、卡箍式连接)、聚丙烯管(PP-R、热熔连接)、聚丁烯管(PB、热熔连接)等;常用塑料雨水管排水管有聚氯乙烯管(PVC、零件粘接)、硬聚氯乙烯螺旋管(PVC-U、螺母挤压密封圈连接)。

（6）复合管。包括塑复铝管、塑复铜管、超薄不锈钢衬塑管。

（7）其他金属管。包括不锈钢管、有色金属管(紫铜管、黄铜管、铝管、合金钢管、铅管)。一般用于化工、食品工业及制冷或热水管道。

（8）混凝土管。包括预应力钢筋混凝土管好自应力钢筋混凝土管,主要用于输水管道。

（9）陶土管。主要用于输送酸性介质的管道。

2. 管件

管件用于管道的连接、分支、拐弯、变径和封堵。

（1）螺纹连接管件。螺纹连接管件分镀锌和不镀锌两种,一般采用可锻铸铁(玛钢)制造,用于给排水、采暖、燃气和低压工业管道上。常用管件及其用途见表 9-2-2。

表 9-2-2 常用管道配件及其用途表

序号	管 道 配 件	用 途
1	管箍(束节)、外螺纹	用于管路的延长连接
2	三通、四通(有等径与异径)	用于管路的分支连接
3	弯头(有 45°,90°)	用于管路的拐弯
4	活接头	用于接点碰头连接
5	补芯、异径管(大小头)	用于管路变径连接
6	丝堵、管堵头	用于管子堵口
7	活络接头(由任)	用于需经常拆卸的管道上

（2）铸铁管件。常用铸铁给水管件有弯头(各种角度)、三通、四通、渐缩、短管、承堵、套管、乙字管。常用铸铁排水管件有弯头(各种角度)、正三通、斜三通、顺水三通、正四通、斜四通、S 存水弯、P 存水弯、检查口、清扫口。

3. 阀门

阀门是控制管道内流体流动的装置,起开闭、调节、节流、维持一定压力等作用。

（1）配水龙头(水嘴、角阀、旋塞)、闸阀、截止阀、球阀:用于开启或关闭管道内的介质流动。

（2）止回阀:用于自动防止管道内的介质倒流,常安装在水泵出口的管路处。

（3）节流阀:用于调节管道内的介质流量。

（4）蝶阀:用于开启或关闭管道内的介质流动,必要时也可以调节管道内的介质流量,常安装在输送管路上和容器上,作为截流机构或调节装置。

（5）安全阀:用于自动泄放排除过高的介质压力,以保证生产运行安全,常安装在锅炉、压力容器及其管路上。

（6）减压阀:用于降低设备及其管道内的介质压力。

（7）浮球阀：用于控制水位而自动开启或关闭管道内的介质流动，以控制水位。

4. 法兰

管道与阀门、管道与管道、管道与设备的连接通常用法兰。法兰连接是一种可拆卸的连接形式，包括上下法兰片、垫片和螺栓螺母三部分。法兰片按结构形式和压力分平焊法兰、对焊法兰、管口翻边活动法兰、螺纹法兰等；法兰垫片起密封作用，根据管道所输送的介质的腐蚀性、温度、压力及密封面形式有橡胶石棉垫、橡胶垫、金属垫、塑料垫；连接法兰的螺栓分单头和双头两种。

二、给排水、采暖、燃气工程预算定额概述

（一）给排水、采暖、燃气工程预算定额适用范围

《上海市给排水、采暖、燃气工程预算定额（2000）》适用于工业与民用建筑（规划红线内）中的新建、扩建和整体更新改造工程的管道（室内外生活用给水、排水、雨水、采暖热源、民用燃气、消火栓管道）、阀门、低压器具、卫生器具、供暖器具、配件、附件等。

（二）给排水、采暖、燃气工程预算定额的结构

《上海市给排水、采暖、燃气工程预算定额（2000）》结构如图 9-2-1 所示。

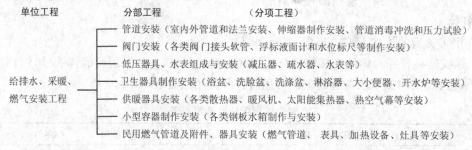

图 9-2-1　给排水、采暖、燃气工程定额结构

（三）给排水、采暖、燃气工程预算定额与其他专业预算定额的关系

民用建筑中的锅炉房、泵房、冷冻机房外墙皮以外管道执行《给排水、采暖、燃气工程预算定额》，外墙皮以内管道执行《工业管道工程预算定额》。

生产与生活共用给水、排水、蒸气管道执行《工业管道工程预算定额》。

给排水工程中如采用中、高压管道安装，可根据实际情况执行《工业管道工程预算定额》中的管道安装定额。

消防工程中的消火栓管道和室外给水管道执行《给排水、采暖、燃气工程预算定额》；水灭火系统中的喷淋管道、气体灭火系统中的钢管管道执行《消防及安全防范设备安装工程预算定额》；气体灭火系统中的不锈钢管和铜管管道、泡沫灭火系统中的管道执行《工业管道工程预算定额》。

管道设备及支架的刷油、防腐、绝热执行《刷油、防腐蚀、绝热工程预算定额》。

室外管道人工挖土深度 1.5m 以内执行《给排水、采暖、燃气工程预算定额》，1.5m 以上时执行《上海市建筑和装饰工程预算定额》。管道基础砌筑也执行《上海市建筑和装饰工程预算定额》。

容积式热交换器安装执行本分册定额，安全阀安装可执行《工业管道工程预算定额》；保温、刷油可执行《刷油、防腐蚀、绝热工程预算定额》，基础砌筑可执行《上海市建筑和装饰工程预算定额》。

凡由施工单位供应的材料一律不可套用"除锈"定额项目；由建设单位供应的材料可按《刷油、防腐蚀、绝热工程预算定额》中说明规定的区分标准执行相关定额。

（四）给排水、采暖、燃气工程定额的几道界线划分

1. 给水管道

（1）室内外给水管道以建筑物外墙皮 1.5m 处为界，入口处设阀门者以阀门为界。

（2）室外给水管道与市政给水管道以水表井为界，无水表井者以与市政管道碰头点为界。

2. 排水管道

（1）室内外排水管道以出户第一个排水检查井为界。

（2）室外排水管道与市政排水管道以与市政排水管道碰头点为界。

3. 采暖热源管道

（1）室内外采暖管道以入口阀门或建筑物外墙皮 1.5m 为界。

（2）室外采暖管道与室内工业管道以锅炉房或泵站外墙皮 1.5m 为界。

（3）工厂车间内采暖管道与工业管道以采暖系统与工业管道碰头点为界。

（4）设在高层建筑加压泵间内的工业管道与采暖管道以泵间外墙皮为界。

4. 燃气管道

室内外管道分界，地下引入室内的以室内第一个阀门为界，地上引入室内的以墙外三通为界。

三、给排水、采暖、燃气工程的工程量计算规则

给排水、采暖、燃气工程预算包括各种管道敷设、消毒冲洗和压力试验，阀门安装，器具制作安装三部分。以下介绍《上海市给排水、采暖、燃气工程预算定额（2000）》工程量计算规则。

（一）管道安装

1. 工程量计算规则

（1）各种管道安装区分安装部位（室外、室内）、材质、连接方式、管径，按施工图所示中心长度，以"m"为计量单位，不扣除阀门、管件（包括减压器、疏水器、水表、伸缩器等组成安装）所占的长度。

（2）各种伸缩器制作安装，均以"个"为计量单位。方形伸缩器的两臂，按臂长的 2 倍合并在管道长度内计算。

（3）管道消毒冲洗、压力试验，以"m"为计量单位，工程量计算同管道安装。

（4）镀锌铁皮套管制作和各种套管、排水管阻火圈、伸缩器安装均以"个"为计量单位。镀锌铁皮套管制作中已包括安装，不再另行计算安装费用。

（5）公称直径 32mm 以上的各种管道支架制作安装，区分管架形式（一般、木垫式、滚动滑动），以"t"为计量单位。

（6）法兰安装区分材质、连接方式、管径，以"副"为计量单位。

（7）管道人工挖土，单根埋地管道，深度在 1.5m 以内的以"m"为计量单位；多根埋地管道，深度在 1.5m 以内的以"m³"为计量单位，管沟底宽度见表 9-2-3。

表 9-2-3　　　　　　　　　　　　　沟底宽度表

管径（mm）	铸铁管、钢管（m）
50～75	0.60
100～200	0.70
250～350	0.80
400～450	1.00
500～600	1.30
700～800	1.60
900～1000	1.80
1100～1200	2.00
1300～1400	2.20

2. 应注意的问题

(1) 预安装管道其人工费按管道安装人工费之和乘以系数 2,其余不变。

(2) 一般管道安装已包括管件安装及管件耗量。钢管焊接挖眼接管工作,均按定额中综合取定,不得调整。

(3) 承插铸铁给水管、承插铸铁雨水管、承插铸铁燃气管和塑料雨水管安装定额中,包括接头零件所需人工,但未列入接头零件耗量,应按实另行计算。

(4) 铸铁排水管、铸铁雨水管和塑料雨水管安装已包括管卡、托吊支架、臭气帽、雨水漏斗。

(5) 木垫式支架的木材重量不计,只计钢材重量。室内管道公称直径 32mm 以下的管道支架制作安装已包括在管道安装定额内,不得另行计算。

(6) 管道定额均包括水压试验或灌水试验。

(7) 埋地管道不得计算脚手架搭拆费用。

(8) 在过墙、过楼板、穿屋面部位敷设套管一般不需焊接止水圈,如果设计确实要求敷设带有止水圈的套管,止水圈的制作可套用"一般管架制作"8-352 子目(不包括套管重量),计量单位为"t",套管安装仍套用 8-338~8-347 子目。混凝土水箱进出水管及地下室墙板进出水管的套管未按刚、柔性套管标准要求制作,仅焊接止水圈的,不能套用"刚、柔性套管制作安装"相应定额子目,应按以上方法处理。

(二) 阀门、水位标尺安装

1. 工程量计算规则

(1) 各种阀门安装区分管径、连接方式,均以"个"为计量单位;可曲挠橡胶接头、法兰式金属软管区分管径,以"个"为计量单位。

(2) 浮标液面计安装以"组"为计量单位;水位标尺制作安装以"套"为计量单位。

2. 应注意的问题

(1) 阀门安装中各种法兰连接用垫片,均按石棉橡胶板计算,如用其他材料,不得调整。

(2) 法兰阀门安装,如仅为一侧法兰连接时,定额所列法兰、带帽螺栓及垫圈数量减半,其余不变。

(3) 自动排气阀安装已包括了支架制作安装,不得另行计算。

(4) 浮球阀安装已包括了联杆及浮球的安装,不得另行计算。

(5) 浮标液面计、水位标尺是按国标编制的,如设计与国标不符时,可作调整。

(三) 低压器具、水表组成与安装

1. 工程量计算规则

(1) 减压器、疏水器组成安装区分管径、连接方式,均以"组"为计量单位,减压器安装按高压侧的直径计算。

(2) 螺纹水表安装区分管径,以"个"为计量单位;焊接法兰水表(带旁通及止回阀)安装区分管径,以"组"为计量单位;住宅嵌墙水表箱安装以"个"为计量单位。

2. 应注意的问题

(1) 减压器、疏水器设计组成与定额不同时,阀门和压力表数量可按设计用量进行调整,其余不变。

(2) 焊接法兰水表(带旁通及止回阀)设计规定的安装形式与定额中旁通管及止回阀不同时,旁通管及止回阀可按设计规定进行调整,其余不变。

(四) 卫生器具制作安装

1. 工程量计算规则

(1) 卫生器具(包括浴盆、净身盆、洗脸盆、洗手盆、洗涤盆、化验盆、淋浴器、大便器、倒便器、小便器等)组成安装区分规格、型号、安装方式以"组"为计量单位。

（2）感应式冲水器安装不分规格及电源种类，区分明装和暗装，以"组"为计量单位。

（3）大、小便槽自动冲洗水箱制作，以"kg"为计量单位。

（4）大、小便槽自动冲洗水箱安装区分容量，以"套"为计量单位，定额已包括了水箱托架的制作安装，不得另行计算。

（5）小便槽冲洗管制作安装区分管径，以"m"为计量单位，定额未包括阀门安装，其工程量可按相应定额另行计算。

（6）水龙头、排水栓、地漏、地面清扫口安装区分管径，以"个(组)"为计量单位。

（7）蒸汽间断式开水炉、电热水器、电开水炉、容积式换热器、蒸汽-水加热器、冷热水混合器、消毒器、消毒锅、饮水器安装，以"台(套)"为计量单位。

2. 应注意的问题

（1）卫生器具组成定额内已按标准图综合了卫生器具与给水管、排水管连接的人工与材料用量，不得另行计算。

（2）浴盆安装未包括支座和四周侧面的砌砖及瓷砖粘贴；蹲式大便器安装未包括大便器蹲台砌筑。

（3）电热水器、电开水炉安装未包括连接管、连接件；容积式换热器安装未包括安全阀、保温、刷油及基础砌筑；蒸汽-水加热器安装包括莲蓬头安装未包括支架、阀门、疏水器；冷热水混合器安装未包括支架及阀门；饮水器安装未包括阀门和脚踏开关。

（五）供暖器具安装

1. 工程量计算规则

（1）铸铁散热器组成安装区分型号(长翼型、圆翼型、M123型、柱型)，以"片"为计量单位，其汽包垫不得换算。

（2）光排管散热器制作安装区分型号和直径，以 m 为计量单位。定额已包括联管长度，不得另行计算。

（3）钢制闭式散热器安装区分型号，以"片"为计量单位。

（4）钢制板式散热器、钢制壁板式散热器、钢制柱式散热器安装分别区分型号、重量、片数，以"组"为计量单位。

（5）暖风机、热空气幕安装区分重量，以"台"为计量单位。

（6）太阳能集热器安装区分重量，以"个单元"为计量单位。

2. 应注意的问题

（1）柱型铸铁散热器为挂装时可套用 M123 型铸铁散热器定额。

（2）柱型和 M123 型铸铁散热器安装拉条时，拉条可另行计算。

（3）热空气幕安装未包括支架。

（六）小型容器制作安装

1. 工程量计算规则

（1）钢板水箱制作区分形状(矩形、圆形)、每个箱体重量(kg)，按施工图所示尺寸，不扣除人孔、手孔、法兰和接口短管的重量，以"kg"为计量单位。

（2）钢板水箱安装区分形状(矩形、圆形)、容量(m³)。以"个"为计量单位。

（3）补给水箱、膨胀水箱安装，以"个"为计量单位。

2. 应注意的问题

（1）钢板水箱制作未包括法兰、短管、水位计和内外人梯，可按相应定额另行计算。

（2）各类水箱安装未包括支架，可按相应定额另行计算。

（七）燃气管道、附件、器具安装

1．工程量计算规则

（1）燃气管道安装区分安装部位（室外、室内）、材质、连接方式、管径，按施工图所示中心长度，以"m"为计量单位，不扣除各种管件和阀门所占长度。

（2）附件（铸铁抽水缸、碳钢抽水缸、调长器、调长器与阀门连装）安装区分管径，以"个"为计量单位。

（3）燃气表（民用燃气表、商用燃气表、工业用罗茨表、嵌墙煤气表箱）、燃气加热设备（开水炉、采暖炉、快速热水器、沸水器）、民用灶具（人工煤气灶具、煤气燃烧器、液化石油气灶具、天然气灶具）、公用炊事灶具（人工煤气灶具、液化石油气灶具、天然气灶具）等安装区分规格、型号，以"台"为计量单位。

（4）燃气嘴安装区分型号、连接方式，以"个"为计量单位。

（5）燃气管道钢套管制作安装区分管径，以"个"为计量单位。

2．应注意的问题

（1）调长器、调长器与阀门连装，包括一副法兰，螺栓规格和数量以压力为0.6MPa的法兰装配，如压力不同可按设计要求的规格和数量进行调整，其余不变。

（2）燃气表安装定额中不包括表托、支架、表底垫层基础，其工程量可根据设计要求另行计算。

四、给排水、采暖、燃气工程预算定额的定额系数

与电气设备安装工程相同，《上海市给排水、采暖、燃气工程预算定额（2000）》规定的调整系数有子目系数和综合系数。

（一）子目系数

《上海市给排水、采暖、燃气工程预算定额（2000）》子目系数有定额中的换算系数、超高系数和高层建筑增加系数。

（1）定额中的换算系数

预安装管道其人工费按管道安装人工之和乘以系数2.0，其余不变。例如需两次镀锌的管道，其人工费应乘以系数2.0。

（2）超高系数

超高增加费用按安装物高度离楼地面4.5m以上的排水、采暖、燃气工程（注：电气设备安装工程为5m），其定额人工费乘以表9-2-4系数来计取超高增加费，工程超高增加费全部为人工费。

表9-2-4　　　　　　　　给排水、采暖、燃气工程超高系数表

操作高度(m)	4.5～10	4.5～20	4.5～20以上
超高系数	1.25	1.4	1.8

（3）高层建筑增加系数

高层建筑增加费用与电气设备安装工程相同，按表9-1-20计取，高层建筑增加费用中75%为人工费，其余为机械费。

（二）综合系数

《上海市给排水、采暖、燃气工程预算定额（2000）》综合系数有脚手架搭拆和摊销费系数、在有害人身健康的环境中施工增加费系数和安装与生产同时进行的增加费系数。

（1）脚手架搭拆和摊销费系数

脚手架搭拆和摊销费按全部排水、采暖、燃气工程总人工费的2%计取，其中人工费占25%，其

余为材料费。室外埋地管道不计此项费用。

（2）在有害人身健康的环境中施工增加费

在有害人身健康的环境中施工时，人工费增加10%。

（3）安装与生产同时进行增加费

安装与生产同时进行时，人工费增加10%。

第三节　通风空调工程预算

一、通风空调工程基础知识

（一）通风空调工程概念

通风空调工程是造就室内空气环境达到和保持一定的温度、湿度、风速和清洁度的设备、装置安装工程。通风意为更换空气，通过排风（排除室内余热、蒸汽、有害气体、烟尘等）和送风（送入新鲜空气）两个同时进行的循环过程来完成的；空调即空气调节和处理（加热、降温、加湿、除湿、净化、超净化）。

1. 通风工程分类

通风工程按作用范围分全面通风（将室内空气全面交换）、局部通风（将室内混浊空气或有害气体集从产生处抽出，防止扩散至全室，或将新鲜空气送至某局部范围，改善局部范围的空气状况）和混合通风（全面送风加局部排风，或全面排风加局部送风）。

通风工程按动力分自然通风（利用门、侧窗、气窗，利用风的抽力采用风帽或风管加风帽），机械通风（利用通风机送入新鲜空气、排出混浊空气、进行空气循环）。

2. 空调工程分类

一套完善的空调系统由冷（热）源、空气处理设备、空气输送与分配、自动控制四大部分组成。

按空气处理设备的集中程度分集中式空调系统（空气处理设备集中在空调机房内）、半集中式空调系统（除了安装在空调机房内的空气处理设备外，还有分散安装在各空调房间内的空气处理末端设备再热器、带热交换器的诱导器、风机盘管）、局部式空调系统（将所有设备集中于整机内，实现小范围局部空气调节，如VRV、分体式空调器、窗式空调器等）。

（一）常用材料、部件和设备

1. 通风管道和管件

通风管道的种类很多，按风管截面形状分矩形风管、圆形风管；按风管材质为镀锌薄钢板风管、薄钢板风管、柔性软风管、不锈钢板风管、铝板风管、塑料风管、玻璃钢风管、复合型风管（玻纤板复合风管、不燃性无机复合风管）等；按风管制作方式分咬口风管、焊接风管。常用的薄钢板有0.5～1.2mm，咬口连接的普通薄钢板、镀锌薄钢板、冷轧薄钢板；常用的不锈钢风管主要采用铬镍钢板和铬镍钛钢板；常用的铝板风管主要用铝合金板和纯铝板两种；塑料风管主要采用硬聚氯乙烯塑料板；复合型材料风管主要为玻璃纤维板、无机复合板等。

通风管件主要有弯头、交叉或分隔三通、交叉或分隔四通、变径管、天圆地方及帆布软管等。

2. 通风部件

通风部件是通风系统的重要组成部分，主要有风阀、风口、风帽、罩类和消声器。

（1）风阀。风阀根据作用分蝶阀、止回阀、三通调节阀、对开式多叶调节阀、防火阀、密闭式斜插板阀等。蝶阀是通风系统中最常用的一种风阀，按形状分圆形、方形、矩形；按调节方式分手柄式、拉链式。止回阀是防止通风机停止运转后气流倒流的一种风阀，正常情况下通风机开动后阀板在风压作用下会自动打开，通风机一旦停止运转阀板即会自动关闭。三通调节阀分手柄式和控杆式,适用于矩形直通三通和裤衩管;对开式多叶调节阀分手动和电动。防火阀分为直滑式、悬吊式和百叶式三种,当发生火灾时,防火阀能自动关闭同时打开与通风机的联锁装置,使风机停止转动,切断气流,防止火灾蔓延。

(2)风口。根据使用对象可分为通风系统风口和空调系统风口。通风系统风口主要有圆形风管插板式送风口、旋转吸风口、塑料插板式侧面送风口等,空调系统风口主要有百叶风口(单层、双层、三层)、网式风口、散流器等。

(3)风帽。风帽是装在排风系统的末端,利用风压的作用,以加强排风能力的一种自然通风装置,工程中常用的有圆伞形风帽、锥形风帽、筒形风帽三种。

(4)罩类。罩类有防护罩、防雨罩、抽风罩、通风罩、排气罩等。排气罩是通风系统的局部排气装置,主要有密闭罩、外部吸气罩、接受式局部排气罩和呼吸式局部排气罩。

(5)消声器。消声器有片式消声器、管式消声器、弧形声流式消声器、阻抗复合式消声器和静压箱。

3. 通风空调设备

通风空调设备主要是指通风机、除尘设备、立柜式空调器、分段组装式空调器、窗式空调器、风机盘管、诱导器等。

(1)通风机。通风机有离心式和轴流式两种,工程中最常用的是离心式通风机。离心式通风机气流送出的方向与机轴方向垂直,风压高、噪音小适用于送风管路较长的系统,可以直接安装在基础上或减震器装置上。轴流式通风机进风与出风均沿轴向,与离心式通风机相比风量大而风压低,适用于送风管路短、阻力小而需风量大的系统。

(2)除尘设备。除尘设备是净化空气的一种定型设备,主要有旋风除尘器、湿式除尘器、袋式除尘器和电除尘器等。除尘器在安装时要保证严密不漏气、牢固平稳。

(3)立柜式空调器。立柜式空调器分整体式和分体式两种,按冷却方法不同可分为水冷式和风冷式两种,按使用功能又可分冷风机组和恒温恒湿机组。

(4)风机盘管。风机盘管空调系统由风机、冷却(加热)盘管、凝水盘和壳体组成的空气-水系统空调设备,是宾馆、医院、教学办公大楼常用的中央空调系统的末端装置。一般分为立式和卧式两种,可悬挂安装或直接安装在地面。风机盘管与冷凝水管采用软管连接,与风管、回风室及风口的连接应保持严密。

二、通风空调工程预算定额概述

(一)通风空调安装工程预算定额适用范围

《上海市通风空调工程预算定额(2000)》适用于工业与民用建筑的新建、扩建项目中的通风、空调工程。

(二)通风空调安装工程预算定额的结构

《上海市通风空调工程预算定额(2000)》结如图9-3-1所示。

(三)通风空调工程预算定额与其他专业预算定额的关系

通风空调工程预算定额与其他专业预算定额同时编有某些设备的定额子目时,凡属于通风空调安装工程的均执行《通风空调安装工程预算定额》。

通风空调工程中的供水、回水管、冷凝水管工程及风机盘管的其他配管执行《给排水、采暖、燃气工程预算定额》。

通风空调工程中的冷(热)源、空气处理设备执行《机械设备安装工程》、《热力设备安装工程》。

通风空调工程中的自动控制部分执行《自动化控制装置及仪表工程预算定额》。

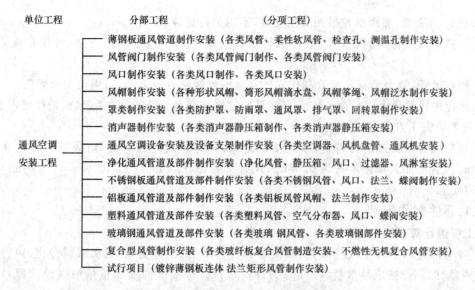

| 单位工程 | 分部工程 | (分项工程) |

薄钢板通风管道制作安装（各类风管、柔性软风管、检查孔、测温孔制作安装）

风管阀门制作安装（各类风管阀门制作、各类风管阀门安装）

风口制作安装（各类风口制作、各类风口安装）

风帽制作安装（各种形状风帽、筒形风帽滴水盘、风帽筝绳、风帽泛水制作安装）

罩类制作安装（各类防护罩、防雨罩、通风罩、排气罩、回转罩制作安装）

消声器制作安装（各类消声器静压箱制作、各类消声器静压箱安装）

通风空调安装工程 — 通风空调设备安装及设备支架制作安装（各类空调器、风机盘管、通风机安装）

净化通风管道及部件制作安装（净化风管、静压箱、风口、过滤器、风淋室安装）

不锈钢板通风管道及部件制作安装（各类不锈钢风管、风口、法兰、蝶阀制作安装）

铝板通风管道及部件制作安装（各类铝板风管风帽、法兰制作安装）

塑料通风管道及部件安装（各类塑料风管、空气分布器、风口、蝶阀安装）

玻璃钢通风管道及部件安装（各类玻璃钢风管、各类玻璃钢部件安装）

复合型风管制作安装（各类玻纤板复合风管制造安装、不燃性无机复合风管安装）

试行项目（镀锌薄钢板连体 法兰矩形风管制作安装）

图 9-3-1 通风空调安装工程定额结构

通风空调工程中的刷油、绝热、防腐工程执行《刷油、防腐蚀、绝热工程预算定额》。

通风空调工程中的供水、回水管、冷凝水管工程及风机盘管的其他配管执行《给排水、采暖、燃气工程预算定额》。

通风空调工程中的供、配电等执行《电气设备安装工程预算定额》。

三、通风空调安装工程的工程量计算规则

通风空调安装工程预算包括各种通风管道制作安装、各种通风部件制作安装和通风空调设备安装三部分。以下介绍《上海市通风空调安装工程预算定额(2000)》工程量计算规则。

（一）风管制作安装

1. 工程量计算规则

（1）风管制作安装区分材质、直径×厚度（圆形）或长边×厚度，按施工图以展开面积"m^2"为计量单位。

圆形风管、矩形风管均按图示周长乘以管道中心线长度计算，若为均匀送风采用渐缩管，则展开面积按平均周长乘以管道中心线长度计算。

风管中心线长度（主管与支管以其中心线交点划分）包括弯头、交叉或分隔三通、交叉或分隔四通、变径管、天方地圆等管件的长度，其余形式的三通、四通只能计算其突出支风管的净长度，应扣除部件所占长度。

展开面积不扣除检查孔、测定孔、送风口、吸风口等所占面积，也不增加咬口重叠部分面积。

（2）风管导流叶片制作安装按图示叶片的面积以"m^2"为计量单位。

（3）柔性软风管安装区分有无保温和直径，按图示管道中心线长度以"m"为计量单位；柔性软风管阀门安装区分直径，以"个"为计量单位。

（4）软管（帆布接口）制作安装，按图示尺寸以"m^2"为计量单位。

（5）风管检查孔、温度风量测定孔制作安装，以"个"为计量单位。

（6）木垫式支架垫木安装以"m^3"为计量单位。

（7）住宅空调凝结水管安装以"m"为计量单位。

2. 应注意的问题

（1）薄钢板风管、净化系统风管、玻璃钢风管、复合玻璃纤维板风管、不燃性无机复合风管的制

作安装中已包括法兰、加固框和吊托支架安装,不得另行计算。

(2)不锈钢板风管、铝板风管、塑料风管制作安装中均不包括吊托支架,可按相应定额另行计算。

(3)塑料风管、复合型材料风管制作安装定额所列规格直径为内径,周长为内周长。

(4)净化通风管道及部件制作安装定额是按空气洁净度100 000级编制的,设计要求超过该范围的,按批准的施工方案另行计算。

(5)塑料风管胎具摊销材料费,未包括在定额内,应按规定另行计算:风管工程量在30m² 以下,每10m² 风管的胎具摊销木材为0.06m²;风管工程量在30m² 以上,每10m² 风管的胎具摊销木材为0.09m²。

(二)部件制作安装

1. 工程量计算规则

(1)各类部件(风口、空气分布器、散流器、阀门、罩、虑尘器支架、风机减震台座、风管检查孔、风帽、消声器)的制作按成品重量,以"kg"为计量单位。标准部件成品重量根据设计型号和规格,按定额附录二"国际通风部件标准重量表"计算;非标准部件成品重量按设计图示计算。

(2)各类部件的安装区分周长或直径,以"个"为计量单位。

(3)钢百叶窗及活动金属百叶风口的制作区分单个面积,以"m²"为计量单位;安装按规格尺寸以"个"为计量单位。防雨百叶风口套用百叶窗相关子目。

(4)条缝形风口(风口的宽与长之比≤0.125)的安装区分长度,以"个"为计量单位。

(5)风帽筝绳制作安装按图示规格、长度,以"kg"为计量单位。

(6)风帽泛水制作安装按图示展开面积,以"m²"为计量单位。

(7)设备支架制作安装按图示尺寸,以"kg"为计量单位。

(8)高、中、低效过滤器、净化工作台安装及风淋室安装以"台"计算工程量。

2. 应注意的问题

静压箱制作安装:净化系统的静压箱制作套用9-293子目,通风空调系统的静压箱制作套用9-200~9-202子目,安装均套用9-225~9-228子目。

(三)通风空调设备安装

1. 工程量计算规则

(1)空调器(适用于变风量空调箱、BF系列风机箱、多联式分体空调系统的室内机)、整体式空调机组(内有压缩机,适用于多联式分体空调系统的室外机和热泵机组)安装区分重量和安装方式,以"台"为计量单位。

(2)风机盘管安装区分安装方式,以"台"为计量单位。

(3)分段组装式空调器安装,以"kg"为计量单位。

(4)风机安装区分规格、型号,以"台"为计量单位。

(5)空气幕安装区分长度,以"台"为计量单位。

(6)空气加热器、除尘设备安装区分重量,以"台"为计量单位。

2. 应注意的问题

(1)风机减震台座制作安装执行设备支架定额,定额内包括减震器,减震器用量按设计规定另行计算,但人工、机械不得调整。

(2)洁净室安装执行"分段组装空调器"安装定额。

(3)"窗式空调器"、"分体式空调器"安装定额中已包括随设备带来的支架安装,如设计对支架有特殊要求可另行计算。

（4）金属空调器壳体、挡水板、滤水器、溢水器、电加热器外壳等空调部件安装套用 9-258 子目。

（5）空调机重量在 2t 以上套用设备有关子目。

四、通风空调工程预算定额的定额系数

《上海市通风空调工程预算定额（2000）》规定的子目系数有定额中的换算系数、超高系数和高层建筑增加系数；综合系数有脚手架搭拆和摊销费系数、在有害人身健康的环境中施工增加费系数、安装与生产同时进行的增加费系数和系统调试费系数。

（一）子目系数

1. 定额中的换算系数

（1）整个通风系统设计采用渐缩管者，其人工乘以系数 2.5。

（2）如制作空气幕送风管时，按矩形风管平均周长执行风管规格项目，其人工乘以系数 3，其余不变。

（3）箱体式风机安装按相应规格型号的定额子目乘以系数 1.2。

（4）净化通风管涂密封胶是按全部口缝外表面涂抹考虑的，如设计要求口缝不涂抹而只在法兰处涂抹时，每 $10m^2$ 风管应减去密封胶 1.5kg，人工 0.37 工日。

（5）不锈钢风管如使用手工亚弧焊者，其人工乘以系数 1.238，材料乘以系数 1.163，机械乘以系数 1.673。

（6）铝板风管如使用手工亚弧焊者，其人工乘以系数 1.154，材料乘以系数 0.852，机械乘以系数 9.242。

2. 超高系数

超高增加费用按操作物高度距离楼地面 6m 以上的通风空调工程（注：电气设备安装工程为 5m，排水、采暖、燃气工程为 4.5m），按人工费的 15% 计算。

3. 高层建筑增加系

高层建筑增加费用与电气设备安装工程相同，按表 9-1-20 计取，高层建筑增加费用中 75% 为人工费，其余为机械费。

（二）综合系数

1. 脚手架搭拆和摊销费系数

脚手架搭拆和摊销费按全部通风空调工程总人工费的 2.5% 计取，其中人工费占 25%，其余为材料费。

2. 在有害人身健康的环境中施工增加费系数

在有害人身健康的环境中施工时，人工费增加 10%。

3. 安装与生产同时进行的增加费系数

安装与生产同时进行时，人工费增加 10%。

4. 系统调试费系数

系统调试费按系统工程人工费的 13% 计算，其中人工费占 25%，其余为机械费（漏光测试包含在定额子目内，不得另行计算）。

（三）通风空调工程预算定额中的制作安装费用划分

在通风空调工程预算定额中人工、材料、机械费用凡未按制作和安装分别列出的项目，其制作与安装费用的比例可按表 9-3-1 划分。

表 9-3-1   **通风空调工程制作与安装费用的比例划分表**

分部号	分部工程名称	制作占百分比(%)			安装占百分比(%)		
		人工	材料	机械	人工	材料	机械
1	薄钢板通风管道制作安装	60	95	95	40	5	5
4	风帽制作安装	75	80	99	25	20	1
5	罩类制作安装	78	98	95	22	2	5
7	设备支架制作安装	86	98	95	14	2	5
8	净化通风管道及部件制作安装	60	85	95	40	15	5
9	不锈钢板通风管道及部件制作安装	72	95	95	28	5	5
10	铝板通风管道及部件制作安装	68	95	95	32	5	5
11	塑料通风管道及部件制作安装	85	95	95	15	5	5
13	复合玻纤板风管制作安装	60	0	99	40	100	1

复习思考题

1. 试述电气设备安装工程定额的适用范围及与其他专业预算定额的关系。

2. 变压器干燥、变压器吊芯检查、电机干燥在什么条件下才能计取?

3. 试述基础槽钢角钢、铁构件、铁箱(盒)网门、保护网制作的工作内容。

4. 试述桥架、托盘及线槽安装的工作内容。

5. 试述给排水、采暖、燃气安装工程定额的适用范围及与其他专业预算定额的关系。

6. 室内消火栓管道和室外(消防)给水管道应套用《消防及安全防范设备预算定额》还是《给排水、采暖、燃气预算定额》?

7. 试述通风空调安装工程定额的适用范围及与其他专业预算定额的关系。

8. 定额规定的调整系数或费用系数分为哪两类? 电气设备安装工程、排水、采暖、燃气安装工程、通风空调安装工程的子目系数和综合系数各是如何计算的?

9. 计算题:照明配线(管内穿线)100m,BV2.5mm^2,套定额 2-1270。该工程安装施工在 8 层高层建筑内,操作高度为 6m,且安装与生产同时进行。假定人工单价双方约定 80 元/工日,则定额 2-1270,100m 的人工费为 77.60 元,试计算脚手架搭拆费、超高费、高层建筑增加费和安装与生产同时进行增加费,并计算该项目的全部人工费。

10. 名词解释:竖直通道电缆、均压环、接地跨接线安装、人防穿墙管过墙管、子目系数、综合系数。

第十章 其他专业工程预算简介

一般工业与民用建筑除了建筑物本身的功能需完整外,还必须要有满足建筑物要求的各项配套设施,包括室外的供电、供水、供气,小区排水、绿化、道路、环境等,才能使建成的房屋建筑发挥其应有的作用。本章简要介绍《上海市房屋修缮工程预算定额(2000)》、《上海市园林工程预算定额(2000)》、《上海市民防工程预算定额(2000)》、《上海市公用管线工程预算定额(2000)》、《上海市市政工程预算定额(2000)》、的工程量计算规则及其应用。

第一节 房屋修缮工程预算

一、《上海市房屋修缮工程预算定额(2000)》概述

《上海市房屋修缮工程预算定额(2000)》(以下简称《2000房修定额》)适用于各类房屋和附属设备的修缮工程、翻修工程、加固工程、随同房屋修缮工程的零星(300m² 以内)添建工程和拆除工程。不适用于新建、扩建工程和临时性工程。在执行房屋修缮工程预算定额时,如遇部分定额子目缺项时,可以参照其他专业工程预算定额的相应子目。但如遇房屋修缮工程预算定额和其他专业工程预算定额都有的相应子目,则应优先执行房修定额子目,不能因定额水平差异而任意执行其他专业工程的预算定额子目。

《2000房修定额》由土建工程和特种工程两册组成,共19个分部,其定额结构如图10-1-1所示。

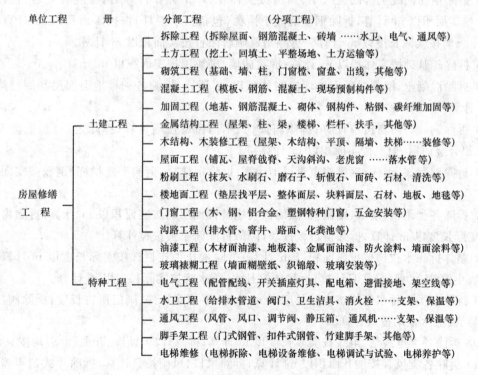

图 10-1-1 房屋修缮工程的定额结构

二、《2000房修定额》说明及工程量计算规则

《2000房修定额》的工程量计算规则与《2000建筑和装饰定额》、《2000安装定额》的工程量计

算规则大同小异,只是结合房屋修缮工程的施工实际和特点,对施工工艺进行适当的综合或分离细化,尽量能更客观地反映房屋修缮工程的施工程序。

（一）拆除工程

拆除工程由拆除屋面、钢筋混凝土、砖墙、楼地面、门窗、钢结构、装修、其他、水卫、电气和通风等工程组成。

1. 拆除工程说明

（1）本拆除工程为人工拆除工程,不适用于机械(镐头机)拆除和爆破拆除工程。

（2）凡拆除整幢房屋和拆除房屋局部构件,且不在原有处修复的;或拆除房屋装修项目,且不用原有标准(修缮项目发生变化)修缮的,均以本定额计算拆除工程费用。

（3）拆除工程中,拆旧料不得任意损坏,应尽量回收。瓦片应整理归堆、钢筋混凝土必须敲出钢筋、砖块应削清堆好、木料上圆钉及露尖金属必须敲弯,门窗应拆卸堆放整齐、电线应绑扎成捆、管材应堆放到指定地点,浴缸、面盆、灯具、风口、消声器、通风机等应尽量保存完好,开关、插座、龙头、阀门等必需分类堆放,小件拆旧料应有盛器装载。如采用破坏性拆除,人工酌情减少。

（4）拆除工程已包括一般安全措施,如采取特殊措施(如护栏、护网、坡道)或必须搭设脚手架施工的费用应另行计算。

2. 拆除工程工程量计算规则

（1）拆除屋面(瓦)按斜面积以 m^2 计算;拆除屋面(保温层)按实面积以 m^2 计算;拆除屋面(防水层)按展开面积以 m^2 计算;拆除搭建按建筑面积以 m^2 计算;拆除屋架(除钢屋架)按榀计算。

（2）拆除钢筋混凝土基础、柱、梁、压顶按实体积以 m^3 计算;拆除钢筋混凝土墙、板、雨篷、阳台、晒台按实面积以 m^2 计算;拆除钢筋混凝土楼梯(包括扶手栏杆)按投影面积以 m^2 计算;拆除钢筋混凝土天沟按实际长度以 m 计算。拆除雨篷晒台阳台按实面积以 m^2 计算。

（3）拆除砖基础按实体积以 m^3 计算;拆除砖墙、砌块墙按实面积以 m^2 计算。

（4）拆除混凝土、钢筋混凝土地坪按实体积以 m^3 计算;拆除各种楼地面面层和阁楼均按实面积以 m^2 计算。

（5）拆除钢(木)门窗按樘计算;拆除石库门、木门窗扇按扇计算;拆除走马窗、老虎窗按只计算,拆除铝合金门窗、橱窗按实面积以 m^2 计算。

（6）拆除钢屋架、钢柱、钢梁按重量以 t 计算;拆除钢楼梯、钢扶手连栏杆、钢栅按实面积以 m^2 计算。

（7）拆除各类平顶、隔墙、壁橱,铲除墙面粉刷装饰面层均按实面积以 m^2 计算;拆除窗帘盒、踢脚板按实际长度以 m 计算;拆除窗台板按块计算;拆除筒子板按樘计算。

（8）整体拆除木扶梯按投影面积以 m^2 计算;拆除木扶手连栏杆按实际长度以 m 计算;拆除池槽(水盘、小便池、大便槽)按只计算;拆除砖挑凡水、落水管按实际长度以 m 计算。

（9）拆除各类给排水管均按实际长度以 m 计算,不扣除管件、阀门所占长度;拆除阀门、浴缸、大小便器、面盆水盘均按只计算。

（10）拆除各类电线管、电线按实际长度以 m 计算;拆除灯具、插座、开关、电表均按只计算。

（11）拆除各类风管按展开面积以 m^2 计算;拆除风口、风帽按只计算;拆除片式消声器、阻抗复合式消声器、管式消声器分别按组、节、m 计算;拆除通风机、空调机按台计算。

（二）土方工程

土方工程由挖土工程和其他工程组成,其说明及工程量计算规则与《2000 建筑和装饰定额》完全相同。

（三）砌筑工程

砌筑工程由基础、墙、柱，门窗樘、窗盘、出线和其他工程组成。

1. 砌筑工程说明

（1）各项拆砌工程均包括削砖人工。

（2）空斗墙按一斗一眠计算。

2. 砌筑工程工程量计算规则

（1）基础、墙、柱

基础、柱的工程量计算规则与《2000建筑和装饰定额》相同。

新砌砖墙按长度乘以高度扣除门窗洞口和半圆碹、跨度在1.5m以上的平碹、嵌入墙身的混凝土柱梁所占的面积计算，其计算公式如下：

$$S = LH - S_门$$

式中　L——墙长，计算方法与《2000建筑和装饰定额》相同；

H——墙高，除外墙计算时无女儿墙平屋顶挑檐墙高算至屋面板下表面外，其余均与《2000建筑和装饰定额》相同；

$S_门$——应扣除的门窗洞口和半圆碹、跨度在1.5m以上的平碹、嵌入墙身的混凝土柱梁所占的面积。

拆砌砖墙按实砌面积计算。

（2）门窗樘、窗盘、出线

新开门窗樘按不同砖墙厚度以樘计算；半圆碹、跨度在1.5m以上的平碹按图示尺寸以m计算；砖砌门窗下槛以只计算，单门、双扇窗以1m为准；台口线、腰线、压顶出线按实际长度以m计算。

（3）其他

踏步（台阶）、零星砌体按实体积以m^3计算；烟囱按展开面积以m^2计算；小便池、大便槽、拦水条按实际长度以m计算；水盘脚按副计算；水盘（连脚）按只计算。

（四）混凝土和钢筋混凝土工程

混凝土和钢筋混凝土工程由钢模板（压型钢模板）、木模板（机制木模板）、钢筋、混凝土和预制混凝土构件等组成。

1. 混凝土和钢筋混凝土工程说明

（1）模板分组合钢模板、木模板、机制木模板、压型钢模板。其中模板材料用量为一次性投放量，周转性材料以租赁形式计算基价。

（2）钢筋均为现场配置，非成型钢筋；钢筋绑扎是以手工为主，部分辅以焊接而综合考虑的，实际施工与定额不同，不得换算。

（3）混凝土为现场搅拌混凝土，若采用商品混凝土，应扣除混凝土搅拌人工0.5613工日/m^3，扣除通用机械费35%。

2. 混凝土和钢筋混凝土工程工程量计算规则

混凝土和钢筋混凝土工程工程量计算规则（除个别分项工程）与《2000建筑和装饰定额》基本相同。不同的有：

（1）模板工程。扶手、栏板按实际长度以m计算。

（2）混凝土工程。混凝土楼梯、阳台、雨篷按投影面积以m^2计算；混凝土台阶按图示长度以m计算。

（五）加固工程

加固工程由地基加固、钢筋混凝土加固、砌体加固、钢构件加固、粘钢加固和碳纤维加固等组成。

1. 加固工程说明

（1）地基加固：定额均按室内作业考虑，静压桩已考虑 60m 以内的运距；不包括凿除混凝土地面、挖填土方、排除地下障碍物；基础底板开凿桩孔，底板厚度按 40cm 以内综合取定。

（2）钢筋混凝土加固：基础加固不包括拆除混凝土地坪、挖填土方、排除地下障碍物及排水；围套加固柱定额中已扣除柱、梁、板叠合混凝土体积。

（3）钢构件加固：钢构件一般均按现场制作，不包括除锈、刷防锈漆、防火漆等；另星金属构件指 2m 以内短拉杆、加固柱头、梁头、板头的铁件。

（4）粘钢加固：双层粘钢厚为两层钢板厚度之和。如柱块状粘钢加固中，第一层钢板为 3mm，第二层再粘一层 3mm 钢板，则应套用 6mm 厚双层块状粘钢加固柱定额。

2. 加固工程工程量计算规则

（1）地基加固：锚杆静压桩开凿桩孔、接桩、砍桩头按只计算；锚杆埋设按根计算；立支架按次计算；其余如锚杆静压桩的现场预制、压桩、封桩以及树根桩、压密注浆（钻孔、注浆）的工程量计算规则与《2000 建筑和装饰定额》相同。

（2）钢筋混凝土加固：木模板按模板与混凝土的接触面积以 m^2 计算；钢筋按实际长度乘以理论重量以 t 计算；混凝土按新增加的混凝土实体积以 m^3 计算。

（3）砌体加固：钢筋网片外加粉刷按展开面积以 m^2 计算；护壁柱按新增加的实体积以 m^3 计算。

（4）钢构件加固：除钢牛腿围套加固按只计算，其余与《2000 建筑和装饰定额》相同。

（5）粘钢加固：柱、梁、板粘钢加固均按实贴面积以 m^2 计算；梁加固中的 U 形箍板和柱加固中的箍板粘钢按钢板与混凝土的接触面积以 m^2 计算；梁加固中的 L 形箍板粘钢加固按钢板的实际面积以 m^2 计算。

（6）碳纤维加固：碳纤维加固按实际面积以 m^2 计算；种植钢筋、化学粘接锚栓按根计算。

（六）金属结构工程

金属结构工程由屋架、柱、梁，楼梯、扶手、栏杆和其他工程等组成。

1. 金属结构工程说明

（1）钢屋架、钢柱、钢梁、钢支撑、钢拉杆、钢檩条定额分列制作与安装，若系成品构件，仅套安装定额。

（2）钢楼搁栅、钢墙架、钢门框架定额均包括制作与安装。

2. 金属结构工程工程量计算规则

（1）屋架、柱、梁：工程量计算规则与《2000 建筑和装饰定额》完全相同。

（2）楼梯、栏杆、扶手：新做钢扶梯梯段按步计算（宽度 1.2 以内）；新做钢扶梯平台按投影面积以 m^2 计算；新做钢爬梯、钢管栏杆、扶手栏杆、扶手按长度以 m 计算；修理钢扶梯，换旁板、换踏步、拆装踏步、换平台钢板分别按 m、步、步、m^2 计算。

（3）其他：新做钢架招牌基层按制品重量以 t 计算。新做铅丝网围墙、钢窗栅均按实际面积以 m^2 计算。

（七）木结构、木装修工程

木结构、木装修工程由屋架、木结构、平顶、隔墙、扶梯、装修、其他和轻型木屋架工程等组成。

1. 木结构、木装修工程说明

（1）定额中木材均为规格料，如采用成材另增加 8‰ 木材化制损耗。注明木材规格以毛料为准，如设计图纸所注明的断面尺寸为净料的，木材规格取定应增加木材刨光损耗，方材、板材一面刨光加 3mm，两面刨光加 5mm。

（2）新做假柱或假梁均包括木筋和面层。

（3）高低（或跌级）平顶旁板、灯槽、灯带均未包括在吊平顶项目内，应另行计算。

（4）隔墙、护墙装饰面层定额，除铝合金板条、铝合金方板、PVC 板条，均未包括装饰压条和装饰线条。

（5）新做木扶梯，除平台、栏杆墙、台度、靠墙扶手、凸角条和平顶等外，其他均已包括在内。

（6）筒子板项目按无樘子和有樘子分别设置。无樘子筒子板指安装门窗以筒子板代替木门窗樘子，定额子目分镶铲口、钉铲口和无铲口。

（7）装饰线条均以产品考虑，若系现场制作宜以成品计价

2. 木结构、木装修工程工程量计算规则

（1）屋架、木结构：工程量计算规则除拆摆屋架（桁条、搁栅）以榀（根）计算外，其余与《2000 建筑和装饰定额》基本相同。

（2）平顶、隔墙：工程量计算规则除高低平顶旁板、开灯槽、开灯带以 m 计算；开灯孔（开检查口）以只（个）计算外，其余与《2000 建筑和装饰定额》基本相同。

（3）扶梯：新做木扶梯均按斜面积以 m^2 计算；扶梯平台、扶梯栏墙按实际面积以 m^2 计算；扶手按实际长度以 m 计算；踏步板以步计算；栏杆柱以根计算。

（4）装修及其他：工程量计算规则与《2000 建筑和装饰定额》完全相同。

（八）屋面工程

屋面工程有铺瓦，屋脊、戗脊、天沟、斜沟、凡水、压顶及出线，老虎窗、撑窗、走马窗工程，木工，平屋面工程，横水落及落水管，彩色玻纤沥青板瓦屋面工程等组成。

1. 屋面工程说明

（1）筒瓦屋面的筒瓦规格取定是 280×140，若实际与定额不符，可按实调整；翻做平瓦、中瓦屋面，若增添的瓦利用旧瓦，应扣除定额中的瓦片含量；翻做瓦楞白铁皮、石棉瓦或玻璃钢瓦屋面，若增添新瓦，应按翻做定额增加定额中的瓦楞白铁皮、石棉瓦或玻璃钢瓦含量。

（2）屋脊、戗脊、天沟、斜沟、凡水、压顶、出线应分别列项。屋脊是两斜屋面相交的水平阳角交线、戗脊是两斜屋面相交的倾斜阳角交线、天沟是两斜屋面或斜屋面与女儿墙相交的水平阴角交线、斜沟是两斜屋面相交的倾斜阴角交线、凡水垂直墙面与屋面相交的阴角交线。

（3）老虎窗（泥工）定额包括屋脊、盖瓦、中瓦凡水、出线和外粉刷，不包括内粉刷、天斜沟、窗口凡水、水落、水管；老虎窗（木工）定额包括开洞口、立樘子、屋面基层、天斜沟底板、双面板条墙、封檐板，不包括窗樘、窗扇的制作和窗扇的安装；撑窗、走马窗、天窗及天棚定额不包括玻璃、白铁皮凡水、天沟。

2. 屋面工程工程量计算规则

（1）屋面均按斜面积以 m^2 计算，不扣除屋脊、戗脊、斜沟、烟囱所占面积，应扣除老虎窗、走马窗洞口面积。

（2）屋脊、戗脊、天沟、斜沟、凡水、压顶、出线和天斜沟木底板、封檐板、横水落及落水管等项目均按实际长度以 m 计算；走马窗、撑窗、天窗凡水按只计算。

（3）老虎窗分扇数以只计算；撑窗、走马窗、天窗不分规格按只计算。

（4）防水卷材、防水涂膜屋面均按实际面积以 m^2 计算，天沟、凡水按展开面积并入计算。

（九）粉刷工程

粉刷工程由抹灰、水刷石、磨石子、斩假石、面砖、石材、清洗、墙面渗漏修补和墙面抹水泥基防水层工程等组成。

1. 粉刷工程说明

（1）粉刷工程分新粉、新铺；修补（斩粉）、修铺。修补（斩粉）指整体面层去旧、重粉；修铺指块料面层拆旧、铲除基层、重铺。若大面积（整垛墙面）修补（斩粉）、修铺，则应套拆除分部定额，同时套新粉、新铺定额；修补（斩粉）、修铺定额仅适用于小面积修补（斩粉）、修铺。

（2）整体面层墙体粉刷均包括一般线条，如遇复杂线条另行计算，块料面层不包括线条。

（3）整体面层和块料面层的砂浆刮糙层、面层（或粘结层）平均厚度超过规定，可进行换算。

（4）石材柱面系指独立柱，附墙柱套墙面定额。

2. 粉刷工程工程量计算规则

粉刷工程工程量计算规则（除个别分项工程）与《2000 建筑和装饰定额》基本相同。不同的有：

（1）修补（斩粉）、修铺工程量按实际面积以 m² 计算；修补窗盘、门窗头线、栏杆分别按只、樘、根计算。

（2）清洗墙面按实际面积以 m² 计算；

（3）墙面抹水泥防水基层、滚刷或喷涂防水涂料按实际面积以 m² 计算；墙面嵌缝按实际长度以 m 计算。

（十）楼地面工程

楼地面工程由垫层及找平层、水泥砂浆地坪、水磨石地坪、地砖地坪、石材地坪、地板、地毯和其他工程等组成。

1. 楼地面工程说明

（1）室外混凝土地坪套沟路工程定额。

（2）各类楼地面面层均不包括踢脚线。

（3）新做装饰夹板踢脚线，定额包括一道顶角线，如采用双道线条或设置盖缝线时，套凸角线定额。

2. 楼地面工程工程量计算规则

楼地面工程工程量计算规则与《2000 建筑和装饰定额》完全相同。

（十一）门窗工程

门窗工程由木门窗、钢门窗、铝合金门窗、塑钢门窗、特种门窗和五金安装工程等组成。

1. 门窗工程说明

（1）新做木门窗分门窗樘制作、门窗樘安装、门窗扇制作安装。

（2）修理木门窗分整理、拆装整理、小修、中修和大修，其划分标准见表 10-1-1。

（3）新做钢门窗、铝合金门窗、塑钢门窗分制作安装、成品安装。

（4）修理钢门窗分小修、中修和大修，其划分标准见表 10-1-2。

2. 门窗工程工程量计算规则

（1）木门窗：新做木门窗樘子，均按樘子外围周长以 m 计算，有腰头的门窗应增加腰头的长度计算；立木门窗樘子，按樘计算；新做木门窗扇，均以门窗扇实际面积以 m² 计算；修理木门窗扇均按扇计算。

（2）其余门窗：钢门窗、铝合金门窗、塑钢门窗制作安装，按门窗框外围面积以 m² 计算，门连窗应分别计算，门算至门框外边线，窗从门框外边线起算；修理钢门窗、连档组合门窗，按樘计算，计算口径为：单双扇为一樘，排窗以竖向拼铁为界计算樘数；钢窗连腰窗，如腰窗面积超过 2m² 可作为两樘计算；卷帘门按外立面高度加 60cm 乘以卷帘门实际宽度以 m² 计算；电动装置按套计算。

表 10-1-1　木门窗修理标准划分表

整理		小修		中修		大修	
包括	整理加榫 加钉 铰链加油 补洞 补锁眼 换配五金	主项	接一梃 换上冒 换下冒 换一仓门板 梃拼阔	主项	接一梃 换中冒 接半扇门板	中修主项组合	接二梃 换一梃一中冒
						说明	除上述组合项外,凡同时修两个或两个以上中修主项者,均属大修
拆装整理		次项	换芯子 加钉横档 冒头拼宽或垫宽 补一块门板 接一门板 配换浜子线 换斜撑 换或装拖水冒头 拼阔做叠缝 换木横闩 钉盖缝条	组合项	接一梃换上冒 接一梃换下冒 接半扇门板 换下冒换一仓门板	大修主项组合	接二梃换上冒 接二梃换下冒 接一梃上冒换一仓门板 接一梃下冒换一仓门板
包括	整理加榫 铰链加油 补洞 补锁眼 换移五金 补铰链窝 门窗翻身 换铁摇梗 换铁(木)臼 换门箍门钉铁圈 换铁豆腐干 换配五金					说明	除上述组合项,凡同时修三个或三个以上中修主项者,均为大修
						中小修主项组合	换一梃一上冒 换一梃一下冒 换一梃接一梃 换一梃及一仓门板
		说明	凡只修次项者,不论多少的属小修;修主项,带次项者,次项不考虑	说明	除上述组合项外,凡同时修两个小修主项者,均属中修	说明	除上述组合项外,凡同时修一个中修主项和一个小修主项者,均属大修

表 10-1-2　钢门窗修理标准划分表

大修		中修	
大修	门窗框及门窗的拆卸	中修	校正门窗变形
	校正门窗高低,冲斜		开凿墙面
	开凿墙面		紧固零件
	换铁脚		整理加油
	变形校正	小修	校正门窗变形
	紧固零件		铰链整修
	整理加油		紧固零件
			整理加油

(十二) 沟路工程

沟路工程由排管、窨井、路面和其他工程等组成。

1．沟路工程说明

(1) 排管、窨井、十三号、阀门水表箱均包括挖土、回填土;地沟、明沟、散水均包括平整场地;窨井包括粉刷;墙角开洞包括洞口镶砌和粉刷;疏通淤塞垃圾包括开洞、补洞和修复路面。

(2) 新砌窨井深度以 1m 为准,超过 1m 按每增 30cm 计算;窨井加高以 30cm 为准,超出可按实换算。

2. 沟路工程工程量计算规则

（1）排管、窨井：新排、翻排各类排水管及新做排水管基础、管座、疏通下水道均按中心线长度以 m 计算；调换瓦筒按处计算；新砌、加高、拆砌、修理窨井按只计算；疏通淤塞按处计算。

（2）路面及其他：路面挖填土、垫层按实际体积以 m³ 计算；新做、翻做、修补路面、混凝土预制块、卵石、广场砖、石材、条砖路面按实际面积以 m² 计算；地沟、明沟、侧石、平石均以中心线长度以 m 计算；阀门水表箱、墙角开洞按只计算；化粪池按座计算。

（十三）油漆工程

油漆工程由木材面油漆、金属面油漆和抹灰面油漆工程等组成。

1. 油漆工程说明

（1）重做油漆分全出白、半出白和修出白。全出白即全部铲除原有油漆；半出白即除缝槽中或次平面油漆尚好，可不铲清外，其余均应铲清；修出白即只将起壳部分铲清（包括金属面上铁锈）。

（2）二层以上外开窗油漆、若未搭脚手架，应增加安全人工 20%。

（3）板壁中的木装饰条、踢脚板油漆若与板壁相同时不再另计；若不同应按木装饰条、踢脚线油漆定额计算。踢脚板宽度以 15cm 为准，若 10cm 按定额的 75% 计算；若 20cm 按定额的 135% 计算。

（4）涂料定额分起底一般、起底困难两种。起底一般是指原有涂料为水性涂料；起底困难是指原有涂料为油性涂料或原有涂料为水性涂料，但已被油烟污染。

2. 油漆工程工程量计算规则

（1）门窗均按单面面积计算，包括窗外框面积；有门窗头线者，其工程量合并在门窗中计算；木栅、铁栅按单面外围面积计算。

（2）木板壁、板平顶、地板按实际面积计算；扶梯按斜面积计算。

（3）屋架按外围面积计算，包括屋架空隙面积；柱、梁、桁条、搁栅按构件展开面积计算。

（4）窗台板、门窗筒子板按表面面积计算；橱、台、柜按展开面积计算；窗帘盒、踢脚板、扶手、挂镜线、落水管等均按实际长度计算。

（5）墙面、平顶按实际面积计算，应扣除门、窗洞口和 0.3m² 以上的孔洞面积，遇柱、梁时，以展开面积合并到墙面、平顶工程量计算。

（6）钢构件按展开面积计算，钢构件展开面积计算见表 10-1-3。

表 10-1-3 　　　　　　　　　　　　钢构件每米长度展开面积表

构件	每米展开面积 （m²/m）	构件	每米展开面积 （m²/m）	构件	每米展开面积 （m²/m）
等边角钢　宽25	0.100	槽钢　　8#	0.320	工字钢　12#	0.536
等边角钢　宽30	0.120	槽钢　10#	0.384	工字钢　14#	0.600
等边角钢　宽36	0.144	槽钢　12#	0.448	工字钢　16#	0.672
等边角钢　宽40	0.160	槽钢　14#	0.488	工字钢　18#	0.736
等边角钢　宽50	0.200	槽钢　16#	0.576	工字钢　20#	0.808
等边角钢　宽63	0.252	槽钢　20#	0.700	工字钢　22#	0.888
等边角钢　宽70	0.280	圆钢　Φ18	0.057	工字钢　24#	0.944
等边角钢　宽80	0.320	圆钢　Φ20	0.063	零星铁件	0.053(m²/kg)
等边角钢　宽100	0.400	圆钢　Φ22	0.069		

（十四）玻璃裱糊工程

玻璃裱糊工程由墙面糊壁纸、织锦缎、玻璃安装等组成。

1. 玻璃裱糊工程说明

（1）已破裂玻璃经拆卸利用者，定额不予扣除。

（2）二层以上外开窗安装玻璃、若未搭脚手架，应增加安全人工，单扇窗增加人工80%，其他窗增加人工30%。

2. 玻璃裱糊工程工程量计算规则

裱糊按展开面积计算；玻璃按净面积计算。

（十五）电气工程

电气工程由配管、配线、母线槽桥架、照明电器、电气设备工程和外线工程等组成。

1. 电气工程说明

（1）配管工程包括凿墙洞、楼板洞，未包括开凿墙槽。

（2）线槽桥架均以成品考虑，包括立柱、托架等附件螺栓。

（3）电气拆换是指电气设备、配线方式不变，单纯拆旧换新；拆装整理是指原有设备及线路拆下经整理后重新安装。

2. 电气工程工程量计算规则

电气工程工程量计算规则与《2000安装定额》基本相同。

（十六）水卫工程

水卫工程由管道、阀门、水嘴水表、法兰过滤器、卫生洁具、管道支架、消火栓喷淋水嘴、水泵、开凿墙洞墙槽和水管保温等组成。

1. 水卫工程说明

（1）各种管道工程不分架空、地沟和埋地，套同一定额；定额均不包括开挖地槽、墙槽、墙洞、楼板洞。

（2）定额包括试水，但不包括试压。

2. 水卫工程工程量计算规则

水卫工程工程量计算规则与《2000安装定额》基本相同。不同的有：

（1）断管加装三通，调换墙箍、吊箍、凿墙洞、楼板洞按只计算。

（2）墙面地面开槽，水管保温按长度计算。

（十七）通风工程

通风工程由风管、风管检查口、风阀、风口、消声器、风帽、通风机、防护罩、支架与保温等组成。

1. 通风工程说明

（1）风管制作安装为包括支架、托架。

（2）风阀、风口、散流器、消声器均按成品考虑。

（3）通风工程的系统调试人工已包括在定额子目内。

2. 通风工程工程量计算规则

（1）风管按风管中心线长度乘以周长以 m² 计算。应扣除阀门、部件所占长度，不扣除检查孔、风口所占面积。

（2）金属软管按长度计算；风管软接法兰按法兰（角钢）的长度计算。

（3）风阀、风口、散流器、消声器按个计算。

（4）风机、空调器、风机盘管、风幕机按台计算。

（5）风帽笭绳、托架、支架按重量、以 kg 计算。

（6）风管保温按展开面积以 m^2 计算。

（十八）脚手架工程

脚手架工程由门式钢管脚手架、扣件式钢管脚手架、竹建脚手架和其他工程等组成。

1. 脚手架工程说明

（1）定额所列材料一次搭设投入量，周转材料以租赁形式计算基价，若不实行租赁时，按规定计算摊销价（铅丝、塑箴材料按一次性消耗量计算基价）。

（2）脚手架使用起讫时间为搭设完毕验收合格之日起至拆除堆放之日止。

（3）门式钢管脚手架、扣件式钢管脚手架（柱距 1.5m）规定使用周期 4 个月，每超过 2 个月应计取脚手架续用周转材料费 25%，人工不变；扣件式钢管脚手架（柱距 1.7m）规定使用周期 2 个月，每超过 1 个月应计取脚手架续用周转材料费 25%，人工不变；竹建脚手架使用规定同扣件式钢管脚手架，但超过规定使用周期，除计取脚手架续用周转材料费外，人工费增加 10%，塑箴增加 10%。

（4）屋面脚手架（骑楼、水箱、搭建），3 层以下人工增加 50%，3 层以上人工增加 100%。

2. 脚手架工程工程量计算规则

1）脚手架排数根据房屋高度和下述规定计算。

① 脚手架排距规定：底排为 2～2.5m，以上为 1.8m。

② 脚手架排数计算高度规定：遇女儿墙，算至女儿墙压顶面以下 0.6m；遇挑檐，算至檐口底向下 0.6m；遇山墙，算至山尖与檐口的平均高度；室内算至楼板底向下 1.8m；室内遇屋架，算至屋架下弦与屋脊向下 1.8m 的平均高度。

2）脚手架长度按脚手架中心线长度以 m 计算，外墙转角每端加 0.75m。排数不同应分段计算。

3）满堂脚手架根据实际搭设排数，按室内地面净面积以 m^2 计算。

4）脚手架之字斜道、安全通道小平台、内天井脚手架（分四柱落地、六柱落地）、安全密目网、预制垃圾筒等，根据外脚手架排数以座计算。

5）走道防护架按实际长度以 m 计算。

6）电梯井道、落水管脚手架等，根据建筑物层数（平均高度 3m）以座计算。

7）烟囱、旗杆脚手架根据搭设排数以座计算。

8）预制竹笆根据不同排数，按实际铺设长度以 m 计算。

9）卷扬机井字架，竹建根据外脚手架排数、角钢根据建筑物层数以座计算。

10）屋面施工棚按屋面展开面积以 m^2 计算。

（十九）电梯维修

电梯维修由电梯拆除、电梯设备维修、电梯调试与试验和电梯养护等组成、

1. 电梯维修说明

（1）本定额适用于房屋高度 30 层以下、电梯运行速度 2.5m/s 以下的电梯维修和改造工程。

（2）电梯设备维修分整修、检修、调换、更换、安装、加装。整修是指不发生调换零部件的维修；检修是指主要部件以维修为主（即非调换），包括调换部分零配件，添换零星材料；调换是指拆换同型号、同规格、同参数的部件或零件、紧固件等；更换是指调换不同型号、不同规格、不同参数的部件或零件，并包括该部件或零件相关的配件、紧固件等；安装是指原设备、部件和材料均已全部拆除，安装新设备、新部件新材料等，设备、部件材料应包括与此相关的配件、紧固件等；加装是指原设备没有，为使设备符合技术标准或使设备更完善，增加安装项目。

（3）除电梯拆除曳引机组、控制屏、曳引电动机、承重钢梁设备均不包括垂直吊运人工。

（4）超高人工降效不适用于电梯维修项目。

2. 电梯维修工程量计算规则

1）电梯拆除：拆除电梯导轨根据导轨规格和楼层数，计算总长度，按每根 5m，折算成根计算。其余均按定额子目的计量单位计算。

2）机房设备维修：按定额子目的计量单位计算。

3）井道设备维修：检修校正导轨按对计算（每对指整个井道内两根全长导轨）；调换、安装导轨按导轨长度折算成根计算（导轨余长大于半根导轨，每对导轨增加 2 根，余长不足半根导轨，每对导轨增加 1 根）；清洗、调换曳引绳按长度以 m 计算；调整对重块按一次 100kg 计算，一次少于 100kg 按 100kg 计算，若一次大于 100kg 每增加 100kg 其人工乘以 0.6 系数。其余均按定额子目的计量单位计算。

（1）当曳引比 1:1 时：

曳引绳长度＝提升高度＋（顶层层高＋技术层层高＋导向轮中心点与机房地坪高度）×2
 ＋3.75×曳引轮垂直中心与导向轮垂直中心间距＋3.14×曳引轮半径
 －轿厢架高度－对重架高度＋底坑深度－1.4m

（2）当曳引比 2：1 时：

曳引绳长度＝提升高度×2＋（顶层层高＋技术层层高）×4＋曳引轮中心点与机房地坪高度×2
 ＋绳头板离机房地坪高度×2＋3.14×（曳引轮半径＋轿顶反绳轮半径
 ＋对重轮半径）＋两轿顶轮中心间距＋梁对重轮中心间距－（轿厢架高度
 ＋对重架高度）×2＋（底坑深度－1.4m）×2

（3）绳头如系自锁式，每根曳引绳长度增加 0.8m。

4）轿厢及设备维修：轿厢加贴钢底板、调换塑料底板按设计面积以 m² 计算。其余均按定额子目的计量单位计算。

5）层门、层站设备维修：按定额子目的计量单位计算。

6）电气控制设备维修：调换、加装随行电缆按根计算，电缆长度按实计算。

随行电缆长度＝（提升高度＋顶层层高＋底坑深度×2＋轿厢盘路长度＋机房盘路长度）
 ×（1＋1.5％施工损耗）

如采用圆形随行电缆另增加长度 0.4m×2。

7）电梯调试与试验：按定额子目的计量单位计算。

8）电梯养护：按台·月计算。

三、《2000 房修定额》应注意的事项

（一）材料消耗量

定额中材料消耗量分能计量的消耗性材料、不能计量的零星材料和周转材料。

（1）能计量的消耗性材料定额直接列出其消耗量。

（2）不能计量的零星材料按定额直接费乘以规定费率计算，计取标准见表 10-1-4。

（3）周转材料定额按一次投放量列入子目，其预算价格应采用租赁价或摊销价。

1）模板

参考租赁期为：基础、圈梁 14 天；柱、梁、板、墙、扶梯 21 天；挑檐、雨篷 28 天；其他 21 天。同时扣除钢模板钢支撑回库维修费。如不实行租赁时，可按表 10-1-5、表 10-1-6、表 10-1-7、表 10-1-8 规定计算摊销价。即：

表 10-1-4 　　　　　　　　　　　零星材料费率表

分部名称	零星材料费率	分部名称	零星材料费率	分部名称	零星材料费率
拆除	0	木结构和木装修	1.2%	油漆	2.5%
土方	0	屋面	1.8%	裱糊和玻璃	2.5%
砌筑	0.5%	粉刷	0.3%	电气	1.0%
钢筋混凝土	0.5%	楼地面	0.3%	水卫	1.0%
加固	0.5%	门窗	1.2%	通风	1.8%
金属结构	1.8%	沟路	0.3%	脚手架	0

表 10-1-5 　　　　　　　　　　　钢模板摊销系数

材料名称	摊销系数	材料名称	摊销系数
工具式钢模板	0.022	零星卡具	0.151
木模	0.210	钢支撑系统	0.013

表 10-1-6 　　　　　　　　　　　木模板摊销系数

部位	摊销系数	部位	摊销系数
基础	0.192	墙	0.188
柱	0.181	板	0.197
异形、圆形柱	0.204	楼梯	0.206
梁	0.170	雨篷、阳台、天沟	0.206
异形梁	0.187	其他	0.221
圈梁、基础梁	0.219	预制构件	0.213
		木支撑	0.137

表 10-1-7 　　　　　　　　　　　机制木模板摊销系数

部位	摊销系数	部位		摊销系数
柱	0.181	楼板	有梁板	0.206
圆形柱	0.225		无梁板	0.197
构造柱	0.204	楼梯、雨篷、挑檐		0.206
基础梁	0.219	柱围套、双肢柱、护壁柱		0.188
单梁	0.170	梁围套、双肢梁		0.187
圈梁、过梁	0.219	抗震圈梁		0.219
单墙	0.188	护墙		0.188

表 10-1-8 　　　　　　　　　　　支撑材料摊销系数

材料名称	摊销系数	材料名称	摊销系数
木模成材	0.137	钢管扣件	0.051
钢管支撑	0.013	对拉螺栓	0.043

材料摊销价＝材料预算价格×摊销系数

2）脚手架

脚手架以租赁形式计算基价,若不实行租赁时,按表 10-1-9 至表 10-1-14 规定计算摊销价(铅丝、塑篾材料按一次性消耗量计算基价)。

表 10-1-9　　　　　　　门式钢管脚手架材料摊销率表(4 个月周期)

项目名称	门架、水平架	走道板、交叉支撑	扣件、底座、连接棒	连墙杆	钢管
门式钢管脚手架	150 个月	100 个月	100 个月	100 个月	150 个月
摊销率	3.37%	4.56%	4.56%	4.56%	3.41%

注:适用于搭设高度 45m 以内,即 24 排以内。

表 10-1-10　　　　扣件式钢管脚手架(柱距 1.5m)材料摊销率表(4 个月周期)

项目名称	钢管	扣件	槽钢	预制竹笆
扣件式钢管脚手架	150 个月	100 个月	120 个月	18 个月
摊销率	3.37%	4.56%	3.97%	22.89%

注:适用于搭设高度 50m 以内,即 28 排以内。

表 10-1-11　　　　扣件式钢管脚手架(柱距 1.7m)材料摊销率表(2 个月周期)

项目名称	钢管	扣件、底座	预制竹笆
扣件式钢管脚手架	120 个月	80 个月	14 个月
摊销率	2.48%	3.48%	14.57%

注:适用于搭设高度 20m 以内,即 10 排以内。

表 10-1-12　　　　　　竹建脚手架(柱距 1.5m)材料摊销率表(4 个月周期)

项目名称	毛竹	预制竹笆	垃圾筒	密目网
竹建脚手架	24 个月	18 个月	24 个月	24 个月
摊销率	16.67%	22.89%	17.50%	16.67%

注:适用于搭设高度 95m 以内,即 55 排以内。

表 10-1-13　　　　　　竹建脚手架(柱距 1.7m)材料摊销率表(2 个月周期)

项目名称	毛竹	台型	预制竹笆	垃圾筒	密目网
竹建脚手架	18 个月	10 个月	14 个月	24 个月	20 个月
摊销率	11.22%	18.00%	14.57%	11.25%	10.80%

注:适用于搭设高度 20m 以内,即 10 排以内。

表 10-1-14　　　　　　　角钢井字架材料摊销率表(4 个月周期)

项目名称	角钢	吊篮	底座	钢丝绳	钢板、螺栓、螺旋扣、绳夹
角钢井字架	150 个月	60 个月	150 个月	48 个月	100 个月
摊销率	3.37%	6.93%	3.97%	8.42%	4.56%

(二)机械料消耗量

定额中机械按通用机械和专用机械分类,通用机械按定额直接费乘以规定费率计算,计取标准见表 10-1-15;专用机械在定额子目中列出消耗量。通用机械和专用机械划分见表 10-1-16。

表 10-1-15

通用机械使用费率表

分部名称	机械使用费率	分部名称	机械使用费率	分部名称	机械使用费率
拆除	3.0%	木结构和木装修	1.5%	油漆	0
土方	0	屋面	3.0%	裱糊和玻璃	0
砌筑	3.0%	粉刷	2.0%	电气	1.0%
钢筋混凝土	4.0%	楼地面	2.0%	水卫	1.5%
加固	5.0%	门窗	1.5%	通风	5.0%
金属结构	5.0%	沟路	2.0%	脚手架	0

表 10-1-16

通用机械和专用机械划分表

通用机械	专用机械
混凝土搅拌机、砂浆搅拌机、 插入式振动机、平板振动机	拆除：空气压缩机(0.6m³)、风镐
	静压锚杆桩：非标压桩机
圆锯机、平刨机	树根桩：工程钻机、压浆泵、履带式起重机
电动离心泵	压密注浆：液压注浆泵、沉管设备
卷扬机、电动葫芦	楼地面：磨石子机、磨地板机
电焊机、气割枪、管子切割机、 型材切割机、剪板机	管道：电动套丝机、液压弯管机
	通风：卷板机、折方机、法兰圆卷机
台式钻床、手提砂轮机、电锤	钢模板、脚手架：5T 载重汽车

定额包括 200m 以内水平运输和 20m 以内垂直运输。水平运输平均运距每超过 50m，可增加定额人工消耗量的 1%；垂直运输超过 20m 的工程，其超过部分按超高部分预算工日分档增加垂直运输超高降效人工，计取标准见表 10-1-17。

表 10-1-17

超高降效人工系数表

房屋高度	系数	房屋高度	系数
30m 以内	11%	105m 以内	30%
45m 以内	13%	120m 以内	33%
60m 以内	18%	135m 以内	37%
75m 以内	24%	150m 以内	40%
90m 以内	27%	150m 以外	43%

第二节　园林工程预算

一、《上海市园林工程预算定额(2000)》概述

《上海市园林工程预算定额(2000)》(以下简称《2000 园林定额》)适用于园林建设中新建、扩建工程，不适用于修建、改建和临时性工程。

《2000 园林定额》分为绿化(种植、养护)工程和园林(建筑、小品)工程两大类。其中绿化(种植、养护)工程分绿化种植、绿化养护；园林(建筑、小品)工程分园林仿古建筑、园林普通建筑、园林假山小品和其他零星土建等。其定额结构如图 10-2-1 所示。

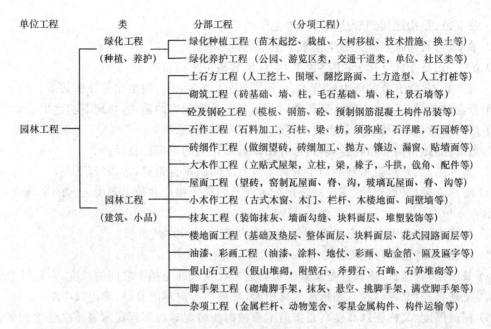

图 10-2-1　园林工程的定额结构

二、《2000 园林定额》绿化(种植、养护)工程

(一)绿化(种植、养护)工程分类

1. 绿地分类

(1)公共绿地(公园、游览区类):是指供整个城市居民游览、休息和文化娱乐并具有一定规模水平的公共绿地(包括综合性公园、儿童公园、动物园、植物园、纪念性公园、名胜古迹园等各种专类公园在内)。

(2)街道绿地(交通干道类):是指设置在城市道路两旁的主要用于丰富街景、美化市容或群众休息、游览、观赏的沿街绿地(包括广场绿地、林荫道绿地等各种绿地在内)。

(3)专用绿地(单位、社区类):是指设置在城市居民区以及工厂、机关、学校、医院等单位内的绿化用地(包居住绿地、工厂绿地等主要供居住及单位内人员休息、游览的专用绿地。

2. 苗木按施工方法分类

(1)常绿乔、灌木:常绿乔木是指有明显主干、分枝点离地面较高、各级侧枝区别较大、全年不落叶的木本植物;常绿灌木是指无明显主干、分枝点离地面较近、分枝较密、全年不落叶的木本植物。

(2)落叶乔、灌木:落叶乔木是指有明显主干、分枝点离地面较高、各级侧枝区别较大、冬季落叶的木本植物;落叶灌木是指无明显主干、分枝点离地面较近、分枝较密、冬季落叶的木本植物。

(3)造型植物:是指经多次修剪后具有一定造型(如修剪后形状如球型)的植物。

(4)地被植物:是指干枝叶均匍地而生、成片种植覆盖地面的草本植物。

(5)其他植物:竹类植物是指地上秆茎直立有节、节坚实而明显、节间中空的植物;攀缘类植物是指能攀附他物而向上生长的蔓性植物;水生类植物是指完全能在水中生长的植物;其他类植物是指以上植物特征未包括的各种植物。

(6)花卉:是指以观赏特性而进行培育的植物材料(一般是指观花、观果的灌木类植物)。

(7)种籽:是指各类植物的种子。

3. 苗木按规格标准分类

(1)直生苗(实生苗):是指用种子播种繁殖培育成的苗木。

(2)嫁接苗:是指嫁接方法培育成的苗木。

(3) 独本苗：是指地面到冠丛只有一个主干的苗木。

(4) 散本苗：是指根茎以上分生出数个主干的苗木。

(5) 丛生苗：是指地下部分（根茎以下）生长出数根主干的苗木。

(6) 萌芽数：是指有分蘖能力的苗木、自地下部分（根茎以下）萌生出的芽枝数量。

(7) 分支（枝）数（又称分叉数、分枝数）：是指具有分蘖能力的苗木，自地下萌生出的干枝数量。

(8) 培育年数（又称苗令）：是指苗木繁殖、培育年份数，通常以一年生、二年生……表示。

(9) 重瓣花：是指园林植物经栽培，选育出雄蕊瓣化成的重瓣优良品种。

(10) 苗木高度：是指苗木自地面至最高生长点之间的垂直距离，常以"H"表示。

(11) 冠丛直径（又称冠径、蓬径）：是指苗木冠丛的最大幅度和最小幅度之间的平均直径，常以"P"表示。

(12) 胸径：是指苗木自地面至 1.30m 处的树干直径，常以"ϕ"表示。

(13) 地径：是指苗木自地面至 0.20m 处的树干直径，常以"d"表示。

(14) 长度（又称蓬长、茎长）：是指攀缘植物遥主径从根部至梢头之间的长度，常以"L"表示。

(15) 土球直径（又称球径）：是指苗木移植时，根部所带泥球的直径，常以"D"表示。

(16) 泥球厚度（又称泥球高度）：是指苗木移植时所带泥球底部到泥球表面高度之间的垂直距离，常以"h"表示。

(17) 紧密度：是指球形植物冠丛的稀密程度，是球形植物的质量指标。

4. 行道树分类

(1) 小树：是指胸径在 15cm 以下（不含 15cm）的树木。

(2) 中树：是指胸径在 15～25cm 之间（含 15cm）的树木。

(3) 大树：是指胸径在 25～45cm 之间（含 25cm）的树木。

(4) 特大树：是指胸径在 45cm 以上（含 45cm）的树木。

5. 苗木养护期分类

(1) 栽植养护期：是指自绿化种植工程竣工日起，纯花坛栽植养护期为 10 天，树木栽植养护期为一个月。

(2) 成活率养护期：是指根据市标《园林植物栽植技术规程》（DBJ 108-18-91）规定，春季施工的绿化种植工程自栽植养护期结束后起至 9 月份止，秋季施工的绿化种植工程自栽植养护期结束后至次年九月份止。

日常管理养护期：是指对经过成活率养护期后的新建绿地和原有绿地上的苗木养护。

（二）绿化（种植、养护）工程说明

1. 绿化种植：工程内容包括绿化种植前的准备工作、苗木栽植工作、花坛栽植后 10 天以内或苗木栽植后 1 个月以内的养护管理工作及绿化施工后周围 2m 以内的垃圾清理工作；技术措施子目必须根据实际需要支撑方法和材料，套用相应定额；苗木价格中已包括场外运输和种植损耗，苗木成活率为 100%。

2. 绿化养护：绿化养护工程定额适用于绿化种植工程成活率养护期和绿化日常管理养护期，不适用于栽植养护期（栽植养护期费用已包括在绿化种植定额中）；养护期间因养护工作需要疏植、调整而多余的苗木，其产权归业主所有；养护期间若发生非业主或自然因素造成的苗木死亡损失，应有养护承包方负责。

（三）绿化（种植、养护）工程工程量计算规则

1. 绿化种植

(1) 起挖和种植乔、灌木均以株（丛）计算，其中带土球的常绿乔灌木按土球直径（乔木按胸径的 8 倍、灌木按地径的 7 倍计算)、带土球的落叶乔木按胸径、带土球的落叶灌木按冠丛高度、裸根乔灌木按根幅直径,套用相应定额。

（2）花卉、草皮均按面积以 m² 计算。

（3）绿篱:单、双排绿篱以 m 计算;两排以上视作片植按面积以 m² 计算。

（4）绿地整理按实际施工面积以 m² 计算;人工换土按表 10-2-1 绿化换土工程相应规格对照表以 m³ 计算;大面积换土按施工图或绿化设计规范要求以 m³ 计算;垃圾深埋(垃圾就地深埋,将好土翻到地表面)按垃圾土和好土的总和以 m³ 计算。

表 10-2-1　　　　　　　　　　　绿化换土工程相应规格对照表

名称	规格	单位	根幅 cm	挖坑(沟槽) cm	换土量 m³	备　注
带土球乔灌木	土球直径在(cm)以内	20 株		40×30	0.02	挖塘(坑) 直径×高
		30 株		50×40	0.03	
		40 株		60×40	0.08	
		50 株		70×50	0.11	
		60 株		90×50	0.21	
		70 株		100×60	0.28	
		80 株		110×80	0.50	
		100 株		130×90	0.64	
		120 株		150×100	0.87	
		140 株		180×100	1.16	
裸根乔木	胸径在(cm)以内	4 株	30～40	40×30	0.04	挖塘(坑) 直径×高
		6 株	40～50	50×40	0.08	
		8 株	50～60	60×40	0.14	
		10 株	70～80	80×50	0.25	
		12 株	80～90	90×60	0.38	
		14 株	100～110	110×60	0.57	
		16 株	120～130	130×60	0.80	
		18 株	130～140	140×70	1.08	
		20 株	140～150	150×80	1.41	
		24 株	160～180	180×80	2.03	
裸根灌木	冠丛高在(cm)以内	100 株	25～30	30×30	0.02	挖塘(坑) 直径×高
		150 株	30～40	40×30	0.04	
		200 株	40～50	50×40	0.08	
		250 株	50～60	60×50	0.14	
双排绿篱	绿篱高在(cm)以内	40 m		100×30×25	0.08	挖沟槽 长×宽×高
		60 m		100×35×30	0.11	
		80 m		100×40×35	0.14	
		100 m		100×50×40	0.20	

续表

名称	规格		单位	根幅	挖坑(沟槽)	换土量	备注
				cm	cm	m³	
单排绿篱	绿篱高在(cm)以内	40	m		100×25×25	0.06	挖沟槽 长×宽×高
		60	m		100×30×25	0.08	
		80	m		100×35×30	0.11	
		100	m		100×40×35	0.14	
		120	m		100×45×35	0.16	
		150	m		100×45×40	0.18	

2. 绿化养护

绿化养护按规格以株、丛、盆、m、m² 等计算,其子目所包含时间单位为年,即连续累计 12 个月为 1 年。如连续承包期不足 12 个月则按表 10-2-2 分月养护系数表计算;如单独承包冬季养护(即 12 月、1 月、2 月三个月),其子目基价还须再乘以 0.80 系数(即 0.34×0.80＝0.272);如遇成活率养护期,其子目基价还须再乘以 1.20 系数。

表 10-2-2　　　　　　　　　　　　　　　分月养护系数表

时间	1 个月内	2 个月内	3 个月内	4 个月内	5 个月内	6 个月内
系数	0.19	0.27	0.34	0.41	0.49	0.56
时间	7 个月内	8 个月内	9 个月内	10 个月内	11 个月内	12 个月内
系数	0.63	0.71	0.78	0.85	0.93	1.00

若发生以下情况,需征得甲方(业主)同意后,按有关规定双方协商确定,另列清单,签订补充合同,按实计算。

(1) 苗木因大幅度调整而发生的挖掘、移植等工程内容。

(2) 绿化围栏、花坛等设施因维护而发生的土建材料费用。

(3) 因养护标准、要求改变而发生的新增苗木、花卉等材料费用。

(4) 古树名木和名贵苗木的特殊养护。

(5) 高架绿化、水生植物等特殊养护要求而发生的用水增加费用。

三、《2000 园林定额》园林(建筑、小品)工程

(一)园林(建筑、小品)工程说明

1. 土、石方工程

土石方工程由人工挖地槽、地沟,人工挖地坑,人工挖土方,人工山坡切土、挖淤泥、支挡土板、围堰,人工凿岩石、翻挖路面,平整场地、回填土,人工运土、石方及土方造型,人工打桩等组成。

(1) 土壤分类:一类土(松软土)是略有粘性的砂土、腐殖土及疏松的种植土;二类土(普通土)是潮湿粘性土或黄土,软的盐土和碱土含有碎石、卵石或建筑材料碎屑的潮湿粘土;三类土(坚土)是中等密实的粘性土或黄土,含有碎石、卵石或建筑材料碎屑的潮湿粘土和黄土;四类土(沙砾坚土)是坚硬密实的粘性土或黄土,含碎石、卵石或体积在 10%～30%,重量在 20kg 以下块石的中等密实的粘性土或黄土、硬化的重盐土。

(2) 岩石分类:软石是胶结不实的砾石,各种不坚实的页岩,中等坚实的泥灰岩,软质有空隙的节理较多的石灰岩;普通石是风化的花岗岩,坚硬的石灰岩、砂岩、水成岩,砂质胶结的砾岩,坚硬的砂质岩、花岗岩与石英胶结的砂岩;坚石是高强度的石灰岩,中粒和粗粒的花岗岩,最坚硬的石英岩。

(3) 干土、湿土、淤泥和流沙的界限:干湿土界限应以地下水位标高为准,上海一般以室外地坪

标高为界,1m 以上为干土、1m 以下为湿土;用工具起挖后不能成形的湿土为淤泥和流沙。

2. 砌筑工程

砌筑工程有砖砌体、砖基础、砖墙,砖柱、空斗墙、空花墙、填充墙和其他砖砌体,石砌体、毛石基础、石墙砌体、独立柱、砌景石墙、蘑菇石墙等。

(1) 墙基、墙身的界限:建筑物以室内地坪为界,以上者为墙身,以下者为墙基;构筑物(如月台、环丘台、城台、碉台)以室外地坪为界,地上部分为墙身,地下部分为墙基。

(2) 小砌体和小摆设的划分:小砌体是指依附于主体结构的,起填充作用的零星砌体;小摆设是指相对独立的,起装饰作用的零星砌体,如:花瓶、花盆、座凳及小型花坛、水池。

3. 砼及钢砼工程

砼及钢砼工程由现浇砼和预制砼两大部分组成。现浇砼有基础、柱、梁、板、枋、桁、机、钢丝网屋面、封沿板、其他砼等;预制砼有柱、梁、架、枋、桁、机、椽子、预应力构件、其他砼及预制构件安装等。

(1) 混凝土分模板、钢筋和砼浇捣 3 个子目,其编号的对应关系相差 30,如有梁式钢筋混凝土带形基础的模板子目编号为 5-1-3,钢筋子目编号为 5-1-33,砼子目编号为 5-1-63。

(2) 现浇砼有基础、柱、梁、板、枋、桁、机、钢丝网屋面、封沿板、其他砼等工程项目。

(3) 预制砼有柱、梁、架、枋、桁、机、椽子、预应力构件、其他砼及预制构件安装等工程项目。

4. 石作工程

石作工程有石料加工;石柱、梁、枋[①];石门框、窗框;踏步、阶沿石、侧石、地坪石;须弥座[②]、花坛石、栏杆、石磴[③];石浮雕;石园桥;石作配件等。

(1) 石作工程凡有定额子目可直接套用者,应直接套用;定额子目无法直接套用者,方可按石料加工子目进行计算其费用。

(2) 石料加工顺序:打荒成毛料石→按所需尺寸放线→筑方快口[④]或板岩口[⑤]→表面加工(平面加工、披势[⑥]加工、曲面加工)→线脚[⑦]加工(平线脚、圆线脚)→石浮雕加工(特殊装饰)。

(3) 石料表面加工等级划分:石料表面加工等级见表 10-2-3。后一等级的加工,已包括前面等级的工作内容,其费用不得重复计算。只能根据加工后石料表面的最终等级来选用相应定额子目。

表 10-2-3 石料表面加工等级划分表

加工等级		名 称	加工方法与要求
粗加工	1	打荒	对石料进行"打剥"加工,用铁锤及铁凿将石料表面凸起部分凿掉
	2	一步做糙 (即一次錾凿)	用铁锤及铁凿对石料表面粗略地通打一遍,要求凿痕深浅齐匀
	3	二步做糙 (即二次錾凿)	在一次錾凿的基础上,进行密布凿痕的细加工,令其表面凹凸逐渐变浅
精加工	4	一遍剁斧	用铁锤及铁凿和铁斧将石料表面趋于平整,用铁斧剁打后,令其表面无凹凸,达到表面平整,斧口痕迹间隙应小于 3mm
	5	二遍剁斧	在一遍剁斧的基础上,加工更精细一些,斧口痕迹间隙应小于 3mm
	6	三遍剁斧	在二遍剁斧的基础上,要求平面具有更严格的平整度,斧口痕迹间隙应小于 0.5mm
	7	扁光	对完成三遍剁斧的石料,用砂石加水磨去表面的剁纹,使其表面达到光滑与平整

---

① 枋:盖屋顶的板石。

② 须弥座:高级建筑(如宫殿,坛庙,塔)的基座,由安置佛、菩萨像的台座演变来,形式与装饰比较复杂。

③ 石磴:石级、石台阶。

④ 筑方快口:石料相邻的两个看面经加工后形成的角线称为快口。

⑤ 板岩口:石料相邻的两个隐蔽面经加工后形成的角线称为板岩口。

⑥ 披势:剥去石料相邻两面的直角,而成为斜坡称为披势。

⑦ 线脚:在加工石料的边线部位雕成突出的角,圆形称为圆线脚,方形称为方线脚。

（4）加工图案界定：栏板柱的花式图案分简式和繁式。一般以几何图案、绦回、卷草、回文、如意、云头、海浪及简单花卉为简式；而以夔龙、夔凤、刺虎、宝相、金莲、牡丹、竹枝、梅桩、座狮、奔鹿、舞鹤、翔鸾、鸟兽及各种山水、人物为繁式。

（5）石浮雕加工分类：素平（又名阳刻线），常见于人物像、山水风景，其雕成的凹线深度为0.2～0.3mm，表面要求达到"扁光"；减地平钑（又名平浮雕），被雕的物体凸出平面60mm以内，其表面要求达到"扁光"；压地隐起（又名浅浮雕），被雕的物体表面有起伏，凸出平面有深有浅（60～200mm），其表面要求达到"二遍剁斧"；剔地起突（又名高浮雕），被雕的物体凸出平面200mm以上，其表面要求达到"一遍剁斧"。

5. 砖细作工程

砖细工艺，是仿古建筑中传统工艺，有悠久的历史渊源。《营造法原》称谓"砖头细作"，即将砖头（青砖）进行锯、刨、雕、磨等精细加工的工艺。砖细作工程常见于仿古建筑中地坪、屏风、墙、照壁①、门窗洞套、垛头、搏风等处。

砖细作工程由做细望砖；砖细加工；砖细抛方、台口；砖细镶边、月洞、地穴及门窗樘套；砖细漏窗及一般漏窗；砖细贴墙面；砖细半墙坐槛面及栏杆；挂落三飞砖、砖细墙门；砖细方砖铺地；砖浮雕；砖细配件等组成。

砖细制作包括刨面、刨缝、起线、做榫槽、雕刻、补磨在内。

6. 大木作工程

根据仿古建筑的木作分类习惯，分大、小木作工程，即外场大木作和内场细木作。

大木作工程主要是结构部分，自下而上由立贴式屋架；立柱；梁、桁、枋；椽子；枕头木、梁垫、蒲鞋头、山雾云；斗拱、戗角；里口木及其他配件等组成。

7. 屋面工程

屋面工程由窑制瓦屋面和琉璃瓦屋面两大部分组成。窑制瓦屋面由铺望板；瓦屋面；瓦屋脊；围墙瓦顶、排山、花边滴水、斜沟；屋脊头等组成；琉璃瓦屋面由瓦屋面；花沿、斜沟、过桥脊、排山瓦；屋脊头；正吻、合角吻、半面吻；包头脊、翘脊、套兽；走兽、花窗，宝顶等组成。

8. 小木作工程

小木作工程由仿古建筑结构以外的木作和一般木作两大部分组成。仿古建筑结构以外的木作由古式木窗；古式木门；古式栏杆、吴王靠②、挂落及其他装饰等组成；一般木作由木楼地面、木楼梯；木搁栅；天棚楞木、面层；间壁墙；普通木门窗；普通木装修等组成。

9. 抹灰工程

抹灰工程由水泥砂浆、石灰砂浆；装饰抹灰；古建装饰抹灰；墙面勾缝；镶贴块料面层；堆塑装饰等组成。

10. 楼地面工程

楼地面工程由基础及垫层；防潮层；找平层；整体面层；块料面层；花式园路面层；散水、明沟、斜坡、台阶；伸缩缝等组成。

11. 油漆、彩画工程

油漆、彩画工程由油漆工程和彩画工程两大部分组成。

油漆工程由木材面油漆；混凝土构件油漆；抹灰面油漆、贴壁纸；水质涂料；金属面油漆等组成。

彩画工程由构件地仗③（柱、梁、枋、桁）；木墙、板地仗（大门、街门、迎风板、走马板、木板墙）；苏

---

① 照壁：遮挡大门的低矮墙壁。
② 吴王靠：临水长凳的靠背（围栏），形似鹅项，又称美人靠。
③ 地仗：按明、清建筑传统的工程做法，油饰彩绘前要在木构造表面分层刮涂用血料、油满（或光油）调制的砖灰为底层，称作地仗。为防止其龟裂剥离，刮涂过程中还要披麻或糊布。

式彩画（柱、梁、枋、桁、戗板、天花）；新式彩画（柱、梁、枋、桁、戗板、天花）；贴金（铜）箔（打贴库金、打贴赤金、打贴铜箔描清漆）；匾及匾字等组成。

12. 假山石工程

假山工程由假山堆砌；附壁湖石假山、斧劈石假山；石峰、石笋堆砌；护岸、零星假山石堆砌；塑假石山等组成。

堆砌假山已包括脚手架搭拆全部费用；砖骨架塑假山已包括基础、主骨架、脚手架费用；钢骨架钢网塑假山未包括基础、主骨架、脚手架费用；塑湖石假山未包括脚手架费用。

13. 脚手架工程

脚手架工程由砌墙脚手架；抹灰、悬空、挑脚手架；满堂脚手架、斜道等组成。

（1）屋面软梯脚手架费用已综合考虑在铺屋面内，不另计算。

（2）外脚手架定额已综合了斜道和上料平台。斜道子目只适用于单独搭设斜道。

14. 杂项工程

杂项工程由金属栏杆；动物笼舍；零星铁制小构件；加工后的砖件运输；加工后的石制品运输；加工后的木构件运输；加工后的钢砼构件运输等组成。

（二）园林（建筑、小品）工程工程量计算规则

1. 土石方工程

土石方工程工程量计算规则与《2000 建筑和装饰定额》基本相同。应注意的是在计算土方造型的运输距离时，应根据挖土标高和堆地形标高之间的高差绝对值，折换成平面长度，折换方法查表 10-2-4。

表 10-2-4　　　　　　　　　　　　　　　**上下坡高度折平表**　　　　　　　　　　　　　　单位：m

工具类别	高差整数 高差小数	上坡折平（不论坡度大小）															下坡折平
		1	2	3	4	5	6	7	8	9	10	11	12	13	14	15	
人工挑抬	0.0	8	17	27	38	50	63	77	92	108	125	143	162	182	203	225	7
	0.1	9	18	28	39	51	64	78	94	110	127	145	164	184	205	227	
	0.2	10	19	29	40	53	66	80	95	111	129	147	166	186	207	230	
	0.3	11	20	30	41	54	67	81	97	113	130	149	168	188	209	232	
	0.4	11	21	31	43	55	68	83	98	115	132	150	170	190	212	234	
	0.5	12	22	32	44	56	70	84	100	116	134	152	172	192	214	236	
	0.6	13	23	33	45	58	71	86	101	118	136	154	174	194	216	239	
	0.7	14	24	35	46	59	73	87	103	120	137	156	176	197	218	241	
	0.8	15	25	36	48	60	74	89	105	122	139	158	178	199	221	243	
	0.9	16	26	37	49	62	76	90	106	123	141	160	180	201	223	246	
人力车	0.0	24	51	81	114	150	189	231	276	324	375	429	486	546	609	675	14
	0.1	27	54	84	117	154	193	235	281	329	380	435	492	552	615	682	
	0.2	29	57	87	121	158	197	240	285	334	386	440	498	558	622	689	
	0.3	32	60	91	124	161	201	244	290	339	391	446	504	565	628	695	
	0.4	34	63	94	128	165	205	249	295	344	396	451	510	571	635	702	
	0.5	37	66	97	132	169	210	253	300	349	402	457	516	577	642	709	
	0.6	40	69	100	135	173	214	258	304	354	407	463	522	583	648	716	
	0.7	43	72	104	139	177	218	262	308	359	412	469	528	590	655	723	
	0.8	45	75	107	143	181	222	267	314	365	418	474	534	596	662	730	
	0.9	48	78	111	146	185	227	271	319	370	423	480	540	603	668	737	

注1：运距以挖土和堆土之间的重心距离为准，不足 10m 作 10m 计算。

注2：运土石方有上下坡时（重载）应根据坡道起止点的高差，按上表折成水平长度计算。如坡道起止点的实际长度（斜距）大于本表的折平数时，可取大者。

围土堰工程量按围堰的断面（宽×高）以长度 m 计算；草袋围堰以体积（m³）计算。

2. 砌筑工程

砌筑工程工程量计算规则与《2000 建筑和装饰定额》完全相同。

3. 砼及钢砼工程

砼及钢砼工程工程量计算规则与《2000 建筑和装饰定额》完全相同。

4. 石作工程

石作工程除定额注明者外,均按净长、净面积、净体积计算工程量。

以长度(m)计算的有:石料筑方(快口)、斜坡(披势)、线脚加工;须弥座、花坛石制作,安装。

以面积(m²)计算的有:石料表面加工;踏步、阶沿石、侧塘石、锁口石、菱角石、蘑菇石、地坪石制作,安装;石浮雕。

以体积(m³)计算的有:石柱、梁、枋制作,安装;石门窗框制作,安装;石栏杆(石柱、石栏板)、石磴制作,安装;石园桥(基础、桥台、桥墩、护坡、桥面)安装;石屋面板制作安装。

以个(块)计算的有:字碑镌字;石作配件(鼓磴、柱顶石、磉石、抱鼓石、坤石)制作安装。

应注意的是切菱角石加工按其顶面投影面积与两侧面面积之和的面积以 m² 计算。

5. 砖细作工程

砖细作工程除定额注明者外,均按净长、净宽、净面积计算。

以长度(m)计算的有:望砖(方砖)刨边(刨线脚);砖细抛方、台口;砖细镶边、月洞、地穴及门窗橙套、窗台板;漏窗边框;半墙坐槛面、砖细坐槛栏杆;砖细包檐;挂落三飞砖等。

以面积(m²)计算的有:望砖(方砖)刨面;漏窗芯子;砖细贴墙面,方砖铺地,方砖雕刻。

以块、只、套计算的有:作细望砖;字碑镌字;砖细屋脊头、垛头、梁垫(雀替)、牌科(斗拱)。

6. 大木作工程

大木作工程计算除定额注明者外,均按净长、净面积、净体积计算。

以长度(m)计算的有:里口木、封沿板、瓦口板、眠沿勒望、椽碗板、安椽头、夹樘板等。

以面积(m²)计算的有:垫拱板、填山板、排山板、望板;摔网板、卷戗板、鳖角壳板等。

以体积(m³)计算的有:立贴式屋架;立柱;梁、枋、桁、斗盘枋、夹底;椽子;枕头木、柱头座斗、老(嫩)戗木、戗疤木、摔网椽、关刀里口木、菱角木、龙径木等。

以副、只、块、套计算的有:梁垫、山雾云、棹木、水浪机、光面机、蒲鞋头、抱梁云;斗拱等。

7. 屋面工程

屋面工程工程量计算,按屋面实面积计算。在计算屋面中心面积时,屋脊、竖带、干塘、戗脊、斜沟、屋脊头等所占的面积均不扣除。重檐面积的工程量、飞檐隐蔽部分的望砖、戗脊根部以上的工程量,应另行计算。

8. 小木作工程

小木作工程工程量计算,除定额注明者外,均按图示净长、净宽、净面积尺寸计算。

以长度(m)计算的有:木门窗框、下槛制作,吴王靠、挂落、飞罩、落地罩制作与安装、楼梯的栏杆扶手,窗帘盒、挂镜线、贴脸。

以面积(m²)计算的有:木门窗扇制作与安装,木门窗框安装,古式栏杆制作与安装,木地板、木踢脚板、木楼梯,天棚楞木、面层,窗台板、筒子板。

以体积(m³)计算的有:木楼地楞,木搁栅。

以座计算的有:须弥座制作安装。

9. 抹灰工程

抹灰工程工程量计算规则与《2000 建筑和装饰定额》基本相同。不同的是阳台、雨篷均按水平投影面积计算,抹灰定额中已包括底面、上面、侧面及牛腿的全部抹灰面积。

10. 楼地面工程

楼地面工程工程量计算规则与《2000 建筑和装饰定额》完全相同。

11. 油漆、彩画工程

油漆、彩画工程工程量计算规则与《2000 建筑和装饰定额》完全相同。为了便于计算,均按不同材料面,不同油漆种类,不同油漆部位,分别采用系数乘以实际工作量的方法确定。

12. 假山工程

假山堆砌工程量按实际堆砌的石料重量以 t 计算。其计算公式为

$$假山堆砌工程量(t) = 进料验收数 - 进料剩余数$$

各种单体独峰石及散驳石,按其具体石料外形取单体长、宽、高的平均值乘积,乘以各种石料不同比重计算。

砖骨架塑假山按外围面积乘以高度以 m^3 计算。

钢骨架钢网塑假山按展开面积以 m^2 计算。

石笋安装按"根"计算。

13. 脚手架工程

脚手架工程工程量计算规则与《2000 建筑和装饰定额》基本相同。不同的是脚手架高度取定:

(1) 高度在 1.5m 以上的各种砖石砌体均需计算脚手架。

(2) 脚手架工程定额中(除定额注明者外),脚手架以 3.6m 高度为准。

(3) 低于 3.6m 的外墙、内墙和围墙均按里脚手计算。

(4) 高于 3.6m 的砌体均按外墙脚手架计算。

(5) 山墙尖顶超过 3.6m 时,均按外墙脚手架计算。

(6) 云墙等砌体突出部分的 1/2 高度超过 3.6m 时,整个砌体均按外墙脚手架计算。

14. 杂项工程

金属栏杆、动物笼舍、零星铁制小构件制作、安装以 t 计算;加工后的砖件运输以块计算;加工后的石制品、木构件、钢砼构件运输等以 m^3 计算。

四、《2000 园林定额》应注意的事项

园林定额人工单价应由承发包双方在承包合同中约定。选用的人工单价应根据工程特点、市场供求状况和造价管理机构发布的价格信息为基础。

园林定额各工种技术等级幅度较大,最低 3.3 级,最高 7.0 级以上。高等级技术工种主要是石作雕刻、抹灰雕塑、古建筑大木作和细木作以及油漆彩画中的贴金箔等技术工种。园林定额各工种平均等级的取定见表 10-2-5,平均等级的取定思路是:一般普通工种,与土建定额相近;园林特殊工种,适当调整,以保证整体工程人工费水平平衡。

表 10-2-5　　　　　上海市园林工程预算定额(2000)技术工种平均等级取定表

序号	工种名称	平均等级	序号	工种名称	平均等级	序号	工种名称	平均等级
1	土方工	3.3	8	混凝土工	3.8	15	普通油漆工	4.5
2	石方工	3.3	9	瓦工	5.0	16	广漆油漆工	5.0
3	起重工	3.6	10	抹灰工	4.7	17	钢筋工	4.3
4	种植工	4.2	11	木模工	4.6	18	架子工	4.2
5	养护工	4.2	12	木工	4.7	19	电焊工	5.0
6	假山工	4.2	13	石工	5.8	20	综合平均	4.4
7	糙场工(泥工)	3.8	14	砖细工	5.8			

注:其他工按定额子目主工种的同一单价计算。

凡上海市建筑建材业市场管理总站发布的人工工种单价,承发包双方可参照执行;凡上海市建

筑建材业市场管理总站未发布的人工工种单价,承发包双方可经换算后参照执行。双方协商确定的价格应在换土中予以明确。人工工种单价换算公式如下:

园林未公布的人工工种单价=土建公布的人工工种单价÷相应公布工种的工资等级系数×园林未公布工种的工资等级系数

式中,工资级差系数查表10-2-6。

表 10-2-6 上海市园林工程预算定额(2000)人工工资等级系数表

工资等级	工 资 等 级 系 数									
	0.0	0.1	0.2	0.3	0.4	0.5	0.6	0.7	0.8	0.9
1	1.000	1.017	1.033	1.050	1.067	1.084	1.100	1.117	1.134	1.150
2	1.167	1.188	1.210	1.231	1.253	1.274	1.295	1.317	1.339	1.360
3	1.381	1.405	1.429	1.452	1.476	1.500	1.524	1.543	1.571	1.595
4	1.619	1.645	1.671	1.698	1.724	1.750	1.776	1.802	1.829	1.855
5	1.881	1.910	1.938	1.967	1.955	2.024	2.053	2.081	2.110	2.138
6	2.167	2.200	2.234	2.267	2.300	2.334	2.367	2.400	2.433	2.467
7	2.500	2.538	2.576	2.614	2.652	2.691	2.729	2.767	2.805	2.843
8	2.881									

例 10-2-1 已知土建公布的木工单价为 90 元/工日,求石工的单价。

解:查表 10-2-4 和表 10-2-5 得:木工、石工的平均工种等级和工资等级系数分别为 4.7、5.8 和 1.802、2.110。

则:石工单价=木工单价÷木工工资等级系数×石工工资等级系数

=90÷1.802×2.110=105.38(元/工日)

第三节 民防工程预算

一、《上海市民防工程预算定额(2000)》概述

《上海市民防工程预算定额(2000)》(以下简称《2000民防定额》)适用于经上海市(区、县)民防办批准立项,且按民防工程抗力等级在 6 级及其以上的技术标准规范进行设计、施工、验收的各类民防工程(含 200m² 以内的口部附属建筑及加固改造工程)。

《2000民防定额》的定额结构如图 10-3-1 所示。

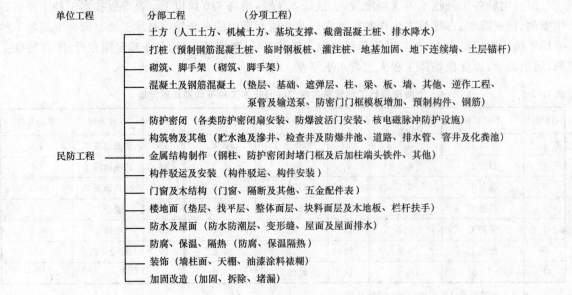

单位工程　　　　分部工程　　　　　(分项工程)

民防工程
- 土方 (人工土方、机械土方、基坑支撑、截凿混凝土桩、排水降水)
- 打桩 (预制钢筋混凝土桩、临时钢板桩、灌注桩、地基加固、地下连续墙、土层锚杆)
- 砌筑、脚手架 (砌筑、脚手架)
- 混凝土及钢筋混凝土 (垫层、基础、遮弹层、柱、梁、板、墙、其他、逆作工程、泵管及输送泵、防密门门框模板增加、预制构件、钢筋)
- 防护密闭 (各类防护密闭扇安装、防爆波活门安装、核电磁脉冲防护设施)
- 构筑物及其他 (贮水池及渗井、检查井及防爆井池、道路、排水管、窨井及化粪池)
- 金属结构制作 (钢柱、防护密闭封堵门框及后加柱端头铁件、其他)
- 构件驳运及安装 (构件驳运、构件安装)
- 门窗及木结构 (门窗、隔断及其他、五金配件表)
- 楼地面 (垫层、找平层、整体面层、块料面层及木地板、栏杆扶手)
- 防水及屋面 (防水防潮层、变形缝、屋面及屋面排水)
- 防腐、保温、隔热 (防腐、保温隔热)
- 装饰 (墙柱面、天棚、油漆涂料裱糊)
- 加固改造 (加固、拆除、堵漏)

图 10-3-1 民防工程的定额结构

二、《2000 民防定额》说明及工程量计算规则

（一）土方

土方由人工土方、机械土方、基坑支撑、截凿混凝土桩、排水降水等组成，其工程量计算规则与《2000 建筑和装饰定额》完全相同。

（二）打桩

打桩由预制混凝土桩、临时钢板桩、灌注混凝土桩、地基加固、地下连续墙、土层锚杆等组成，其工程量计算规则（除土层锚杆）与《2000 建筑和装饰定额》完全相同。

土层锚杆钻孔定额按机械钻孔编制，为确保注浆密实度，锚孔注浆按两次注浆编制，第二次注浆在第一次注浆凝前对锚固段进行加压注浆。定额已考虑注浆管消耗量。

锚杆钻孔、锚孔注浆工程量按设计锚孔长度以 m 计算；锚杆制作安装工程量按设计锚杆重量（包括锚杆搭接、定位器钢筋用量）以 t 计算；型钢围令安装拆除工程量按重量（包括托架）以 t 计算；锚头制作（包括承压台座、锚头螺杆制作、焊接）、安装（包括张拉、锁定）工程量以套计算。

（三）砌筑、脚手架

砌筑工程量计算规则与《2000 建筑和装饰定额》完全相同；脚手架工程分综合脚手架和单项脚手架。

1. 综合脚手架

（1）凡新建、续建的掘开式工程施工所搭的脚手架，套用掘开式工程综合脚手架定额，室内净高超过 4.6m 时，其超过部分面积套用定额乘以系数 1.2。其工程量按建筑面积以 m² 计算。下沉式广场、出入口斜通道敞开部分以其围护结构外围水平投影面积的 60% 并入建筑面积计算综合脚手架费用。

（2）工程出入口口部伪装（附属）建筑施工所搭设的脚手架，不论层高，均套用口部伪装（附属）建筑综合脚手架定额，其工程量按建筑面积以 m² 计算。

（3）综合脚手架定额已综合了工程顶、底板浇筑、内外墙浇（砌）筑、外防水、3.6m 以上墙面抹灰施工脚手架以及斜道、上料台、架空运输道等内容。凡计取综合脚手架费用的工程，一般不再计算其他架子费用。当室内净高超过 3.6m，且需做吊平顶或板底粉刷可另计满堂脚手架，但应扣除搭设满堂脚手架净面积部分的粉刷脚手架消耗量，其计算公式如下：

$$消耗量 = 粉刷脚手架消耗量 \times 1.0682 \times 满堂脚手架净面积$$

2. 单项脚手架

凡加固改造工程、构筑物工程及装饰工程的施工脚手架，均应结合项目实际情况分别套用相应的单项脚手架定额。

单项脚手架分外脚手架（单排、双排）、里脚手架、粉刷脚手架、满堂脚手架和其他。

当砌（浇）筑物高度超过 1.5m 时，可计算脚手架：外墙墙高在 3.6m 以下（以室外自然地坪为准）套用单排外脚手架定额、超过 3.6m 套用双排外脚手架定额；内墙（围墙）墙高在 3.6m 以下套用里脚手架定额、超过 3.6m 套用单排外脚手架定额；现浇钢筋混凝土柱、墙、梁及构筑物套用单排外脚手架定额。

单项脚手架工程量计算规则与《2000 建筑和装饰定额》基本相同。不同的有：依附斜道以座计算；架空运输道以 m 计算；挑出式安全网按挑出的水平投影面积以 m² 计算。

（四）混凝土及钢筋混凝土

混凝土及钢筋混凝土工程将模板和混凝土合并在同一子目中，而钢筋则单独编制。

1. 模板和混凝土

模板和混凝土工程的工程量计算规则（除楼梯）与《2000 建筑和装饰定额》中的混凝土工程完

全相同,均按图示尺寸实际体积以 m^3 计算。

整体式楼梯包括休息平台、平台梁、斜梁及楼梯的连接梁,按水平投影面积计算,不扣除宽度小于 500mm 的楼梯井,伸入墙内的部分不另增加。圆弧形楼梯按悬挑楼梯段间的水平投影面积计算(不包括中心柱)。

临空墙式楼梯包括休息平台(宽度在 2m 以内),按水平投影面积以 m^2 计算计算。

出入口阶梯包括休息平台(宽度在 2m 以内),按墙间水平投影面积以 m^2 计算。

2. 钢筋

钢筋工程的工程量计算规则与《2000 建筑和装饰定额》中的钢筋工程完全相同,均按设计展开长度(包括弯钩)乘以理论重量以 t 计算。

(五)防护密闭

防密门门扇安装按不同结构、不同门洞宽度以樘计算;防爆波活门按不同型号、规格以樘计算。

Ⅱ级简易屏蔽室墙面以展开面积、顶底板以实铺面积计算。

蜂窝状滤波器(包括预埋钢框、加强板、内衬板、接地扁钢)按重量以 t 计算;钢插片蜂窝按框内包面积以 m^2 计算;钢筋网滤波器(包括预埋钢框、加强板、内衬板、接地扁钢)按不同网距以重量 t 计算。

防核电磁脉冲结构钢筋屏蔽网按设计组网焊接点计算。

(六)构筑物及其他

1. 构筑物

构筑物由贮水(油)池、渗井、检查井及防爆井池等组成。

各类贮水(油)池、渗井的工程量计算规则与《2000 建筑和装饰定额》完全相同,均按实体积以 m^3 计算。渗井系指上部浆砌、下部干砌的渗水井。干砌部分不扣除渗水孔所占体积,套渗井定额;浆砌部分套砌筑相应定额。

钢筋混凝土检查井按实体积以 m^3 计算;防爆波化粪池、防爆波井、水封井以座计算。

2. 其他

其他由道路、排水管道铺设、砖砌窨井及化粪池等组成。其工程量计算规则与《2000 建筑和装饰定额》的附属工程完全相同。

(七)金属结构制作

金属结构制作的工程量计算规则与《2000 建筑和装饰定额》完全相同。

(八)构件驳运及安装

构件驳运及安装的工程量计算规则与《2000 建筑和装饰定额》完全相同。

(九)门窗及木结构

门窗及木结构的工程量计算规则与《2000 建筑和装饰定额》完全相同。

(十)楼地面

楼地面的工程量计算规则与《2000 建筑和装饰定额》完全相同。

(十一)防水及屋面

防水及屋面的工程量计算规则与《2000 建筑和装饰定额》完全相同。

定额中"两涂"、"三涂"是指涂料构成防水层数,并非指涂刷遍数,每一"涂层"涂刷两遍至数遍不等。

(十二)防腐、保温、隔热

防腐、保温、隔热的工程量计算规则与《2000 建筑和装饰定额》完全相同。

（十三）装饰

装饰的工程量计算规则与《2000 建筑和装饰定额》完全相同。

（十四）加固改造

凡工程扩建面积（建筑面积）不超过 20m²；或砖砌体单项工程量不超过 15m³；或混凝土、砖砌体总工程量不超过 30m³ 的加固改造及零星工程项目均套加固改造定额。加固改造分加固、拆除、堵漏。

1. 加固

砖砌体加固改造及零星工程套用相应新建项目定额时，定额人工乘以系数 1.05；如砌体为混凝土、钢筋混凝土则定额人工乘以系数 1.10、混凝土机械乘以系数 1.05。

原墙、拱顶板钢筋混凝土加固按以设计加固体积以 m³ 计算；钢筋网制作、绑扎按挂网展开面积以 m² 计算；安放锚固筋按设计锚固点间距以根计算。

2. 拆除

拆除分为人工拆除、机械拆除及开洞、凿槽、凿毛等。

人工拆除钢筋混凝土构件、砌体均按实际体积（含粉刷层）以 m³ 计算；机械拆除钢筋混凝土构件、砌体均按实际体积（不含粉刷层）以 m³ 计算。粉刷层铲除按实际铲除面积以 m² 计算。

各种结构开洞、凿洞均按面积或孔径以个计算；凿混凝土边沟、墙槽以 m 计算；凿防密门门框按开凿面积以 m² 计算；砖砌部分凿除、混凝土面层凿毛按实际面积以 m² 计算。

3. 堵漏

化学注浆、嵌缝堵漏按长度以 m 计算；单孔注浆堵漏以个计算；沉降缝注浆堵漏、调换止水带按长度以 m 计算；防水抹面按实际面积以 m² 计算。

三、《2000 民防定额》应注意的事项

（1）民防工程地下施工津贴由承发包双方合同约定，纳入施工措施费中计取。其费用标准可参照以下方法计算：掘开式主体工程（不含土方、基坑支护、桩基、金属结构制作）和内部装饰工程的地下施工津贴，按定额人工费的 3% 计算；采用逆作法施工的主体工程（含暗挖土方），按定额人工费的 5% 计算。

（2）《2000 民防定额》中机械垂直、水平运输费以建筑面积按表 10-3-1 计算。

表 10-3-1 垂直、水平运输机械台班表

定额编号		0-1	0-2	0-3	0-4	0-5
项目	单位	按建筑面积分类（m²）				
		800 以内	1600 以内	3000 以内	4000 以内	5000 以内
		m²	m²	m²	m²	m²
机械 塔式起重机 2～6t	台班	0.084 8	0.057 0	0.039 6	0.035 0	0.034 2

（3）民防工程封顶后的内部工程（包括一般装饰工程）的施工照明费以建筑面积按表 10-3-2 计算。

（4）《2000 民防定额》混凝土及钢筋混凝土工程将模板和混凝土合并在同一子目中，而钢筋则单独编制。

（5）现浇构件中的柱、梁、板、墙是按支模高度（地面至板底）4.5m 编制的，如支模高度超过 4.5m，另按支撑每增加 1m 相应定额计算支撑增加费。应注意：该支撑超高增加费用是按超高构件全部工程量计算。柱支撑每增加 1m 分钢支撑、木支撑，木支撑适用于圆、异形柱。底板结构梁定额是按砖侧模编制的，如采用土模时，应扣除定额中模板工程费用，同时另以每 m³ 混凝土增加土

表 10-3-2　　　　　　　　　　施工照明费表

定额编号			0-6	0-7	0-8
项目		单位	掘开式工程	逆作工程	每一个月装饰工期
			m²	m²	m²
人工	电工	工日	0.0312	0.0312	0.0208
材料	塑料铜芯线 BV4mm²	m	0.1448	0.1448	0.0966
	塑料铜芯线 BV2.5mm²	m	0.1158	0.1158	0.0772
	塑料铜芯护套线 BV2×1.5mm²	m	0.2460	0.2460	0.1640
	电	kW·h	1.83	3.05	1.22
	其他材料费	%	0.1987	0.2155	0.1989

注 1：单独承包装饰工程，施工照明费按其实际装饰部分建筑面积以每一个月装饰工期计算。

注 2：单独承包主体工程，其施工照明费按 0.7 系数调整。

模修整成型人工 0.225 工日。环形或弧（扇）形平（顶）板，按相应厚度平（顶）板定额，模板工程人工乘以系数 1.2，木模材料乘以系数 1.5。墙体定额已综合考虑了对拉螺栓配模工艺。

（6）各类防密门、防爆波活门及战时封堵门框墙均按钢筋混凝土墙计算，另按相应定额计算模板工程量增加费。后浇带套按相应现浇构件定额，其模板工程的定额人工、木模材料分别乘以系数 1.2。

（7）采用逆作法施工的现浇构件钢筋工程量应单独计算，钢筋损耗率按相应定额增加 0.5%，定额人工乘以系数 1.1。

第四节　公用管线工程预算

一、《上海市公用管线工程预算定额（2000）》概述

《上海市公用管线工程预算定额（2000）》（以下简称《2000 公用管线定额》）适用于上海市行政区域范围内的新建、扩建、改建的公用管线工程。包括市政道路、公路（包括规划）段的给水、燃气排管工程；建筑物的建筑红线或厂区外首只表具（阀门）井至市政道路段的给水、燃气排管工程；自来水、煤气厂（站）的厂区外自来水、燃气输送管线以及老式里弄住宅和工营事团的燃气排管工程。不适用于公用管线大中修及一般维修工程和抢修工程；管线更新工程可参照本定额。

《2000 公用管线定额》分《通用项目工程》、《管道安装工程》、《电车馈触线网工程》三册，采用 4 级定额编码，即×-××-××-××。第 1 个数字是册序号；第 2 个数字是章（分部工程序号，第 3 个数字是节序号，第 4 个数字是子目（分项工程）序号。如：2-3-7-2，是第 2 册（《管道安装工程》），第 3 章（阀门安装），第 7 节（法兰止回阀门安装），第 2 个子目（公称直径 150mm 以内）。其定额结构如图 10-4-1 所示。

本节仅简要地介绍其中与一般工业与民用建筑关系较为密切的通用项目工程和管道安装工程。

二、《2000 公用管线定额》说明及工程量计算规则

凡工程内容超出《2000 公用管线定额》项目范围的，其套用其他专业定额的顺序是：《2000 市政定额》和上海地区相应定额，全国市政定额和全国相应定额，自编补充定额（须报定额主管部门备案）。

（一）通用项目工程

通用项目工程分拆除工程、土方工程、打桩工程、其他通用工程和街坊路面修复工程。

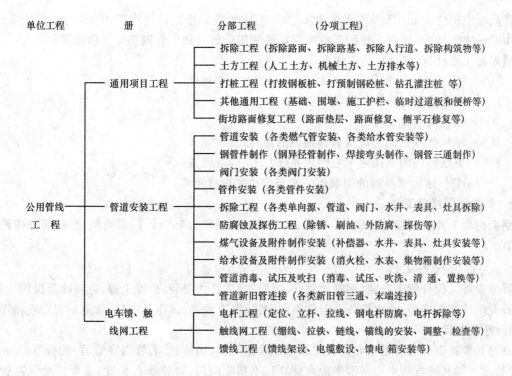

| 单位工程 | 册 | 分部工程 | (分项工程) |

图 10-4-1　公用管线工程的定额结构

1. 拆除工程

拆除定额不包括挖土和场外运输，包括 150m 场内运输。

拆除路面、路基、人行道按面积以 m^2 计算；道路侧、平石部分按长度以 m 计算；构筑物按实际拆除体积以 m^3 计算。

2. 土方工程

在建成道路上开沟埋管不计平整场地费用。

土方工程工程量计算规则与《2000 建筑和装饰定额》基本相同。不同的是：土方体积按天然密实体积计算，而回填土按碾压后的体积计算。

3. 打桩工程

打桩机工作平台分水上和陆上，划分标准如下：

(1) 凡河道原有河岸线：向陆地延伸 2.5m 范围，属水上工作平台，其余属陆上工作平台(不包括坑洼地段)。

(2) 岸线超施工期最高水位时：在水面与河岸的相交线向水面方向延伸 1.5m，1.5m 以外均属水上工作平台；1.5m 以内，水深 1m 以内属陆上工作平台、水深 1～2m 按水陆各占 50% 计算、水深 2m 以内属陆上工作平台。水深以施工期间最高水位为准。

打桩工程工程量计算规则与《2000 建筑和装饰定额》基本相同。不同的有：打、拔槽型钢板桩按单面长度以 m 计算；打桩机工作平台(水上、陆上)，均按实际面积以 m^2 计算，其计算公式如下：

工作平台面积＝(桥台(墩)每排桩的第一根桩中心至最后一根桩中心的距离＋6.5m)×6.5m

4. 其他通用工程

其他通用工程包括砌筑阀门井、支墩等土建工程和围堰、施工护栏及警示带、临时过道板及便桥等措施工程。

混凝土和钢筋混凝土均按图示尺寸按实体积以 m^3 计算；砌筑阀门井按座计算；搭拆临时过道板按面积以 m^2 计算。

移动施工护栏按 m/d 计算,每 2 000m 为一个施工段。开挖长度小于 400m 时长度按实计算;大于 400m 时按 400m 计算。使用天数按钢板桩使用天数或施工合同规定工期计算。

围堰按长度计算,其计算公式如下:

$$L=A+2\times(B+C+D)$$

式中　L——围堰长度;

　　　A——结构物基础长度;

　　　B——结构物基础端边至围堰体内侧的距离;

　　　C——围堰体内侧至围堰中心的距离(即 1/2 围堰底宽);

　　　D——平行结构物基础的围堰体一端与岸边的衔接距离。

5. 街坊路面修复工程

路面挖填土及垫层按体积以 m^3 计算;路面修复按面积以 m^2 计算;道路侧、平石部分按长度以 m 计算。

(二)管道安装工程

管道安装工程分管道安装、钢管件制作、阀门安装、管件安装、拆除工程、防腐蚀及探伤工程、燃气设备及附件制作安装、给水设备及附件制作安装、管道消毒、试压及吹扫、管道新旧管连接等。

1. 管道安装

管道长度按设计的管道中心线长度扣除穿跨越工程(如桥管、套管内穿管等)的长度以 m 计算(桥管长度以沟底两弯头中心间水平距离计算),不扣除阀门、管件所占长度;支管长度从主管中心线开始计算;桥管制作安装分跨度和直径以座计算。

2. 钢管件制作

钢管件的制作以个(件)计算。

3. 阀门安装

阀门安装以个计算。法兰阀门安装包括一片垫片和一套法兰用螺栓,不包括阀门解体。

4. 管件安装

管件安装按口径(异径管件以大口径为准)以个计算;法兰安装以片计算;钢管挖眼接管按支管口径以处计算;管架制作及安装以 t 计算。

5. 拆除工程

单向气源拆除已处计算;管道拆除按长度以 m 计算;聚水井、阀门、调长器、表具、灶具及调压器拆除以个、件、组计算。

6. 防腐蚀及探伤工程

管道内外防腐均按设计中心线长度计算,不扣除管件、阀门所占长度。

管道外表面除锈、刷油、外防腐按管道外表面积以 m^2 计算,参见表 10-4-1;管道内喷涂水泥砂浆以 m 计算;配件地面人工内涂以件计算;管道焊缝超声波探伤以 1 个口计算;管道焊缝 X 射线摄影以张计算。

表 10-4-1　　　　　　　　　　　　**钢管外表面积计算表**　　　　　　　　　　单位:m^2/m

管外径(mm)	45	57	76	89	108	159	219	273
表面积(m^2)	0.141	0.179	0.239	0.280	0.339	0.500	0.688	0.858
管外径(mm)	325	426	529	630	720	820	920	1020
表面积(m^2)	1.021	1.338	1.662	1.979	2.262	2.576	2.890	3.204
管外径(mm)	1220	1420	1620	1820	2020	2420	2620	3020
表面积(m^2)	3.833	4.461	5.089	5.718	6.346	7.603	8.231	9.488

7. 燃气设备及附件制作安装

波形补偿器、检漏管以个计算;各类聚水井以套计算;调压器、牺牲阳极和测试桩、燃气表具以组计算;民用燃具、成品灶、容积式热水炉以个计算。

8. 给水设备及附件制作及安装

室外消火栓安装以处计算,拆除,按同类安装人工乘系数 0.5;各类水表安装以个计算;钢承口、钢套管、钢闷头、钢人井、集物(砂)箱制作以个计算。

9. 管道消毒、试压及吹扫

管道消毒冲洗、试压、强度试验、气密性试验、吹扫、清通、置换(各类气体)均以 m 计算。

10. 管道新旧管连接

管道新旧管连接是采用连续作业,综合考虑了带水、带气、交通干扰等三个难度因素。

管道新旧管连接按断水(断气)管的管径以处计算。

(三)电车馈触线网工程(略)

三、《2000 公用管线定额》应注意的事项

(1)沟槽深度<1.5m 时,不得计取打、拔钢板桩费用。

(2)拆除工程中,拆除可利用的管道、管件,应计取其残值。

(3)强度试验、气密性试验项目,当管道长度不足 10m,以 10m 计算;超过 10m,按实计算。管道泵验、消毒冲洗项目,当管道长度不足 100m,以 100m 计算;超过 100m,按实计算。

第五节　市政工程预算

一、《上海市市政工程预算定额(2000)》概述

《上海市市政工程预算定额(2000)》(以下简称《2000 市政定额》)是上海市市政工程(不包括公路工程)专业统一定额,适用于新建、扩建、改建及大修工程,不适用于中、小修及养护工程。工厂、居住小区、开发区范围内的道路、桥梁、排水管道,采用市政工程设计、标准、施工验收规范质量评定标准时,也可套用市政工程预算定额(2000)。

《上海市市政工程预算定额(2000)》分《通用项目》、《道路工程》、《道路交通管理设施工程》、《桥涵及护岸工程》、《排水管道工程、排水构筑物及机械设备安装工程》和《隧道工程》七分册,其定额结构如图 10-5-1 所示。

本节仅简要地介绍其中与一般工业与民用建筑关系较为密切的通用项目、道路工程和排水管道工程的工程量计算规则和定额应用。

二、《2000 市政定额》说明及工程量计算规则

(一)通用项目

通用项目由一般项目、筑拆围堰、翻挖拆除项目、临时便桥变道及堆场、井点降水和地基加固等组成,适用于道路、道路交通管理设施、桥涵及护岸、排水管道、排水构筑物及隧道工程。

1. 一般项目

一般项目分除草、挖树根、平整场地、挖淤泥流砂、湿土排水、筑拆集水井、抽水、施工路栏、脚手架、整修坡面、预埋铁件、钢筋接头、商品混凝土输送及泵管安拆使用、土方场内运输等。

(1)除草按面积以 m² 计算。定额采用人工除草,当采用机械除草时,一般不作调整。

(2)挖树根按照树木直径以棵计算。树木直径以地面以上 20cm 处为准。

(3)平整场地按面积以 m² 计算。一般情况下平整场地、薄滚碾压两个子目可以同时套用,

(4)挖淤泥、流砂按人挖机吊考虑。挖淤泥按水抽干后的实挖体积以 m³ 计算;挖流砂适用于不打井点而出现局部流砂情况,按水抽干后的实挖体积以 m³ 计算,但不包括涌砂数量。

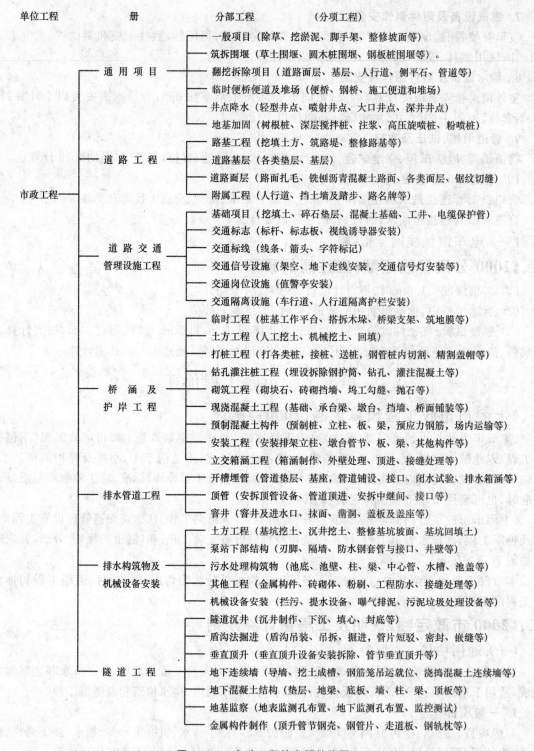

| 单位工程 | 册 | 分部工程 | （分项工程） |

```
                        ┌─ 一般项目（除草、挖淤泥、脚手架、整修坡面等）
                        ├─ 筑拆围堰（草土围堰、圆木桩围堰、钢板桩围堰等）。
             通 用 项 目 ┼─ 翻挖拆除项目（道路面层、基层、人行道、侧平石、管道等）
                        ├─ 临时便桥便道及堆场（便桥、钢桥、施工便道和堆场）
                        ├─ 井点降水（轻型井点、喷射井点、大口井点、深井井点）
                        └─ 地基加固（树根桩、深层搅拌桩、注浆、高压旋喷桩、粉喷桩）

                        ┌─ 路基工程（挖填土方、筑路堤、整修路基等）
             道 路 工 程 ┼─ 道路基层（各类垫层、基层）
                        ├─ 道路面层（路面扎毛、铣刨沥青混凝土路面、各类面层、锯纹切缝）
                        └─ 附属工程（人行道、挡土墙及踏步、路名牌等）

                        ┌─ 基础项目（挖填土、碎石垫层、混凝土基础、工井、电缆保护管）
             道 路 交 通 ├─ 交通标志（标杆、标志板、视线诱导器安装）
市政工程 ─┤  管理设施工程 ┼─ 交通标线（线条、箭头、字符标记）
                        ├─ 交通信号设施（架空、地下走线安装，交通信号灯安装等）
                        ├─ 交通岗位设施（值警亭安装）
                        └─ 交通隔离设施（车行道、人行道隔离护栏安装）

                        ┌─ 临时工程（桩基工作平台、搭拆木垛、桥梁支架、筑地膜等）
                        ├─ 土方工程（人工挖土、机械挖土、回填）
                        ├─ 打桩工程（打各类桩，接桩、送桩，钢管桩内切割、精割盖帽等）
                        ├─ 钻孔灌注桩工程（埋设拆除钢护筒、钻孔、灌注混凝土等）
             桥 涵 及   ┼─ 砌筑工程（砌块石、砖砌挡墙、坞工勾缝、抛石等）
             护 岸 工 程 ├─ 现浇混凝土工程（基础、承台梁、墩台、挡墙、桥面铺装等）
                        ├─ 预制混凝土构件（预制桩、立柱、板、梁、预应力钢筋，场内运输等）
                        ├─ 安装工程（安装排架立柱、墩台管节、板、梁、其他构件等）
                        └─ 立交箱涵工程（箱涵制作、外壁处理、顶进、接缝处理等）

             排水管道工程 ┌─ 开槽埋管（管道垫层、基座，管道铺设、接口、闭水试验、排水箱涵等）
                        ┼─ 顶管（安拆顶管设备、管道顶进、安拆中继间、接口等）
                        └─ 窨井（窨井及进水口、抹面、凿洞、盖板及盖座等）

                        ┌─ 土方工程（基坑挖土、沉井挖土、整修基坑坡面、基坑回填土）
             排水构筑物及 ├─ 泵站下部结构（刃脚、隔墙、防水钢套管与接口、井壁等）
             机械设备安装 ┼─ 污水处理构筑物（池底、池壁、柱、梁、中心管、水槽、池盖等）
                        ├─ 其他工程（金属构件、砖砌体、粉刷、工程防水、接缝处理等）
                        └─ 机械设备安装（拦污、提水设备、曝气排泥、污泥垃圾处理设备等）

                        ┌─ 隧道沉井（沉井制作、下沉、填心、封底等）
                        ├─ 盾沟法掘进（盾沟吊装、吊拆、掘进，管片短驳、密封、嵌缝等）
                        ├─ 垂直顶升（垂直顶升设备安装拆除、管节垂直顶升等）
             隧 道 工 程 ┼─ 地下连续墙（导墙、挖土成槽、钢筋笼吊运就位、浇捣混凝土连续墙等）
                        ├─ 地下混凝土结构（垫层、地梁、底板、墙、柱、梁、顶板等）
                        ├─ 地基监察（地表监测孔布置、地下监测孔布置、监控测试）
                        └─ 金属构件制作（顶升管节钢壳、钢管片、走道板、钢轨枕等）
```

图 10-5-1　市政工程的定额结构图

（5）湿土排水按原地面 1m 以下的挖土数量以 m³ 计算。挖土采用明排水施工时，除隧道工程外，均可计算湿土排水；挖土采用井点降水时，除排水管道工程可计 10％ 的湿土排水外，其他工程均不得计取。

（6）筑拆集水井分混凝土管集水井、竹笋滤井两项，按座计算工程量。一般排水管道开槽埋管按每 40m 设置 1 座集水井,其他工程按每个基坑设置 1 座,大型基坑按批准的施工组织设计确定。

(7) 抽水适用于河塘及坝内河水的排除,工程量按实际排水体积以 m³ 计算。

(8) 施工路栏分封闭式和移动式。封闭式施工路栏高度 2.5m,分混凝土基础和砖基础,按现场实际需要长度以 m 计算。移动式施工路栏按现场实际需要长度乘以合同规定天数以 m·天计算。

(9) 脚手架分双排、简易、桥梁立柱、桥梁盖梁脚手架 4 项。简易脚手架仅适用于结构高度大于 1.8m 且小于 3.6m;桥梁立柱及盖梁脚手架分别适用于桥梁立柱及盖梁,高度分别为 10m 以内、20m 以内;双排脚手架适用于除上述三种之外的所有脚手架,高度为 10m 以内、20m 以内。

简易、双排脚手架工程量计算规则:脚手架按长度乘以高度的垂直投影面积以 m² 计算。长度一般以结构中心长度计算。若遇污水处理厂水池的池壁有环形水槽或挑檐时,其长度按外沿周长计算;独立柱长度按外围周长加 3.6m 以 m² 计算;框架脚手架按框架垂直投影面积以 m² 计算;楼梯脚手架按水平投影长度乘以顶高以 m² 计算;悬空脚手架按平台外沿周长乘以支撑底面到平台底的高度以 m² 计算;挡水板脚手架按其水平投影长度乘以顶高以 m² 计算。

桥梁脚手架工程量计算规则:立柱脚手架按原地面至盖梁底面的高度乘以立柱外围周长加 3.6m 以 m² 计算;盖梁脚手架按原地面至盖梁底面的高度乘以盖梁外围周长加 3.6m 以 m² 计算;预制板梁梁底勾缝及预制 T 形梁梁与梁接头,每一跨(孔)所需脚手架以该跨(孔)梁底平均高度乘以梁长以 m² 计算,且套用简易或双排脚手架定额。

(10) 整修坡面根据土壤类别以 m² 计算。

(11) 预埋铁件按单件重量以 t 计算。

(12) 钢筋接头按接头形式以个计算。

(13) 商品混凝土输送及泵管安拆使用(隧道工程除外):商品混凝土输送泵按混凝土工程量以 m³ 计算;泵管安拆按实际需要长度以 m 计算;泵管使用按实际需要长度乘以批准的施工组织设计天数以 m·天计算。

(14) 土方场内运输分运土、装运土(定额运距均为 1km 以内),运土是指挖土后直接装车并运输 1km,装运土是指将堆土土方用装载机装车并运输 1km。如土方场内运输超过 1km,按每增加 1km 计算,土方场内运输按天然密实方的体积以 m³ 计算。

2. 筑拆围堰

当结构位于水中,为了防水和围水,往往采用围堰法施工。正常条件下按围堰高选择围堰形式和相应断面尺寸,参见表 10-5-1。

表 10-5-1 围堰形式及及其断面尺寸选择表

围堰高(m)	围堰形式	围堰断面尺寸	
1.00～3.00	草包	顶宽 1.5m;边坡:内侧 1:1;外侧临水面 1:1.5	
3.01～4.00	圆木桩		2.50
4.01～5.00	型钢桩	围堰宽(m)	2.50
5.01～6.00	钢板桩		3.00
＞6.00	拉森钢板桩		3.35

注:围堰高=(当地施工期间的最高潮水位一设计图的实测围堰中心河底标高)+0.50m。围堰中心河底标高是指结构物基础底的外边线增加 0.50m 后,以 1:1 坡线与原河床线的交点向外平移 0.3m 为围堰内侧(或围堰坡脚),再增加围堰底宽一半处的原河床标高即为围堰中心河底标高。参见图 10-5-2。

围堰工程量分筑拆、使用及养护三部分,若土方短缺还需按实计算缺土来源费用。

围堰筑拆工程量按长度以 m 计算,其计算公式如下:

$$L = A + 2 \times (B + C + D)$$

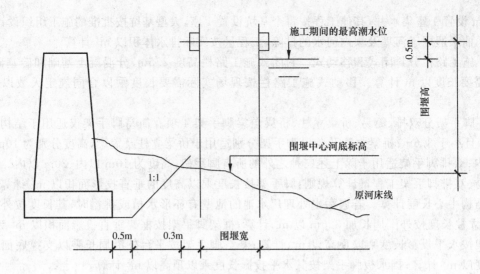

图 10-5-2 围堰高度计算示意图

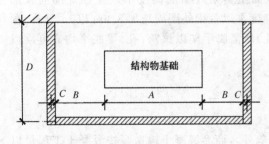

图 10-5-3 围堰长度计算示意图

式中 L ——围堰长度;

A ——结构物基础长度;

B ——结构物基础端边至围堰体内侧的距离;

C ——围堰体同内侧至围堰中心的距离(即1/2围堰底宽);

D ——平行结构物基础的围堰体一端与岸边的衔接距离。

当围堰直线长度大于 100m 时,可设腰围堰,腰围堰按草包围堰计算。

腰围堰道数 = 围堰直线长度÷50—2(尾数不足 1 道时,计作 1 道)

腰围堰长度 = (D—围堰坝身平均宽度÷2)×道数

(2)围堰使用工程量按围堰长度乘以使用天数以 m·天计算。草包围堰、土坝、圆木桩围堰不计使用工程量。围堰使用天数参见表 10-5-2。

表 10-5-2 围堰使用天数和潮汛次数表

项 目 名 称		围堰使用天数	潮汛次数
驳岸、桥台等	新建工程	24	2
	翻建、改建工程	31	2
拆除原有驳岸		12	1
管道出口工程	成品管	24	2
	现浇钢筋混凝土管	36	3

注:采用高桩承台结构形式的驳岸工程不考虑围堰。

(3)围堰养护按围堰长度乘以潮汛次数以 m·次计算,潮汛次数参见表 10-5-2。不受潮汛影响时,不计算养护工程量。

(4)筑拆围堰的土方的缺土数量按天然密体积以 m^3 计算。筑拆、养护定额中已列出土方的需要数量(松方)。围堰所需土方应尽可能就地利用,不可利用的土方应作外运处理,缺少部分可采用外来土方(缺土)。围堰定额已包括土方场内运输。

围堰需要土方量 = 筑拆围堰需方量 + 养护围堰定额需方量

当围堰长度≤150m 时

$$筑拆围堰需方量＝筑拆围堰定额需方量÷松散系数－可利用的土方量$$

当围堰长度＞150m 时

$$筑拆围堰需方量＝筑拆围堰定额需方量÷松散系数×50\％$$

例 10-5-1 某一新建驳岸工程,该河道为有潮汛河流。需筑拆高度为 4m 的圆木桩围堰,围堰长 350m,可就地利用的天然密实土方 1000m³。试计算围堰筑拆、养护工程量及缺土工程量。

解：(1) 围堰筑拆工程量＝350m

(2) 查表 10-5-2 新建驳岸工程潮汛次数为 2 次。围堰养护工程量＝350×2＝700m·次

(3) 查定额 S1-2-10 筑拆高度为 4m 以内的圆木桩围堰,所需土方(松方)18.94m³/m;查定额 S1-2-11 养护高度为 4m 以内的圆木桩围堰所需要土方(松方)0.17m³/(m·次)。则

150m 长筑拆围堰需方量＝150×18.94÷1.32－1000＝1152.27(m³)

超过 150m 部分筑拆围堰需方量＝(350－150)×18.94÷1.32×50％＝1434.85(m³)

养护部分所需方量＝700×0.17÷1.32＝90.15(m³)

缺土工程量＝1152.27＋1434.85＋90.15＝2677.27(m³)

3. 翻挖拆除项目

翻挖拆除项目适用于市政道路翻挖、管道拆除及结构物拆除;不适用于拆除人防工程,也不适用于特殊结构物拆除,如碉堡、船坞等工程。

拆除道路结构层及人行道按拆除面积以 m² 计算;拆除侧平石及排水管道按长度以 m 计算;拆除砖、石砌体及混凝土结构按实体积以 m³ 计算;拆除钢拉条按直径以根计算。

4. 临时便桥便道及堆场

(1) 搭拆便桥

搭拆临时便桥分普通便桥、沟槽便桥、和过道桥板

普通便桥适用于跨越河道或沟槽宽度大于 5m 的临时便桥,分机动车和非机动车两项。机动车便桥适用于汽-10 以下的车辆通行,超过此标准的车辆通行时应选用装配式钢桥。搭拆普通便桥以 m² 计。

沟槽便桥适用于跨越河道或沟槽宽度小于 5m 的临时便桥,分机动车、非机动车和 3m 以内、5m 以内四项。搭拆沟槽便桥以座·次计算。

过道桥板分板长 2m 和 3m 两项,搭拆过道桥板以块·天计算。

(2) 搭拆装配式钢桥

装配式钢桥分单排单层加强、双排单层加强、三排单层加强、双排双层加强、三排双层加强五项,根据跨径和荷载来选用。搭拆装配式钢桥按桥实际长度以 m 计算;使用装配式钢桥按长度乘以天数以米·天计算。

(3) 铺设施工便道

凡新建道路的内侧边或排水管道的中心线距原有道路边 30m 以上时,因考虑不能利用原有道路运输工程材料可按规定计算修筑施工临时便道。便道工程量按规定包干计算修筑临时便道。便道工程量按便道计算长度乘以便道计算宽度以 m² 计算。

便道计算长度按以下规定计算:道路工程按新建道路长度的 30％计算;排水管道工程按总管长度的 60％计算(平行或同沟槽施工的雨污水管道共用便道时,按单根管道长度的 60％计算),现浇箱涵按长度的 80％计算;泵站工程按沉井基坑坡顶周长计算;桥涵及护岸、污水处理厂及隧道工程按批准的施工组织设计计算;当一个工地同时施工道路和埋管时,应选其中一项大值计算便道长度,不得重复计算;排水管道工程遇有泵站时,管道长度计算至泵站平面布置的围墙处。

便道计算宽度按以下规定计算:桥梁、隧道及泵站沉井工程为 5m;道路、护岸、排水管道工程为 4m。

（4）铺设施工堆料场地

堆料堆场工程量按规定计算面积以 m² 计算。

堆场面积的一般规定：主跨≥25m 或多孔总长≥100m 的桥梁,沉井内径 D≥20m 或矩形 S≥300m² 的泵站,隧道及污水处理厂工程为 1 000m²；主跨≥25m 或多孔总长≥100m 的桥梁跨河两端同时施工为 1 500m²；主跨<25m 或多孔总长≥100m 的桥梁,沉井内径<20m 或矩形<300m² 的泵站工程为 500m²；排水管道工程为 400m²；驳岸、防洪防污墙为 300m²。

堆场面积的其他规定：当现场有可利用的场地时,堆场面积应扣除该部分面积；当单位工程主体采用商品混凝土时,堆场面积按上述规定的 50% 计取；排水管道与泵站由同一施工企业同时施工时,堆场面积按两者之和的 80% 计取。

5. 井点降水

当开挖深度大于 3m,且会产生流沙现象时,可采用井点降水。井点降水分轻型井点、喷射井点（10m,15m,20m,25m,30m）、大口径井点（15m,25m）、真空深井井点（19m,每增减 1m）。开挖深度在 6m 以下采用轻型井点；开挖深度在 6m 以上采用喷射井点；采用其他类型井点应有批准的施工组织设计确定。真空深井井点适用于降水深度大、涌水量大的砂类土,降水深度可达 50m。

每套井点的设备配置规定：轻型井点的管距 1.5m,50 根井管,60m 总管井点及排水设备；喷射井点的管距 2.5m,30 根井管,75m 总管井点及排水设备；大口径井点的管距 10m,10 根井管,100m 总管井点及排水设备。

井点的布置规定：排水管道的开槽埋管按单排布置（除设计采用双排布置外）,顶管基坑按外侧加 1.5m 作环状布置；泵站沉井（顶管沉井坑）按沉井外壁直径（不计刃脚与外壁的凸口厚度）加 4m 作环状布置。

井点使用周期规定：排水管道轻型井点使用周期见表 10-5-3；泵站沉井沉井内径≤15m 为 50 天,沉井内径>15m 为 55 天,顶管沉井基坑为 30 天；隧道工程盾构工作沉井、埋管段连续沉井和通风井为 50 天,大型支撑深基坑开挖采用大口径井点为 114 天。

表 10-5-3　　　　　　　　　　排水管道轻型井点使用周期表

管径(mm)	开槽埋管(天)	顶管(天)
300～600	22	
800	25	
1 000	27	28
1 200	28	30
1 400	30	32
1 600	32	32
1 800	34	33
2 000	40	33
2 200	42	34
2 400	42	35
2 700	44	37
3 000	47	40
3 500	50	43

注1：采用喷射井点时,按上表减少 5.4 天。

注2：PH-48 和丹麦管按上表乘以 0.8 系数。

注3：UPVC 管和 FRPP 管按上表乘以 0.6 系数。

轻型井点、喷射井点、大口径井点的安装、拆除按井点的根数计算,使用按套乘以天数以套·天计算。

真空深井井点的安拆按座数计算,使用按座乘以天数以座·天计算。

6. 地基加固

地基加固分树根桩、深层搅拌桩、分层注浆、压密注浆、高压旋喷桩(双重管、三重管)和粉喷桩。地基加固工程量计算规则与《2000 建筑和装饰定额》基本相同,只是增加了分层注浆、高压旋喷桩(双重管)和粉喷桩项目。

分层注浆钻孔按设计深度以 m 计算,注浆按设计注明体积以 m³ 计算;高压旋喷桩(双重管)工程量计算规则高压旋喷桩(三重管)相同;粉喷桩按设计桩截面面积乘以设计长度以 m³ 计算。

(二)道路工程

道路工程由路基工程、道路基层、道路面层和附属设施等组成,适用于新建、扩建、改建及大修的道路工程,不适用于中、小修的道路工程。

1. 路基工程

路基是路面的基础,是用土石填筑或在原地面开挖而成的道路主体结构。路基工程分人工挖土方、机械挖土方、机械推土方、填土方、耕地填前处理、填筑粉煤灰路堤、二灰填筑、零填掺灰土路基、原槽土掺灰、间隔填土、袋装砂井、铺设土工布、铺设排水板、石灰桩、碎石盲沟、明沟、整修路基、土方场内运输等。

(1)土方场内运输的运距

土方场内运输的运距,按挖方中心至填方中心的距离计算。

例 10-5-2 有三堆土,其中运距 50m 的有 20m³、运距 70m 有 80m³、运距 90m 的有 100m³。求加权平均运距。

解: 加权平均运距为 $(20 \times 50 + 80 \times 70 + 100 \times 90) \div (20 + 80 + 100) = 78(\text{m})$

(2)土路基填、挖土方工程量计算

路基填、挖土方工程量按道路设计横断面的面积乘以长度以 m³ 计算。通常采用积距法和土方工程量计算表(见表 10-5-4)进行计算。道路设计横断面(见图 10-5-3)的面积计算公式如下:

$$S_i = (ab + cd + ef + gh + \cdots) \times B = \text{积距} \times B$$

式中 S_i——断面面积(m^2);

  B——横断面所划分三角形或梯形的高度,即图 10-5-3 中的虚线间的距离,通常为 1m 或 2m 等距;

  ab, cd, ef, gh——横断面所划分三角形或梯形的中位线长度,即图 10-5-3 中的实线长度。

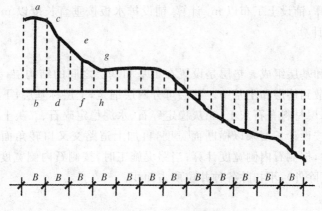

图 10-5-3 积距法计算横断面示意图

路基填、挖土方工程量计算公式如下:

$$V_i = \sum [L(S_{i-1} + S_i) \div 2]$$

式中　V_i——路基填、挖土方工程量（m^3）。

　　　　S_i——路基断面面积（m^2）；

　　　　L——相邻两断面之间的距离（m），通常为10m或20m等距，如图10-5-4所示。

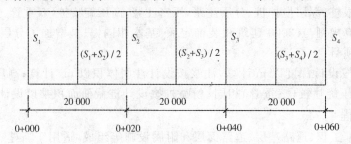

图 10-5-4　路基土方工程量计算示意图

表 10-5-4　　　　　　　　　　　　　　　　土方工程量计算表

桩号	挖土面积	填土面积	距离	挖土平均面积	填土平均面积	挖土数量	填土数量
0+000	25	40					
			20	35	45	700	900
0+020	45	50					
			20	32.5	25	650	500
0+040	20	0					
…	…	…		…	…	…	…

（3）碎石盲沟工程量计算规定

横向盲沟断面尺寸按表10-5-5横向盲沟断面尺寸表选用，横向盲沟长度按实计算，两条横向盲沟的中心距离为15m；纵向盲沟长度按批准的施工组织设计计算，断面尺寸同横向盲沟。

表 10-5-5　　　　　　　　　　　　　　　　横向盲沟断面尺寸表

路幅宽 B(m)	$B \leqslant 10.5$	$10.5 < B \leqslant 21.0$	$B > 21.0$
断面尺寸(宽×深)(cm)	30×40	40×40	40×60

（4）其他

袋装砂井以根计算；铺设土工布以 m^2 计算、铺设排水板按垂直长度以 m 计算；整修明沟以 m 计算；整修路基以 m^2 计算。

2. 道路基层

道路基层由垫层和基层组成。垫层是设置在土基和基层之间的结构层，基层承受由面层传来的垂直荷载并把它扩散到垫层和土基中。基层可分两层铺筑，上层称基层，下层称底基层。垫层材料有砾石砂和碎石；基层材料有石灰土、二灰稳定碎石、水泥稳定碎石、二灰土、粉煤灰三渣。

道路垫层及基层按设计长度乘以横断面宽度，再加上道路交叉口转角面积以 m^2 计算。横断面宽度：当路槽施工时，按侧石内侧宽度计算；当路堤施工时，按侧石内侧宽度每侧增加15cm计算（设计图纸已注明加宽除外），不扣除各种井位所占面积。

3. 道路面层

面层是直接同行车和大气接触的表面层。承受垂直荷载、水平荷载和及冲击力以及雨水和气温变化的不利影响。道路面层分路面扎毛、铣刨沥青混凝土路面、沥青碎石面层、沥青透层沥青混凝土封层、沥青混凝土面层、混凝土面层、混凝土路面锯纹及纵缝切缝等。

道路面层按道路设计长度乘以横断面宽度,再加上道路交叉口转角面积计算,不扣除各类井位所占面积,带平石的应扣除平石面积。

4. 附属设施

附属设施由人行道基础、铺筑预制人行道、现浇人行道、排砌预制侧平石、现浇圆弧侧石、混凝土块砌边、小方石砌路边线、砖砌挡土墙及踏步、路名牌、升降窨井进水口及开关箱、调换窨井盖座盖板、调换进水口盖座侧石等组成。

人行道铺筑按设计宽度乘以设计长度加转角面积以 m^2 计算,不扣除各类井位所占面积,但应扣除种植树穴面积;侧平石按设计长度以 m 计算,不扣除侧向进水口长度;现浇圆弧侧石、砖砌挡土墙及踏步混凝土块砌边按体积以 m^3 计算;混凝土块砌边、小方石砌路边线以 m 计算;路名牌、升降窨井进水口及开关箱、调换窨井盖座盖板、调换进水口盖座侧石以座、套、块计算。

(三)排水管道工程

排水管道工程由开槽埋管、顶管和窨井等组成,适用于城市公用室外排水管道工程、排水箱涵工程、圆形管涵工程及过路管工程,也可适用泵站平面布置中总管(自泵站进水井至泵站出口间的总管)及工业和民用建筑室外排水管道工程。

1. 开槽埋管

开槽埋管是采用开挖土方,敷设管线的方法施工,由开挖沟槽土方、撑拆列板、打拔沟槽钢板桩、安拆钢板桩支撑、沟槽回填、管道垫层、管道基座、管道铺设、管道接口、管道闭水试验、排水箱涵等组成。

(1)开挖土方

开挖土方按体积以 m^3 计算,各类管道的沟槽开挖宽度可在定额说明中查表(略)。

开槽埋管如需要翻挖道路结构层时,可以另行计算,但沟槽挖土数量中应扣除翻挖道路结构层所占的体积。

机械挖土定额适用深度 0~6m,当深度超过 6m 时,每增加 1m,其人工及机械台班数量递增18%。挖土超深定额换算公式如下:

$$换算后的定额消耗量 = 6m 挖土定额消耗量 \times (1 + 18\%)^{n-6}$$

式中,n 为沟槽挖土深度。超过 6m 的挖土应分层计算并调整定额。

例 10-5-3 查定额 S5-1-7 机械挖沟槽土方、深 6m 以内、现场抛土,人工、机械的定额消耗量分别为 0.2077 工日 $/m^3$ 和 0.0362 台班 $/m^3$。计算挖土深度为 6.0~7.0m 和 7.0~8.0m 时的人工、机械定额消耗量。

解:6.0~7.0m 的定额消耗量

人工定额消耗量 $= 0.2077 \times (1 + 18\%)^{7-6} = 0.2451$(工日 $/m^3$)

机械定额消耗量 $= 0.0362 \times (1 + 18\%)^{7-6} = 0.0427$(台班 $/m^3$)

7.0~8.0m 的定额消耗量

人工定额消耗量 $= 0.2077 \times (1 + 18\%)^{8-6} = 0.2892$(工日 $/m^3$)

机械定额消耗量 $= 0.0362 \times (1 + 18\%)^{8-6} = 0.0504$(台班 $/m^3$)

(2)撑拆列板、安拆钢板桩支撑

撑拆列板、安拆钢板桩支撑按沟槽长度以 m 计算。沟槽深度≤3m 采用横列板支撑;沟槽深度>3m 采用钢板桩支撑。

(3)打拔沟槽钢板桩

打拔沟槽钢板桩按沿沟槽方向单排长度以 m 计算。打拔钢板桩适用范围见表 10-5-6。

(4)其他

沟槽回填、管道垫层按体积以 m^3 计算;管道铺设按实埋长度(扣除窨井内净所占的长度)以 m 计算;管道接口按只计算工程量;管道基座、排水箱涵的混凝土按实际体积以 m^3 计算,模板按接触面积以 m^2 计算,钢筋按重量以 t 计算;管道闭水试验以段计算,相邻两座窨井为一段。

表 10-5-6 **打拔钢板桩适用范围表**

钢板桩类型及长度		开槽埋管沟槽深(至槽底)	顶管基坑深(至坑土面)
槽型钢板桩	4.00～6.00	3.01～4.00	<4.00
	6.01～9.00	4.01～6.00	≤5.00
	9.01～12.00	6.01～8.00	≤6.00
拉森钢板桩	8.00～12.00		>6.00
	12.01～16.00		>8.00

注:开槽埋管槽底深度超过 8m 时,根据批准的施工组织设计套用拉森钢板桩定额。

2. 顶管

顶管工程由安拆钢板桩工作坑支撑、基坑机械挖土、基坑回填土、基坑基础、洞口处理、安拆顶进后座及坑内平台、安拆顶管设备及附属设施、管道顶进、安拆中继间、顶进触变泥浆减阻、压浆孔封拆、接口等组成。

(1)顶管工作坑

顶管工作坑分为顶进工作坑和接收工作坑。顶进工作坑供顶管机头安装和出坑用;接收工作坑供顶管机头进坑和拆卸用。顶管工作坑一般采用钢板桩支撑基坑,当坑深>5.5m 或管径≥ℂ2200采用钢筋混凝土沉井,套排水构筑物相应定额。

钢板桩工作坑平面尺寸工作坑按表 10-5-7 选用。

表 10-5-7 **工作坑平面尺寸表**

管径(mm)	顶进工作坑尺寸(宽×长)		接收工作坑尺寸(宽×长)	
	敞开式	封闭式	敞开式	封闭式
ℂ800～ℂ1400	3.5×8.0	3.5×8.0	3.5×4.5	3.5×5.0
ℂ1600	4.0×8.0	4.0×8.0	4.0×4.5	4.0×5.0
ℂ1800～ℂ2000	4.5×8.0	4.5×8.0	4.5×4.5	4.5×5.0
ℂ2200～ℂ2400	5.0×9.0	5.0×8.0	5.0×4.5	5.0×6.0

注 1:斜交工作坑按实际尺寸计算。

注 2:采用拉森钢板桩支撑的基坑,按上表规定尺寸分别增加 0.2m 计算。

安拆钢板桩工作坑支撑按管径和深度以座计算;基坑机械挖土、回填土、基础按体积以 m³ 计算;洞口处理按管径以个计算;安拆顶进枋木后座以座计算、钢筋混凝土后座以 m³ 计算;安拆顶管设备及附属设施按设备形式和管径以套计算。

(2)管道顶进

顶管顶进分敞开式和封闭式。敞开式顶管的顶管机头采用顶管工具管,顶管工具管又分手掘式和挤压式;封闭式顶管的顶管机头采用顶管掘进机,顶管掘进机又分泥水平衡和土压平衡。

当顶进阻力(即机头迎面阻力与混凝土管外壁摩擦之和)超过千斤顶的容许总顶力或混凝土管节容许的压力,无法一次完成顶进距离要求时,需采用中继接力技术,设置中继间进行分段逐次顶进。

当顶管实际启动中继间顶进时,各级中继间后面的顶管,在套用管道顶进定额时,其人工及机械台班消耗量乘以表 10-5-8 中的系数。

表 10-5-8 **中继间顶进人工、机械增加系数**

中继间	第一个	第二个	第三个	第四个
系数	1.20	1.45	1.75	2.10

管道顶进长度按相邻两坑井壁内侧之间的长度加 0.6m 计算;安拆中继间按管径以套计算;顶进触变泥浆减阻按两坑外壁之间的距离以 m 计算;压浆孔封拆以孔计算;接口按管径以只计算。顶管基坑内排管套开槽埋管定额,人工及机械乘以 1.25 系数。

3. 窨井

窨井工程由窨井及进水口、水泥砂浆抹面、现浇钢筋混凝土窨井、凿洞、预制钢筋混凝土盖板、安装盖板及盖座等组成。

砖砌窨井(包括流槽砌体)、进水口、凿洞按实体积以 m^3 计算;水泥砂浆抹面按面积以 m^2 计算;现浇钢筋混凝土窨井按混凝土、模板、钢筋分别以 m^3、m^2、t 计算;预制钢筋混凝土盖板按混凝土、钢筋分别以 m^3、t 计算;安装钢筋混凝土盖板按单块体积 m^3 计算;安装铸铁盖座以套计算。

窨井基础应与管道基础同时浇筑连成整体,故窨井垫层及基础套用开槽埋管相应定额;窨井升降及调换窨井盖座套道路工程相应定额。

三、《2000 市政定额》应注意的事项

(1)《2000 市政定额》土方挖土按天然密实体积计算,填土按压实后的体积计算。挖土及填土现场运输定额已考虑土方的体积变化。当填土有密实度要求时,土方挖、填平衡及缺土时外来土方,应按表 10-5-9 填土土方的体积变化系数表来计算回填土方数量。

表 10-5-9 填土土方的体积变化系数表

土类 土方密实度	填 方	天然密实方	松 方
90%	1	1.135	1.498
93%	1	1.165	1.538
95%	1	1.185	1.564
98%	1	1.220	1.610

例 10-5-4 某道路路基工程:挖土 1300m³(天然密实),其中可利用土方 800m³;设计路基填土数量 2000m³(密实度为 98%)。采用机械填筑,挖、填采用现场平衡。求外运土方及缺土外来土方数量。

解:挖土 1300m³(天然密实),其中可利用土方 800m³,则

外运土方数量=1300−800=500(m³)

填土数量 2000m³(密实度为 98%),查表 10-5-9 填土土方的体积变化系数为 1.22,则

缺土外来土方数量=2000×1.22−800=1640(m³)

土方、泥浆外运费列入直接费内,土方来源费不计其他费用。

复习思考题

1. 试述《上海市房屋修缮工程预算定额(2000)》的适用范围。

2. 简述《上海市房屋修缮工程预算定额(2000)》中哪些分项工程的工程量计算规则与《上海市建筑和装饰工程预算定额(2000)》不同。

3. 试述《上海市园林工程预算定额(2000)》的适用范围。

4. 简述《上海市园林工程预算定额(2000)》中哪些分项工程的工程量计算规则与《上海市建筑和装饰工程预算定额(2000)》不同。

5. 试述《上海市民防工程预算定额(2000)》的适用范围。

6. 简述《上海市民防工程预算定额(2000)》中哪些分项工程的工程量计算规则与《上海市建筑和装饰工程预算定额(2000)》不同。

7. 试述《上海市公用管线工程工程预算定额(2000)》的适用范围。

8. 简述《上海市公用管线工程工程预算定额(2000)》中哪些分项工程的工程量计算规则与《上海市建筑和装饰工程预算定额(2000)》不同。

9. 试述《上海市市政工程预算定额(2000)》的适用范围。

10. 简述《上海市市政工程预算定额(2000)》中哪些分项工程的工程量计算规则与《上海市建筑和装饰工程预算定额(2000)》不同。

11. 名词解释:硬底层、软底层、新砌、拆砌、新粉、修粉、内施、外施、全出白、半出白、修出白、拆换、拆装、石作工程、砌细工艺、缺土数量、路基、开槽埋管、顶进工作坑、接收工作坑。

第十一章 招标标底、投标报价、合同定价

招标标底、投标报价和合同定价是建设工程在实施阶段的造价文件，是建筑安装工程交易各方对行将交易的建筑安装工程造价进行测算摸底（招标标底）、提出要价（投标报价）和最终双方协商一致（合同定价）。

招标标底、投标报价与施工图预算相同，都是对建筑安装工程进行价值预测的技术经济行为；而合同定价则是建筑安装工程交易双方之间的商务行为。

本章主要介绍招标标底、投标报价与施工图预算的区别与联系，重点讲解 GB 50500—2008《建筑工程工程量清单计价规范》（简称《08 清单计价规范》）及其应用。此外，简单介绍几种常用的合同类型及其选用原则。

第一节 招标标底

一、招标标底的概念

标底是建筑安装工程价格的表现形式之一，它是由招标单位自行编制或委托具有编制标底资格和能力的代理机构编制的。标底是业主对招标工程所需费用的预测和控制，是招标工程的期望价格。

标底是衡量投标单位投标报价的准绳，是评标的重要尺度。投标单位报价若高于标底，它便失去了竞争能力；若低于标底过多，业主有理由怀疑其报价的合理性，应进一步分析其低于标底的原因。若发现低价的原因是由工料估算不切实际，技术方案片面，节约费用缺乏可靠性或故意漏项、压价，进行不正当竞争，则可认为该报价不可信；若低价是通过优化技术方案，节约管理费，采取有力的、行之有效的措施，降低工料消耗和折让利润来实现的，则该报价是合理可信的。

标底是评标的重要尺度，但不是唯一依据。要综合考虑各投标企业的报价、工期和质量的保障体系、信誉、资质、协作配合条件等诸多因素，才能选出合适的中标企业。

标底类似于施工图预算，是施工图预算的转化形态，但不等同于施工图预算。标底与施工图预算的根本差别在于：

（1）编制对象不同。施工图预算的编制对象是单位工程或单项工程；而标底的编制对象只是招标文件规定范围内的，准备发包的工程，即不一定是一个完整的单位工程或单项工程。

（2）编制标准（工程要求）不同。施工图预算是根据合格产品、正常工期、市场平均价格编制的；而标底则需满足招标文件（业主）对工程的质量、工期和工程合同定价方式等要求来编制的。

（3）编制的时间不同。施工图预算编制在前，标底编制在后。因此标底的编制应更多、更充分地考虑现场条件和技术条件。

二、标底的编制原则

标底的编制应遵循下列原则：

（1）根据设计图纸、招标文件、国家规定的技术标准和规范、反映社会平均水平的定额、费率以及符合市场实际的要素价格来编制标底。

（2）标底价格应是完整的价格，即应包括成本、利润和税金，且控制在批准的概算范围内。

（3）标底价格应考虑招标文件对工程质量、工期和合同定价方式等要求。若质量要求一次验收合格，甚至要求获得政府嘉奖的（如：白玉兰奖或鲁班奖）；或工期要求提前的，则应考虑增加相应费用。若合同定价采用固定总价方式，则应考虑价格风险因素。此外还应考虑不可预见的施工增加费或包干费和可预见的施工措施费等。

（4）一个工程只能编制一个标底,标底在开标前必须保密。

三、标底的编制依据

标底的编制依据,除了施工图预算的编制依据的全部内容外,还需以下资料:

（1）经批准的初步设计及其概算等技术经济文件。初步设计及其概算是控制标底价格的依据。标底突破概算时应认真分析:若标底编制正确,应修正概算,并报原概算审批机关重新审批;若属于施工图设计扩大了建设规模或提高了建设标准,就应修改施工图设计,并重新编制标底。

（2）经批准的招标文件。招标文件所规定的发包工程范围,技术要求和质量标准,开、竣工日期和总工期及关键节点的完工时间要求,合同条件、条款等都是编制标底不可或缺的重要依据。

（3）现行工期定额。

（4）施工现场的工程地质、水文地质及地貌状况等资料。

四、标底的编制方法

标底一般在工程招标文件发出以后,回标以前编制。其编制方法大致有三种:预算法、概算法和平方米造价指标法。

（一）预算法

预算法编标底是目前应用最为广泛的一种方法。它是以施工图预算为基础,作以下调整。

（1）根据合同条款对价格风险承担的要求,应对要素价格进行适当调整。

（2）根据招标文件对质量的要求,对高于国家验收规范规定的要求（合格品）的,应增列优质工程措施费或奖励费,以补偿和奖励施工企业为之付出的代价。

（3）根据招标文件规定的目标工期,将其与国家规定的定额工期比较,计算出提前竣工天数,增列赶工措施费或提前竣工奖。

（4）根据工地现场的自然条件、环境要求和招标工程范围等因素,增列施工技术措施费,安全、文明施工和环境保护措施费和"三通一平"费等。

（二）概算法

概算法编制标底适用于扩大初步设计或技术设计阶段进行招标的工程。在施工图设计阶段招标时,也可按施工图计算工程量,然后套用概算定额和单价计算直接费,再滚费率计算总造价。当然也要综合考虑上述预算法的四项因素的费用。与预算法相比较,可以减少工作量,节省时间。

（三）平方米造价指标法

平方米造价指标法编制标底适用于采用标准图大量建造的住宅、通用厂房等工程。一般做法是由地方工程造价管理部门,凭借多年积累的资料,对不同结构体系的,不同用途的建筑进行测算分析,制定出每平方米造价的包干指标。具体工程招标时,再根据装饰标准、设备配置情况和要素市场价格行情,进行适当调整,确定标底单价。该单价应包括人工费、材料费、机械费、其他直接费、间接费、利润和税金。如采用固定总价合同的,还应包括风险金等全部费用。考虑到基础工程因地基条件不同而有很大差别,平方米造价指标多以工程的±0.000以上部分为对象编制的。基础工程仍以施工图预算为基础编制标底。平方米造价指标与建筑面积相乘,即得上部结构标底;将其与基础工程标底合二为一,即构成完整的工程标底。

第二节 投标报价

一、投标报价的概念

投标报价是施工企业根据招标文件及有关计算工程造价的资料,对招标工程进行估价后,考虑各种影响造价的因素和投标策略,提出的报价。它是施工企业承诺按照招标文件要求完成招标工程而希望获得的补偿和报酬,即对拟建建筑安装工程提出的要价。

投标报价和招标标底都是施工前的招标工程的价格形态。两者内容相同,均包含成本(直接成本、间接成本和风险成本)和盈利(利润和税金),但本质却不相同,其根本差别在于:

(1)编制者不同。标底是由招标单位或其委托代理人编制的,它反映业主对招标工程的价格期望;投标报价是由投标单位编制的,它是承包商对招标工程的要价。

(2)编制依据不同,以至于价格水平不同。标底一般是根据反映社会平均水平的定额和费率编制的,因此它是反映社会平均成本和平均盈利水平的价格;投标报价是根据反映企业平均水平的定额和经营策略编制的,因此它是反映企业个别成本和企业盈利期望的价格。

(3)编制工作的重心不同。标底编制工作的重心是估价,即价格计算;投标报价的工作重心是决策。尽管价格计算是投标报价工作的主要内容,但是投标报价的工作关键不是计价而是决策,是在计价的基础上,决断报出一个能击败竞争对手,使企业中标而又是风险小、获利大的价格。

二、投标报价的依据

目前我国大多数施工企业,编制投标报价的依据与编制施工图预算或标底的依据相同,但从改革和发展的眼光看,投标报价的依据应是:

(1)招标文件、施工图纸、工程量清单。

(2)施工组织设计或施工方案。

(3)国家统一的《08清单计价规范》,它规定了统一的项目编码、项目名称、计量单位和工程量计算规则。

(4)企业自行编制的反映企业实际水平的预算定额。

(5)企业自行确定的人工单价、施工机械台班单价及掌握的材料价格信息、机械租赁信息和劳务价格信息。

(6)企业自行确定的各种取费费率、国家税率和国家规定的费用计算规则。

(7)预算工作手册及有关工具书。

(8)其他。包括施工现场条件,同行竞争信息。

上述各项报价依据,有多项是由施工企业自行编制或采集的。有些具有相对稳定性,可以一次编制,在较长时期内、在较多工程中使用。如预算定额、人工单价、机械台班单价等;有些则需针对具体工程、具体时间、具体地点,通过询价,及时采集获得。如材料价格、租赁机械的价格、劳务价格。还有些,如同行竞争对手的情况,则需依赖平时的收集和积累。好的报价不是单纯依靠准确计算得到的,还需要有及时可靠的经济情报信息和英明、果断的决策能力。

三、投标报价的步骤

(一)研究招标文件

施工企业报名参加或接受邀请参加某一工程投标,通过资格审查,并取得招标文件后,首要的工作是认真研究招标文件,充分了解其内容和要求,并找出提请招标单位予以澄清的疑点。研究招标文件的重点,通常有以下几个方面:

(1)研究工程综合说明,借以获得对工程全貌的轮廓性了解。

(2)研究设计图纸和技术说明,用于制定施工方案和报价。对其中不清楚或相互矛盾之处,要提请招标单位解释或更正。

(3)研究合同主要条款,明确中标后应承担的义务和责任及可享有的权利。重点是承包方式,开、竣工时间及工期奖罚,材料供应方式及其价款结算办法,预付款和工程款结算办法,工程变更及停、窝工损失的处理办法等。因为这些内容或者关系到施工方案的安排,或者关系到资金的周转,或者关系到风险的责任。这一切最终都会影响工程成本,因此必须认真研究,并在报价中有所反映。

（4）研究投标须知，明确投标人应在什么时候，该做什么事及不允许做什么事，以提高工作效率，避免造成废标，劳而无功。

（二）收集和整理技术经济信息

准确、全面、及时地收集各项技术经济信息，是投标成败的关键。需要收集的信息很多，其主要内容可概括为以下几个方面：

（1）招标工程所在地的信息。包括：当地的自然条件（影响施工的风、雨、气温等因素），现场施工条件（地貌、地质、交通基础设施及周边环境等条件），社会经济条件（材料供应能力及其价格、劳动力资源及其工资、专业分包能力及分包条件等）。

（2）招标单位的信息。包括：招标单位的信誉，资金状况及其对招标工程的造价、质量、工期等方面的要求。

（3）竞争对手的信息。包括：其他投标单位的经济实力、技术优势、信誉及其对招标工程的兴趣与意向。

（4）本企业的内部信息。包括：本企业的技术能力、管理水平、业务状况和在当地的信誉等资料。

（5）其他信息。包括：建筑、施工技术发展信息和当地、近年类似工程的施工方案、报价、工期及实际成本等信息资料。

（三）拟定施工组织设计或施工方案

施工组织设计或施工方案是投标报价的前提条件，也是招标单位评标时要考虑的因素之一。施工组织设计应简洁明了，能体现和突出投标单位的长处。在保证工期、质量、安全和降低成本等方面，应有切实有效的技术措施和组织保障措施。

（四）测算工程成本和最低报价

根据企业（预算）定额和企业内部信息资料（人工单价、施工机械台班单价及材料价格信息和各种取费费率），采用施工图预算的编制方法，测算工程成本和最低报价。

（五）确定报价策略和报价技巧

凡参加投标的都希望自己能中标，以取得工程承包权。为了中标，投标者就必须使自己的报价尽可能接近标底，且又略低于竞争对手，既能中标，又能使利润最大。这样做是相当困难的，但是这一目标不能放弃。报价决策的目标是多层次的，应是保本、中标和利润最大化。

投标人应在充分熟悉招标工程、竞争对手和自身条件的情况下，确定报价策略。报价策略主要体现在报价上，以下报价策略可供参考：

（1）企业任务不足，不接受任务就会窝工。为了争取中标，采取薄利保本策略，适当降低报价；反之企业任务饱满，可适当提高报价，中不中标无所谓，一旦中标则利润丰厚。

（2）一般性工程，竞争者多，宜报低价；特殊工程，本企业有特长而竞争对手少，报价可略提高。

（3）工期短、风险小的工程报价可低些；工期较长，且采用固定总价合同的或风险较大的工程，报价应适当提高。

（4）对工程质量、工期、技术要求高的工程，报价宜提高。

（5）遇下列情况可亏损报价：企业无任务，为减少亏损而争取中标；企业为创牌子，打开市场，采取先亏后盈策略。

报价策略确定后，可采取一定报价技巧以提高企业的实际盈利。

报价技巧与报价策略，是两个不同层次的报价方略，相辅相成，互相渗透。报价技巧应贯彻报价策略的意图，同时又发挥自身的作用。常用的不平衡报价技巧，就是在不影响总报价水平的前提下，提高某些项目的单价，压低另一些项目的单价，以求实际利润的提高。当然提高或压低单价，应有个度，任何过高或过低的单价会影响招标人对报价可信度的认可。常用的不平衡报价技巧有：

（1）对能先拿到钱的项目（如土方工程、基础工程）单价报高些；对后期项目（如装饰工程）单价适当降低，且维持总价不变。

（2）对预计以后可能会增加工程量的项目，其单价提高；对预计以后会减少工程量的项目，其单价降低，且维持总价不变。

（3）对工程内容说明不清楚、做法不明朗的项目可报低价，实际发生时可索赔或按实结算。

（六）投标报价

投标报价是投标的关键性工作，它是由询价、估价和报价所组成的一个复杂的过程。

首先需询价。询价是估价的重要环节，通过询价了解劳务市场、建材市场、机械设备购置或租赁市场及施工分包市场的价格信息，作为工程估价的重要依据。

其次要估价。估价是在施工总进度计划、主要施工方法、分包施工单位和资源安排确定后，根据施工单位工料消耗定额和询价结果，对完成招标工程所需支出的费用进行估价，估价方法同预算。

最后才报价。报价是在估价的基础上，分析竞争对手的情况，考虑施工企业在该招标工程上的竞争地位及本企业的经营目标和战略，确定在该工程上的预期利润水平。

报价实质上是投标决策问题。详细、准确的询价是合理估价的基础；正确的估价又为报价提供有力的依据；关键的报价将决定施工企业在招标工程上能否中标及中标后的利润多寡。报价通常由施工企业主管经营管理的负责人作出。

第三节 《08清单计价规范》及其应用

一、《08清单计价规范》概述

2008年住房和城乡建设部为规范工程造价计价行为，统一建设工程工程量清单的编制和计价方法，根据《中华人民共和国建筑法》、《中华人民共和国招标合同法》、《中华人民共和国招标投标法》等法律法规制定颁布了《08清单计价规范》，该规范适用于建设工程工程量清单计价活动。《08清单计价规范》规定：全部使用国有资金投资或国有资金投资为主的工程建设项目，必须采用工程量清单计价。采用工程量清单方式招标，工程量清单必须作为招标文件的组成部分，其准确性和完整性由招标人负责。

《08清单计价规范》的附录A～F分别规定了各专业工程的分部分项工程划分及其工程内容和工程量计算规则，是编制工程量清单的依据。

附录A是"建筑工程工程量清单项目及计算规则"，适用于工业与民用建筑物和构筑物工程。

附录B是"装饰装修工程工程量清单项目及计算规则"，适用于工业与民用建筑物和构筑物的装饰装修工程。

附录C是"安装工程工程量清单项目及计算规则"，适用于工业与民用安装工程。

附录D是"市政工程工程量清单项目及计算规则"，适用于城市市政建设工程。

附录E是"园林绿化工程工程量清单项目及计算规则"，适用于园林绿化工程。

附录F是"矿山工程工程量清单项目及计算规则"，适用于矿山工程。

（一）工程量清单的项目组成

工程量清单是表现拟建工程的分部分项工程项目、措施项目、其他项目、规费项目和税金项目的名称和相应数量的明细清单，它是招标文件的组成部分。

1. 分部分项工程量清单

分部分项工程量清单，是指构成拟建工程实体项目的清单，应根据附录规定的项目编码、项目名称、项目特征、计量单位和工程量计算规则进行编制。

"项目编码"应采用12位阿拉伯数字表示。1～9位为统一编码，应按附录A～F规定设置：1，

2 位为工程分类顺序码(如附录 A 建筑工程为 01、附录 B 装饰装修工程为 02，……以此类推)；3,4 位为专业工程顺序码(如附录 A 中的土石方工程为 01、桩与地基基础工程为 02……以此类推)；5,6 位为分部工程顺序码(如附录 A 混凝土及钢筋混凝土工程中的现浇混凝土基础为 01、现浇混凝土柱为 02，……以此类推)；7,8,9 位为分项工程项目名称顺序码(如附录 A 混凝土及钢筋混凝土工程现浇混凝土柱中的矩形柱为 001、异形柱为 002，……以此类推)。10～12 位为清单项目名称顺序码，应根据拟建工程的工程量清单项目名称由其编制人设置，并应自 001 起顺序编制。

上海市建筑建材业市场管理总站编制的《〈建设工程工程量清单计价规范〉(GB50500-2008)上海地区应用导则》(以下简称《应用导则》)对 10～12 位顺序码作如下规定：10～12 位顺序码中从 001～889 由《应用导则》加以划定，其中《应用导则》只规定了 10、11 位顺序码，12 位以 0 表示，供编制人从 1～9 中自主编列。对于《应用导则》中的缺项编制人可从 900 数码后加以划定。

"项目名称"应按附录 A～F 的项目名称与项目特征并结合拟建工程的实际确定。如附录 A 中的 010402001 现浇混凝土矩形柱，根据拟建工程的项目特征(柱的高度、截面尺寸、混凝土强度等级或混凝土拌和料要求)，其项目编码和工程量清单项目名称可设置为 010402001010 现浇泵送混凝土 C30 矩形柱、A010402001020 现浇泵送混凝土 C20 构造柱等。编制工程量清单，出现附录 A～F 中未包括的项目，编制人可作相应的补充，并应报省、自治区、直辖市工程造价管理机构备案。

"项目特征"应按附录 A～F 中规定的项目特征，结合拟建工程项目的实际予以描述。

"计量单位"应按附录 A～F 中规定的计量单位确定。

"工程数量"应按附录 A～F 中规定的工程量计算规则计算。工程数量的有效位数应遵守下列规定：以"t"为单位的，应保留小数点后 3 位数字，第 4 位四舍五入；以"m³"、"m²"、"m"为单位的，应保留小数点后 2 位数字，第 3 位四舍五入；以"个"、"项"等为单位的，应取整数。

2. 措施项目清单

措施项目是指为完成工程项目施工，发生于该工程施工准备和施工过程中的技术、生活、安全、环境保护等方面的非工程实体项目的总称。措施项目分通用措施项目和专业工程措施项目，应根据拟建工程的实际情况，参照表 11-3-1 列项，出现表 11-3-1 未列项目，编制人可根据工程实际情况补充。

表 11-3-1　　　　　　　　　　　　　　措施项目一览表

序　号	项　目　名　称
通用措施项目	
1	安全文明施工(含环境保护、文明施工、安全施工、临时设施)
2	夜间施工
3	二次搬运
4	冬雨季施工
5	大型机械设备进出场及安拆
6	施工排水
7	施工降水
8	地上、地下设施，建筑物的临时保护设施
9	已完工程及设备保护
附录 A	1.　建　筑　工　程
1.1	混凝土、钢筋混凝土模板及支架
1.2	脚手架
1.3	垂直运输机械

序　号	项　目　名　称
附录 B	2．装 饰 装 修 工 程
2.1	脚手架
2.2	垂直运输机械
2.3	室内空气污染测试
附录 C	3．安 装 工 程
3.1	组装平台
3.2	设备、管道施工的安全、防冻和焊接保护措施
3.3	压力容器和高压管道的检验
3.4	焦炉施工大棚
3.5	焦炉烘炉、热态工程
3.6	管道安装后的充气保护措施
3.7	隧道内施工的通风、供水、供气、供电照明及通讯设施
3.8	现场施工围栏
3.9	长输管道临时水工保护设施
3.10	长输管道施工便道
3.11	长输管道跨越或穿越施工措施
3.12	长输管道地下穿越地上建筑物的保护措施
3.13	长输管道工程施工队伍调遣
3.14	格架式抱杆
附录 D	4．市 政 工 程
4.1	围堰
4.2	筑岛
4.3	便道
4.4	便桥
4.5	脚手架
4.6	洞内施工的通风、供水、供气、供电、照明及通讯设施
4.7	驳岸块石清理
4.8	地下管线交叉处理
4.9	行车、行人干扰增加
4.10	轨道交通工程路桥、市政、基础设施、施工监测、监控、保护
附录 E	5．园 林 绿 化 工 程
附录 F	6．矿 山 工 程
6.1	特殊安全技术措施
6.2	前期上山道路
6.3	作业平台
6.4	防洪工程
6.5	凿井工程
6.6	临时支护措施

措施项目中可以计算工程量的,项目清单宜采用分部分项工程量清单的方式编制,列出项目编码、项目名称、项目特征、计量单位和工程量计算规则;不能计算工程量的,项目清单以"项"为计量单位。

3. 其他项目清单

其他项目是指为完成工程项目施工,发生的除上述工程项目和措施项目以外的,可以预见的(或暂估的)费用项目的总称。其他项目清单宜按照下列内容列项:暂列金额、暂估价(包括材料暂估价、专业工程暂估价)、计日工和总承包服务费。出现上述未列的项目,编制人可根据工程实际情况补充。

"暂列金额"是招标人暂定和掌握使用的包括在合同价款中的一笔款项。它用于施工合同签订时尚未确定或者不可预见的所需材料、设备、服务的采购,施工中可能发生的工程变更、合同约定调整因素出现时的工程价款调整以及发生的索赔、现场签证等的费用。

"暂估价"是招标人在工程量清单中提供的用于支付必然发生但暂时不能确定的材料单价以及专业工程金额。

"计日工"是对零星项目或工作采取的一种计价方式,按合同中约定的综合单价计价,类似于定额计价中的签证记工。

"总承包服务费"是总承包人为配合协调发包人进行的工程分包,自行采购的设备、材料等进行管理、服务以及施工现场管理、竣工资料汇总整理等服务所需的费用。

4. 规费项目清单

规费是指根据省级政府或省级有关权力部门规定必须缴纳的,应计入建筑安装工程造价的费用。规费项目清单应按照下列内容列项:工程排污费、工程定额测定费、社会保障费、住房公积金、危险作业意外伤害保险。出现上述未列的项目,应根据省级政府或省级有关权力部门的规定列项。

上海市的规费项目清单包括下列内容:工程排污费、社会保障费(包括养老保险费、失业保险费、医疗保险费、生育保险费、工伤保险费)、住房公积金、外来从业人员综合保险费、河道管理费。

5. 税金项目清单。

税金是指国家税法规定的应计入建筑安装工程造价内的营业税、城市维护建设税以及教育费附加等。出现上述未列的项目,应根据税务部门的规定列项。

(二) 工程量清单的计价

工程量清单价格应包括按招标文件规定,完成工程量清单所列项目的全部费用,包括分部分项工程费、措施项目费、其他项目费、规费和税金。

工程量清单计价具有动态性和阶段性(多次性)的特点。不同的计价主体(招标人和投标人)基于立场(视角)和所拥有的工程造价信息不同,对工程造价的认识(认同)差异很大,逐步深化、细化、接近、直至达成一致,最终确定工程造价。

工程量清单的计价活动一般经历招标控制价、投标报价、合同定价和竣工结算价4个阶段。

"招标控制价"又称"拦标价"是招标人根据国家或省级、行业建设主管部门颁发的有关计价依据和办法,按设计施工图纸计算的,对招标工程限定的最高工程造价。招标控制价类似于标底,但又不等同于标底。标底是招标人对拟建工程的期望价格,在开标前是保密的;招标控制价是拟建工程的社会平均市场挂牌价(不应上调或下浮)和招标工程限定的最高工程造价,且应在招标时公布于众。

"投标价"是投标人按照招标文件的要求,根据工程特点,并结合自身的施工技术、装备和管理水平,根据有关计价规定自主确定(除规范强制性规定外)的工程造价,是投标人希望达成工程承包交易的期望价格,它不能高于招标人设定的招标控制价,也不得低于成本,否则将被视为废标。

"合同价"是发、承包双方在施工合同中约定的工程造价。采用招标发包的工程,其合同价应为中标人的投标价。

"竣工结算价"是在承包人完成施工合同约定的全部工程内容,发包人依法组织竣工验收合格后，由发、承包双方按照合同约定的工程造价条款，即合同价、合同价款调整以及索赔和现场签证等事项确定的最终工程造价。

1. 分部分项工程费

分部分项工程费应采用综合单价计价，即按招标人在分部分项工程量清单上所列的工程数量乘以综合单价所得金额之和计算。

"综合单价"是指完成一个规定计量单位的分部分项工程量清单项目或措施项目所需的人工费、材料费、施工机械使用费、管理费和利润，以及一定范围内的风险费用。它是一个不完全的单价（不包括规费和税金）。它应按设计文件，并参照附录 A～F 中规定的"工程内容"和"工程量计算规则"确定，招标文件提供了暂估单价的材料应按暂估单价计入综合单价。

招标人应根据国家（或省级、行业建设主管部门）颁发的计价定额和工程造价管理机构发布的工程造价信息（或参照市场价）确定综合单价。投标人可应根据企业定额（或国家、省级、行业建设主管部门颁发的计价定额）和市场价格信息（或工程造价管理机构发布的工程造价信息）自主确定综合单价。结算时分部分项工程费应根据双方在合同中约定应予计量且实际完成的工程量乘以合同约定（或双方确认调整）的综合单价所得金额之和计算。

2. 措施项目费

措施项目费按措施项目清单的金额总和计算。措施项目清单的金额应根据拟建工程的施工方案或施工组织设计，凡可以计算工程量的措施项目，应按分部分项工程量清单的方式采用综合单价计价；其余可以"项"为单位的方式计价，价格应包括除规费、税金外的全部费用。

招标人应根据措施项目清单工程量（或项）乘以测算确定的综合单价所得金额之和计算。投标人可根据工程实际情况、结合施工组织设计，对招标人所列的措施项目清单进行增补，并自主确定综合单价计算措施项目费。结算时措施项目费应根据合同约定的项目和金额计算；如发生调整的，以发、承包双方确认调整的金额计算。

措施项目清单中的安全文明施工费应按照国家或省级、行业建设主管部门的规定计价，不得作为竞争性费用。

表 11-3-2 和表 11-3-3—表 11-3-5 分别是《上海市建设工程安全防护、文明施工措施费用管理暂行规定》规定的"安全防护、文明施工措施费用范围表"和各专业"安全防护、文明施工措施费率表"。

表 11-3-2 　　　　　　　　　　　安全防护、文明施工措施费用范围表

序号	编码	项目名称	项目内容	备注
1		环 境 保 护		
1.1	沪措 0109010	粉尘控制		
1.2	沪措 0109020	噪音控制		
1.3	沪措 0109030	有毒有害气味控制		
		……		
2		文 明 施 工		
2.1	沪措 0110010	安全警示标志牌		
2.2	沪措 0110020	现场围挡	包括大门	
2.3	沪措 0110030	各类图表		
2.4	沪措 0110040	企业标志		
2.5	沪措 0110050	场容场貌		
2.6	沪措 0110060	材料堆放		

续表

序号	编码	项目名称	项目内容	备注
2.7	沪措 0110070	现场防火		
2.8	沪措 0110080	垃圾清运		
		......		
3		安 全 施 工		
3.1.1	沪措 0112010	楼板、屋面、阳台等临时防护		
3.1.2	沪措 0112020	通道口防护		
3.1.3	沪措 0112030	预留洞口防护		
3.1.4	沪措 0112040	电梯井口防护		
3.1.5	沪措 0112050	楼梯边防护		
3.1.6	沪措 0112060	垂直方向交叉作业防护		
3.1.7	沪措 0112070	高空作业防护		
3.1.8	沪措 0112080	操作平台交叉作业		
3.1.9	沪措 0112090	作业人员必备安全防护用品		
		......		
4		临 时 设 施		
4.1	沪措 0111010	办公用房	办公室、会议室、文体活动室、值班室等	
4.2		生活用房		
4.2.1	沪措 0111020	宿舍		
4.2.2	沪措 0111030	食堂		
4.2.3	沪措 0111040	厕所、浴室、开水房等	密闭式垃圾站、盥洗设施、化粪池等	
		......		
4.3		生产用房		
4.3.1	沪措 0111050	水泥仓库		
4.3.2	沪措 0111060	木工棚、钢筋棚		
4.3.3	沪措 0111070	其他库房	包括分包使用库房	
		......		
4.4		临时用电		
4.4.1	沪措 0111080	配电线路		
4.4.2	沪措 0111090	配电开关箱		
4.4.3	沪措 0111100	接地保护装置		
		......		
4.5		临时给排水		
4.5.1	沪措 0111110	供水管线	管具、表具、阀门	
4.5.2	沪措 0111120	排水管、沟		
4.5.3	沪措 0111130	沉淀池		
		......		
4.6		临时道路		
4.6.1	沪措 0111140	临时道路		
4.6.2	沪措 0111150	硬地坪		
		......		

表 11-3-3　　　　　　　　　**房屋建筑工程安全防护、文明施工措施费率表**

项目类别			费率（%）	备注
工业建筑	厂房	单层	2.8～3.2	
		多层	3.2～3.6	
	仓库	单层	2.0～2.3	
		多层	3.0～3.4	
民用建筑	居住建筑	低层	3.0～3.4	
		多层	3.3～3.8	
		中高层及高层	3.0～3.4	
	公共建筑及综合性建筑		3.3～3.8	
独立设备安装工程			1.0～1.15	

注：1. 居住建筑包括住宅、宿舍、公寓。

2. 安全防护、文明施工措施费，以国家标准《08 清单计价规范》的分部分项工程量清单价合计（综合单价）为基数乘以相应的费率计算费用。作为控制安全防护、文明施工措施的最低总费用。

3. 对深基坑围护、施工排水降水、脚手架、混凝土和钢筋混凝土模板及支架等危险性较大工程的措施项目和对沿街安全防护设施、夜间施工、二次搬运、大型机械设备进出场及拆、已完工程及设备保护、垂直运输机械等措施费用等其他措施项目，依照批准的施工组织设计方案，仍按国家《08 清单计价规范》的有关规定报价。一并计入施工措施费。

表 11-3-4　　　　　　　　**市政基础设施工程安全防护、文明施工措施费率表**

项目类别		费率（%）	备注
道路工程		2.2～2.6	
道路交通管理设施工程		1.8～2.2	
桥涵及护岸工程		2.6～3.0	
排水管道工程		2.4～2.8	
排水构筑物工程	泵站	2.2～2.6	
	污水处理厂	2.2～2.6	
轨道交通工程	地铁车站	2.2～2.6	
	区间隧道	1.2～1.8	
越江隧道工程		1.2～1.8	

注：1. 安全防护、文明施工措施费，以国家标准《08 清单计价规范》的分部分项工程量清单价合计（综合单价）为基数乘以相应的费率计算费用。作为控制安全防护、文明施工措施的最低总费用。

2. 对未列入安全防护、文明施工措施费清单内容的夜间施工、二次搬运、大型机械设备进出场及安拆、脚手架、已完工程及设备保护、垂直运输机械等措施费用，仍按国家《08 清单计价规范》的有关规定报价。

表 11-3-5　　　　　　　　**民防工程安全防护、文明施工措施费率表**

序号	项目类别		费率（%）	备注
1	民防工程	2 000m² 以内	3.49～4.22	
2		5 000m² 以内	2.13～2.58	
3		8 000m² 以内	1.82～2.21	
4		10 000m² 以内	1.63～1.98	
5		15 000m² 以内	1.49～1.81	
6		15 000m² 以上	1.31～1.59	
7	独立装饰装修工程		2.00～2.30	

注：1. 项目类别中的面积是指民防工程建筑面积。

2. 安全防护、文明施工措施费，以国家标准《人防工程工程量清单计价办法》的分部分项工程量清单费用合计（综合单价）为基础乘以相应的费率计算费用。作为控制安全防护、文明施工措施的最低总费用。

3. 对未列入安全防护、文明施工措施费清单内容的夜间施工、二次搬运、大型机械设备进出场及安拆、混凝土、钢筋混凝土模板及支架、脚手架、已完工程及设备保护、施工排水降水、垂直水平运输机械、内部施工照明等措施费用，仍按国家《人防工程工程量清单计价办法》的有关规定报价。

《上海市建设工程安全防护、文明施工措施费用管理暂行规定》还规定："招标文件应根据项目的特点、建设地点以及招标人对文明施工的要求,按本文附件安全防护、文明施工措施费用范围的具体项目,参照《暂定规定》的费率,确定招标项目的最低费率。评标办法应当规定,安全防护、文明施工措施费用报价不应低于招标文件规定的最低费用的90%,否则按废标处理。"

3. 其他项目费

其他项目费应按下列规定计价:

(1)暂列金额:招标人应根据工程特点,就自行采购的材料和设备、自行发包的专业工程、由于工程变更或合同约定调整因素出现所发生的索赔和现场签证等费用,按有关计价规定估算。投标人应按招标人在清单中列出的金额填写。结算时暂列金额应减去工程价款调整与索赔、现场签证金额计算,余额归发包人,其中工程价款调整应按合同约定计算、索赔费用应依据发承包双方确认的索赔事项和金额计算、现场签证费用应依据发承包双方签证资料确认的金额计算。

(2)暂估价:招标人应根据工程造价信息或参照市场价格对暂估价中的材料单价进行估价、应分不同专业,按有关计价规定对暂估价中的专业工程金额进行估算。投标人应按招标人的材料暂估价单价计入综合单价;专业工程暂估价应按招标人列出的金额填写。结算时暂估价中的材料单价应按发、承包双方最终确认价在综合单价中调整;专业工程暂估价应按中标价或发包人、承包人与分包人最终确认价计算。

(3)计日工:招标人应根据工程特点和有关计价依据计算计日工。投标人应按招标人列出的计日工项目和数量,自主确定综合单价并计算计日工费用。结算时计日工按发包人实际签证确定的事项计算。

(4)总承包服务费:招标人应根据招标文件列出的内容和要求估算。投标人应根据招标文件中列出的内容和提出的要求自主报价。结算时应依据合同约定金额计算,如发生调整的,以发承包双方确认调整的金额计算。

4. 规费

规费应按省级、行业建设主管部门的规定计算,不得作为竞争性费用。

5. 税金

税金应按国家税法的规定计算,不得作为竞争性费用。

(三)工程量清单计价工程的合同价款约定

实行招标的工程,合同约定不得违背招、投标文件中关于工期、造价、质量等方面的实质性内容。招标文件与中标人投标文件不一致的地方,以投标文件为准。实行工程量清单计价的工程,宜采用单价合同。发、承包人双方应在合同条款中对下列事项进行约定;合同条款中没有约定或约定不明的,由双方协商确定(可参考下列事项标题下的内容);协商不能达成一致的,按《08清单计价规范》和各省、市现行计价规定执行。

1. 预付工程款的数额、支付时间及抵扣方式

预付工程款的数额为合同金额(扣除暂列金额)的10%~30%,对重大工程项目,按年度工程计划逐年预付。

支付时间为在具备施工条件的前提下,发包人应在双方签订合同后的1个月内或约定的开工日期前7天内。

2. 工程计量与支付工程进度款的方式、数额及时间

工程计量与付款周期可采用分段或按月结算的方式,当采用分段结算方式时,应在合同中约定具体的工程分段划分,付款周期应与计量周期一致。

3. 工程价款的调整因素、方法、程序、支付及时间

招标工程以投标截止日前28天,非招标工程以合同签订前28天为基准日,其后国家的法律、法规、规章和政策发生变化影响工程造价的,应按省级或行业建设主管部门或其授权的工程造价管

理机构发布的规定调整合同价款。

若施工中出现施工图纸(含设计变更)与工程量清单项目特征描述不符的,发、承包双方应按新的项目特征确定相应工程量清单的综合单价。

因分部分项工程量清单漏项或非承包人原因的工程变更,造成增加新的工程量清单项目,其对应的综合单价按下列方法确定:

(1) 合同中已有适用的综合单价,按合同中已有的综合单价确定。

(2) 合同中有类似的综合单价,参照类似的综合单价确定。

(3) 合同中没有适用或类似的综合单价,由承包人提出综合单价,经发包人确定后执行。

因分部分项工程量清单漏项或非承包人原因的工程变更,引起措施项目发生变化,造成施工组织设计或施工方案变更,原措施费中已有的措施项目,按原有措施费的组价方法调整;原措施费中没有的措施项目,由承包人根据措施项目变更情况,提出适当的措施费变更,经发包人确认后调整。

因非承包人原因引起的工程量增减,该项工程量变化在合同约定幅度以内的,应执行原有的综合单价;该项工程量变化在合同约定幅度以外的,其综合单价及措施费应予以调整。

若施工期内市场价格波动超出一定幅度时,应按合同约定调整工程价款;合同没有约定或约定不明确的,应按省级或行业建设主管部门或其授权的工程造价管理机构的规定调整。

因不可抗力事件导致的费用,发、承包双方应按以下原则分别承担并调整工程价款:

(1) 工程本身的损害、因工程损害导致第三方人员伤亡和财产损失以及运至施工现场用于施工的材料和待安装的设备的损害,由发包人承担。

(2) 发包人、承包人人员伤亡由其所在单位负责,并承担相应费用。

(3) 承包人的施工机械设备的损坏及停工损失,由承包人承担。

(4) 停工期间,承包人应发包人要求留在施工现场的必要的管理人员及保卫人员的人工费用,由发包人承担。

(5) 工程所需清理、修复费用,由发包人承担。

工程价款调整报告应由受益方在合同约定时间内向合同的另一方提出,经对方确定后调整合同价款。受益方未在合同约定时间内提出工程价款调整报告的,视为不涉及合同价款的调整。收到工程价款调整报告的一方应在合同约定时间内确定或提出协商意见,否则视为工程价款调整报告已经确认。经发、承包双方确定调整的工程价款,作为追加(减)合同价款与工程进度款同期支付。

4. 索赔与现场签证的程序、金额确认与支付时间

"索赔"是指在合同履行过程中,对于非己方的过错而应由对方承担责任的情况造成的损失,向对方提出补偿的要求。合同一方向另一方提出索赔,应有正当的索赔理由和有效证据,并应符合合同的相关约定。

若承包人认为非承包人原因发生的事件造成了承包人的经济损失,承包人应在确认该事件发生后,按合同约定向发包人发出索赔通知。承包人索赔按下列程序处理:

(1) 承包人在合同约定的时间内向发包人递交费用索赔意向通知书。

(2) 发包人指定专人收集与索赔有关的资料。

(3) 承包人在合同约定的时间内向发包人递交费用索赔申请表。

(4) 发包人指定的专人初步审查费用索赔申请表,凡索赔理由正当和证据有效,且符合合同的相关约定时应予以受理。

(5) 发包人指定的专人进行费用索赔核对,经造价工程师复核索赔金额后,与承包人协商确定并由发包人批准。

(6) 发包人指定的专人应在合同约定的时间内签署费用索赔审批表,或发出要求承包人提交有关索赔的进一步详细资料的通知,待收到承包人提交的详细资料后,按上述(4),(5)款的程序进行。

若承包人的费用索赔与工程延期索赔要求相关联时,发包人在做出费用索赔的批准决定时,应结合工程延期的索赔,综合作出费用索赔与工程延期的决定。

若发包人认为由于承包人的原因造成额外损失,发包人应在确认引起索赔的事件后,按合同约定向承包人发出索赔通知。承包人在收到发包人索赔通知后并在合同约定时间内,未向发包人作出答复,视为该项索赔已经认可。

"现场签证"是指发包人现场代表与承包人现场代表就施工过程中涉及的责任事件所作的签证证明。承包人应发包人要求完成合同以外的零星工作或非承包人责任事件发生时,承包人应按合同约定及时向发包人提出现场签证。

发、承包人双方确定的索赔与现场签证费用与工程进度款同期支付。

5. 发生工程价款争议的解决方法及时间

在工程计价中,对工程造价计价依据、办法以及相关政策规定发生争议事项的,由工程造价管理机构负责解释。

发包人对工程质量有异议,拒绝办理工程竣工结算的,已竣工验收或已竣工未验收但实际投入使用的工程,其质量争议按该工程保修合同执行,竣工结算按合同约定办理;已竣工未验收且未实际投入使用的工程以及停工、停建工程的质量争议,双方应就有争议的部分委托有资质的检测鉴定机构进行检测,根据检测结果确定解决方案,或按工程质量监督机构的处理决定执行后办理竣工结算,无争议部分的竣工结算按合同约定办理。

发、承包双方发生工程造价合同纠纷时,应通过下列办法解决:

(1) 双方协商。

(2) 提请调解,工程造价管理机构负责调解工程造价问题。

(3) 按合同约定向仲裁机构申请仲裁或向人民法院起诉。

在合同纠纷案件处理中,需作工程造价鉴定的,应委托具有相应资质的工程造价咨询人进行。

6. 承担风险的内容、范围以及超出约定内容、范围的调整方法

在合同履行过程中,因非承包人原因引起的工程量增减与招标文件中提供的工程量可能有偏差,该偏差对工程量清单项目的综合单价将产生影响,是否调整综合单价以及如何调整应在合同中约定。若合同未作约定,按下列原则办理:

(1) 当工程量清单项目工程量的变化幅度在10%以内时,其综合单价不做调整,执行原有综合单价。

(2) 当工程量清单项目工程量的变化幅度在10%以外,且其影响分部分项工程费超过0.1%时,其综合单价以及对应的措施费(如有)均应作调整。调整的方法是由承包人对增加的工程量或减少后剩余的工程量提出新的综合单价和措施项目费,经发包人确认后调整。

在合同履行过程中,市场价格发生变化超过一定幅度时,工程价款应该调整。如合同没有约定或约定不明确的,可按下列规定执行:

(1) 人工单价发生变化时,发、承包双方应按省级或行业建设主管部门或其授权的工程造价管理机构发布的人工成本文件调整工程价款。

(2) 材料价格变化超过省级和行业建设主管部门或其授权的工程造价管理机构规定的幅度时应当调整,承包人应在采购材料前将采购数量和新的材料单价报发包人核对,确认用于本合同工程时,发包人应确认采购材料的数量和单价。发包人在收到承包人报送的确认资料后3个工作日不予答复的视为已经认可,作为调整工程价款的依据。如果承包人未报经发包人核对即自行采购材料,再报发包人确认调整工程价款的,如发包人不同意,则不作调整。

上海市城乡建设和交通委员会规定:若施工期内人工、材料、机械市场价格发生波动,应按合同约定调整工程价款。合同没有约定的或约定不明确的,可结合工程实际情况,协商订立补充合同;或以投标价或合同约定的价格月份对应造价管理机构发布的价格为准,与施工期造价管理机构每月发布的价格相比(加权平均法或算术平均法),人工价格的变化幅度原则上大于±3%(含3%下同),钢材价格的变化幅度原则上大于±5%,除人工、钢材以外工程所涉及并在合同中有约定的其他主要材料、机械价格的变化幅度原则上大于±8%,应调整其超过幅度部分(指与工程造价管理机构价格变化幅度的差额)要素价格。调整后的要素价格差额只计税金。

7. 工程竣工价款结算编制与核对、支付及时间

按照交易的一般原则,任何交易结束,都应做到钱、货两清,工程建设也不例外。工程竣工验收合格后,承包人将工程移交给发包人时,发、承包双方应将工程价款结算清楚,即竣工结算办理完毕。合同中应规定发、承包双方在竣工结算核对过程中的权、责,主要体现在以下方面:

(1)竣工结算的核对时间:按发、承包双方约定的时间完成。

《最高人民法院关于审理建设工程施工合同纠纷案件适用法律问题的解释》(法释[2004]14号)第二十条规定:"当事人约定,发包人收到竣工结算文件后,在约定期限内不予答复,视为认可竣工结算文件的,按照约定处理。承包人请求按照竣工结算文件结算工程价款的,应予支持。"根据这一规定,要求发、承包双方不仅应在合同中约定竣工结算的核对时间,并应约定发包人在约定时间内竣工结算不予答复,视为认可承包人递交的竣工结算。

合同中对核对竣工结算时间没有约定或约定不明的,按表11-3-6规定时间进行核对并提出核对意见。

表11-3-6 工程竣工结算核对时间表

序号	工程竣工结算书金额	核 对 时 间
1	500万元以下	从接到竣工结算书之日起20天
2	500万~2000万元	从接到竣工结算书之日起30天
3	2000万~5000万元	从接到竣工结算书之日起45天
4	5000万元以上	从接到竣工结算书之日起60天

建设项目竣工总结算在最后一个单项工程竣工结算核对确认后15天内汇总,送发包人后30天内核对完成。合同约定或上表规定的结算核对时间含发包人委托工程造价咨询人核对的时间。

(2)竣工结算核对完成的标志:发、承包双方签字确认。

发、承包双方签字确认后,禁止发包人又要求承包人与另一个或多个工程造价咨询人重复核对竣工结算。

8. 工程质量保证(保修)金的数额、预扣方式及时间

工程质量保证(保修)金的数额、明确预扣方式及返还时间。

9. 与履行合同、支付价款有关的其他事项等

略。

(四)工程量清单及其计价格式

工程量清单及其计价应采用统一的格式,分工程量清单格式和工程量清单计价(招标控制价、投标报价、竣工结算)格式两种。每种格式又包含封面、总说明、汇总表、分部分项工程量清单表、措施项目清单表、其他项目清单表、规费、税金清单与计价表。此外还有工程款支付申请(核准)表。

1. 封面:封-1至封-4

(1)封-1:工程量清单;

(2)封-2:招标控制价;

（3）封-3：投标总价；

（4）封-4：竣工结算总价。

2. 总说明：表-01

（1）表-01：总说明（用于工程量清单格式）；

（2）表-01：总说明（用于工程量清单计价格式）。

3. 汇总表：表-02 至表-07

（1）表-02：工程项目招标控制价/投标价汇总表；

（2）表-03：单项工程招标控制价/投标价汇总表；

（3）表-04：单位工程招标控制价/投标价汇总表；

（4）表-05：工程项目竣工结算汇总表；

（5）表-06：单项工程竣工结算汇总表；

（6）表-07：单位工程竣工结算汇总表。

4. 分部分项工程量清单表：表-08 至表-09

（1）表-08：分部分项工程量清单与计价表；

（2）表-09：工程量清单综合单价分析表。

5. 措施项目清单表：表-10 至表-11

（1）表-10：措施项目清单与计价表（一）；

（2）表-11：措施项目清单与计价表（二）。

6. 其他项目清单表：表-12、表-12-1 至表-12-8

（1）表-12：其他项目清单与计价汇总表；

（2）表-12-1：暂列金额明细表；

（3）表-12-2：材料暂估单价表；

（4）表-12-3：专业工程暂估表；

（5）表-12-4：计日工表；

（6）表-12-5 总承包服务费计价表；

（7）表-12-6：索赔与现场签证计价汇总表；

（8）表-12-7：费用索赔申请（核准）表；

（9）表-12-8：现场签证表。

7. 规费、税金项目清单与计价表：表-13

8. 工程款支付申请（核准）表：表-14

以上统一格式的表格详见《08 清单计价规范》。

二、建设工程工程量清单计价步骤

建设工程工程量清单计价活动包括招标控制价、投标报价、合同定价和竣工结算价。下面主要介绍工程量清单投标报价。工程量清单投标报价是依据招标文件、工程量清单及其补充通知、答疑纪要和拟定的施工组织设计或施工方案编制的，一般经历以下步骤：

（1）根据分部分项工程量清单表（表-08），编制分部分项工程量清单项目的综合单价（填写表-09）；根据分部分项措施项目清单表（表-11），编制分部分项措施项目的综合单价（填写表-09）；根据计日工清单表（表-12-4），编制计日工的综合单价（填写表-09）。综合单价包含人工费、材料费、施工机械费、管理费和利润（不含规费和税金）。

（2）将分部分项工程量清单项目的工程量乘以相应的综合单价，计算出分部分项工程费（填写表-08）。

（3）根据措施项目清单表，计算措施项目费：凡以"项"为单位列出的措施项目，确定其计费基础和费率,计算措施项目费(一)(填写表-10)。凡按分部分项工程量清单的方式列出的措施项目,将分部分项措施项目的工程量乘以相应的综合单价,计算出措施项目费(二)(填写表-11)。投标人可根据工程实际情况、结合施工组织设计,对招标人所列的措施项目清单进行增补。措施项目清单中的安全文明施工费应按照国家或省级、行业建设主管部门的规定计价,不得作为竞争性费用。

(4) 根据其他项目清单表,计算其他项目费。其他项目费包括暂列金额、暂估价(材料暂估价、专业工程暂估价)、计日工和总承包服务费。

① 暂列金额按招标人给定(填写)的金额计算(填写表-12-1)。

② 投标人应将招标人的材料暂估价(表-12-2)计入工程量清单综合单价的报价中;专业工程暂估价按招标人给定(填写)的金额计算(填写表-12-3)。

③ 将计日工的综合单价填入"表-12-4",计算计日工费(填写表-12-4)。

④ 总承包服务费按招标人给定(填写)的金额计算或按招标人给定(填写)的项目价值和服务内容,投标人自主确定费率计算(填写表-12-5)。

⑤ 将上述费用汇总,计算出其他项目费(填写表-12)。

(5) 按省级、行业建设主管部门的规定计算规费,按国家税法的规定计算税金(填写表-13)。规费和税金不得作为竞争性费用。

(6) 将上述费用(分部分项工程费、措施项目费、其他项目费、规费和税金)按单位工程、单项工程、工程项目逐级汇总(填写表-04、表-03、表-02)。

(7) 编写总说明,其内容是工程概况(建设规模、工程特征、计划工期、合同工期、实际工期、施工现场及变化情况、施工组织设计的特点、自然地理条件、环境保护要求等)和编制依据(填写表-01)。

(8) 制作封面(填写封-3),签名、盖章。

从上述步骤中可以看出,工程量清单计价的关键工作是综合单价编制,即做好单价的分析和测算。

三、建设工程工程量清单综合单价测算

建设工程工程量清单综合单价可根据企业定额或国家的资源消耗量定额(如上海市2000预算定额)和资源价格信息来测算。现以《上海市建筑和装饰工程预算定额(2000)》为例,介绍建设工程工程量清单综合单价的测算方法。

(一)建设工程工程量清单报价步骤

建设工程工程量清单报价的关键是测算综合单价,建设工程工程量清单综合单价的测算类似与利用预算定额来编制概算定额。建设工程工程量清单报价步骤如下:

(1) 根据招标文件和设计图纸计算出拟建工程的定额分部分项工程量(以下简称"定额工程量")。

(2) 根据《上海市建筑和装饰工程预算定额(2000)》和资源价格信息,进一步计算出拟建工程的定额分部分项工程的直接费及其中的人工费、材料费和机械使用费。

(3) 根据《08清单计价规范》,计算出拟建工程的清单分部分项工程量(以下简称"清单工程量")。

(4) 分析"清单工程量"所包含的"定额工程量",并汇总计算出"清单工程量"的直接费及其中的人工费、材料费和机械使用费。

(5) 将汇总所得的"清单工程量"直接费及其中的人工费、材料费和机械使用费除以"清单工程量",即得综合单价中的直接费及其中的人工费、材料费和机械使用费。

(6) 确定管理费率和利润率,计算出相应综合单价中的管理费和利润。

(7) 将上述计算结果(综合单价中的人工费、材料费、机械使用费、管理费和利润填入分部分项工程量清单综合单价分析表(表11-3-8),形成综合单价。

(二)《08 清单计价规范》中的附录与《上海市 2000 定额》的关系

建设工程工程量清单报价步骤中的第 4 步——分析"清单工程量"所包含的"定额工程量"——的实质是分析《08 清单计价规范》中的附录与《上海市 2000 定额》的关系,即"清单项目"与"定额项目"的关系。

《08 清单计价规范》中的附录与《上海市 2000 定额》的关系如同概算定额与预算定额的关系(或上海市 93 综合预算定额与预算定额的关系):一项概算定额(或综合预算定额)项目往往包含了若干项预算定额项目,且工程量计算规则也简化了(参见第二章第三节概算定额和概算指标);同样,一项"清单项目"往往包含了若干项"定额项目",且工程量计算规则也简化了。

《08 清单计价规范》中的附录 A 和附录 B 与《上海市建筑和装饰工程预算定额(2000)》的关系见表 11-3-7。

表 11-3-7　　　　　　　　　**《08 清单计价规范》清单项目与《2000 定额》定额项目的关系**

清单项目			定额项目	
专业码	专业工程名称	备　注	章号	章名称
0101	土(石)方工程	挖土包括排水、挡土板 基础挖土按垫层底面积乘以挖土深度计算	1	土方
0102	桩与地基基础工程	混凝土桩按米或根计算	2	打桩
0103	砌筑工程	砖基础包括垫层、防潮层	3	砌筑
		清水墙包括勾缝	4	砼及钢砼
		砖烟囱包括内衬、填料	10	装饰
0104	混凝土及钢筋混凝土工程	基础包括垫层	4	砼及钢砼
		预制构件包括制作、运输、安装、接头灌缝	5	钢砼及金属结构驳运、吊装
0105	厂库房大门、特种门、木结构工程	包括制作、安装、油漆	6	门窗及木结构
		其他门窗项目在附录 B 内	10	装饰
0106	金属结构工程	金属构件包括制作、运输、安装、油漆	11	金属结构制作及附属工程
			5	钢砼及金属结构驳运、吊装
			10	装饰
0107	屋面及防水工程	瓦屋面包括檩条、基层、防水层、顺水条、挂瓦条	8	屋面及防水
			6	门窗及木结构
		卷材防水包括找平层	7	楼地面
0108	防腐、隔热、保温工程	隔热保温均按 m^2 计算	9	防腐、隔热、保温
0201	楼地面工程	面层包括垫层、找平层、防水层、填充层;不包括踢脚线	7	楼地面
		木地板还包括龙骨、基层和油漆、打蜡	10	装饰
0202	墙、柱面工程	墙面抹灰,门窗洞口的顶面侧壁面积不增加 饰面板墙包括底层抹灰、龙骨、隔离层、基层、面层和油漆	10	装饰
		干挂石材钢骨架包括制作、运输、安装、油漆	11	金属结构制作及附属工程
0203	天棚工程	吊顶按水平投影面积计算 吊顶包括底层抹灰、龙骨、基层、面层和油漆	10	装饰

续表

清 单 项 目			定 额 项 目	
专业码	专业工程名称	备 注	章号	章 名 称
0204	门窗工程	门窗按樘计算 门窗包括制作、安装、五金、玻璃和油漆 窗台板、窗帘盒按 m 计算	6	门窗及木结构
			10	装饰
0205	油漆、涂料、裱糊工程	门窗油漆按樘计算	10	装饰
0206	其他工程	柜类、货架按个计算,包括制作和油漆	10	装饰
措施 项目 清单	混凝土模板及支架		4	砼及钢砼
	脚手架		13	脚手架
	垂直运输机械		12	建筑物超高降效及建筑物(构 筑物)垂直运输

从表 11-3-7 中可见:一项"清单项目"往往包含了若干项"定额项目",如"清单项目"的砖基础包括了"定额项目"的砖基础、垫层和防潮层;"清单项目"的预制混凝土构件包括了"定额项目"的构件制作、运输、安装和接头灌缝;"清单项目"的门窗包括了"定额项目"的门窗制作、安装、五金和油漆;"清单项目"的楼地面面层包括了"定额项目"的楼地面面层及其下面的垫层、找平层、防水层、填充层;"清单项目"的天棚吊顶包括了"定额项目"的天棚吊顶的龙骨、基层、面层和油漆,其工作内容扩大了。

从表 11-3-7 中还可见:"清单项目"的工程量计算规则与"定额项目"的工程量计算规则不完全相同,如基础挖土按垫层底面积乘以挖土深度以(m³)计算,不需考虑工作面、放坡等,其消耗在定额含量中考虑,反映在综合单价中;混凝土桩按(m)或根计算;门窗按樘计算。工程量计算规则大大简化了,也是在报价和测算综合单价时应特别注意的。

（三）建设工程工程量清单综合单价测算表

建设工程工程量清单综合单价测算可在表上作业,综合单价测算表格可设计成如表 11-3-8 所示。

表 11-3-8 　　　　　　　建设工程工程量清单综合单价测算表

清 单 项 目					
项目编码			项目名称		
计量单位			工程数量		
其 中 定 额 项 目					
定额编号	项 目 名 称	单位	数量	单价(元)	合价(元)
	小 计				
清 单 项 目 综 合 单 价					
综 合 单 价	其中	(1)直接费		(2)管理费	(3)利润
(1)+(2)+(3)		小计÷工程数量		(1)×管理费率	(1)×利润率

注 1. (2)管理费=(1)×管理费率,或(2)管理费 =人工费×管理费率。

注 2. (3)利润 =(1)×利润率,或(3)利润 =[(1)+(2)]×利润率,或(3)利润 =人工费×利润率。

例 11-3-1 试根据附录"某办公楼工程"预算书,测算"某办公楼工程"的工程量清单项目"挖基础土方"的综合单价。

解:"某办公楼工程"的工程量清单项目"挖基础土方"所对应的"定额项目"如表 11-3-9 所示。

表 11-3-9 一项"清单项目"对应多项"定额项目"

"清单项目"(工程量)	定额项目(工程量)
挖基础土方(138.33m³)	1-1-4 人工挖地槽(193.12m³)
	临 余土外运(27.85m³)

根据《08 清单计价规范》,计算"某办公楼工程"的工程量清单项目"挖基础土方"的工程量为 138.33m³。将有关数据填入表 11-3-8,形成表 11-3-10。即得清单项目"挖基础土方"的综合单价为 51.76/m³。

表 11-3-10 建设工程工程量清单综合单价测算表

清 单 项 目					
项目编码	010101003001		项目名称		挖基础土方
计量单位	m³		工程数量		138.33
其 中 定 额 项 目					
定额编号	项 目 名 称	单位	数量	单价(元)	合价(元)
1-1-4	人工挖地槽	m³	193.12	30.65	5 919
临	余土外运	m³	27.85	30.00	836
	小 计				6 755
清 单 项 目 综 合 单 价					
综 合 单 价			(1)直接费	(2)管理费	(3)利润
(1)+(2)+(3)	其中		小计÷工程数量	(1)×3%	(1)×3%
51.76			48.83	1.465	1.465

注:原综合费率为 6%,假定其中管理费率 3%,利润率 3%。

第四节 合同定价

一、合同定价的概念

合同定价是工程承发包双方,在各自对发包工程进行估价、报价基础上,对工程的计价方法、计价依据、价格风险承担、计价结果及工程价款结算法等问题,通过协商洽谈后,以合同的形式加以确认。一般情况下,工程发包单位,在工程发包前,根据发包工程准备工作的实际情况(主要是设计深度)和发包工程的自身特点(主要是工程规模和施工难易状况)首先确定合同形式。选定承包商(或确定中标单位)后,双方需拟定合同条款,确定承包合同价款。

(一)建筑安装工程计价与建筑安装工程定价

建筑安装工程计价的实质是对建筑安装工程的价值进行衡量和估计。建筑安装工程计价的行为表现在计算者对具体的单位建筑安装工程所包括的工程内容(图纸)及可预见的施工方法(施工组织设计或施工方案),利用工程计价依据(定额、价格和费用信息),采用一定的方法(实物法、单价法或综合单价法)进行费用计算,计算所得的价格是计算者对建筑安装工程价值的预测(如估算和概算)、预计(如预算和标底)或期望(如投标报价),它是单边行为。同一建筑安装工程,不同的计算者,用各自的计价依据,会得出不同的价格(如业主的标底、各投标者的投标报价);同一建筑安装工程,同一的计算者,在不同的时段,用当时所能获取的计价依据,也会得出不同的价格(如估算、概算、预算)。以上估算、概算、预算、标底和投标报价都是建筑安装工程的计价成果,都是计算者根据计价依据算得的建筑安装工程的价格,这些价格是计算者对建筑安装工程价值的评价。由于计算者采用的计价依据不同,所以得出的价格也就各不相同了。但是这些价格有个共同特征,即"自以为是",都未得到市场或交易对方的认同,是单边行为,只能称之为"估算"、"概算"、"预算"或"估价"、"报价",而不是"定价"。

建筑安装工程计价与建筑安装工程定价是两个完全不同的概念。在计划经济体制下,我国建筑安装工程的价格由国家完全,绝对地控制。国家不仅规定了建筑安装工程的计价方法,还规定了建筑安装工程的计价依据(定额、价格和费用标准),并通过行政手段,赋予其法令性质。建筑安装工程价格的计算方法,计算依据(定额,价格和费用标准)由国家制定,国家解释,并由国家监督和强制建设有关各方在建筑安装工程计价和定价中严格执行。建筑安装工程的定价权完全控制在国家手中,企业根据国家规定方法和依据对建筑安装工程进行计价就是对建筑安装工程的定价。

目前我国建筑安装工程的价格管理发生了重大的变革,国家不再对建筑安装工程的价格进行违背市场经济规律的干预,将建筑安装工程的定价权归还给了市场(建筑安装工程交易双方),因此建筑安装工程计价不再等于建筑安装工程定价了,它们成了建筑安装工程价格实现过程中的前后两个不同的阶段,建筑安装工程计价是建设有关各方对建筑安装工程价值的预测,预计和期望;建筑安装工程定价是建筑安装工程交易双方对建筑安装工程价格的计算方法,计算依据和价格风险的承担进行洽谈,协商,最终以合同的形式加以确认,是对建筑安装工程计价成果的确认和法律保护。

(二)我国(上海)建筑安装工程定价方式(权属)的演变

回顾分析我国(上海)建筑安装工程定价方式(权属)的演变历程,有助于对我国建筑安装工程价格管理改革的深层次的理解。我国(上海)建筑安装工程定价方式(权属)的演变是顺应了我国经济体制改革由计划经济向社会主义市场经济过渡的需要。

1. 建国初期(1949—1953年)

建国初期,我国无统一的定额,统一的价格,统一的费用标准和统一的计价方法。建筑安装工程价格由营造厂(承包商)根据企业积累的资料经验,结合工程实际情况和市场行情进行计价和报价;经业主审核,双方洽谈、协商和认同,最后以合同的形式予以确定。建筑安装工程价格由市场(建筑安装工程交易双方)确定。

2. 20世纪50年代至70年代

20世纪50年代至70年代,有统一的定额、统一的价格、统一的费用标准和统一的计价方法。资源要素消耗量标准(定额)随生产力的发展而变化,由于生产力发展的相对稳定性,通常定额每隔5～10年才修编一次。资源要素价格在计划经济时期,由国家规定。由于当时物价相对稳定,多年保持不变,因此,通常资源要素价格亦仅在定额修编时才作相应调整。由于定额和价格都是法定的,企业无自主权;且在定额施行期内,价格又相对稳定,因此,将计价依据"量价合一",编制成统一的单位估价表,在定额施行期内,作为建筑安装工程计价和定价依据也就顺理成章了。

建筑安装工程的固有特点决定了建筑安装工程的计价依据必须是"量价分离"的。有人可能会问,那么为什么"量价合一"的统一单位估价表可以作为建筑安装工程的计价依据呢?

首先,作为建筑安装工程计价依据的"量价合一"的统一单位估价表,其在编制时是"量价分离"的。只是在计价依据发布和施行时才"量价合一"的;其次,将计价依据"量价合一"是有前提的,即假定(或规定)在定额施行期内"量"不变,"价"也不变。正是基于这一假定(或规定),才将"量价合一"的单位估价表作为建筑安装工程的计价依据。表面上看,统一的单位估价表使得计价依据"量价合一"了,其实质还是"量价分离"的,只是"量价分离"的计价依据,在特定条件下的表现形式罢了。一旦上述假定不复存在(或规定违背经济规律),这一"量价合一"的计价依据的适用性,将会遭到市场质疑。

2. 20 世纪 80 年代

改革开放后,市场经济开始在中国萌动,国家对生产资料价格的管理和控制也有所松动,市场还出现新中国成立以来从未有过的通货膨胀,原有的"量价合一"的计价依据所依赖的基本假定(定额施行期内价格保持不变)受到了市场的冲击,为应对这一被动局面,国家采取一定的补救措施。如上海《85 定额》施行期内,除有统一的"量价合一"的单位估价表和统一的费用标准外,还根据市场价格变动的实际,定期或不定期地发布价格调整系数(主要是材差系数)。价格调整系数的测算过程是"量价分离"的,价格调整系数的测算结果又是"量价合一"了。在此阶段,定价权还在国家手中,建筑安装工程价格基本上还是计价等于定价,只是在建筑安装工程价格结算时,可以对用已不适用的、过时的"量价合一"的统一单位估价表为计价依据,计算所得的不合理的建筑安装工程价格,根据国家规定的价格调整系数进行调整。企业还是没有定价权。直至 20 世纪 80 年代后期,由于国家对生产资料价格管理实行双轨制(分计划价和市场价)。上海又出台了五大材料(水泥、钢材、木材、玻璃和沥青)"高进高出"的政策。其实质是将按市场价格进货的五大材料的定价权下放给了市场(建筑安装工程交易双方)。此举措尽管是迫不得已的,却是建筑安装工程定价权属改革的萌芽。

4. 20 世纪 90 年代

随着社会主义市场经济的进一步发展,国家对建筑安装工程定价方式提出了"控制量,指导价,竞争费"的改革思路。建筑安装工程的计价依据,有统一的定额、指导性的价格和竞争性的费用。资源要素消耗量标准由国家规定,而资源要素价格和费用标准逐步放开由市场定价。如与上海《93 定额》相配套的资源要素价格中,人工和机械价格还是由国家规定,而材料价格基本上由市场建筑安装工程交易双方协商确定,但这协商确定的价格必须在国家发布的指导价上下规定的幅度(如 3％～5％)范围内浮动。尽管只下放了材料价格的有限的定价权,由于材料价格在建筑安装工程价格中约占 70％的比例,因此可以说这一时期建筑安装工程价格管理已经在向社会主义市场经济过渡的道路上又迈出了关键的一大步。

5. 2000 年以来

《上海市建设工程预算定额(2000)》(简称《2000 定额》)的发布与实施,标志着我国(上海)建筑安装工程计价和定价完全走上了社会主义市场经济的轨道。《2000 定额》的指导思想是"统一规则,参照耗量,放开价格,合同定价。"即国家将建筑安装工程的定价权(建筑安装工程计价依据的选用和确认权)完完全全、彻彻底底地归还给了市场(建筑安装工程交易双方)。从此,不再有规定的、统一的定额,也不再有规定的、统一的费用标准。完全由市场自主定价。可以说,《上海市建设工程预算定额(2000)》是我国(上海)建筑安装工程价格管理改革的里程碑。

从表面上看,我国建筑安装工程的定价方式,经历了半个世纪的风风雨雨,似乎又回到了建国初期的建筑安装工程由市场定价的老路上去了,兜了个圈子又回到了原点。其实不然,历史的发展总是螺旋式的前进。建筑安装工程价格管理从建国初期的完全市场定价(国家无所作为),发展到今天的在国家宏观控制下的市场自主定价(国家在其中大有作为)。国家在建筑安装工程计价和定价过程中提供优质的服务和创造良好的环境。编制和发布参考性质的定额;收集、整理、加工和发布一系列的参考性质的价格和费用信息;制定一系列建筑安装工程计价和定价的规则;培育和发展建设工程造价咨询业;建立建筑安装工程交易市场等,为建筑安装工程交易各方创造了一个健康有序的竞争环境。因此,今天在国家宏观控制下的市场自主定价是对建国初期的完全市场定价的否定之否定,此市场定价非彼市场定价,已更上一层楼了。

建筑安装工程价格管理的改革,其主要内容是建筑安装工程定价权属的改革。建筑安装工程的定价权即建筑安装工程计价依据和计价方法的认同权。我国(上海)建筑安装工程定价方式的演变过程,是我国(上海)建筑安装工程的定价权属转移的见证。

从20世纪80年代前的计价依据"量价合一",国家完全控制建筑安装工程的定价权;经历了20世纪90年代的计价依据"量价分离",国家部分放权,归还于市场(市场仅对主要材料价格拥有有限的认同权);直至《2000定额》发布和施行的今天,市场完全拥有对建筑安装工程的定价权(允许市场完全自主地选择和确定建筑安装工程计价依据,包括资源要素消耗标准、资源要素价格和各种费用价格或计算方法)。在建筑安装工程定价权属的演变过程中,20世纪90年代的计价依据"量价分离"的改革,为建筑安装工程定价权属改革迈出了关键性的一步,使国家能顺应改革开放的经济形势,有计划、有步骤、循序渐进地将建筑安装工程的计价依据"费"、"价"、"量"的确定权,一步一步地、平稳地让渡给了市场。

二、合同定价的内容

合同定价,即建筑安装工程定价,是建筑安装工程交易双方,对建筑安装工程的计价成果用合同的形式加以确认,并赋予其法律效力。建筑安装工程计价成果是建筑安装工程交易双方就工程具体情况,市场行情和今后价格风险分担问题,经充分的洽谈和协商后认同和确定的。其内容主要包括计价方法,计价依据和风险承担三部分。

(一)确定(认同)建筑安装工程计价方法

常用的建筑安装工程计价方法有实物法,单价法和综合单价法三种。它们是计算和确定建筑安装工程价格的基础,建筑安装工程计价方法对建筑安装工程计价结果影响不大。一般情况下都是由业主指定计价方法(如在招标文件中规定),而承包商认同,用业主指定的计价方法进行工程计价和报价。建筑安装工程交易双方在计价方法上一般不会有分歧。但是在定价过程中还是有必要以合同的形式加以确定,予以保护。因为建筑安装工程计价方法不仅是工程开工前计价报价的方法,而且也是工程竣工后计价调整,办理竣工结算的方法。所以,用合同形式确认建筑安装工程计价方法,可以避免日后结算时的无事生非。《08清单计价规范》规定:全部使用国有资金或国有资金投资为主的大中型建设工程,必须采用综合单价法(即工程量清单法)。

(二)确定建筑安装工程的计价依据

同一建筑安装工程,用同一种计价方法,可以计得不同的价格,这是由于计价的依据不同。因此建筑安装工程定价的重点应该是确定建筑安装工程的计价依据。

建筑安装工程的计价依据除了建筑安装工程本身的技术文件(图纸,施工组织设计)外,还有建筑安装工程资源要素消耗量标准(定额),资源要素价格以及其他费用(间接费、利润等)标准。它们是影响建筑安装工程价格的主要因素。因此,在建筑安装工程定价时必须将经洽谈商定的计价依据,包括选用的定额、认同的资源要素价格和费用计算方法(计费基础和费率)明白无误地在合同中载明。

执行《08清单计价规范》的合同应附有"措施项目清单计价表"、"其他项目清单计价表"、"零星工作项目计价表"、"分部分项工程量清单综合单价分析表"、"措施项目分析表"和"主要材料价格表"。

(三)明确建筑安装工程价格风险的承担者

建筑安装工程具有价值量大,生产(施工)周期长的特点。在建筑安装工程生产(施工)过程中又难免产生设计变更,发现意外的地质现象和物价波动等情况。这些不确定因素对建筑安装工程的定价又会带来一定的风险,这些风险也必定而且应该在建筑安装工程的价格上有所反映。风险与报酬并存,风险大,价格就高;反之,风险小,价格就低。在建筑安装工程合同定价中应明确上述各种风险的承担者(是业主还是承包商)。

建筑安装工程价格风险的承担是通过确定建筑安装工程合同定价形式来实现的。建筑安装工程合同定价形式规定了建筑安装工程价格风险的承担者,风险的大小也将反映在建筑安装工程价格上。也就是说,若建筑安装工程价格风险由承包商承担,其报价必将较高;反之由业主承担,报价将较低,或趋于正常。

三、合同定价的形式

根据工程项目的特点及其准备工作的实际情况(主要是设计工作的深度),可采用不同的合同定价形式,来分配建筑安装工程的价格风险。建筑安装工程的合同定价的形式一般有:总价合同,单价合同和成本加酬金合同三大类,而每一大类又可细分若干种。

(一)总价合同

总价合同,就是按商定的总价承发包工程。它的特点是标的物明确,设计图纸,技术要求,承包范围和内容一应俱全。承包商根据上述资料计价报价,一旦合同成立,合同总价即为建筑安装工程结算总价。

总价合同根据价格风险的分摊又可细分以下三种形式。

1. 固定总价合同

固定总价合同,意为建筑安装工程交易双方约定的总价是固定的。在合同执行过程中,除非业主要求变更原定的承包内容(如设计变更、质量要求变更或工期要求变更),工程总价固定不变。固定总价合同承包商要承担全部风险。不仅要承担由于地质条件、气候条件或其他客观条件(包括工程量计算错误)引起的实物工程量增加的风险,还要承担由于物价波动引起的通货膨胀的风险。为弥补风险带来的损失,承包商报价往往较高。

固定总价合同适用于标的物明确,且工期较短(一般不超过一年)的项目。

2. 可调价总价合同

可调价总价合同,意为建筑安装工程交易双方约定的总价是相对固定的。即建筑安装工程价格是根据设计图纸和技术要求规定的承包范围和内容以及当时的物价计算和商定的,并在合同中约定,在合同执行过程中,由于通货膨胀,引起成本增加,合同总价应作相应调整。

可调价总合同业主承担了通货膨胀的风险,而承包商承担了其他风险。一般适用于工期较长(如一年以上)的项目。

可调价总价合同,应事先商定价格取值的依据和价格调整的方法,并在合同中载明。

价格取值的依据可以是实际采购价,也可以是指定来源的市场信息价,或需经业主签字认可的价格(一般用于特殊装饰材料)。

价格调整方法应考虑以下两种情况:

(1)价格调整范围。全部资源要素价格(包括人工、材料、机械价格);或全部材料价格;或若干种主要材料(或指定材料)价格。

(2)价格调整界限。按实调整;或规定当价格变动超过某一限度(如±5%)后,方可的按实调整。

3. 可调量总价合同(又称固定工程量总价合同)

可调量总价合同,是根据业主提供的设计图纸和工程量清单,由建筑安装工程交易双方商定单价,从而计算出建筑安装工程总价,据之签订合同。合同中约定,无论是主观原因(由业主引起的)还是客观原因(由地质条件、气候条件及其他客观条件引起的),凡增加或减少工程数量的,最终按实际完成的工程量和商定的单价进行结算。

在可调量总价合同中,承包商只承担通货膨胀的风险。一般适用于工程量变化不大的项目。

对于以上各种总价合同,尤其是可调价总价合同,在合同定价商谈过程中,必须了解总价形成的来龙去脉,了解价格计算的依据(定额、价格及定额单价),以便分析总价的合理性和为工程竣工结算积累依据。

总价合同可以使业主对工程总开支做到大体心中有数,有利于造价控制。对承包商而言,不同形式的总价合同,会给其带来不同形式的价格风险。

(二)单价合同

单价合同,就是按商定的单价承发包工程。它的特点是标的物不明确,施工图不完整或工程某些条件尚不完全清楚,既不能比较精确地计算工程量,又不愿让业主或承包商中任一方承担较大的工程量风险,采用单价合同是较为适宜的。

单价合同承发包双方承担的风险较小,承包商只承担通货膨胀的风险,倘若双方对通货膨胀风险都不愿承担,可签订可调价单价合同。调价方法同可调价总价合同。

在实践中,单价合同又可分为以下两种形式:

1. 分部分项工程单价合同

分部分项工程单价合同,是由业主开列分部分项工程量名称和计量单位(例如,挖土每 m^3、混凝土每 m^3、钢结构每 t 等),由承包商逐项填报单价,也可以由业主先提出单价,由承包商认可或修正后作为正式报价,经双方磋商,确定承包单价,然后签订合同。工程竣工后,按实际完成工程量和合同单价结算工程价款。

分部分项单价合同主要适用于没有施工图、工程量不明确又急于开工的紧急工程。

2. 最终产品单价合同

最终产品单价合同就是按每 m^2 住宅、每 m^2 道路等最终产品单价承发包工程。最终产品单价合同适用于标准住宅、通用厂房、中小学校舍等工程。考虑到因地质条件不同,基础工程的造价差异较大,一般每 m^2 建筑物单价仅指 ± 0.000 标高以上部分。基础工程则按分部分项工程单价合同承包。单价可以固定,也可以商定允许随物价指数变化而调整。具体调整办法应在合同中明确规定。

(三)成本加酬金合同

成本加酬金合同,是按工程实际发生的成本(包括人工费、材料费、机械费和其他直接费,不包括间接费)加上商定的酬金(包括间接费、利润和税金)承发包工程。

成本加酬金合同主要适用于工程内容及其技术要求尚未全面确定,报价的依据尚不充分情况下必须发包的工程。如边设计边施工的紧急工程,遭受台风、地震、战争等灾害破坏后的急需修复的工程。若业主与承包商之间具有高度的信任感,承包商又具有某种独特的技术、特长和经验,也可采用成本加酬金合同。

成本加酬金合同有两个明显的缺点:一是业主对工程总造价心中无底,对总造价的控制更是心余力拙;二是承包商对降低工程成本心不在焉。因此采用成本加酬金合同,其条款必须字斟句酌,必须有利于业主对成本的控制,有利于承包商能从降低成本中获利。成本加酬金合同有以下四种形式:

1. 成本加固定百分率酬金合同

成本加固定百分率酬金合同,是工程成本实报实销,酬金按成本的固定百分率计取。其计算公式如下:

$$C = C_\gamma(1 + P)$$

式中　C——工程总造价;

　　　C_γ——实际发生的工程成本;

　　　P——事先商定的酬金百分率。

从公式中不难看出,业主支付的工程总造价 $C_\gamma(1+P)$ 和承包商获得的酬金 $C_\gamma P$ 随工程成本而水涨船高,显然是在鼓励承包商不计成本,甚至增加成本,对业主不利,因而这种合同形式很少被采用。

2. 成本加固定酬金合同

成本加固定酬金合同是工程成本实报实销，但酬金却是事先商定的一个固定的数额。其计算公式如下：

$$C = C_\gamma + R$$

式中，R 为事先商定的酬金。

酬金通常按估算的工程成本的一定的百分率计算，数额是固定的。成本加固定酬金合同，虽然能抑制承包商为获取酬金而不惜增加成本的卑劣行径，但还是不能鼓励承包商对降低工程成本的关心。

采用上述两种合同计价方式时，为避免承包商为获得更多酬金，或为施工更为便利，而对工程成本不加控制，往往在承包合同中规定一些"补充条款"，以鼓励承包商节约资金、降低成本。

3. 成本、固定酬金加奖罚合同

成本、固定酬金加奖罚合同，是在成本加固定酬金合同基础上，增加一项与工程成本挂钩的奖罚内容。具体做法是首先确定一个目标成本，这个目标成本是根据粗略估算的工程量和适当的单价编制出来的；其次确定酬金，这个酬金是用目标成本的百分率来确定，可用酬金百分率表示，也可用固定酬金表示；然后根据工程实际成本支出情况另外确定一笔奖金或罚金。当实际成本低于目标成本，承包商除获得实际成本补偿和固定酬金外，还能获得一笔与成本降低额有联系的奖金；当实际成本高于目标成本时，则要处以一笔与成本超支额有联系的罚金。其计算公式如下：

$$C = C_\gamma + C_0 P_1 + (C_0 - C_\gamma) P_2$$

式中　C_0——目标成本；

　　　P_1——基本酬金百分率；

　　　P_2——奖罚百分率。

此外，还可以增加工期奖罚。成本、固定酬金加奖罚合同，可以激励承包商降低成本和缩短工期，而且目标成本是随设计的进展而加以调整才确定下来的，承发包双方都不会承担太大的风险，故这种合同形式应用较多。

4. 最高限额成本和最大固定酬金合同

最高限额成本和最大固定酬金合同，在订立过程中，首先承发包双方要确定最高限额成本、报价成本和最低成本。当实际成本没有超过最低成本，承包商除获得实际成本补偿和应得最大酬金外，还能与业主分享成本节约额；当实际成本在最低成本与报价成本之间，承包商能获得实际成本补偿和酬金；当实际成本在报价成本与最高成本之间（超过报价成本），承包商只能得到实际成本的补偿，没有酬金；当实际成本超过最高限额成本，业主只支付最高限额成本，超额部分不予支付。其计算公式如下：

当 $C_H < C_\gamma$ 时，　　　　　　　　　　$C = C_H$

当 $C_Q < C_\gamma \leqslant C_H$ 时，　　　　　　　$C = C_\gamma$

当 $C_L < C_\gamma \leqslant C_Q$ 时，　　　　　　　$C = C_\gamma + R$

当 $C_\gamma \leqslant C_L$ 时，　　　　　　　　　$C = C_\gamma + R + (C_L - C_\gamma) P'$

式中　C_H——最高限额成本；

　　　C_Q——报价成本；

　　　C_L——最低成本；

　　　P'——成本节约额分摊百分比。

最高限额成本和最大固定酬金合同，有利于业主控制工程造价，并能激励承包商最大限度地降低工程成本。这种合同定价承包商要承担较大的成本风险和酬金风险，因此往往酬金较大，故称最大固定酬金。这种合同定价形式，适用于承发包双方都具有比较丰富的经验。只有凭借丰富的经验,才能商定令双方满意的最高成本、最低成本及固定酬金。

四、合同类型的选择

这里仅讨论以计价方式划分的合同类型的选择。一般来说,选择合同类型,发包方占有明显的主动权,但也应考虑承包方的承受能力,应选择承发包双方都能认可的合同类型。选择合同类型,应考虑以下因素:

1. 工程规模与工期

工程规模小、工期短,则风险较小,宜选用总价合同。反之,工程规模大、工期长,则不确定因素较多,风险也较大,若采用总价合同,承包商不乐意,或为避免风险,势必提高要价,这又是业主所不能接受的,所以这类工程不宜采用总价合同。

2. 设计深度

设计详细、工程量明确的,三类合同均可选用;设计深度达到可划分出分部分项工程,但不能准确计算工程量,应优选单价合同。

3. 项目准备时间的长短

工程项目发包和签订合同,承发包双方都需对其付出代价(时间和费用),不同类型的合同需要不同的准备时间和费用。总价合同,需要准备的时间和费用最高;成本加酬金合同,需要准备的时间和费用最低。对于抢险救灾等十分急迫的工程,只能采用成本加酬金合同;反之,可采用单价或总价合同。

4. 项目的施工难度和竞争情况

项目施工难度大,对施工企业技术要求高,风险也较大,选择总价合同的可能性较小;项目施工难度小,且愿意施工的企业多,竞争激烈,发包方拥有较大的主动权,可按总价合同、单价合同、成本加酬金合同顺序选择。

此外,选择合同类型时,还应考虑外部环境因素。若外部环境恶劣,如通货膨胀率高,气候、运输条件差,则施工成本高,风险大,承包单位很难接受总价合同。

复习思考题

1. 简述招标标底的编制方法。
2. 简述投标报价中询价、估价和报价的关系。
3. 简述施工图预算、招标标底、投标报价的区别与联系。
4. 定性分析《08 清单计价规范》清单项目与《2000 定额》定额项目的关系,试述如何利用《2000 定额》来测算工程量清单项目的综合单价。
5. 措施项目清单中哪项费用在竞争报价中不得作为竞争性费用。
6. 建筑安装工程造价的计价与定价有何区别?
7. 建筑安装工程合同定价的形式有哪几种? 试述它们的特点和适用条件。
8. 如何选择合适的合同类型使承发包双方都能接受或满意。
9. 名词解解释:招标标底、投标报价、合同定价、分部分项工程项目、措施项目、其他项目、规费项目、税金项目、暂列金额、材料暂估价、专业工程暂估价、计日工、总承包服务费。

第十二章　施工竣工结算和项目竣工决算

施工竣工结算和项目竣工决算是建设工程在完工后的造价文件。施工竣工结算,是指施工企业在所承包的工程(单位工程或单项工程)按照合同规定的内容全部完工,并经发包单位及有关部门验收点交后,向发包单位进行的最终工程价款结算,它反映发包工程的最终造价和实际造价。项目竣工决算,是指项目业主(建设单位)在整个建设项目或单项工程竣工验收点交后,由其财务及有关部门,以竣工结算等资料为基础,编制的反映竣工项目的建设成果和财务收支情况的文件。

第一节　工程价款结算

工程价款结算,是指承包商完成部分工程后,向业主结算工程价款,用以补偿施工过程中的物资和资金的消耗,保证工程施工顺利进行。

由于建设工程施工周期长,一般情况下,在工程承包合同签订后和开工前业主要预付一笔工程备料款;在工程施工进程中要拨付工程进度款;工程进展到一定阶段,在进度款中应开始抵扣预付备料款,并进行中间结算;工程全部完工后,办理竣工结算。

一、工程备料款

工程备料款,又称工程预付款,是业主按合同规定拨付给承包商的材料周转资金。工程备料款的数额,取决于主要材料(包括构配件)占建筑安装工作量的比重、材料储备期、施工期以及承包方式等因素,可按下列公式计算:

$$工程备料款=\frac{年度建安工作量×主要材料占建安工作量的比重(\%)}{年度施工日历天数}×材料储备天数$$

在实际工作中,工程备料款的额度应根据工程类型、承包方式和工期长短,在保证建筑安装企业能有计划地生产、供应、储备并促进工程顺利进行的前提下,由承发包双方合同确定。一般为当年建安工作量的 25% 左右。包工不包料工程则不需备料款。工程备料款应由承发包双方协商确定,并在合同中写明。

二、工程备料款的扣还

由于备料款是按合同价或当年建安投资额所需要的储备材料计算的,因而工程施工进度达到一定程度时,材料储备随之减少,工程备料款应当陆续地扣还给业主,直至在工程竣工前扣完。确定工程备料款开始抵扣时间,应该以未施工工程所需主要材料及构配件的耗用额刚好同预拨备料款相等为原则。工程备料款的起扣点可按下列公式计算:

$$工程备料款起扣时的工程进度=\left[1-\frac{工程备料款的额度(\%)}{主要材料占建安工作量的比重(\%)}\right]×100\%$$

例 12-1-1　某工程主要材料占建安工作量的比重为 60%,工程备料款额度为 25%,则工程备料款起扣时的工程进度(即起扣点)应为

$$\left(1-\frac{25\%}{60\%}\right)×100\%=58.33\%$$

即:当工程进度达到 58.33% 时,开始扣还工程备料款。因未完工程 41.67% 所需的主要材料接近 25% (41.67%×60%=25%)。

在实际工作中,情况比较复杂,有些工程工期较短,只有几个月,就无需分期扣还了;有些工程工期较长,需跨年度施工,其备料款的占用时间较长,可根据需要少扣或不扣。《上海市建设工程价款结算实施办法》规定:应在累计已收工程价款占工程合同当年工作量价值 50% 的下月起,按当月工程实际完成工作量的 50% 抵扣,抵扣的办法应在工程合同中明确。

三、工程进度款

工程进度款结算的拨付原则是:工程进度款和预付备料款之和应等于工程实际完成价值和应付未完工程备料款之和。即工程进度要与付款相对应。工程进度款计算公式如下:

本期工程进度款＝本期完成的工作量—应扣还的预付工程备料款

工程进度款的结算,根据建筑安装工程的生产和工程特点,通常有以下两种结算方式:

(一) 按月结算

按月结算,就是每月由承包商根据已完工程实际统计报表,编制"工程款结算账单",送交业主签证同意后,办理结算。《上海市建设工程价款结算实施办法》规定:

(1)建筑安装工程价款的拨付,实行月中(每月 16 日)按当月施工计划工作量的 50％拨付,月末按当月实际完成工作量扣除上半月拨付款进行结算,工程竣工后办理竣工清算的办法。

(2)工程竣工前,承包商收取的备料款的总额,一般不得超过工程合同(包括工程合同签订后经业主签证认可的增减工程)价值的 95％,其余 5％尾款在工程竣工结算时一并清算。承包方已向发包方出具履约保函或其他保证的,可以不留尾款。工程价款结账单见表 12-1-1。

表 12-1-1

工 程 价 款 结 算 账 单

年 月 日

建设单位名称: 开户银行: 账号:

序号	单 项 工 程 结 算 项 目 名 称					金额合计
1	按协议造价					
	按合同造价					
	当年度工作量					
	竣工结算造价					
2	上期累计已收备料款(或业主供料款)					
3	已收备料款所占百分比[(2)÷(1)]					
4	上期止累计已收工程款					
5	已收工程款所占百分比[(4)÷(1)]					
6	本月(期)收取备料款(或业主供料款)					
7	本月计划工作量					
8	月中应收工程款[(7)×50％]					
9	本月实际完成工作量					
10	月末应收工程款[(9)−(8)]					
11	本期收取工程款[(8)−(14)±(17)]或[(10)−(14)±(17)]					
12	本期止累计已收工程款[(4)+(11)+(14)]					
13	本期止累计已收备料款[(2)+(6)]或[(2)−(14)]					
	进度达到抵扣已收备料款(或业主供料款),需填列以下有关内容:					
14	本期应抵扣备料款(或业主供料款)(15)或(16)					
15	按 50％方式抵扣[(8)×50％或(10)×50％]					
16	按 67％方式抵扣[(8)×67％或(10)×67％]					
17	其他					
18	备注					

承包单位盖章: 财务负责人盖章:

(二) 分段结算

分段结算,就是按照工程施工的形象进度(或工作量进度),将工程划分为几个阶段,工程进度达到计划规定阶段后,即进行结算,它是一种不定期的结算方法。适用于小型工程和包清工工程。《上海市建设工程价款结算实施办法》中规定:

1. 小型工程

建设项目全部建筑安装工程的建设期在6个月以内(含6个月)和合同预算造价在30万元以下(含30万元)的工程,为小型工程。小型工程款的拨付,可实行分段预支:

(1) 工程开工前,按合同预算造价预支30%;

(2) 工程进度达到或超过50%时,再预支30%;

(3) 其余工程款在工程竣工后一次结清。

2. 包清工(即包工不包料)工程

包清工(即包工不包料)工程应按单项工程包清工造价结算工程价款:

(1) 开工后,预支20%;

(2) 基础完成时,预支30%;

(3) 结构完成时,预支30%;

(4) 竣工后,预支15%;

(5) 其余5%的工程尾款在办理竣工结算时一并清算。

小型工程项目和包清工结算账单见表12-1-2。

表 12-1-2　　　　　　　　　小型工程项目和包清工结算账单

年　　月　　日

建设单位名称:　　　　　　　　　开户银行:　　　　　　　　　账号:

工期6个月以内和造价30万元以内				包　清　工			
序号	内　容	比例(%)	金　额	序号	内　容	比例(%)	金　额
1	合同预算			1	合同价		
2	开工前	30		2	开工后	20	
3	工程进度达到50%	30		3	基础完成	30	
4	竣工后	40		4	结构完成	30	
5				5	竣工后	15	
6				6	竣工结算时	5	
7	本期收款数			7	本期收款数		
8	上期收款数			8	上期收款数		
9	累计收款数[(7)+(8)]			9	累计收款数[(7)+(8)]		

承包单位盖章:　　　　　　　　　　　　　　财务负责人盖章:

第二节　施工竣工结算

一、施工竣工结算的概念

施工竣工结算,是指一个单位或单项建筑安装工程完工,并经业主及有关部门验收点交后,办理的工程价款清算,它是工程的最终造价和实际造价。

施工竣工结算,意味着承发包双方经济关系的最终结束和财务往来结清。结算是根据"工程结算书"和"工程价款结算账单"进行。前者是承包商根据合同条文、合同造价、设计变更增(减)项目、现场经济签证费用和施工期间国家有关政策性费用调整文件编制确定的工程最终造价的经济文件,它表达向业主应收的全部工程价款。后者表示承包单位已向业主收取的工程款。以上二者由承包商在工程竣工验收点交后编制,送业主审查无误、并征得有关部门审查同意后,由承发包单位共同办理竣工结算手续,才能进行工程结算。

竣工结算的主要作用如下:

(1) 竣工决算是确定工程最终造价,是了结业主与承包商的合同关系和经济责任的依据;

(2) 竣工结算为承包商确定工程最终收入,是承包商经济核算和考核工程成本的依据;

(3) 竣工结算反映建筑安装工程工作量和实物量的实际完成情况,是业主编报竣工决算的依据;

(4) 竣工结算反映建筑安装工程实际造价,是编制概算定额、概算指标的基础资料。

二、施工竣工结算书的编制原则

编制工程结算书是一项细致的工作,它既要正确地贯彻执行合同的有关规定,又要实事求是地、客观地反映建筑安装工人所创造的价值。其编制原则如下:

(1) 严格遵守有关规定,以维护业主和承包商的合法权益;

(2) 坚持实事求是的原则。编制竣工结算书的项目,必须是具备结算条件的项目。要对办理竣工结算的工程项目进行全面清点,包括工程数量、质量等,都必须符合设计要求和施工验收规范,未完工程或工程质量不合格的,不能结算。需要返工的,应返修并经验收合格后,才能结算。

三、施工竣工结算书的编制依据

(1) 工程竣工报告、竣工图及竣工验收单;

(2) 工程施工合同或协议书;

(3) 施工图预算或中标的合同标价;

(4) 设计交底及图纸会审记录资料;

(5) 设计变更通知单及现场施工变更记录;

(6) 经业主签证认可的施工技术措施、技术核定单;

(7) 预算外各种施工签证或施工记录;

(8) 各种涉及工程造价变动的资料。

四、施工竣工结算书的内容

施工竣工结算书的编制,随合同定价形式的不同而有差异。

采用固定总价合同的,若没有发生设计、质量要求、工期要求的重大变更,合同价就是结算价,不必(不再)编制结算书了。

采用可调价总价合同或可调量总价合同的,施工竣工结算书是在原合同总价基础上,根据合同条文规定,对允许调整的"价"或"量"按照合同规定的调整方法进行调整,即在原合同价(预算书)的基础上,根据合同规定和施工实际,对已发生变化,且允许调整的"价"或"量",添置增、减项目作为结算书。

采用单价合同的,施工竣工结算则根据实际完成的工程量,用编制预算书的方法,重新编制结算书。

采用成本加酬金合同的,施工竣工结算书是根据实际完成的工程量和约定的成本计算方法,计算出工程实际成本,然后根据约定的酬金计算方法,计算出酬金和总造价,作为结算价。

总之,施工竣工结算,应根据不同的合同定价形式,按照承包合同规定条文进行结算。

施工竣工结算书的内容与施工图预算书相同,其造价组成仍然是直接费、间接费、利润和税金。所不同的只是在原施工图预算的基础上作部分调整。施工竣工结算书没有统一的格式和表格,一般可用预算表格代替,也可根据需要自行设计表格。

编制施工竣工结算书具体内容有以下四方面：

1. 工程量差

工程量的量差，是施工图预算（或中标的合同标价）中的工程数量与实际施工的工程数量不符所发生的量差。这是编制施工竣工结算的主要部分。量差主要是由以下原因造成的：

（1）设计修正和设计漏项。这部分需增、减的工程量，应根据设计修改通知单或图纸会审记录进行调整；

（2）现场施工变更。包括在施工中增加不可预见工程（如基础开挖后遇到古坟或暗浜、阴河等须加固）、施工方法变更（如钢筋混凝土构件预制改现浇）和材料代用等。这部分应根据业主和承包商双方签证的现场记录，根据合同规定进行调整；

（3）施工图预算（或中标的合同标价）错误。这是由于预算编制人员的疏忽造成的工程量差错。这部分应在工程验收点交时，核对实际工程量，根据合同规定予以（或不予以）纠正。

应该指出的是：由于承包商的过错造成工程返工；或没有按图施工，超设计要求多做的工程量是不能作为工程量量差的，该费用应由承包商自己承担。

2. 人工、材料、机械价差

人工、材料、机械价差，是指合同规定的工程开工至竣工期内，因人工、材料、机械价格涨跌变化而发生的价差。

人工、材料、机械价差调整方法有按实调整法和系数调整法。必须根据合同规定的人工、材料、机械价格调整法进行调整。

3. 费用调整

费用价差产生原因以下两个：

（1）因为费用（包括间接费、利润、税金）是以直接费（或人工费）为基础计取的，工程量调整必然会影响到费用的计取，所以费用也应该作相应的调整；

（2）因为在施工期间国家、地方有新的费用政策出台，需要调整（如文明施工费、税金等）。

4. 其他费用

其他费用有点工费、窝工费、土方运费等，应一次结清；承包商在施工现场使用业主的水、电等费用，也应按规定在施工竣工时清算，做到工完账清。

五、施工竣工结算书的编制方法

编制施工竣工结算书有以下两种方法：

（1）以原工程预算书（或中标的合同标书）为基础，将所有原始资料中有关的变动、更改项目进行详细计算，将其结果纳入到原工程造价中进行调整；

（2）根据更改和修正等补充资料重新绘制出竣工图，根据竣工图再编制一个完整的结算书。

在实际工作中，一般使用前一种方法，只有当工程变更较大，修改项目较多时，才采用后一种方法。

第三节　项目竣工决算

一、项目竣工决算的概念

项目竣工决算，是在整个建设项目或单项工程竣工验收点交后，由业主的财务及有关部门，以竣工结算等资料为基础，编制的全面反映竣工项目的建设成果和财务收支情况的文件。

项目竣工决算，是固定资产投资经济效果的全面反映，是核定新增固定资产、流动资产、无形资产和递延资产价值，办理其交付使用的依据。及时办理竣工决算，并依此办理新增固定资产移转账手续，不仅能够正确反映建设项目的实际造价和投资结果，而且对投入生产或使用后的经营管理，也有重要作用。通过竣工决算与设计概算、施工图预算的对比分析，考核建设成本，总结经验教训，积累技术经济资料,促进提高投资效果。

二、项目竣工决算的主要内容

竣工决算由竣工决算报告说明书、竣工决算报表、工程竣工图、工程造价比较分析等四部分组成。前两部分又称项目竣工财务决算,是竣工决算的核心内容和主要组成部分。

(一)竣工决算报告说明书

竣工决算报告说明书主要包括以下内容:

(1)建设项目概况。

(2)对工程建设项目的总的评价:

① 进度。主要说明开工和竣工时间,对照合同工期或计划工期是提前还是延误进行说明。

② 质量。对质量监督部门的验收、评定等级、合格率和优良品率进行说明。

③ 安全。有无设备和人身事故说明。

④ 造价。对照概算造价,是节约还是透支,采用金额和百分率进行说明。

(3)各项技术经济指标的完成情况说明。

(4)建设成本和投资效果分析说明。

(5)建设过程中的主要经验、存在问题及问题处理意见等说明。

(二)竣工决算报表

建设项目竣工决算表分大、中型项目和小型项目两种。

1. 大、中型项目财务决算报表

(1)建设项目竣工财务决算审批表(表12-3-1);

(2)大、中型建设项目概况表(表12-3-2);

(3)大、中型建设项目竣工财务决算表(表12-3-3);

(4)大、中型建设项目交付使用资产总表(表12-3-4);

(5)建设项目交付使用资产明细表(表12-3-5)。

2. 小型建设项目竣工财务决算报表

(1)建设项目竣工财务决算审批表(表12-3-1);

(2)小型建设项目竣工财务决算总表(表12-3-6);

(3)建设项目交付使用资产明细表(表12-3-5)。

表 12-3-1 建设项目竣工财务决算审批表

建设项目法人(建设单位)		建 设 性 质	
建 设 项 目 名 称		主 管 部 门	
开户银行意见:			盖　章 年　月　日
专员办审批意见:			盖　章 年　月　日
主管部门或地方财政部门审批意见:			盖　章 年　月　日

表 12-3-2 **大、中型建设项目概况表**

建设项目 (单项工程) 名 称			建设地址					项 目	概算	实际	主要 指标
主 要 设计单位			主 要 施工企业				基 建 支 出	建筑安装工程			
占地面积	计划	实际	总投资 (万元)	设 计		实 际		设备、工具、器具			
				固定 资产	流动 资金	固定 资产	流动 资金	待摊投资 其中: 建设单位管理费			
新增生产能力	能力(效益)名称		设 计		实 际			其他投资			
								待核销基建支出			
建设起止时间	设计 从 年 月开工至 年 月竣工							非经营项目转出投资			
	实际 从 年 月开工至 年 月竣工							合 计			
设计概算 批准文号							主要 材料 消耗	名称	单位	概算	实际
								钢材	t		
完 成 主 要 工作量	建筑面积(m²)		设备(台、套、t)					木材	m³		
	设 计	实 际	设 计		实 际			水泥	t		
收尾工程	工程内容		投资额单位	完成时间			主要 技术 经济 指标				

表 12-3-3 **大中型建设项目竣工财务决算表**

资 金 来 源	金额	资 金 占 用	金额	补 充 资 料
一、基建拨款		一、基本建设支出		1. 基建投资借款期末 余额
1. 预算拨款		1. 交付使用资产		
2. 基建基金拨款		2. 在建工程		
3. 进口设备转账拨款		3. 待核销基建支出		
4. 器材转账拨款		4. 非经营项目转出投资		
5. 煤代油专用基金拨款		二、应收生产单位投资借款		2. 应收生产单位投资 借款期末余额
6. 自筹资金拨款		三、拨付所属投资借款		
7. 其他拨款		四、器材		
二、项目资本		其中:待处理器材损失		
1. 国家资本		五、货币资金		
2. 法人资本		六、预付及应收款		
3. 个人资本		七、有价证券		
三、项目资本公积		八、固定资产		3. 基建结余资金
四、基建借款		固定资产原值		
五、上级拨入投资借款		减:累计折旧		
六、企业债券资金		固定资产净值		
七、待冲基建支出		固定资产清理		
八、应付款		待处理固定资产损失		
九、未交款				
1. 未交税金				
2. 未交基建收入				
3. 未交基建包干节余				
4.其他未交款				
十、上级拨入资金				
十一、留成收入				
合 计		合 计		

表 12-3-4　　　　　　　　　　　　　**大、中型建设项目交付使用资产总表**

单位工程项目名称	总计	固定资产					流动资产	无形资产	递延资产
		建筑工程	安装工程	设备	其他	合计			
1	2	3	4	5	6	7	8	9	10
…									
…									

交付单位盖章：　　　　　　年　月　日　接收单位盖章：　　　　　　年　月　日

表 12-3-5　　　　　　　　　　　　　**建设项目交付使用资产明细表**

单项工程项目名称	建筑工程			设备、工具、器具、家具						流动资产		无形资产		递延资产	
	结构	面积(m²)	价值(元)	名称	规格型号	单位	数量	价值(元)	设备安装费(元)	名称	价值(元)	名称	价值(元)	名称	价值(元)
…															
…															
…															

表 12-3-6　　　　　　　　　　　　　**小型建设项目竣工财务决算总表**

建设项目名称			建设地址			资金来源			资金运用	
设计概算批准文号						项　目	金额	项　目		金额
						一、基建拨款		一、交付使用资产		
						其中：预算拨款		二、待核销基建支出		
占地面积	计划	实际	总投资(万元)	设计		实际		二、项目资本		三、非经营性项目转出投资
				固定资产	流动资金	固定资产	流动资金			
								三、项目资本公积		
新增生产能力	能力(效益)名称		设计	实　际				四、基建借款		四、应收生产单位投资借款
								五、上级拨入借款		
建设起止时间	设计	从　年　月开工至　年　月竣工						六、企业债券资金		五、拨付所属投资借款
	实际	从　年　月开工至　年　月竣工						七、待冲基建支出		
基建支出	项　目			概算(元)	实际(元)			八、应付款		六、器材
	建筑安装工程							九、未交款		七、货币资金
	设备、工具、器具							其中：		八、预付及应收款
	待摊投资							未交基建收入		九、有价证券
	其中：建设单位管理费							未交包干收入		
	其他投资							十、上级拨入资金		十、原有固定资产
	待核销基建支出							十一、留成收入		
	非经营项目转出投资									
	合　计							合　计		合　计

（三）工程竣工图

工程竣工图真实记录各种地上、地下建筑物和构筑物的状况，是国家重要的技术档案，是进行竣工验收、维护保养及改、扩建的重要依据。

（四）工程造价比较分析

设计概算是建设项目的预期投资或规划造价，是项目投资控制或工程造价控制的目标（最高限额）。竣工决算是建设项目的实际投资或实际造价。在竣工决算报告中有必要对在建设中采取的投资控制、造价控制的措施、效果以及其动态的变化进行认真的分析比较，总结经验与教训。

为考核概算执行情况，正确核实建设工程造价，财务部门首先要搜集资源要素（如人工、材料、机械、设备）价格的动态变化资料及对工程造价有重大影响的设计变更、施工方案变更资料，其次要测算竣工工程的实际工程造价，及其节约或超支的数额和百分率。比较分析的工作思路要清晰，可先考核整个建设项目的总概算，然后考核工程项目综合概算和其他费用概算，最后考核单位工程概算。实际考核工作中主要分析以下内容：

1. 主要实物工程量

主要实物工程量的增减，必然会引起概算造价与实际造价的差异。因此，在对比分析中，应审查项目的建设规模、结构，标准是否符合设计文件的规定。审查变更部分是否按照规定的程序办理，以及变更对造价的影响。影响较大时，应追查变更原因。

2. 主要材料消耗量

按照竣工决算表中所列明的三大材料实际超概算的消耗量，查清是在工程的哪一环节超出量最大，再进一步查明超量原因。

3. 建设单位管理费、土地征用及迁移的补偿费

概算对建设单位管理费和土地征用及迁移补偿费列有控制额，将实际开支与控制额相比较，确定其结余或超支额，并进一步查清原因。

三、竣工决算的编制

（一）竣工决算的编制方法和步骤

（1）根据经审定的竣工结算，对照原概预算，重新核定各单项工程和单位工程的造价；

（2）将经审定的，属于增加固定资产价值的待摊投资，如：建设单位管理费、土地征用及迁移补偿费、勘察设计费、研究试验费、联合试运转费、施工机构迁移费等，分摊于各受益单项工程中，一并记入竣工项目的固定资产价值；

（3）将经审定的其他投资，如办公和生活用具购置费、引进技术和进口设备项目的其他费、生产职工培训费、建设期贷款利息等分别计入流动资产、无形资产和递延资产；

（4）填报竣工财务决算报表，做好工程造价对比分析，清理、装订竣工图、编制竣工财务决算报告说明书。

（二）竣工项目资产核定

根据财务制度规定，竣工项目资产是由各个具体的资产项目构成，按其经济内容可分为：固定资产、流动资产、无形资产、递延资产和其他资产。

1. 固定资产的核定

竣工项目的固定资产，又称新增固定资产或交付使用的固定资产。其内容包括：

（1）已经投入生产或交付使用的建筑安装工程价值；

（2）达到固定资产标准的设备、器具的购置价值；

（3）增加固定资产价值的应分摊的待摊投资。

待摊投资，是指属于整个建设项目或两个以上的单项工程的其他费用。一般情况下，建筑工程、需安装的设备及其安装工程应分摊"待摊投资";运输设备及其他不需安装的设备,不分摊"待摊投资"。

建设单位管理费,按建筑工程、安装工程、需安装设备价值总额,作等比例分摊。

2. 流动资产的核定

流动资产包括现金及各种存款、存货、应收和预付款项等。

(1) 货币性资金,按实际入账价值核定;

(2) 存货,按取得时的成本计价核定;

(3) 应收和预付款,按实际成交金额核定。

3. 无形资产的核定

无形资产包括专利权、商标权、著作权、土地使用权、非专利技术、商誉等。

(1) 作为资本金或合作条件投入的无形资产,按评估确认或合同协议约定的金额计价核定;

(2) 购入的无形资产,按实际支付价款计价核定;

(3) 自制的无形资产,按实际支出计算核定;

(4) 接受捐赠的无形资产,按发票账单的金额或同类无形资产的市价计算核定。

一般情况下,自制的非专利技术,自制的商誉权不作为无形资产入账。土地使用权,若是通过支付土地出让金取得的有限期的土地使用权的,应作为无形资产核定;若是通过行政划拨,无偿取得的,就不能记入无形资产。

无形资产计价入账后,其价值应从受让之日起,在有效使用期内分期摊销,也就是说,企业为无形资产支出的费用,将在无形资产的有效期内得到补偿。

4. 递延资产及其他资产的核定

递延资产包括开办费、租入固定资产的改良支出等;其他资产指特准的储备物资等。

复习思考题

1. 工程备料款一般应如何拨付和扣还?

2. 工程进度款的拨付方式有哪两种?

3. 施工竣工结算的作用是什么?如何编制?

4. 项目竣工决算的作用是什么?有哪些内容组成?

5. 项目竣工决算中如何核定新增固定资产的价值?

6. 项目竣工决算中如何核定新增流动资产的价值?

7. 项目竣工决算中如何核定新增无形资产的价值?

8. 项目竣工决算中如何核定新增递延资产的价值?

9. 项目竣工决算中如何核定新增其他资产的价值?

10. 对土地使用权,如何核定其价值?

11. 名词解释:工程备料款、工程进度款、施工竣工结算、项目竣工决算。

附录

建筑安装工程预算实例

A. 建筑和装饰工程预算书

表 A-1　　　　　　　　　　　费　用　表

工程名称:某办公楼建筑和装饰工程

序号	费用名称	表　达　式	金　额
1	直接费	直接费	453 640
2	其中人工费	人工费	148 442
3	其中材料费	材料费	287 309
4	其中机械费	机械费	17 889
5	综合费用	[1]×6%	27 218
6	施工措施费	施工措施费	15 780
7	其他费用	[1]×0.035%＋([1]＋[5]＋[6])×0.1%	655
8	税金	([1]＋[5]＋[6]＋[7])×3.41%	16 958
9	工程施工费	[1]＋[5]＋[6]＋[7]＋[8]	514 251

表 A-2　　　　　　　　　　　预　算　书

工程名称:某办公楼建筑和装饰工程

序号	定额编号	项　目　名　称	单位	单价	工程量	合价
		土方工程				17 135
1	1-1-4	人工挖地槽埋深1.5m以内	m³	30.65	193.12	5 919
2	1-1-8	人工回填土夯填	m³	15.40	165.27	2 545
3	1-1-10	平整场地	m²	4.91	241.34	1 184
4	1-1-11	手推车运土运距50m以内	m³	18.56	358.39	6 651
5	补	余土外运	m³	30.00	27.85	836
		小　计	元			17 135
		砌筑工程				61 495
6	3-1-1换	砖基础统一砖　水泥砂浆 M10	m³	308.87	24.32	7 512
7	3-2-2换	多孔砖外墙1砖　混合砂浆 M5.0	m³	324.88	89.40	29 044
8	3-3-2换	多孔砖内墙1砖　混合砂浆 M5.0	m³	318.46	73.26	23 330
9	3-3-3换	多孔砖内墙1/2砖平砌　混合砂浆 M5.0	m³	346.68	4.64	1 609
		小　计	元			61 495
		砼及钢砼工程				199 242
10	4-1-1	模板基础垫层	m²	64.79	14.51	940
11	4-1-2	模板钢砼带形基础	m²	84.74	22.51	1 907
12	4-1-18	模板构造柱	m²	140.56	124.37	17 482
13	4-1-19	模板防潮层	m²	106.24	10.20	1 084
14	4-1-24	模板圈梁	m²	108.89	83.71	9 115
15	4-1-25	模板过梁	m²	116.97	38.52	4 506

续表

序号	定额编号	项 目 名 称	单位	单价	工程量	合价
16	4-1-31	模板有梁板	m²	94.62	143.98	13 623
17	4-1-32	模板平板	m²	93.65	271.75	25 451
18	4-1-36	模板整体楼梯	m²	205.65	23.76	4 886
19	4-1-38	模板雨篷	m²	119.57	3.24	387
20	4-1-39	模板有梁阳台	m²	139.11	19.73	2 745
21	4-1-45	模板台阶	m²	29.93	2.70	81
22	4-1-47	模板挑檐天沟	m³	1 654.50	2.33	3 855
23	4-1-50	模板预制过梁	m³	1 853.15	1.51	2 798
24	4-4-1	钢筋带形基础	t	4 398.60	0.80	3 519
25	4-4-5	钢筋构造柱	t	4 523.63	2.90	13 119
26	4-4-8	钢筋防潮层	t	4 409.77	0.16	706
27	4-4-11	钢筋圈梁、过梁	t	4 820.58	1.82	8 773
28	4-4-15	钢筋有梁板	t	4 460.31	1.76	7 850
29	4-4-16	钢筋平板	t	4 676.78	3.65	17 070
30	4-4-18	钢筋整体楼梯	t	4 743.77	0.25	1 186
31	4-4-20	钢筋雨篷	t	5 885.77	0.10	589
32	4-4-21	钢筋阳台	t	5 293.67	0.17	900
33	4-4-26	钢筋挑檐天沟	t	5 829.43	0.25	1 457
34	4-4-29	钢筋预制过梁	t	5 917.40	0.20	1 183
35	4-4-41	预埋铁件	t	8 059.80	0.37	2 982
36	4-7-1 换	基础垫层　现浇现拌砼(5-40)C10	m³	294.53	12.35	3 637
37	4-7-8 换	基础梁　现浇现拌砼(5-40)C20	m³	310.28	1.23	382
38	4-7-22 换	台阶　现浇现拌砼(5-40)C20	m²	61.93	2.70	167
39	4-7-24 换	挑檐天沟　现浇现拌砼(5-40)C20	m³	439.21	2.33	1 023
40	4-8-2 换	带基　现浇泵送砼(5-40)C20	m³	373.13	23.76	8 866
41	4-8-7 换	构造柱　现浇泵送砼(5-40)C20	m³	462.47	18.13	8 385
42	4-8-10 换	过梁　现浇泵送砼(5-40)C20	m³	397.94	2.91	1 158
43	4-8-10 换	圈梁　现浇泵送砼(5-40)C20	m³	397.94	9.68	3 852
44	4-8-13 换	有梁板　现浇泵送砼(5-40)C20	m³	391.28	16.42	6 425
45	4-8-13 换	平板　现浇泵送砼(5-40)C20	m³	391.28	34.39	13 456
46	4-8-14 换	整体楼梯　现浇泵送砼(5-40)C20	m³	411.88	4.75	1 956
47	4-8-15 换	雨篷　现浇泵送砼(5-40)C20	m³	460.51	0.45	207
48	4-8-16 换	阳台　现浇泵送砼(5-40)C20	m³	442.67	1.98	876
49	4-10-16 换	预制过梁　现场预制砼(5-40)C20	m³	408.28	1.51	616
50	4-15-18	钢砼构件接头灌缝过梁　水泥砂浆 M10	m³	27.67	1.51	42
		小　　计	元			199 242
		钢砼及金属构件驳运安装				456
51	5-2-5	砼构件驳运(运距 1km 以内)各类梁 1t 以内	m³	114.74	1.51	173

续表

序号	定额编号	项 目 名 称	单位	单价	工程量	合价
52	5-4-18换	钢砼过梁安装无电焊	m³	187.23	1.51	283
		小 计	元			456
		门窗及木结构				58 755
53	6-1-5	无亮木门框框料 52mm×90mm 制作	m	18.88	106.00	2 001
54	6-1-6换	无亮木门框框料 52mm×90mm 安装	m	13.09	106.00	1 387
55	6-1-15	木门无亮夹板门扇制作	m²	98.68	41.60	4 105
56	6-1-16换	木门无亮夹板门扇安装	m²	7.82	41.60	325
57	6-1-35	浴厕夹板门扇制作	m²	127.75	8.64	1 104
58	6-1-36	浴厕夹板门扇安装	m²	120.95	8.64	1 045
59	6-5-2	塑钢门无亮	m²	562.67	7.56	4 254
60	6-5-3	塑钢窗单层	m²	398.15	89.10	35 475
61	6-9-16	浴厕间壁	m²	134.93	45.36	6 121
62	6-10-1	木门执手锁	把	70.20	28.00	1 966
63	6-10-4	木门窗有无人锁	把	22.47	8.00	180
64	6-10-22	铝合金门执手锁	把	70.20	4.00	281
65	6-10-14	门定位器安装砼砖石面	个	14.65	31.00	454
66	6-11-3	木门五金	樘	2.06	28.00	58
		小 计	元			58 755
		楼地面工程				23 110
67	7-1-8	碎石垫层干铺无砂	m³	127.92	13.91	1 779
68	7-1-11	垫层 现浇泵送砼(5-16)C20	m³	318.19	15.06	4 792
69	7-3-1	压光、压实、抹地面 水泥砂浆 1:2	m²	20.36	420.93	8 572
70	7-3-7	砼散水压光无线 水泥砂浆 1:2	m²	13.94	39.97	557
71	7-3-8	楼梯面 水泥砂浆 1:2	m²	85.13	23.76	2 023
72	7-3-10	砼台阶抹面 水泥砂浆 1:2	m²	39.42	2.70	106
73	7-5-13	楼梯木扶手型钢栏杆	m	138.92	16.82	2 337
74	7-5-14	木扶手木弯头	个	133.84	6.00	803
75	7-5-16	阳台钢管扶手型钢栏杆	m	119.31	17.94	2 140
		小 计	元			23 110
		屋面及防水工程				8 770
76	8-2-7	改性沥青防水卷材(APP)	m²	28.63	160.60	4 598
77	8-2-31	防水砂浆 2cm 厚 水泥砂浆 1:2	m²	15.15	174.81	2 648
78	8-5-4	硬质聚氯乙烯 PVC 矩形水管 100mm×75mm	m	22.31	56.50	1 261
79	8-5-5	硬质聚氯乙烯 PVC 矩形水管 75mm×50mm	m	22.07	4.80	106

序号	定额编号	项　目　名　称	单位	单价	工程量	合价
80	8-5-6	硬质聚氯乙烯 PVC 矩形水斗 4"	个	31.37	5.00	157
		小　计	元			8 770
		防腐及保温、隔热工程				6 452
81	9-2-7	屋面保温　水泥珍珠岩 1:12	m³	293.13	22.01	6 452
		小　计	元			6 452
		装饰工程				60 343
82	10-1-9 换	外墙面　水泥砂浆 1:3	m²	19.68	513.41	10 105
83	10-1-19	窗台　水泥砂浆 1:3	m²	55.63	17.82	991
84	10-1-58	内墙面　混合砂浆 1:1:4	m²	20.21	1 161.60	23 478
85	10-7-13 换	砼天棚　混合砂浆 1:1:4	m²	17.06	464.46	7 925
86	10-10-1	底油一遍刮腻子调和漆两遍浴厕门	m²	23.18	8.64	200
87	10-10-3	底油一遍刮腻子调和漆两遍木扶手（不带托板）	m	4.29	16.82	72
88	10-10-4	底油一遍刮腻子调和漆两遍其他木材面	m²	14.03	86.18	1 209
89	10-10-41	润油粉满刮腻子聚氨脂清漆两遍单层木门	m²	42.33	49.56	2 098
90	10-11-13	外墙苯丙乳胶漆两遍墙面	m²	19.17	513.41	9 844
91	10-11-16	砼天棚　107 白水泥批嵌两遍	m²	9.02	464.46	4 189
92	10-13-2	调和漆两遍其他金属面	t	228.54	0.65	149
93	10-13-22	红丹防锈漆一遍铁栏杆	t	124.00	0.65	81
		小　计	元			60 343
		建筑物超高人工降效及建筑物（构筑物）垂直运输				9 528
94	12-3-1 系	垂直运输机械及相应设备建筑物高度 20m 以内	m²	12.21	514.74	6 287
95	12-6-1 系	基础垂直运输机械钢砼基础	m³	14.37	23.76	341
96	补	井架进出场费	项	2 900.00	1.00	2 900
		小　计	元			9 528
		脚手架工程				8 355
97	13-1-1	钢管双排外脚手架高 12m 以内	m²	14.66	569.94	8 355
		小　计	元			8 355
		直接费合计	元			453 640

表 A-3　　　　　　　　　施　工　措　施　费

工程名称:某办公楼建筑和装饰工程

序号	项　目　名　称	单价	数量	费用
1	安全文明施工措施费	0.035	450 850	15 780
	合计			15 780

工 料 机 表

工程名称:某办公楼建筑和装饰工程

序号	名　称	规格	单位	市场价	数量	合价	百分比	
1	砖瓦工		工日	79.000	178.43	14 095.96	9.50	*
2	混凝土工		工日	70.000	86.84	6 078.95	4.10	*
3	抹灰工		工日	77.000	420.88	32 407.90	21.83	*
4	钢筋工		工日	77.000	98.42	7 578.72	5.11	*
5	架子工		工日	78.000	34.08	2 658.43	1.79	*
6	油漆工		工日	79.000	135.70	10 720.65	7.22	*
7	玻璃工		工日	75.000	0.05	3.43	0.00	*
8	白铁工		工日	77.000	3.07	236.01	0.16	*
9	防水工		工日	73.000	6.29	459.45	0.31	*
10	其他工		工日	70.000	614.99	43 049.46	29.00	*
11	起重工		工日	80.000	1.73	138.18	0.09	*
12	木工(装饰)		工日	90.000	344.25	30 982.60	20.87	
13	油漆工		工日	79.000	0.41	32.29	0.02	*
14	钢筋混凝土过梁(现场)		m³	1 058.940	0.02	23.98	0.01	
15	扁钢		kg	4.338	142.67	618.83	0.22	*
16	圆钢		kg	3.723	190.22	708.08	0.25	*
17	硬木成材		m³	3 494.936	0.19	662.30	0.23	*
18	木模板成材		m³	1 626.436	3.25	5 283.00	1.84	*
19	竹笆		m²	33.000	58.82	1 940.99	0.68	*
20	木屑		kg	0.050	765.10	38.26	0.01	
21	胶合板		m²	14.246	112.18	1 598.12	0.56	*
22	一般小方材≤54cm²		m³	2 026.936	1.33	2 703.18	0.94	*
23	一般中方材 55~100cm²		m³	2 024.636	0.23	460.86	0.16	*
24	一般大方材≥101cm²		m³	2 111.236	0.02	43.04	0.01	*
25	一般木板材		m³	1 626.436	0.06	92.70	0.03	*
26	一般木成材		m³	1 928.350	0.00	1.16	0.00	*
27	水泥 32.5级		kg	0.281	40 889.29	11 509.93	4.01	*
28	白水泥		kg	0.650	1 322.19	859.42	0.30	*
29	黄砂中砂		kg	0.080	164 237.64	13 139.01	4.57	*
30	碎石 5~40		kg	0.058	21 926.57	1 271.08	0.44	*
31	碎石 5~70		kg	0.056	21 574.41	1 207.09	0.42	*
32	生石灰		kg	0.300	0.90	0.27	0.00	*
33	建筑石膏粉		kg	0.340	61.61	20.95	0.01	*
34	石灰膏		kg	0.127	13 855.23	1 756.84	0.61	*
35	多孔砖 240×115×90		块	0.519	56 638.47	29 395.37	10.23	*
36	大白粉		kg	0.200	16.38	3.28	0.00	*
37	统一砖 240×115×53		块	0.320	12 623.73	4 039.59	1.41	*

续表

序号	名 称	规格	单位	市场价	数量	合价	百分比	
38	PVC-U 雨水管 100×75		m	15.300	57.63	881.74	0.31	*
39	PVC-U 雨水管接头 100×75		只	3.130	19.97	62.51	0.02	
40	PVC-U 雨水管管卡 100×75		只	3.800	22.17	84.24	0.03	
41	PVC-U 雨水管 75×50		m	15.300	4.90	74.91	0.03	*
42	PVC-U 雨水管接头 75×50		只	3.130	1.70	5.31	0.00	
43	PVC-U 雨水管管卡 75×50		只	2.780	1.45	4.04	0.00	
44	PVC-U 雨水斗方管 100×75		只	25.590	5.05	129.23	0.04	
45	玻璃		m²	21.710	0.49	10.64	0.00	*
46	膨胀珍珠岩		m³	145.000	29.19	4 231.86	1.47	*
47	APP 改性沥青防水卷材		m²	17.000	202.82	3 447.97	1.20	*
48	电焊条结 422Φ4		kg	5.250	20.32	106.67	0.04	
49	砂纸		张	0.480	125.28	60.13	0.02	*
50	调合漆		kg	10.000	15.95	159.46	0.06	
51	无光调合漆	C03-3	kg	15.000	13.40	201.00	0.07	*
52	红丹防锈漆	F53-36	kg	6.800	3.03	20.63	0.01	*
53	防锈漆		kg	10.700	8.55	91.48	0.03	
54	清油		kg	14.540	2.70	39.22	0.01	
55	107 建筑胶水	801	kg	1.500	336.70	505.05	0.18	*
56	干老粉		kg	1.200	213.42	256.10	0.09	
57	油灰		kg	3.000	0.57	1.72	0.00	*
58	白胶(聚醋酸乙烯乳液)		kg	12.000	6.35	76.18	0.03	*
59	聚氨酯清漆		kg	26.000	20.93	544.29	0.19	
60	虫胶漆片		kg	34.000	0.04	1.43	0.00	
61	熟桐油	Y00-7	kg	25.000	5.70	142.38	0.05	*
62	苯丙清漆		kg	12.600	51.34	646.90	0.23	
63	苯丙乳胶漆		kg	10.650	256.70	2 733.91	0.95	
64	玻璃胶(硅胶) 310mL		支	8.800	58.00	510.36	0.18	*
65	催干剂		kg	22.000	0.75	16.60	0.01	
66	乙醇(酒精)		kg	5.500	0.27	1.47	0.00	*
67	现浇泵送砼 (5-16)C20		m³	285.000	15.21	4 335.02	1.51	*
68	现浇泵送砼 (5-40)C20		m³	346.950	114.17	39 611.00	13.79	*
69	沥青嵌缝防水油膏		kg	5.000	89.05	445.26	0.15	*
70	防水粉	zz	kg	2.500	113.43	283.59	0.10	*
71	油漆溶剂油		kg	6.150	11.44	70.33	0.02	*
72	二甲苯		kg	20.000	2.20	44.01	0.02	
73	骨胶		kg	9.000	0.03	0.26	0.00	*
74	氧气		m³	16.000	20.82	333.11	0.12	*
75	羧甲基纤维素(化学浆糊)		kg	20.240	0.17	3.41	0.00	

续表

序号	名　称	规格	单位	市场价	数量	合价	百分比	
76	防腐油		kg	25.000	12.10	302.49	0.11	
77	乙炔		m³	0.905	8.55	7.74	0.00	＊
78	工具式组合钢模板		kg	5.091	667.36	3 397.52	1.18	＊
79	扣件		只	7.200	168.27	1 211.54	0.42	＊
80	零星卡具		kg	166.665	230.14	38 356.59	13.35	＊
81	钢支撑		kg	4.679	159.67	747.11	0.26	＊
82	钢连杆		kg	4.834	66.01	319.11	0.11	＊
83	柱箍、梁夹具		kg	4.163	39.49	164.39	0.06	＊
84	钢拉杆		kg	4.200	13.08	54.92	0.02	
85	直角扣件		只	7.200	37.56	270.43	0.09	＊
86	对接扣件		只	7.200	16.41	118.18	0.04	＊
87	迴转扣件		只	7.200	2.39	17.23	0.01	＊
88	镀锌机螺钉带垫 8×25		只	0.030	105.52	3.17	0.00	
89	铁丝 8#～10#		kg	5.500	22.85	125.70	0.04	
90	铁丝 18#～22#		kg	5.500	71.75	394.61	0.14	
91	执手锁		把	54.000	32.00	1 728.00	0.60	＊
92	有无人锁		把	16.000	8.00	128.00	0.04	＊
93	门吸		只	9.800	31.00	303.80	0.11	＊
94	无缝钢管		m	20.655	19.02	392.78	0.14	＊
95	射钉		只	0.000	2 319.84	0.28	0.00	＊
96	木螺钉		个	0.010	9.93	0.10	0.00	
97	圆钉		kg	6.100	81.65	498.09	0.17	＊
98	铁插销		个	0.650	28.00	18.20	0.01	
99	木螺钉 19		个	0.010	364.00	3.64	0.00	
100	木螺钉 25		个	0.020	112.00	2.24	0.00	
101	木螺钉 38		个	0.050	448.00	22.40	0.01	
102	铰链 100		个	0.200	56.00	11.20	0.00	＊
103	扣件螺栓		只	0.300	321.10	96.33	0.03	＊
104	钢板底座		个	0.300	1.42	0.43	0.00	＊
105	连接件(门窗专用)		个	2.500	1 159.92	2 899.80	1.01	＊
106	射弹(门窗专用)		个	2.100	2 319.84	4 871.66	1.70	
107	钢管 Φ48		kg	4.200	269.47	1 131.76	0.39	
108	液化气		kg	4.300	37.66	161.94	0.06	＊
109	其他材料费		％			5 069.77	1.76	
110	水		m³	2.700	282.72	763.35	0.27	＊
111	草袋		m²	2.000	139.69	279.39	0.10	＊
112	麻绳		kg	12.000	0.01	0.10	0.00	＊
113	草纸化纸筋用		kg	0.170	1.75	0.30	0.00	

序号	名　称	规格	单位	市场价	数量	合价	百分比	
114	棉纱头		kg	5.000	1.78	8.92	0.00	*
115	白布宽900		m	5.460	4.03	22.01	0.01	*
116	其他铁件		kg	6.007	79.06	474.93	0.17	*
117	钢管脚手上人铁梯		kg	5.200	3.88	20.15	0.01	
118	成型钢筋		t	3966.385	12.18	48312.95	16.82	*
119	预埋铁件		kg	5.584	370.00	2066.08	0.72	
120	各类梁		m³	1058.000	0.01	6.39	0.00	
121	浴厕间壁（木）	刨花板	m²	110.000	45.36	4989.60	1.74	*
122	浴厕夹板门扇（制品）	刨花板	m²	110.000	8.64	950.40	0.33	
123	塑钢窗单层		m²	300.000	85.57	25671.49	8.94	*
124	无亮塑钢门		m²	460.000	7.31	3361.10	1.17	*
125	履带式起重机15t		台班	677.371	0.05	33.14	0.19	*
126	汽车式起重机5t		台班	434.055	2.39	1037.27	5.80	
127	塔式起重机6t		台班	475.877	0.27	128.62	0.72	*
128	载重汽车4t		台班	324.817	5.07	1646.88	9.21	
129	载重汽车8t		台班	457.962	0.10	44.74	0.25	*
130	机动翻斗车1t		台班	144.090	0.61	88.02	0.49	
131	皮带运输机10m		台班	148.227	0.37	54.27	0.30	*
132	电动滚筒式 混凝土搅拌机400L		台班	137.738	0.84	115.93	0.65	*
133	灰浆搅拌机200L		台班	87.946	12.92	1136.33	6.35	*
134	木工圆锯机φ500mm		台班	26.223	2.76	72.32	0.40	*
135	木工平刨床450mm		台班	28.998	1.05	30.59	0.17	
136	木工压刨床双面600mm		台班	57.352	1.02	58.68	0.33	*
137	木工开榫机160mm		台班	72.952	2.32	169.52	0.95	
138	木工打眼机φ50mm		台班	15.967	2.49	39.77	0.22	*
139	木工裁口机多面400mm		台班	44.695	0.34	15.21	0.09	*
140	电动单级离心清水泵φ100		台班	131.279	11.55	1516.09	8.48	*
141	交流电焊机30kVA		台班	150.476	6.87	1034.11	5.78	*
142	蛙式打夯机		台班	94.811	0.75	70.95	0.40	*
143	混凝土震捣器平板式		台班	11.725	1.88	22.05	0.12	*
144	混凝土震捣器插入式		台班	12.783	11.50	146.94	0.82	*
145	电动卷扬机带塔单快1t		台班	88.348	32.23	2847.81	15.92	*
146	其他机械费		%			13.81	0.08	
147	管子切割机		台班	54.501	2.89	157.24	0.88	*
148	塔式起重机2t		台班	261.195	14.06	3673.05	20.53	*
149	临时机械费		元	1.000	3735.50	3735.50	20.88	

B. 安装工程预算书

费 用 表

工程名称：某办公楼安装工程

序号	费用名称	表 达 式	金 额
1	定额直接费	人工费合计＋材料费合计＋机械费合计＋主材费	50 267
2	其中：人工费	人工费合计	8 613
3	材料费	材料费合计	11 567
4	主材费	主材费	29 818
5	机械费	机械费合计	268
6	综合费用	人工费合计×45％	3 876
7	施工措施费	施工措施费	541
8	定额测定费	[1]×0.035％	18
9	工程质量监督费	([1]＋[6]＋[7])×0.1％	55
10	其他费用	[8]＋[9]	72
11	税金	([1]＋[6]＋[7]＋[10])×3.41％	1867
12	工程施工费	[1]＋[6]＋[7]＋[10]＋[11]	56624

表 B-2

预 算 书

工程名称：某办公楼安装工程

序号		定额编号	项 目 名 称	单位	单价	工程量	合价
			电气设备安装工程				23 251
1	安	2-243	总配电箱安装 8 回路以下	台(块)	712.36	1.00	712
	主	UZC0003	总配电箱	台	621.00	1.00	621
2	安	2-243	楼层配电箱安装 8 回路以下	台(块)	241.36	4.00	965
	主	UZC0001	楼层配电箱	台	150.00	4.00	600
3	安	2-1201	暗配硬塑料管敷设公称直径 20mm	100m	1 034.53	4.42	4573
	主	AB04248	硬塑料管 DN20	m	2.25	471.61	1061
4	安	2-1204	暗配硬塑料管敷设公称直径 40mm	100m	1 878.76	0.18	340
	主	AB04251	硬塑料管 DN40	m	7.15	19.43	139
5	安	2-1274	管内穿线动力线路 2.5mm²	100m 单线	295.76	10.39	3 074
	主	AB04207.2	绝缘导线 BV2.5	m	1.98	1081.91	2142
6	安	2-1277	管内穿线动力线路 10mm²	100m 单线	924.01	0.72	669
	主	AB04207.1	绝缘导线 BV10	m	7.72	75.36	582
7	安	2-1437	暗装灯头盒、接线盒安装	10 个	55.98	6.00	336
	主	AB02120.2	接线盒 25	个	1.90	61.20	116
8	安	2-1438	暗装开关盒、插座盒安装	10 个	58.35	9.00	525
	主	AB02120.2	接线盒 25	个	1.90	91.80	174
9	安	2-1447	半圆球吸顶灯灯罩直径 1×13W	10 套	1 595.16	2.40	3828
	主	AB04315.1	半圆吸顶灯 1×13W	套	134.00	24.24	3 248
10	安	2-1448	半圆球吸顶灯灯罩直径 1×26W	10 套	2 023.60	0.10	202

续表

序号		定额编号	项 目 名 称	单位	单价	工程量	合价
	主	AB04316.2	半圆吸顶灯 1×26W	套	175.00	1.01	177
11	安	2-1475	荧光灯具安装吸顶式双管	10 套	1 590.40	3.50	5 566
	主	AB04295.1	吸顶式荧光灯双管 40W	套	133.00	35.35	4 702
12	安	2-1741	暗开关单联	10 套	225.01	3.60	810
	主	AB02107	暗开关面板单联	套	15.00	36.72	551
13	安	2-1742	暗开关双联	10 套	281.18	1.20	337
	主	AB02109	暗开关面板双联	套	20.00	12.24	245
14	安	2-1757	暗装单相插座二位	10 套	312.43	4.20	1 312
	主	AB04334.1	二/三极插座	套	20.00	42.84	857
			小　计	元			23 251
			给排水、采暖、燃气工程				27 345
15	安	8-189	硬聚氯乙烯给水管(粘接连接)公称直径25	10m	187.64	3.12	585
	主	AB06171.1	PVC-U 给水管　粘接 φ25	m	5.03	31.82	160
16	安	8-191	硬聚氯乙烯给水管(粘接连接)公称直径40	10m	262.65	0.56	147
	主	AB06173.1	PVC-U 给水管　粘接 φ40	m	11.29	5.71	64
17	安	8-192	硬聚氯乙烯给水管(粘接连接)公称直径50	10m	339.70	0.64	217
	主	AB06174.1	PVC-U 给水管　粘接 φ50	m	17.56	6.53	115
18	安	8-290	承插塑料排水管(零件粘接)公称直径32	10m	506.35	0.24	122
	主	AB04389.1	PVC-U 排水管 De32	m	6.65	2.32	15
19	安	8-292	承插塑料排水管(零件粘接)公称直径50	10m	598.64	0.60	359
	主	AB04391.1	PVC-U 排水管 De50	m	7.24	5.80	42
20	安	8-293	承插塑料排水管(零件粘接)公称直径75	10m	900.51	2.84	2 557
	主	AB04392.1	PVC-U 排水管 De75	m	12.29	27.35	336
21	安	8-294	承插塑料排水管(零件粘接)公称直径100	10m	1 429.92	4.57	6 535
	主	AB04393.1	PVC-U 排水管 De110	m	22.82	38.94	889
22	安	8-295	承插塑料排水管(零件粘接)公称直径150	10m	1 889.01	0.51	963
	主	AB04394.1	PVC-U 排水管 De160	m	45.26	4.83	219
23	安	8-352	管道支架制作一般管架	t	8 856.39	0.06	531
	主	AB04396	型钢角钢为主	t	4 272.00	0.06	269
24	安	8-355	管道支架安装一般管架	t	4 048.98	0.06	243
25	安	8-422	螺纹阀门公称直径25	个	109.54	8.00	876
	主	AB04500.1	内螺纹铜闸阀 DN25	个	90.00	8.08	727
26	安	8-567	螺纹水表公称直径50	个	389.46	1.00	389
	主	AB04603.1	翼轮湿式水表 DN50	个	250.00	1.00	250
27	安	8-589	洗脸盆安装普通冷水嘴	10组	6 312.86	0.60	3 788
	主	AB01122	鹅颈水嘴 DN15(三联)	个	105.84	6.06	641
	主	AB03874	洗脸盆排水配件(铜)DN32	个	65.00	6.06	394
	主	AB04619	洗面器	个	380.00	6.06	2 303

续表

序号		定额编号	项 目 名 称	单位	单价	工程量	合价
28	安	8-598	洗涤盆安装单嘴	10组	4 226.67	0.40	1 691
	主	AB01121.1	鹅颈水嘴 DN15（单联）	个	48.00	4.04	194
	主	AB04626.1	洗涤盆	个	286.00	4.04	1 155
29	安	8-621	大便器安装（坐式）低水箱坐便	10组	7 457.85	0.80	5 966
	主	AB01408	瓷低水箱	套	220.00	8.08	1 778
	主	AB04637	坐便器	个	420.00	8.08	3 394
30	安	8-626	小便器安装（挂斗式）普通式	10组	4 050.39	0.40	1 620
	主	AB04649	挂式小便器 685mm×388mm×340mm	个	350.00	4.04	1 414
31	安	8-662	地漏安装 公称直径 50mm	10个	493.74	0.70	346
	主	AB04655	地漏 DN50	个	35.00	7.00	245
		8-综合系数	脚手架搭拆费				69
			小 计	元			27 006
			直接费合计	元			50 267

表 B-3　　　　　　　　施 工 措 施 费

工程名称:某办公楼安装工程

序号	项 目 名 称	单 价	数 量	费 用
1	安全防护、文明施工措施费	0.01	54 143.00	541
	合计			541

表 B-4　　　　　　　　工 料 机 表

工程名称:某办公楼安装工程

编码	名 称	规格	单位	单价	数量	合价	百分比	
AA06264	综合工日		工日	79.000	108.81	8 596	100.00	*
AB00088	木螺钉 M2-4×6-65		10个	0.159	29.12	5	0.01	*
AB00178	钢锯条		根	375.000	18.21	6 830	16.52	*
AB00210	铅板厚3		kg	16.500	0.80	13	0.03	*
AB00213	尼龙砂轮片 Φ100×16×3		片	3.170	0.00	0	0.00	*
AB00215	尼龙砂轮片 Φ400		片	7.800	0.09	1	0.00	*
AB00224	铁砂布 0#-2#		张	0.840	7.15	6	0.01	*
AB00328	膨胀螺栓 M6		套	1.646	147.84	243	0.59	*
AB00333	膨胀螺栓 M12		套	2.620	11.28	30	0.07	*
AB00335	膨胀螺栓 M16		套	2.371	19.74	47	0.11	*
AB00336	膨胀螺栓 M18	长度:150	套	4.800	1.53	7	0.02	*
AB00338	尼龙胀管 Φ6-8		个	0.015	35.52	1	0.00	*
AB00357	橡胶板厚 1-3		kg	2.200	0.44	1	0.00	*
AB00650	黑胶布 20×20m		卷	3.600	8.25	30	0.07	*
AB00653	焊接钢管 DN50		m	20.655	2.30	48	0.11	*
AB00686	棉纱头		kg	1.600	5.48	9	0.02	*

续表

编码	名　称	规格	单位	单价	数量	合价	百分比	
AB00703	黄漆布带 20×40m		卷	11.700	4.00	47	0.11	*
AB00730	镀锌钢管 DN15		m	7.478	3.84	29	0.07	*
AB00752	电焊条结 422Φ3.2	J422	kg	4.400	0.40	2	0.00	*
AB00770	聚氯乙烯焊条 Φ2.5		kg	8.710	1.05	9	0.02	
AB00796	焊锡	熔点:140	kg	245.000	1.13	278	0.67	*
AB00797	焊锡膏瓶装 50 克		kg	10.400	0.12	1	0.00	
AB00862	扁钢 50-75		kg	4.200	10.55	44	0.11	*
AB01000	圆木台 11"-14"		块	5.500	25.20	139	0.34	*
AB01001	圆木台 15"-17"		块	7.000	1.05	7	0.02	*
AB01005	冲击钻头 Φ6-8		个	2.800	0.60	2	0.00	
AB01020	电		kW·h	0.768	17.95	14	0.03	*
AB01052	焦炭		kg	0.800	8.27	7	0.02	*
AB01057	木柴		kg	0.100	1.50	0	0.00	*
AB01068	镀锌 U 型螺丝 DN25		个	1.700	34.29	58	0.14	
AB01121.1	鹅颈水嘴 DN15(单联)		个	48.000	4.04	194	0.47	
AB01122	鹅颈水嘴 DN15(三联)		个	105.840	6.06	641	1.55	
AB01134	洗涤盆托架 -40×5		副	25.000	4.04	101	0.24	
AB01135	洗脸盆托架		副	25.000	6.06	152	0.37	
AB01153	木材一级红白松		m³	1 928.350	0.02	35	0.08	
AB01199	调和漆	Y03-1	kg	10.000	0.10	1	0.00	
AB01204	酚醛磁漆各色		kg	7.000	0.05	0	0.00	*
AB01237	金属软管 DN15		个	2.500	12.00	30	0.07	
AB01296	油灰		kg	0.600	5.48	3	0.01	*
AB01408	瓷低水箱		套	220.000	8.08	1778	4.30	
AB01618	普通硅酸盐水泥 32.5 级		kg	0.281	33.60	9	0.02	*
AB01620	普通硅酸盐水泥 32.5 级		kg	0.281	10.26	3	0.01	*
AB01661	黄砂		m³	176.000	0.11	19	0.05	*
AB01685	碳钢电焊条	J422	kg	5.500	2.07	11	0.03	*
AB01694	氧气		m³	2.020	1.15	2	0.01	*
AB01695	乙炔气		kg	50.015	0.38	19	0.05	*
AB01706	汽油 90#		kg	6.150	5.70	35	0.08	*
AB01708	机油		kg	7.500	0.36	3	0.01	
AB01721	铅油	Y02-13;	kg	6.000	0.72	4	0.01	*
AB01764	塑料铜芯线 BV-1.5		m	1.190	88.11	105	0.25	
AB01933	瓷接头（双）		个	0.400	36.05	14	0.03	*
AB02107	暗开关面板单联		套	15.000	36.72	551	1.33	
AB02109	暗开关面板双联		套	20.000	12.24	245	0.59	
AB02120.2	接线盒25		个	1.900	153.00	291	0.70	*

续表

编码	名　称	规格	单位	单价	数量	合价	百分比	
AB02208	丙酮		kg	6.850	0.06	0	0.00	*
AB02297	粘接剂	CX409；	kg	15.690	0.13	2	0.00	*
AB02309	聚氯乙烯热熔密封胶		kg	20.910	8.32	174	0.42	
AB03360	镀锌弯头 DN15		个	1.904	8.08	15	0.04	*
AB03580	排水栓（带链堵）DN50		套	6.580	4.04	27	0.06	
AB03595	镀锌束结 DN15		个	1.349	14.14	19	0.05	*
AB03757	硬聚氯乙烯管接头零件 DN25	品牌：汤臣	个	1.000	37.97	38	0.09	*
AB03759	硬聚氯乙烯管接头零件 DN40	品牌：汤臣	个	2.500	5.19	13	0.03	*
AB03760	硬聚氯乙烯管接头零件 DN50	品牌：汤臣	个	4.100	5.51	23	0.05	*
AB03830	承插塑料排水管接头 DN32		个	12.300	2.16	27	0.06	
AB03832	承插塑料排水管接头 DN50		个	14.200	5.41	77	0.19	
AB03834	承插塑料排水管接头 DN75		个	17.600	30.56	538	1.30	
AB03836	承插塑料排水管接头 DN100		个	23.400	52.01	1217	2.94	
AB03838	承插塑料排水管接头 DN150		个	32.900	3.56	117	0.28	
AB03853	活接头 DN25		个	9.205	8.08	74	0.18	*
AB03866	束结 DN50		个	9.839	4.04	40	0.10	*
AB03874	洗脸盆排水配件(铜)DN32		个	65.000	6.06	394	0.95	
AB04207.1	绝缘导线 BV10		m	7.720	75.36	582	1.41	*
AB04207.2	绝缘导线 BV2.5		m	1.980	1081.91	2142	5.18	*
AB04248	硬塑料管 DN20		m	2.250	471.61	1061	2.57	
AB04251	硬塑料管 DN40		m	7.150	19.43	139	0.34	
AB04295.1	吸顶式荧光灯双管 40W		套	133.000	35.35	4702	11.37	*
AB04315.1	半圆吸顶灯 1×13W		套	134.000	24.24	3248	7.86	*
AB04316.2	半圆吸顶灯 1×26W		套	175.000	1.01	177	0.43	
AB04334.1	二/三极插座		套	20.000	42.84	857	2.07	
AB04389.1	PVC-U 排水管 De32		m	6.650	2.32	15	0.04	
AB04391.1	PVC-U 排水管 De50		m	7.240	5.80	42	0.10	*
AB04392.1	PVC-U 排水管 De75		m	12.290	27.35	336	0.81	*
AB04393.1	PVC-U 排水管 De110		m	22.820	38.94	889	2.15	
AB04394.1	PVC-U 排水管 De160		m	45.260	4.83	219	0.53	
AB04396	型钢角钢为主		t	4272.000	0.06	269	0.65	
AB04500.1	内螺纹铜闸阀 DN25		个	90.000	8.08	727	1.76	*
AB04603.1	翼轮湿式水表 DN50		个	250.000	1.00	250	0.60	
AB04619	洗面器		个	380.000	6.06	2303	5.57	
AB04626.1	洗涤盆		个	286.000	4.04	1155	2.80	*
AB04637	坐便器		个	420.000	8.08	3394	8.21	
AB04649	挂式小便器 685mm×388mm×340mm		个	350.000	4.04	1414	3.42	
AB04655	地漏 DN50		个	35.000	7.00	245	0.59	*

续表

编码	名　　称	规格	单位	单价	数量	合价	百分比	
AB05141	镀锌活接头 DN15		个	5.078	8.08	41	0.10	＊
AB05869	塑料软管 Φ6		m	1.500	40.00	60	0.15	
AB05972	透气帽(铅丝球) DN50		个	1.000	0.16	0	0.00	
AB05987	透气帽(铅丝球) DN75		个	1.500	1.42	2	0.01	
AB06009	透气帽(铅丝球) DN100		个	2.300	2.29	5	0.01	
AB06025	透气帽(铅丝球) DN150		个	5.600	0.15	1	0.00	
AB06167	螺纹闸阀 Z15T-10K DN50		个	100.000	1.01	101	0.24	＊
AB06171.1	PVC-U 给水管　粘接 φ25		m	5.030	31.82	160	0.39	＊
AB06173.1	PVC-U 给水管　粘接 φ40		m	11.290	5.71	64	0.16	＊
AB06174.1	PVC-U 给水管　粘接 φ50		m	17.560	6.53	115	0.28	＊
AB06261	镀锌圆钢 Φ5.5-9		kg	5.200	1.00	5	0.01	
AB06315	角型阀 DN15		个	12.000	12.12	145	0.35	＊
AB06670	钢丝 Φ1.6-2.6		kg	4.100	1.03	4	0.01	
AB06758	镀锌六角带帽螺栓 M6-12×12-50		10 套	2.800	5.47	15	0.04	
AB06780	精制六角带帽螺栓 M12×65-100		10 套	4.370	0.60	3	0.01	＊
AB06827	精制六角带帽螺栓带垫 M10×80-130		10 套	1.720	1.65	3	0.01	
AB06960	钢制垫圈 Φ10-20		10 个	1.400	0.60	1	0.00	
AB07043	镀锌铁丝 14#—16#		kg	4.400	1.15	5	0.01	＊
AB07044	镀锌铁丝 18#—22#		kg	4.600	0.90	4	0.01	＊
UZC0001	楼层配电箱		台	150.000	4.00	600	1.45	
UZC0003	总配电箱		台	621.000	1.00	621	1.50	
X0045	其他材料费		%			266	0.64	
AC03077	立式钻床 Φ25		台班	79.887	0.13	10	3.76	＊
AC03080	立式钻床 Φ50		台班	116.130	0.00	0	0.05	＊
AC03081	台式钻床 Φ16		台班	75.115	0.03	2	0.88	＊
AC03129	砂轮切割机 400		台班	42.480	0.06	3	0.93	＊
AC03180	电焊机(综合)		台班	257.159	0.33	84	31.43	＊
AC03183	交流电焊机 21kV·A		台班	127.627	0.25	32	11.92	＊
AC03203	电动空气压缩机 0.6m³/min		台班	45.000	2.35	106	39.45	＊
AC03220	鼓风机 18m³/min		台班	198.300	0.15	30	11.38	＊
AC03240	电焊条烘干箱 600×500×750		台班	26.537	0.02	1	0.19	＊

C. 建筑和装饰工程工程量计算书

表 C-1

三 线 一 面 计 算 表

工程部位	计 算 式	工程量	单位
一层			
外墙中心线 $L_中$	$=(9.6+14.7)\times2$	48.60	m
外墙外包线 $L_外$	$=(48.6+0.24\times4)$	49.56	m
一砖内墙净长线 $L_{内1}$	$=9.9+(4.5-0.24)\times3+2.4+6.6+(2.1-0.24)+(3.6-0.24)$	36.90	m
半砖内墙净长线 $L'_内$	$=(3.6-0.24)+(2.1-0.12-0.06)$	5.28	m
外围面积 S_1	$=(14.94\times9.84)-(2.7\times1.2)-(5.4\times1.5)-(2.1\times4.5)$	126.22	m²
二～四层			
外墙中心线 $L_中$	同一层	48.60	m
外墙外包线 $L_外$	同一层	49.56	m
一砖内墙净长线 $L_{内2}$	$=L_{内1}+(2.7-0.24)-(3.6-0.24)=36.9+2.7-3.6$	36.00	m
半砖内墙净长线 $L'_内$	同一层	5.28	m
外围面积 S_2	同一层	126.22	m²
阳台面积 $S_{阳台}$	$=2.62\times0.6+(2.7+0.24)\times0.6+2.7\times1.2$	6.576	m²
总建筑面积 S	$=126.22\times4+6.576\times3\div2$	514.74	m²
其他			
楼梯面积 $S_梯$	$=3.22\times(2.7-0.24)$	7.92	m²
底层净面积 $S_{净1}$	$=126.22-(48.6+36.9)\times0.24-5.28\times0.12$	105.07	m²
2～4 层净面积 $S_{净2\sim4}$	$=126.22-(48.6+36)\times0.24-5.28\times0.12-7.92$	97.36	m²
基础			
外墙中心线 $L_{中1200}$	$=14.7\times2$	29.40	m
$L_{中1400}$	$=9.6\times2$	19.20	m
砼基础净长线 $L_{基净1200}$	$=9.9+8.7$	18.60	m
$L_{基净1400}$	$=(4.5-1.2)\times3+(2.4-1.2)+(3.6-1.2)+(2.1-1.2)+(3.6-1.2)$	16.80	m
砼垫层净长线 $L_{垫净1200}$	$=9.9+8.7$	18.60	m
$L_{垫净1400}$	$=(4.5-1.4)\times3+(2.4-1.4)+(3.6-1.4)+(2.1-1.4)+(3.6-1.4)$	15.40	m
屋面			
屋面投影面积	$=126.22+2.7\times1.2$	129.46	m²
挑檐面积	$=49.56\times0.6+4\times0.6\times0.6$	31.17	m²

表 C-2

门 窗 工 程 量 明 细 表

门窗代号	洞口尺寸(mm) 宽	洞口尺寸(mm) 高	樘数	每樘面积 (m²)	合计面积 (m²)	所在部位(m²/樘数) $L_中$	所在部位(m²/樘数) $L_内$	所在部位(m²/樘数) $L'_内$	外墙洞口顶面侧壁长 每樘(m)	外墙洞口顶面侧壁长 合计(m)	备注
M1	1 500	2 100	1	3.15	3.15	3.15/1			5.70	5.70	塑钢门
M4	700	2 100	3	1.47	4.41	4.41/3			4.90	14.70	塑钢门
小计					7.56						
M2	900	2 100	20	1.89	37.8		37.8/20				木门
M3	700	2 100	8	1.47	11.76			11.76/8			木门

门窗代号	洞口尺寸(mm) 宽	洞口尺寸(mm) 高	樘数	每樘面积(m²)	合计面积(m²)	所在部位(m²/樘数) $L_{中}$	所在部位(m²/樘数) $L_{内}$	所在部位(m²/樘数) $L'_{内}$	外墙洞口顶面侧壁长 每樘(m)	外墙洞口顶面侧壁长 合计(m)	备注
小计					49.56						
SC1	1 800	1 500	12	2.7	32.4	32.4/12			6.60	79.20	塑钢窗
SC2	1 200	1 500	20	1.8	36	36.0/20			5.40	108.00	塑钢窗
SC3	900	1 500	4	1.35	5.4	5.4/4			4.80	19.20	塑钢窗
SC4	1 500	1 500	6	2.25	13.5	13.5/3			6.00	36.00	塑钢窗
SC5	1 200	1 500	1	1.8	1.8		1.8/1				塑钢窗
小计					89.1						
合计						94.86	39.60	11.76		262.80	

表 C-3　　　　　　　　预 制 混 凝 土 构 件 计 算 表

构件名称		宽(mm)	高(mm)	长(mm)	根数	每根体积(m³)	合计体积(m³)	所在部位(m³/根数) $L_{中}$	所在部位(m³/根数) $L_{内}$	所在部位(m³/根数) $L'_{内}$
YGL	M1 上	240	120	2 460	1	0.071	0.07	0.07/1		
	M2 上	240	120	1 860	20	0.054	1.08		1.08/20	
	M3 上	120	120	1 660	8	0.024	0.19			0.19/8
	M4 上	240	120	1 660	3	0.048	0.14	0.17/3		
小计							1.51	0.24	1.08	0.19

注:梁长按门洞宽两端各加 480mm 计算。

表 C-4　　　　　　　　　分部分项工程量计算表

序号	定额编号	工程部位	计　算　式	工程量	单位	备注
1	1-1-10	平整场地	$S_{平整}=S_{底}+2L_{外}+16$	241.34	m²	
(1)			$S_{平整}=126.22+2\times49.56+16$	241.34	m²	
2	1-1-4	挖地槽	$V_{挖}=L_{中}S+L_{基净}S$	193.12	m³	
(1)			$C=0.3\text{m},H=1.5+0.1-0.3=1.1\text{m},K=0$			
(2)		S_{1400}	$=(1.4+0.2+0.3\times2)\times1.1$	2.42	m²	
(3)		S_{1200}	$=(1.2+0.2+0.3\times2)\times1.1$	2.20	m²	
(4)		S_{600}	$=(0.6+0.2+0.3\times2)\times(1-0.3+0.1)$	1.12	m²	楼梯
(5)		L_{1400}	$=L_{中1400}+L_{基净1400}=19.2+16.8$	36.00	m	
(6)		L_{1200}	$=L_{中1200}+L_{基净1400}=29.4+18.6$	48.00	m	
(7)		L_{600}	$=(1.35-0.1)-0.7$	0.55	m	
(8)		V_{1400}	$=L_{1400}\times S_{1400}=36\times2.42$	87.12	m³	
(9)		V_{1200}	$=L_{1200}\times S_{1200}=48\times2.2$	105.60	m³	
(10)		V_{600}	$=L_{600}\times S_{600}=0.55\times1.12$	0.62	m³	
(11)		小　计	$=V_{1400}+V_{1200}+V_{600}=87.12+105.6+0.62$	193.34	m³	
3		素砼基础垫层				
(1)	4-1-1	基础垫层模板	$S_{垫层模板}=2(L_{中}+L_{垫净})h-2nBh$	14.51	m²	
(2)		S_{1400}	$=2\times(19.2+15.4)\times0.1$	6.92	m²	

续表

序号	定额编号	工程部位	计　算　式	工程量	单位	备注
(3)		S_{1200}	$=2\times(29.4+18.6)\times0.1$	9.60	m²	
(4)		S_{600}	$=2\times1.13\times0.1$	0.23	m²	楼梯
(5)		$2nBh$	$=2\times7\times(1.4+0.2)\times0.1$	2.24	m²	$n=7$
(6)		小　计	$=6.92+9.6+0.23-2.24$	14.51	m²	
(7)	4-7-1	基础垫层砼	$V_{垫层砼}=L_{中}S+L_{垫净}S=(L_{中}B+L_{垫净}B)h$	12.35	m³	
(8)		V_{1400}	$=(19.2+15.4)\times(1.4+0.2)\times0.1$	5.54	m³	
(9)		V_{1200}	$=(29.4+18.6)\times(1.2+0.2)\times0.1$	6.72	m³	
(10)		V_{600}	$=1.13\times(0.6+0.2)\times0.1$	0.09	m³	楼梯
(11)		小　计	$=5.54+6.72+0.09$	12.35	m³	
4		钢筋混凝土带形基础				
(1)		L_{600}	$=1.35-0.12-0.1$	1.13	m	楼梯
(2)	4-1-2	带基模板	$S_{带基模板}=2L_{中}h+2L_{基净}h-2nBh$	22.51	m²	
(3)		S_{1400}	$=2\times19.2\times0.15+2\times16.8\times0.15$	10.80	m²	
(4)		S_{1200}	$=2\times29.4\times0.15+2\times18.6\times0.15$	14.4	m²	
(5)		S_{600}	$=2\times1.13\times0.15$	0.34	m²	楼梯
(6)		$2nBh$	$=2\times7\times1.4\times0.15$	2.94	m²	$n=7$
(7)		小　计	$=10.80+14.4+0.34-2.94$	22.51	m²	
(8)	4-4-1	带基钢筋		0.80	t	钢筋表
(9)	4-8-2	带基砼	$V_{带基砼}=L_{中}S+L_{基净}S+\sum V_{接头}$	23.76	m³	
(10)		基础断面积	$S=0.5\times(b+B)h_1+Bh_2$		m²	
(11)		S_{1400}	$=(0.36+1.4)\times0.1\times0.5+1.4\times0.15$	0.30	m²	
(12)		S_{1200}	$=(0.36+1.2)\times0.1\times0.5+1.2\times0.15$	0.26	m²	
(13)		S_{600}	$=(0.36+0.6)\times0.1\times0.5+0.6\times0.15$	0.14	m²	楼梯
(14)		V_{1400}	$=(19.2+16.8)\times0.30$	10.80	m³	
(15)		V_{1200}	$=(29.4+18.6)\times0.26$	12.48	m³	
(16)		V_{600}	$=1.13\times0.14$	0.16	m³	序4(1)
(17)		内外墙接头 $V_{接头}$	$V=bh(2a_1+a_2)\div6$		m³	
(18)		$\sum V_{接头}$	$=(1.2-0.36)\times(2\times0.36+1.4)\times0.15$ $\times14\div(2\times6)$	0.32	m³	14只
(19)		小　计	$=V_{1400}+V_{1200}+V_{600}+\sum V_{接头}$ $=10.8+12.48+0.16+0.32$	23.76	m³	
5		构造柱				20根
(1)	4-1-18	构造柱模板	$S_{构造柱模板}=nBH+mbH$	124.37	m²	
(2)		$S_{转角}$	$=2\times0.24\times1+2\times0.06\times1$　$(n=2,m=2)$	0.60	m²	每米面积
(3)		$S_{T形}$	$=1\times0.24\times1+3\times0.06\times1$　$(n=1,m=3)$	0.42	m²	每米面积
(4)		$S_{一形}$	$=2\times0.24\times1+2\times0.06\times1$　$(n=2,m=2)$	0.60	m²	每米面积
(5)		基础$S_{转角}$	$=0.6\times(1.5-0.25)\times10$	7.50	m²	10根
(6)		$S_{T形}$	$=0.42\times(1.5-0.25)\times10$	5.25	m²	10根
(7)		$S_{基础}$	$=S_{转角}+S_{T形}=7.5+5.25$	12.75	m²	
(8)		外墙$S_{转角}$	$=0.60\times(2.8-0.1)\times28$	45.36	m²	28根(2.7m长)

续表

序号	定额编号	工程部位	计　算　式	工程量	单位	备注
(9)		$S_{\text{T形}}$	$=0.42\times(2.8-0.1)\times25$	28.35	m^2	25根(2.7m长)
(10)		$S_{\text{一形}}$	$=0.60\times(2.8-0.1)\times3$	4.86	m^2	3根(2.7m长)
(11)		$S_{\text{外墙}}$	$=S_{\text{转角}}+S_{\text{T形}}+S_{\text{一形}}=45.36+28.35+4.86$	78.57	m^2	
(12)		内墙$S_{\text{转角}}$	$=0.60\times(2.8-0.1)\times9$	14.58	m^2	9根(2.7m长)
(13)		$S_{\text{T形}}$	$=0.42\times(2.8-0.1)\times12$	13.61	m^2	12根(2.7m长)
(14)		$S_{\text{一形}}$	$=0.60\times(2.8-0.1)\times3$	4.86	m^2	3根(2.7m长)
(15)		$S_{\text{内墙}}$	$=S_{\text{基础}}+S_{\text{T形}}+S_{\text{一形}}=14.58+13.61+4.86$	33.05	m^2	
(16)		小　计	$=S_{\text{转角}}+S_{\text{外墙}}+S_{\text{内墙}}=12.75+78.57+33.05$	124.37	m^2	
(17)	4-4-5	构造柱钢筋		2.90	t	钢筋表
(18)	4-8-7	构造柱砼	$V_{\text{构造柱砼}}=B^2H+0.5mBbH$	18.13	m^3	
(19)		$V_{\text{转角}}$	$=0.24^2\times1+0.5\times2\times0.24\times0.06\times1\ (m=2)$	0.072	m^3	每米体积
(20)		$V_{\text{T形}}$	$=0.24^2\times1+0.5\times3\times0.24\times0.06\times1\ (m=3)$	0.079	m^3	每米体积
(21)		$V_{\text{一形}}$	$=0.24^2\times1+0.5\times2\times0.24\times0.06\times1\ (m=2)$	0.072	m^3	每米体积
(22)		基础$V_{\text{转角}}$	$=0.072\times(1.5-0.25)\times10$	0.9	m^3	10根
(23)		$V_{\text{T形}}$	$=0.079\times(1.5-0.25)\times10$	0.99	m^3	10根
(24)		$V_{\text{基础}}$	$=V_{\text{转角}}+V_{\text{T形}}=0.9+0.99$	1.89	m^3	
(25)		其中室外地坪以下	$1.89\times(1.25-0.3)/1.25$	1.44	m^3	按比例
(26)		外墙$V_{\text{转角}}$	$=0.072\times(2.8-0.1)\times28$	5.44	m^3	28根(2.7m长)
(27)		$V_{\text{T形}}$	$=0.079\times(2.8-0.1)\times25$	5.33	m^3	25根(2.7m长)
(28)		$V_{\text{一形}}$	$=0.072\times(2.8-0.1)\times3$	0.58	m^3	3根(2.7m长)
(29)		$V_{\text{外墙}}$	$=V_{\text{转角}}+V_{\text{T形}}+V_{\text{一形}}=5.44+5.33+0.58$	11.35	m^3	
(30)		内墙$V_{\text{转角}}$	$=0.072\times(2.8-0.1)\times9$	1.75	m^3	9根(2.7m长)
(31)		$V_{\text{T形}}$	$=0.079\times(2.8-0.1)\times12$	2.56	m^3	12根(2.7m长)
(32)		$V_{\text{一形}}$	$=0.072\times(2.8-0.1)\times3$	0.58	m^3	3根(2.7m长)
(33)		$V_{\text{内墙}}$	$=V_{\text{转角}}+V_{\text{T形}}+V_{\text{一形}}=1.75+2.56+0.58$	4.89	m^3	
(34)		小　计	$=V_{\text{基础}}+V_{\text{外墙}}+V_{\text{内墙}}=1.89+11.35+4.89$	18.13	m^3	
6		防水地圈梁				
(1)	4-1-19	地圈梁模板	$S=2(L_{\text{中}}+L_{\text{内}}-nB)h$	10.20	m^2	$n=7$
(2)		内外墙	$=2\times(48.6+36.9-7\times0.24)\times0.06$	10.06	m^2	三线一面表
(3)		楼梯处	$=2\times1.13\times0.06$	0.14	m^2	
(4)		小　计	$=10.06+0.14$	10.20	m^2	
(5)	4-4-8	地圈梁钢筋		0.16	t	钢筋表
(6)	4-7-8	地圈梁砼	$V_{QL}=(L_{\text{中}}+L_{\text{内}}-nB)Bh$	1.23	m^3	
(7)		内外墙	$=(48.6+36.9-7\times0.24)\times0.24\times0.06$	1.21	m^3	三线一面表
(8)		楼梯处	$=1.13\times0.24\times0.06$	0.02	m^3	序4(1)
(9)		小　计	$=1.21+0.02$	1.23	m^3	
7	3-1-1	砖基础	$V_{\text{砖基础}}=L_{\text{中}}S+L_{\text{内}}S-V_0$	24.32	m^3	

序号	定额编号	工程部位	计　算　式	工程量	单位	备注
(1)		内外墙	$=48.6×0.24×1.25+(36.9+5.28)$ $×0.24×1.25$	27.23	m³	三线一面表
(2)		楼梯处	$=0.24×0.75×1.13$	0.21	m³	序4(1)
(3)		V_0	$=1.89+1.23$	3.12	m³	序5(24),6(6)
(4)		小　计	$=27.23+0.21-3.12$	24.32	m³	
(5)		其中室外地坪以下	$27.23×(1.25-0.3)/1.25+0.21×(0.75$ $-0.3)/0.75$	20.82	m³	
8		填、运土				
(1)	1-1-8	人工回填土(夯填)	$V=[(V_挖-V_0)+S_{净1}(\Delta h-h_0)]K$	165.27	m³	
(2)		$V_挖$		193.12	m³	序2
(3)		V_0	$=12.35+23.76+1.44+20.82$	58.37	m³	序3(7),4(9) 5(25),7(5)
(4)		$S_{净1}(\Delta h-h_0)$	$=105.07×(0.3-0.22)$	8.41	m³	三线一面表
(5)		$S_{平台}(\Delta h-h_0)$	$=(2.7+0.6)×(1.2+0.9)×(0.28-0.2)$	0.55	m³	室外平台
(6)		小　计	$=(193.12-58.37+8.41+0.55)×1.15$	165.27	m³	
(7)	1-1-11	手推车运土	$V_运=V_挖+V_填$	358.39	m³	
(8)		$V_运$	$=193.12+165.27$	358.39	m³	序2,8(1)
(9)	临	余土外运	$V_{外运}=V_挖-V_填$	27.85	m³	
(10)		$V_{外运}$	$=193.12-165.27$	27.85	m³	序2,8(1)
9		预制混凝土过梁				
(1)	4-1-50	预制过梁模板	$V=Lbh$	1.51	m³	构件表
(2)	4-10-16	预制过梁砼	$V=Lbh$	1.51	m³	构件表
(3)	5-2-5	预制过梁驳运	$V=Lbh$	1.51	m³	构件表
(4)	5-4-18	预制过梁安装	$V=Lbh$	1.51	m³	构件表
(5)	4-15-18	预制过梁接头灌缝	$V=Lbh$	1.51	m³	构件表
(6)	4-4-29	预制过梁钢筋		0.20	t	钢筋表
10		现浇混凝土过梁				
(1)	4-1-25	现浇过梁模板	$S=Bb+2(B+0.5)h$	38.52	m²	
(2)		SC1上	$=[1.8×0.24+2×(1.8+0.5)×0.15]×12$	13.46	m²	外墙上
(3)		SC2上	$=[1.2×0.24+2×(1.2+0.5)×0.15]×20$	15.96	m²	外墙上
(4)		SC3上	$=[0.9×0.24+2×(0.9+0.5)×0.15]×4$	2.54	m²	外墙上
(5)		SC4上	$=[1.5×0.24+2×(1.5+0.5)×0.15]×6$	5.76	m²	外墙上
(6)		SC5上	$=[1.2×0.24+2×(1.2+0.5)×0.15]×1$	0.80	m²	内墙上
(7)		小　计	$=13.46+15.96+2.54+5.76+0.80$	38.52	m²	
(8)			注:过梁长按门洞宽两端共加500mm计算			
(9)		其中过梁长度				
(10)		外墙上 L_{GL1}	$=(1.8+0.5)×12+(1.2+0.5)×20+(0.9+0.5)$ $×4+(1.5+0.5)×6$	79.20	m	
(11)		内墙上 L_{GL1}	$=(1.2+0.5)×1$	1.70	m	

序号	定额编号	工程部位	计　算　式	工程量	单位	备注
(12)	4-8-10	现浇过梁砼	$V=Lbh$	2.91	m³	
(13)		外墙上(L_{GL1})	$=79.2\times0.24\times0.15$	2.85	m³	序10(10)
(14)		内墙上(L_{GL1})	$=1.7\times0.24\times0.15$	0.06	m³	序10(11)
(15)		小　计	$=2.85+0.06$	2.91	m³	
(16)	4-4-11	现浇过梁钢筋	与现浇圈梁钢筋一起计算			
11		现浇混凝土圈梁				
(1)	4-1-24	现浇圈梁模板	$S=2(L_{中}+L_{内}-L_{GL}-nB)h$	83.71	m²	
(2)		外墙$L_{中}$	$=48.6\times4$	194.40	m	4道圈梁
(3)		L_{GL}		79.20	m	序12(10)
(4)		nB	$=14\times0.24+1\times0.12$	3.48	m	构造柱14根
(5)		S_1	$=2\times(194.4-79.2-3.48)\times0.15$	33.52	m²	
(6)		S_2	$=2\times(1.15+0.25)\times0.25\times2$	1.40	m²	楼梯窗处
(7)		$S_{外墙}$	$=33.52+1.4$	34.92	m²	
(8)		240内墙$L_{内}$	$=36.9+36\times3$	144.90	m	4道圈梁
(9)		L_{GL}		1.70	m	序10(11)
(10)		nB	$=6\times0.24+1\times0.12$	1.56	m	构造柱6根
(11)		$S_{240内墙}$	$=2\times(144.9-1.7-1.56)\times0.15$	42.49	m²	
(12)		120内墙$L_{内}$	$=5.28\times4$	21.12	m	三线一面表
(13)		nB	$=1\times0.12$	0.12	m	$n=1$
(14)		$S_{120内墙}$	$=2\times(21.12-0.12)\times0.15$	6.30	m²	
(15)		小　计	$=S_{外墙}+S_{240内墙}+S_{120内墙}=34.92+42.49+6.3$	83.71	m²	
(16)	4-4-11	现浇圈过梁钢筋	与现浇过梁钢筋一起计算	1.82	t	钢筋表
(17)	4-8-10	现浇圈梁砼	$V_{QL}=(L_{中}+L_{内}-L_{GL}-nB)Bh$	9.68	m³	
(18)		外墙nB	$=14\times0.24$	3.36	m	构造柱14根
(19)		V_1	$=(194.4-79.2-3.36)\times0.24\times0.15$	4.03	m³	
(20)		V_2	$=(1.15+0.25)\times2\times0.24\times0.25$	0.17	m³	楼梯窗处
(21)		$V_{外墙}$	$=4.03+0.17$	4.2	m³	
(22)		240内墙nB	$=6\times0.24$	1.44	m	构造柱6根
(23)		$V_{240内墙}$	$=(144.9-1.7-1.44)\times0.24\times0.15$	5.10	m³	
(24)		120内墙nB		0.00	m	
(25)		$V_{120内墙}$	$=(21.12-0)\times0.12\times0.15$	0.38	m³	
(26)		小　计	$=V_{外墙}+V_{240内墙}+V_{120内墙}=4.2+5.10+0.38$	9.68	m³	
12		现浇钢筋混凝土有梁板				
(1)	4-1-31	现浇有梁板模板	$S_{有梁板}=S_{底}+S_{侧}$	143.98	m²	
(2)		二层板底$S_{底1}$	$=(0.3+2.1+1.5+1.16-0.12)\times(2.7-0.24)$	12.15	m²	①-②,Ⓑ-Ⓔ外
(3)		$S_{底2}$	$=(3.3+3.3)\times(1.5-0.24)$	8.32	m²	②-④,Ⓓ-Ⓔ
(4)		$S_{有梁板2}$	$=S_{底1}+S_{底2}=12.15+8.32$	20.47	m²	
(5)		$S_{侧1}$	$=2\times(2.7-0.24)\times0.15\times2$	1.48	m²	2根$L3$

续表

序号	定额编号	工程部位	计 算 式	工程量	单位	备注
(6)		$S_{侧2}$	$=2\times(1.5-0.24)\times0.15\times3$	1.13	m²	3 根 L3
(7)		L_3 梁侧 $S_{侧3}$	$=(2.4+1.5+1.16+0.12)\times0.1$	0.52	m²	①，ⒷⒺ外
(8)		$S_{二层}$	$=S_{底1}+S_{底2}+S_{侧1}+S_{侧2}+S_{侧3}$ $=12.15+8.32+1.48+1.13+0.52$	23.60	m²	
(9)		三层板底 $S_{底1}$	$=(2.7+3.3\times2)\times(1.5-0.24)$ $+(1.16+0.12)\times(2.7-0.24)$	14.87	m²	①-④，Ⓓ-Ⓔ外
(10)		$S_{底2}$	$=(3.3\times2-0.24)\times(3.6-0.24)$	21.37	m²	②-④，Ⓐ-Ⓓ
(11)		$S_{有梁板3}$	$=S_{底1}+S_{底2}=14.87+21.37$	36.24	m²	
(12)		L_3 梁侧 $S_{侧1}$	$=2\times(1.5-0.24)\times0.15\times3$	0.76	m²	3 根 L3
(13)		$S_{侧2}$	$=2\times(2.7-0.24)\times0.15\times1$	0.74	m²	1 根 L3
(14)		L_1 梁侧 $S_{侧3}$	$=2\times(3.6-0.24)\times0.3$	2.02	m²	
(15)		$S_{侧4}$	$=(1.5+1.16+0.12)\times0.1$ $+(3.3\times2+0.24)\times0.1$	0.96	m²	①，Ⓓ-Ⓔ；Ⓐ，②-④
(16)		$S_{三层}$	$=14.87+21.37+0.76+0.74+2.02+0.96$	41.78	m²	
(17)		$S_{四层}$	$=14.87+21.37+0.76+0.74+2.02+0.96$	41.78	m²	
(18)		$S_{屋面}$	$=S_{三层}-49.56\times0.1$	36.82	m²	三线一面表
(19)	4-4-15	现浇有梁板钢筋		1.76	t	钢筋表
(20)	4-8-13	现浇有梁板砼	$V_{有梁板}=V_{板}+V_{梁}$	16.42	m³	
(21)		二层 $V_{板1}$	$=(0.3+2.1+1.5+1.16+0.12)$ $\times(2.7+0.12)\times0.1$	1.50	m³	①-②，Ⓑ-Ⓔ外
(22)		$V_{板2}$	$=3.3\times2\times1.5\times0.1$	0.99	m³	②-④，Ⓓ-Ⓔ
(23)		$V_{梁1}$	$=(1.5-0.24)\times0.24\times0.15\times3$	0.14	m³	3 根 L3
(24)		$V_{二层}$	$=1.5+0.99+0.16$	2.65	m³	
(25)		三层 $V_{板1}$	$=(1.5+1.16)\times(2.7+0.12)\times0.1$	0.75	m³	①-②，Ⓓ-Ⓓ
(26)		$V_{板2}$	$=[3.3\times2\times(3.6+1.5+0.12)$ $+1.2\times0.12]\times0.1$	3.46	m³	②-④，Ⓐ-Ⓔ
(27)		$V_{梁1}$	同二层 $V_{梁1}$	0.14	m³	3 根 L3
(28)		$V_{梁2}$	$=(3.6-0.24)\times0.24\times0.3\times1$	0.24	m³	1 根 L1
(29)		$V_{三层}$	$=0.75+3.46+0.14+0.24$	4.59	m³	
(30)		$V_{四层}$	$=0.75+3.46+0.14+0.24$	4.59	m³	
(31)		$V_{屋面}$	$=0.75+3.46+0.14+0.24$	4.59	m³	
(32)		小　计	$=V_{二层}+V_{三层}+V_{四层}+V_{屋面}=2.65+4.59\times3$	16.42	m³	
13		现浇钢筋混凝土平板				
(1)	4-1-32	现浇平板模板	$S_{平板}=S_{底}+S_{侧}$	271.75	m²	
(2)		二层 $S_{底}$	$=S_{净}-S_{有梁板2}=97.36-20.47$	76.89	m²	序 12(4)
(3)		$S_{侧}$	$=L_{外}\times0.1-0.52=49.56\times0.1-0.52$	4.44	m²	
(4)		$S_{二层}$	$=76.89+4.44$	81.33	m²	

续表

序号	定额编号	工程部位	计 算 式	工程量	单位	备注
(5)		三层$S_底$	$=S_净-S_{有梁板3}=97.36-36.24$	61.12	m²	序12(11)
(6)		$S_侧$	$=L_外\times0.1-0.96=49.56\times0.1-0.96$	3.99	m²	
(7)		$S_{三层}$	$=61.12+3.99$	65.12	m²	
(8)		$S_{四层}$	同$S_{三层}$	65.12	m²	
(9)		$S_{屋面}$	$=S_{三层}-49.56\times0.1$	60.16	m²	三线一面表
(10)		小 计	$=81.33+65.12\times2+60.16$	271.75	m²	
(11)	4-4-16	现浇平板钢筋		3.65	t	
(12)	4-8-13	现浇平板砼	$V_{平板}=V_板$	34.39	m³	
(13)		S	$=S_{外围}-S_梯=126.22-7.92$	118.30	m²	三线一面表
(14)		V	$=[(S_{外侧}-S_梯)-S_{有梁板}]\times h$			
(15)		$V_{二层}$	$=(118.30-20.47)\times0.1$	9.76	m³	
(16)		$V_{三层}$	$=(118.30-36.24)\times0.1$	8.21	m³	
(17)		$V_{四层}$	同上	8.21	m³	
(18)		$V_{屋面}$	同上	8.21	m³	
(19)		小 计	$=9.76+8.21\times3$	34.39	m³	
14		现浇钢筋混凝土楼梯				
(1)	4-1-36	现浇楼梯模板	$S_{模板}=LB$	23.76	m²	
(2)		$S_梯$	$=7.92\times3$	23.76	m²	三线一面表
(3)	4-4-18	现浇楼梯钢筋		0.25	t	钢筋表
(4)	4-4-41	预埋铁件	与阳台一并计算	0.37	t	钢筋表
(5)	4-8-14	现浇楼梯砼	$V_梯=V_{踏步}+V_{休息平台}+V_{平台梁}$	4.75	m³	
(6)		每个踏步$V_{踏步}$	$=0.5\times(0.176+0.175+0.176)\times0.25\times1.13$	0.0744	m³	
(7)		$V_{踏步}$	$=0.0744\times14\times3$	3.13	m³	
(8)		$V_{休息平台}$	$=0.99\times(2.7-0.24)\times0.1\times3$	0.72	m³	
(9)		$V_{平台梁}$	$=0.24\times0.25\times(2.7-0.24)\times3$	0.45	m³	
(10)		$V_{楼梯梁}$	同$V_{平台梁}$	0.45	m³	
(11)		小 计	$=3.13+0.72+0.45+0.45$	4.75	m³	
15		现浇钢筋混凝土阳台				
(1)	4-1-39	现浇阳台模板	$S_{模板}=LB$	19.73	m²	
(2)		$S_{模板}$	$=6.576\times3$	19.73	m²	三线一面表
(3)	4-4-21	现浇阳台钢筋		0.17	t	钢筋表
(4)	4-4-41	预埋铁件	与楼梯一并计算		t	钢筋表
(5)	4-8-16	现浇阳台砼	按实体积计算	1.98	m³	
(6)		板B	$=S\times0.08=19.73\times0.08$	1.58	m³	
(7)		梁L_2	$=(2.7+1.2-0.24)\times0.24\times0.15\times3$	0.40	m³	3层均有
(8)		小 计	$=1.58+0.4$	1.98	m³	

续表

序号	定额编号	工程部位	计 算 式	工程量	单位	备注
16		现浇钢筋混凝土雨篷				
(1)	4-1-38	现浇雨篷模板	$S_{模板}=LB$	3.24	m²	
(2)		$S_{模板}$	$=2.7\times1.2$	3.24	m²	
(3)	4-4-20	现浇雨篷钢筋		0.10	t	钢筋表
(4)	4-8-15	现浇雨篷砼	按实体积计算	0.45	m³	
(5)		板	$=3.24\times0.1$	0.32	m³	
(6)		梁	$=3.66\times0.24\times0.15\times1$	0.13	m³	
(7)		小 计	$=0.32+0.13$	0.45	m³	
17		现浇钢筋混凝土天沟				
(1)	4-1-47	现浇天沟模板	按混凝土体积计算	2.33	m³	
(2)		$V_{模板1}$	$=31.17\times0.06$	1.87	m³	三线一面表
(3)		$V_{模板2}$	$=[(49.56+8\times(0.6-0.03))\times0.14\times0.06$	0.46	m³	立面
(4)		小 计	$=1.87+0.46$	2.33	m³	
(5)	4-4-26	现浇天沟钢筋		0.25	t	钢筋表
(6)	4-7-24	现浇天沟砼	按混凝土体积计算（同模板）	2.33	m³	序17(1)
18		现浇混凝土台阶				
(1)	4-1-45	现浇台阶模板	$S=L(B+0.3)$	2.7	m²	
(2)		$S_{模板}$	$=(2.7+0.6+1.2)\times(0.3+0.3)$	2.7	m²	
(3)	4-7-22	现浇台阶砼	同台阶模板	2.7	m²	
19	3-2-2	多孔砖一砖外墙	$V_{外}=(L_{中}H-S_{门})B-V_{砼}$	89.40	m³	
(1)		H		11.20	m	
(2)		$(L_{中}H-S_{门})B$	$=(48.6\times11.2-94.86)\times0.24$	107.87	m³	门窗表
(3)		$V_{砼}$	$=V_{GZ}+V_{QL}+V_{GL}+V_{YGL}$ $=11.35+4.20+2.85+0.24$	18.47	m³	序5(29)， 11(21)， 10(13)，构件表
(4)		小 计	$=107.87-18.47$	89.40	m³	
20	3-3-2	多孔砖一砖内墙	$V_{内}=(L_{内}\sum H_{净}-S_{门})B-V_{砼}$	73.26	m³	
(1)		$H_{净}$	$=2.8-0.1$	2.70	m³	
(2)		$(L_{内}\sum H_{净}-S_{门})B$	$=(36.9\times2.7+36\times2.7\times3-39.6)\times0.24$	84.39	m³	门窗表
(3)		$V_{砼}$	$=V_{GZ}+V_{QL}+V_{GL}+V_{YGL}$ $=4.89+5.1+0.06+1.08$	11.13	m³	序5(33)， 11(23)， 10(14)， 构件表
(4)		小 计	$=84.39-11.13$	73.26	m³	
21	3-3-3	多孔砖半砖内墙	$V_{内}=(L'_{内}\sum H_{净}-S_{门})B-V_{砼}$	4.64	m³	
(1)		$(L'_{内}\sum H_{净}-S_{门})B$	$=(5.28\times2.7\times4-11.76)\times0.115$	5.21	m³	门窗表
(2)		$V_{砼}$	$=0.38+0.19$	0.57	m³	序11(25)， 构件表

续表

序号	定额编号	工程部位	计 算 式	工程量	单位	备注
(3)		小 计	$=5.21-0.57$	4.64	m³	
22		木门				
(1)	6-1-5	木门框制作	按长度计算	106.00	m	
(2)		M2	$=(0.90\times2+2.10)\times20$	78.00	m	门窗表
(3)		M3	$=(0.7\times2+2.10)\times8$	28.00	m	门窗表
(4)		小 计	$=78.00+28.00$	106.00	m	
(5)	6-1-6	木门框安装	同木门框制作	106.00	m	
(6)	6-1-15	木门扇制作	按门扇面积计算	41.60	m²	
(7)		M2	$=(2.1-0.1)\times(0.9-0.05\times2)\times20$	32.00	m²	门窗表
(8)		M3	$=(2.1-0.1)\times(0.7-0.05\times2)\times8$	9.60	m²	门窗表
(9)		小 计	$=32.00+9.60$	41.60		
(10)	6-1-16	木门扇安装	同木门扇制作	41.60	m²	
(11)	6-10-1	木门执手锁		28.00	把	门窗表
(12)		门定位器		28.00	个	
23		塑钢门窗				
(1)	6-5-2	塑钢门	按洞口面积计算	7.56	m²	门窗表
(2)	6-5-3	塑钢窗	按洞口面积计算	89.10	m²	门窗表
(3)	6-10-22	塑钢门执手锁		4.00	把	门窗表
(4)		门定位器		3.00	个	
24		浴厕间壁				
(1)	6-1-35	浴厕门扇制作	按门扇面积计算	8.64	m²	
(2)		S	$=(0.6\times1.8)\times2\times4$	8.64	m²	施工说明
(3)	6-1-36	浴厕门扇安装	同木门扇制作	8.64	m²	施工说明
(4)	6-9-16	浴厕间壁	$S=L_{净}H_{净}-S_{门}$	45.36	m²	
(5)		S	$=(1.5\times3+1.8)\times1.8\times4-8.64$	45.36	m²	施工说明
(6)	6-10-4	有无人锁		8.00	把	
25		五 金				
(1)	6-10-14	门定位器	$=28+3$	31.00	把	序22(12),23(4)
(2)	6-11-3	木门五金		28.00	樘	
26	7-1-8	碎石垫层	$V_1=S_{净1}h$	13.91	m³	
(1)		地面 V_1	$=105.07\times0.1$	10.51	m³	三线一面表
(2)		散水面积	$=(49.56+4\times0.9-2.7-1.2)$ $\times0.9-(2.7+1.2+0.9)\times0.9$	39.97	m²	
(3)		散水 V_2	$=39.97\times0.07$	2.80	m³	
(4)		台阶 V_3	$=2.7\times0.07$	0.19	m³	
(5)		平台面积	$=2.7\times1.5$	4.05	m²	
(6)		平台 V_4	$=4.05\times0.1$	0.41	m³	
(7)		小 计	$=V_1+V_2+V_3+V_4=10.51+2.80+0.19+0.41$	13.91	m³	

续表

序号	定额编号	工程部位	计 算 式	工程量	单位	备注
27	7-1-11	素砼垫层 $C20$		15.06	m^3	
(1)		厕所落低 2cm V_0	$=(3.3-0.24)\times(3.6-0.24)\times0.02$	0.21	m^3	
(2)		地面 V_1	$=105.07\times0.1$	10.51	m^3	三线一面表
(3)		散水 V_2	$=39.97\times0.1$	4.00	m^3	
(4)		台阶 V_3	$=2.7\times0.1$	0.27	m^3	
(5)		平台 V_4	$=4.05\times0.1$	0.41	m^3	
(6)		小　计	$=V_1+V_2+V_3+V_4-V_0$ $=10.51+4.00+0.27+0.41-0.21$	15.06	m^3	
28	7-3-1	1：2水泥砂浆面层		420.93	m^2	
(1)		地面 S_1	$=S_{净1}=105.07$	105.07	m^2	三线一面表
(2)		楼面 S_2	$=S_{净2\sim4}=97.36\times3$	292.08	m^2	三线一面表
(3)		平台 S_3		4.05	m^2	
(4)		阳台 S_4	$=6.576\times3$	19.73	m^2	三线一面表
(5)		小　计	$=S_1+S_2+S_3+S_4$ $=105.07+292.08+4.05+19.73$	420.93	m^2	
29	7-3-7	水泥砂浆散水面层	按面积计算	39.97	m^2	序26(2)
30	7-3-8	水泥砂浆楼梯面层	同楼梯模板	23.76	m^2	序14 (1)
31	7-3-10	水泥砂浆台阶面层	同台阶模板	2.70	m^2	序18(1)
32	7-5-13	木扶手型钢栏杆	按长度计算	16.92	m	楼梯
(1)		斜段	$=(0.25^2+0.175^2)^{0.5}\times(8\times5+7)$	14.34	m	
(2)		水平段	$=0.3\times5+(1.35-0.15-0.12)$	2.58	m	
(3)		小　计	$=14.34+2.58$	16.92	m	
(4)	7-5-14	木扶手木弯头		6.00	个	
33	7-5-16	钢管扶手型钢栏杆	按长度计算	17.94	m	阳台
(1)		L	$=(2.7+0.72+2.62-0.06)\times3$	17.94	m	
34	8-5-4	100×75 落水管	按长度计算	56.5	m	屋面
(1)		L_1	$=(11+0.3)\times5=56.5$	56.5	m	
35	8-5-5	75×50 落水管	按长度计算	4.80	m	阳台
(1)		L_2	$=(1.2+0.4)\times3$	4.80	m	
36	8-5-6	4″水斗	按只计算	5.00	只	
37	8-2-7	APP 防水	$S=S_{屋面}+S_{檐}$	160.60	m^2	平屋面
(1)		$S_{屋面}$		129.46	m^2	三线一面表
(2)		$S_{檐}$		31.17	m^2	三线一面表
(3)		小　计	$=129.46+31.17$	160.60	m^2	
38	8-2-31	防水砂浆层	按面积计算	174.81	m^2	
(1)		$S_{屋面}+S_{檐}$		160.60	m^2	
(2)		$S_{檐侧}$	$=(49.56+49.56+4\times0.6)\times0.14$	14.21	m^2	三线一面表
(3)		小　计	$=160.6+14.21$	174.81	m^2	

续表

序号	定额编号	工程部位	计 算 式	工程量	单位	备注
39	9-2-7	珍珠岩保温	$V=S_{屋面}\times$平均厚	22.01	m³	
(1)		最薄处 h_{min}		0.05	m	
(2)		最厚处 h_{max}	$=4.8\times5\%+0.5$	0.29	m	
(3)		平均厚 h	$=(0.05+0.29)\div2$	0.17	m	
(4)		V	$=129.46\times0.17$	22.01	m³	
40	10-1-9	外墙面抹灰	$S_{抹灰}=L_{外}H-S_{门}+S_{洞侧}-S_{台阶}$	513.41	m²	
(1)		$L_{外}H-S_{门}$	$=49.56\times(11.2+0.3)-94.86$	475.08	m²	三线一面,门窗表
(2)		窗外墙侧抹灰宽度 L	按实取 15cm	0.15	m	
(3)		$S_{洞侧}$	$=262.8\times0.15$	39.42	m²	门窗表
(4)		$S_{台阶}$	$=(2.7+1.2)\times(0.3-0.02)$	1.09	m²	
(5)		小 计	$=475.08+39.42-1.09$	513.41	m²	
41	10-11-13	外墙面乳胶漆	同外墙面抹灰	513.41	m²	
42	10-1-58	内墙面抹灰	$S_{内}=$外墙里面+内墙双面+垛侧面 $=[L_{中}-(2n+4)B+\sum L_{垛侧}]\times\sum H_{净}$ $-S_{外门窗}+[\sum L_{内}\sum H_{净}-S_{内门窗}]\times2+S_{垛侧}$	1161.60	m²	
(1)		外墙里面	$=[48.6-(2\times3.5+4)\times0.24-0.12]$ $\times2.7\times4-94.86$	400.21	m²	
(2)		内墙双面	$=[(36.9+5.28)\times2.7+(36+5.28)\times2.7\times3$ $-(39.6+11.76)]\times2$	761.39	m²	
(3)		小 计	$=400.21+761.39$	1161.60	m²	
43	10-1-19	水泥砂浆窗台抹灰	$S=0.3\times B\times$樘数	17.82	m²	
(1)		C-1	$=0.3\times1.8\times12$	6.48	m²	
(2)		C-2	$=0.3\times1.2\times20$	7.20	m²	
(3)		C-3	$=0.3\times0.9\times4$	1.08	m²	
(4)		C-4	$=0.3\times1.5\times6$	2.70	m²	
(5)		C-5	$=0.3\times1.2\times1$	0.36	m²	
(6)		小 计	$=6.48+7.20+1.08+2.70+0.36$	17.82	m²	
44	10-7-13	天棚抹灰	$S=S_{净}+S_{梁侧}+S_{檐}+S_{阳台}+S_{雨蓬}$	464.46	m²	
(1)		$S_{净}$	$=(105.07-7.92)+(97.36\times3+7.92)$	397.15	m²	
(2)		$S_{梁侧}$	$=1.48+1.13+(1.5+2.02)\times3$	13.17	m²	序 12(5),(6),(14)
(3)		$S_{檐}$		31.17	m²	三线一面表
(4)		$S_{阳台}$		19.73	m²	三线一面表
(5)		$S_{雨蓬}$		3.24	m²	三线一面表
(6)		小 计	$=397.15+13.17+31.17+19.73+3.24$	464.46	m²	
45	10-11-16	天棚 107 白水泥批嵌	同天棚抹灰	464.46	m²	序 44
46	10-10-41	单层木门油漆	单面洞口面积$\times K$	49.56	m²	$K=1$(注)
(1)		S	$=49.56\times1$	49.56	m²	门窗表
47	10-10-1	浴厕门油漆	单面洞口面积$\times K$	8.64	m²	$K=1$(注)

续表

序号	定额编号	工程部位	计 算 式	工程量	单位	备注
(1)			$=8.64\times1$	8.64	m²	序24(1)
48	10-10-4	浴厕间壁油漆	单面外围面积×K	86.18	m²	$K=1.9$(注)
(1)			$=45.36\times1.9$	86.18	m²	序24(4)
49	10-10-3	木扶手油漆	延长米×K	16.82	m	$K=1$(注)
(1)		L	$=16.82\times1$	16.82		序32
50	10-13-2	铁栏杆调和漆	长度×理论重量×K	652.43	kg	$K=1.71$(注)
(1)		楼梯斜段铁栏杆长度 L_1	$=0.85\times9\times6$	45.90	m	
(2)		楼梯水平段铁栏杆长度 L_2	$=0.85\times2.58/0.25$	8.77	m	
(3)		楼梯斜段铁栏杆长度	$=45.90+8.77$	54.67	m	
(4)		楼梯 W_1	$=54.67\times1.63\times1.71$	152.39	kg	
(5)		阳台铁竖杆长度 L_1	$=0.9\times17.94/0.1$	161.46	m	
(6)		阳台铁水平杆长度 L_2		17.94		
(7)		阳台铁栏杆长度	$=161.46+17.94$	179.40		
(8)		阳台 W_2	$=179.40\times1.63\times1.71$	500.04	kg	
(9)		小 计	$=W_1+W_2=152.39+500.04$	652.43	kg	
51	10-13-22	铁栏杆防锈漆	同调和漆	652.43	kg	
52	12-3-1	20m内垂直运输机械	按建筑面积计算	514.74	m²	三线一面表
53	12-6-1	基础垂直运输机械	按基础混凝土体积计算	23.76	m³	序4(9)
54		井架进出场费	按进出场台次计算	1	项	
55	13-1-1	外墙脚手架	$S=L_{外}H$	569.94	m²	
(1)		S	$=49.56\times(11.2+0.3)$	569.94	m²	三线一面表

注:油漆工程量=基本工程量×油漆系数 K;或油漆工程量=基本工程量,套用定额=基本工程量×油漆系数 K。本例采用前一种方法。

表 C-5 钢筋工程量计算表

序号	所在部位	形状尺寸	计 算 式	长度(mm)	根数	总长(m)	重量(kg)
一	4-4-1	带形基础	$W_{1400}+W_{1200}$				802
(一)		1400 宽					
1	受力筋	∮10 1400	$=1400-35\times2+2\times6.25\times10$	1455			
(1)	①轴	长度	$=8\,400+1\,200-2\times35$	9 530			
(2)		根数	$=1+9\,530/150$		65		
(3)	②,Ⓔ-Ⓕ	长度	$=4\,500+1\,200-2\times35$	5 630			
(4)		根数	$=1+5\,630/150$		39		
(5)	②,Ⓐ-Ⓓ	长度	$=3\,600+1\,200-2\times35$	4 730			
(6)		根数	$=1+4\,730/150$		33		
(7)	③轴		同 2 轴线	10 360	72		
(8)	④轴		同 3 轴线	10 360	72		

序号	所在部位	形状尺寸	计 算 式	长度(mm)	根数	总长(m)	重量(kg)
(9)	⑭轴		同②,Ⓐ-Ⓓ	4 730	33		
(10)	⑤轴		同②,Ⓔ-Ⓕ	5 630	39		
(11)	⑥轴		同②,Ⓐ-Ⓓ	4 730	33		
(12)	总根数		=65+39+33+72+72+33+39+33		386		
(13)	总长度		=1.455×386			516.63	
(14)	总重量	φ10	=516.63×0.617				347
2	分布筋	φ8@200					
(1)	根数				8		
(2)	①轴	长度 L	=8 400-1 200	7 200			
(3)	②轴		=4 500-1 200+2 400-1 200	4 500			
(4)	③轴		=4 500-1 200+3 600-1 200	5 700			
(5)	④轴		=4 500-1 200+2 100-1 200	4 200			
(6)	⑭轴		=1 500-1 200+2 100-1 200	1 200			
(7)	⑤轴		=4 500-1 200	3 300			
(8)	⑥轴		=3 600-1 200	2 400			
(9)	总长度		=(7.2+4.5+5.7+4.2+1.2+3.3+2.4)×8			228	
(10)	总重量	φ8	=228×0.395				90
3	W_{1400}		=347+90				437
(二)	1 200 宽		1 200-35×2+2×6.25×10	1 255			
1	受力筋	φ10 / 1200					
(1)	Ⓐ轴	长度	=6 600+1 400-2×35	7 930			
(2)		根数	=1+7 930/150		54		
(3)	Ⓑ轴	长度	=2 700+1 400-2×35	4 030			
(4)		根数	=1+4 030/150		28		

363

序号	所在部位	形状尺寸	计　算　式	长度(mm)	根数	总长(m)	重量(kg)
(5)	ⓒ轴	长度	=5 400+1 400-2×35	6 730			
(6)		根数	=1+6 730/150		46		
(7)	ⓓ轴	长度	=8 700+1 400-2×35	10 030			
(8)		根数	=1+10 030/150		68		
(9)	ⓔ轴	长度	=12 000+1 400-2×35	13 330			
(10)		根数	=1+13 330/150		90		
(11)	ⓕ轴	长度	=12 600+1 400-2×35	13 930			
(12)		根数	=1+13 930/150		94		
(13)		总根数	=54+28+46+68+90+94		380		
(14)		总长度	=1.255×380			476.90	
(15)	总重量	φ10	=476.90×0.617				294
2	分布筋	φ8@200					
		根数			7		
		ⓐ轴线	=3 300+3 300-1 400-1 400	3 800			
		ⓑ轴线	=2 700-1 400	1 300			
		ⓒ轴线	=5 600-1 400-1 400	2 800			
		ⓓ轴线	=3 300+3 300+2 100-1 400×3	4 500			
		ⓔ轴线	=14 700-2 700-1 400×4	6 400			
		ⓕ轴线	=14 700-2 100-1 400×4	7 000			
		总长	=(3.8+1.3+2.8+4.5+6.4+7)×7			181	
		W分布筋	=181×0.395				71
		W1200	=294+71				365
		W	=437+365				802
2	4-4-5	构造柱					2 900
3	4-4-8	防潮层					160
4	4-4-11	圈、过梁					1 820
5	4-4-15	有梁板					1 760
6	4-4-16	平板					3 650
7	4-4-18	楼梯					250
8	4-4-26	挑檐天沟					250
9	4-4-21	阳台					170
10	4-4-20	雨篷					100
12	4-4-29	预制过梁					200
13	4-4-41	预埋件		190			

钢筋计算编制说明：
1. 保护层厚度：基础为35mm，柱、梁为25mm，板为15mm。
2. 搭接、锚固长度：Ⅰ级钢筋为30d，Ⅱ级钢筋为35d。
3. 弯曲量度差值：45°为0.5d，90°为2d。
4. 弯勾长度：半圆弯勾为6.25d，直弯勾为3.5d。
5. 钢筋理论重量(kg/m)：φ6—0.222，φ8—0.395，φ10—0.617，φ12—0.888，φ14—1.21，φ16—1.58，φ20—4.47。

D. 安装工程工程量计算书

表 D-1 给排水工程工程量计算书

序号	定额编号	项目名称	计 算 式	工程量	单位	部 位
1	8-295	PVC 塑料排水管 De160		5.1	m	
		排污管 W-2	1.5＋3.6	5.1	m	底层
2	8-294	PVC 塑料排水管 De110		45.7	m	
		排污管 W-1	1.5＋3.6＋3＋1.8	9.9	m	底层
		排污立管 W-2	0.9＋2.8×4＋0.6	12.7	m	
		水平排污管 W-2	(3＋1.8＋0.6×2)×3	18.0	m	二、三、四楼大便器
		废水管 F-2	1.5＋3.6	5.1	m	底层
		小 计	9.9＋12.7＋18＋5.1	45.7	m	
3	8-293	PVC 塑料排水管 De75		28.4	m	
		水平废水管 F-1	1.5＋1.8	3.3	m	底层
		水平废水管 F-2	3×3	9.0	m	二、三、四楼
		水平排污管 W-1	0.6×2	1.2	m	底层小便斗
		水平排污管 W-2	1＋0.6×2	2.2	m	三楼小便斗
		废水立管 F-2	0.9＋2.8×4＋0.6	12.7	m	
		小 计	3.3＋9＋1.2＋2.2＋12.7	28.4	m	
4	8-292	PVC 塑料排水管 DN50		6.0	m	
		废水管	0.6×10	6.0	m	污水盆、地漏
5	8-290	PVC 塑料排水管 DN32		2.4	m	
		废水管	0.4×6	2.4	m	脸盆
6	8-192	PVC 塑料给水管 DN50		6.4	m	
		水平给水管	1.5＋0.4	1.9	m	
		给水立管	0.9＋0.8＋2.8	4.5	m	底层
		小 计	2.76＋2.8＋10.68＋2.4＋3.6	6.4	m	
7	8-191	PVC 塑料给水管 DN40		5.6	m	
		给水立管	2.8×2	5.6	m	
8	8-189	PVC 塑料给水管 DN25		31.2	m	
		水平给水管	(3＋3＋1.8)×4	31.2	m	沿墙敷设
9	8-422	螺纹阀门安装 DN25		8.0	只	
10	8-567	水表组成安装 DN50		1.0	只	含阀门
11	8-662	地漏安装 DN50	4＋3	7.0	只	其中阳台 3 只
12	8-589	洗脸盆安装		6.0	只	
13	8-598	洗涤盆安装		4.0	只	
14	8-621	大便器安装		8.0	只	
15	8-626	挂式小便斗安装		4.0	只	
16	8-352	管道支架制作		0.06	t	估
17	8-355	管道支架安装		0.06	t	估

注:水表组成含阀门(阀门为辅助材料)。

序号	定额编号	项目名称	计　算　式	工程量	单位	部　位
1	2-243	总配电箱		1	台	底层
2	2-243	各层照明配电箱		4	台	每层1台
3	2-1204	PVC管暗敷 DN40		18.1	m	
		Pm 至 Pm1	0.5+0.8	1.3	m	
		Pm 至 Pm2	2.8	2.8	m	
		Pm 至 Pm3	5.6	5.6	m	
		Pm 至 Pm4	8.4	8.4	m	
		小　计	1.3+2.8+5.6+8.4	18.1	m	
4	2-1277	管内穿线 BV10		72.4	m	
		Pm 至 Pm1	1.3×4	5.2	m	
		Pm 至 Pm2	2.8×4	11.2	m	
		Pm 至 Pm3	5.6×4	22.4	m	
		Pm 至 Pm4	8.4×4	33.6	m	
		小　计	5.2+11.2+22.4+33.6	72.4	m	
5	2-1201	PVC管暗敷 DN20	图上按实量取	442.0	m	
		一～四层 N1 回路			m	插座
		PM1	(2.8-1.4)×4	5.6	m	高1.4m,沿墙敷设
		N1 水平长度	(3+3.3×3)×4	51.6	m	沿楼板敷设(北)
			(6+3.3×2+0.7)×4	53.2	m	沿楼板敷设(南)
		插座高	0.3×42	12.6	m	沿墙敷设、42只
		小　计	5.6+51.6+53.2+12.6	123.0	m	小计
		一～四层 N2 回路			m	荧光灯(北)
		PM1	(2.8-1.4)×4	5.6	m	高1.4m,沿墙敷设
		N2 水平管	(2.7+3.3×2.5)×4	43.8	m	沿顶板敷设
			(2.2×3+1.2×3)×4	40.8	m	沿顶板敷设,灯至开关
		开关立管	(2.8-1.3)×3×4	18.0	m	高1.3m,沿墙敷设
		小　计	5.6+43.8+40.8+18	108.2	m	
		一～四层 N3 回路				荧光灯、吸顶灯(南)
		PM1	(2.8-1.4)×4	5.6	m	高1.4m,沿墙敷设
		N3 水平管	(1.4+3.3+4.6+2.4+3)×4	58.8	m	沿顶板敷设、吸顶灯
			(1.4+0.7×2+1+2)×4	23.2	m	沿顶板敷设、灯至开关
			(2.4+3.3+2.7+2.7)×4	44.4	m	沿顶板敷设、荧光灯
			(1.7×2+1.4×2)×4	24.8	m	沿顶板敷设、灯至开关
		开关立管	(2.8-1.3)×9×4	54	m	高1.3M,沿墙敷设
		小　计	5.6+58.8+23.2+44.4+24.8+54	210.8	m	小计
		合　计	123.0+108.2+210.8	442.0	m	
6	2-1274	管内穿线 BV2.5	按实际穿线根数计算	1039.4	m	
		N1 回路				

续表

序号	定额编号	项目名称	计　算　式	工程量	单位	部　位
		小　计	123×3	369.0	m	全部3线
		N2回路				
		3线	(1.2×3×4+1.5×3×4)×3	97.2	m	灯至开关
		2线	[108.2−(1.2×3×4+1.5×3×4)]×2	151.6	m	其余
		小　计	97.2+151.6	248.8	m	小计
		N3回路				
		小　计	210.8×2	421.6	m	全部2线
		合　计	369+248.8+421.6	1039.4	m	
7	2-1447	半圆球吸顶灯安装	6×4	24	套	
8	2-1448	半圆球吸顶灯安装	1	1	套	门厅
9	2-1475	荧光灯安装	8+9×3	35	套	
10	2-1741	板式单联开关暗装	9×4	36	套	
11	2-1742	板式双联开关暗装	3×4	12	套	
12	2-1757	插座暗装	12+10×3	42	套	
13	2-1437	灯头、接线盒安装	24+1+35	60	套	
14	2-1438	开关、插座盒安装	36+12+42	90	套	

E. 建筑安装工程施工图

施工说明

一、建筑设计说明

1. 本工程设计标高±0.000相当于绝对标高4.450m,室内外高差300mm。所有图示尺寸均以mm计,标高以m计。

2. 地面做法

(1) 地面:素土夯实,100厚碎石垫层,100厚C20素砼垫层,30厚1:2水泥砂浆面。

(2) 厕所:素土夯实,100厚碎石垫层,80厚C20素砼垫层,30厚1:2水泥砂浆粉面(施工时应考虑0.5%找坡至地漏)。

(3) 踢脚线:120高20厚水泥砂浆踢脚线。

(4) 室内外踏步:素土夯实,70厚碎石垫层,100厚C10素砼垫层,30厚1:2水泥砂浆粉面。

(5) 散水:900宽,素土夯实,70厚碎石垫层,100厚C10素砼垫层,30厚1:2水泥砂浆粉面(5%找坡)。

3. 楼面做法:钢筋混凝土现浇板上30厚1:2水泥砂浆粉面。

4. 内墙面做法:内墙面均做12厚1:1:6水泥石灰砂浆打底,8厚1:1:4水泥石灰砂浆粉面。

5. 外墙面做法:20厚1:3水泥石灰砂浆打底,分三层施工,刷奶黄色外墙立邦乳胶漆二度。

6. 顶棚做法:9厚1:1:4混合砂浆打底,6厚白水泥加107胶水批嵌找平。

7. 屋面做法:钢筋混凝土现浇楼板上铺膨胀珍珠岩保温,坡度1/20,最薄处50厚;20厚1:2防水水泥砂浆找平;改性沥青防水卷材(APP)。

8. 浴厕间壁:采用防火板,上横档顶面至下横档底面高1800,宽900,长1500。

9. 阳台栏杆:采用Φ35,壁厚2.0的圆钢管。

10. 排水:100×75PVC矩形雨水管、4″落水斗。

11. 门窗:见门窗表。

12. 其他:

(1) 油漆:凡露面木料均做油漆(一底两度),金属制品均做红丹漆一度调和漆两度。

(2) 除本说明规定的条款外,均须遵照现行国家颁发的有关施工及验收规范执行。

二、结构设计说明

1. 基础回填土应分层夯实。

2. 纵向受拉钢筋的最小锚固长度:Ⅰ级钢筋为30d,Ⅱ级钢筋为35d(注Ⅱ级钢筋为螺纹钢筋)。搭接长度:Ⅰ级钢筋为36d,Ⅱ级钢筋为42d。

3. 现浇混凝土强度等级均为C20。

4. 混凝土保护层厚度:(除注明者外)板为15mm,梁、柱为25mm,有垫层的基础为35mm,无垫层的基础为70mm。

5. 砖砌体:基础:MU10标准砖,M10水泥砂浆;基础以上:MU7.5多孔砖,M5混合砂浆。

6. 构造柱应先砌墙后浇柱,砖墙砌成马牙槎。

三、水、电设计说明

1. 给排水

(1) 室内给水管采用建筑给水PVC-U硬聚氯乙烯管,承插式粘接。

(2) 排水管采用建筑排水硬聚氯乙烯承插式粘接管。

(3) 各排水横管必须有水平坡度向立管。

2. 电气

所有照明、插座均采用 BV-500 型塑铜线穿 PVC-U 管在楼板内暗敷。

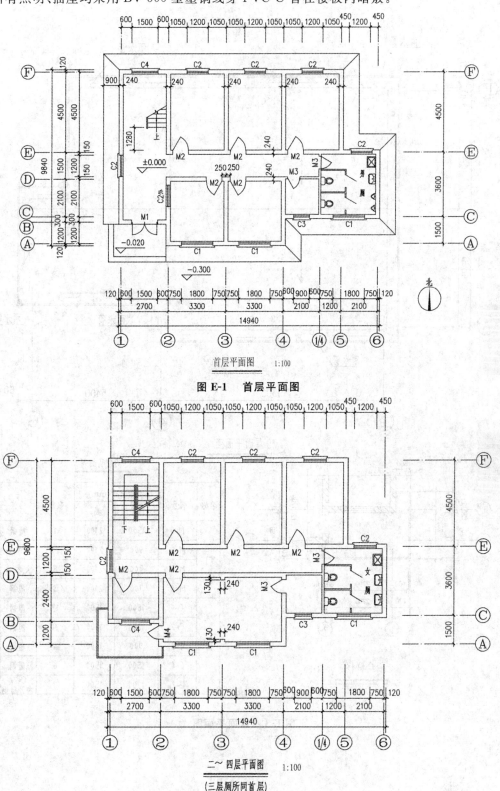

图 E-1　首层平面图

图 E-2　二～四层平面图

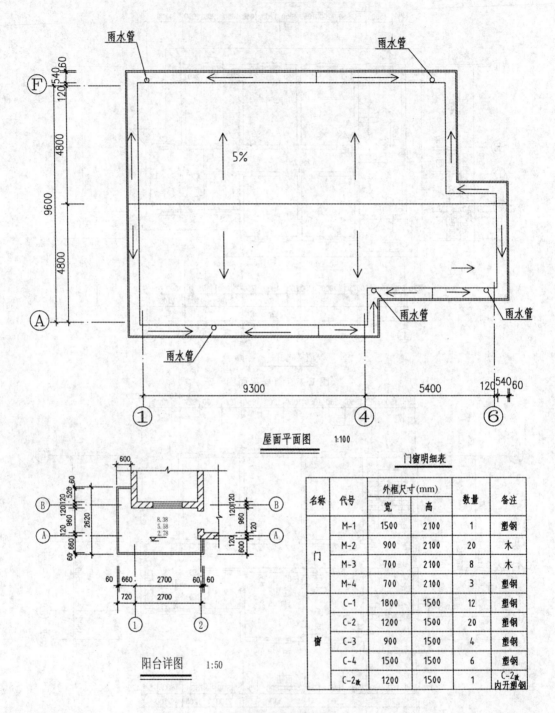

屋面平面图 1:100

阳台详图 1:50

门窗明细表

名称	代号	外框尺寸(mm)		数量	备注
		宽	高		
门	M-1	1500	2100	1	塑钢
	M-2	900	2100	20	木
	M-3	700	2100	8	木
	M-4	700	2100	3	塑钢
窗	C-1	1800	1500	12	塑钢
	C-2	1200	1500	20	塑钢
	C-3	900	1500	4	塑钢
	C-4	1500	1500	6	塑钢
	C-2改	1200	1500	1	C-2改内开塑钢

图 E-3 屋面平面图

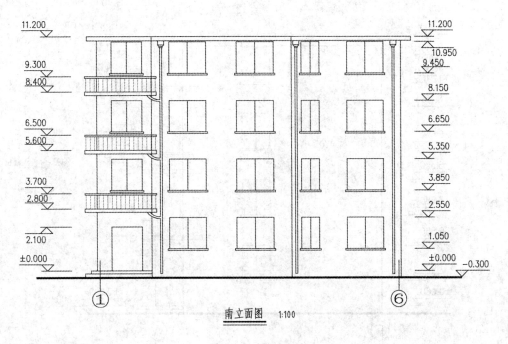

图 E-4　南立面图

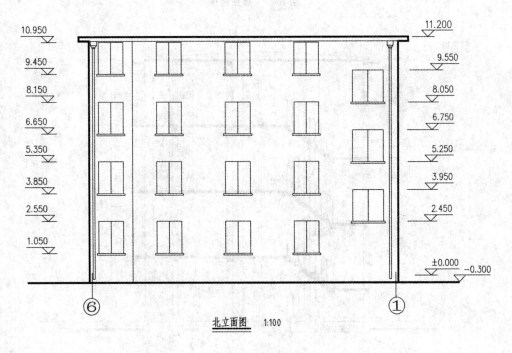

图 E-5　北立面图

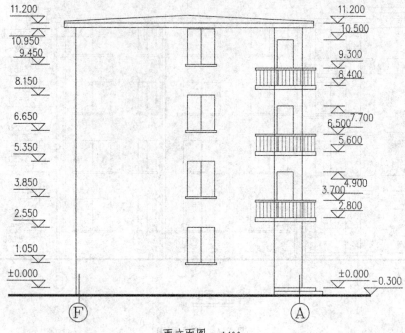

西立面图　1:100

图 E-6　西立面图

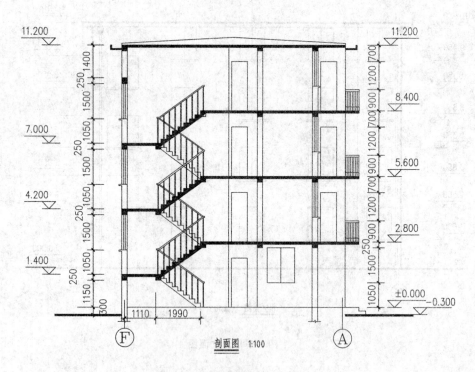

剖面图　1:100

图 E-7　剖面图

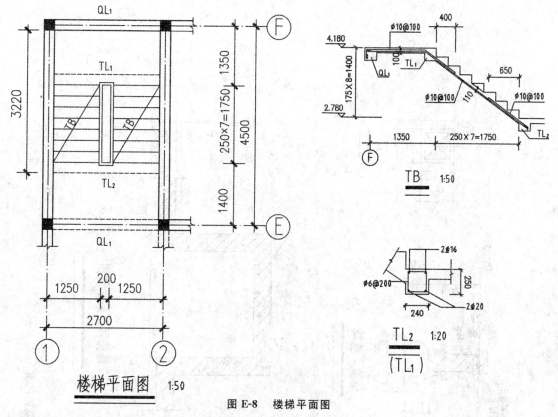

楼梯平面图 1:50

图 E-8　楼梯平面图

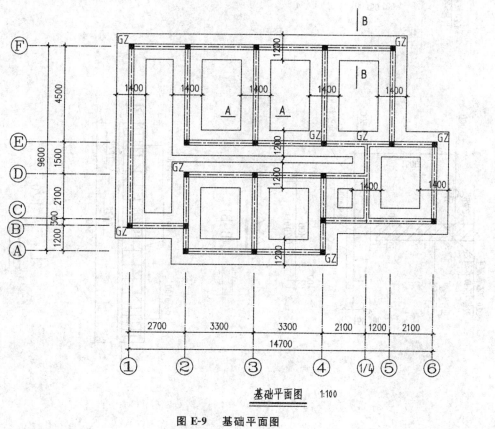

基础平面图 1:100

图 E-9　基础平面图

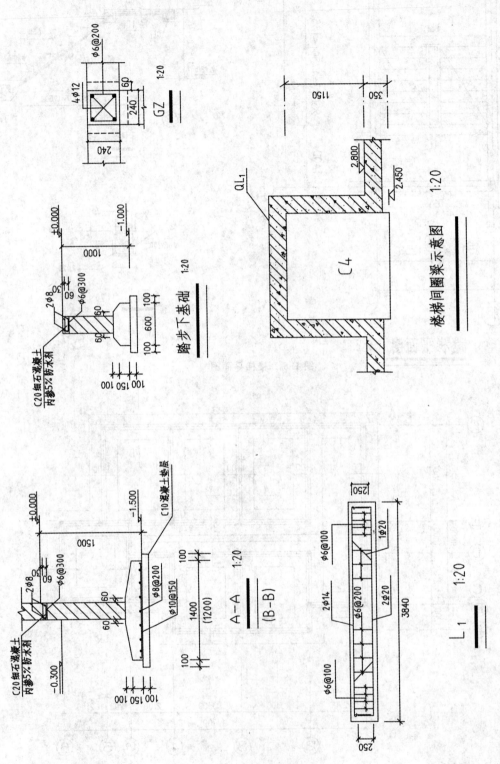

图 E-10 基础详图

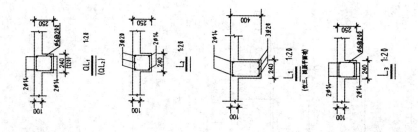

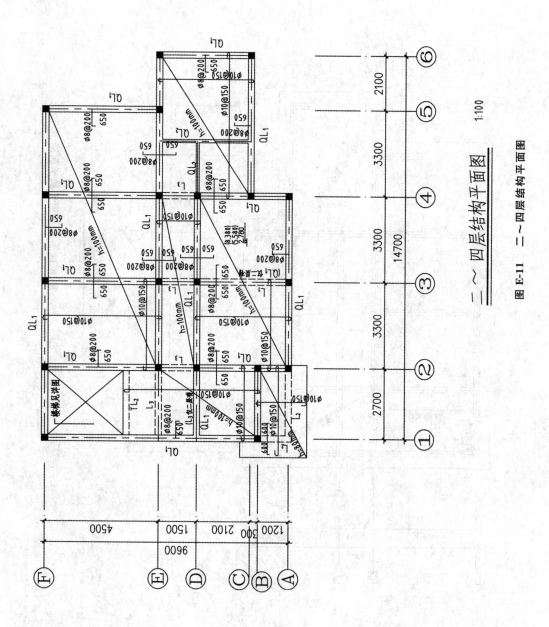

二～四层结构平面图

图 E-11 二～四层结构平面图

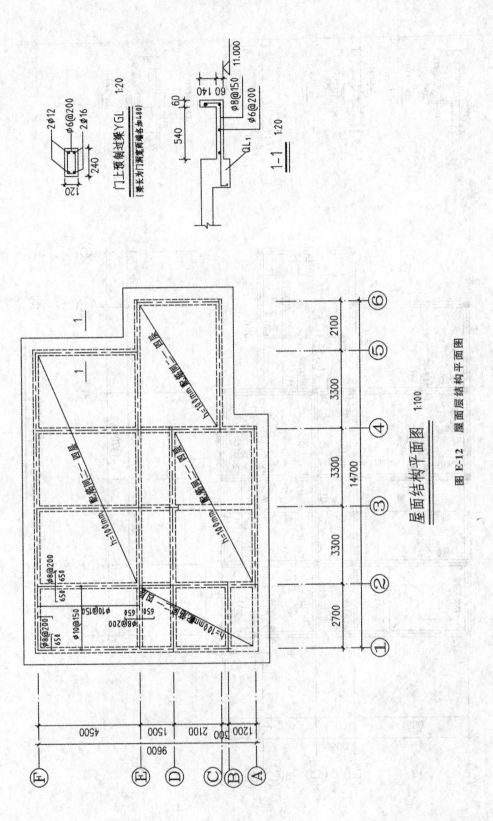

门上预制过梁 YGL 1:20

(梁长为门洞宽两端各加180)

2Φ12
Φ6@200
2Φ16

240
120

540
60
60 140

Φ8@150
Φ6@200
QL₁

11.000

1—1 1:20

屋面结构平面图 1:100

Φ8@200
650 650

Φ10@200
650

Φ10@150
650 650

Φ8@200
650

Φ8@200
650 650

h=100mm 凹层 凹槽隔间

h=100mm 凹层 凹槽隔间

h=100mm 凹层 凹槽隔间

h=100mm 凹槽隔间

2100 3300 3300 3300 2700
14700

⑥ ⑤ ④ ③ ② ①

4500
1500
2100 300
1200 300
9600

Ⓕ Ⓔ Ⓓ Ⓒ Ⓑ Ⓐ

图 E-12 屋面层结构平面图

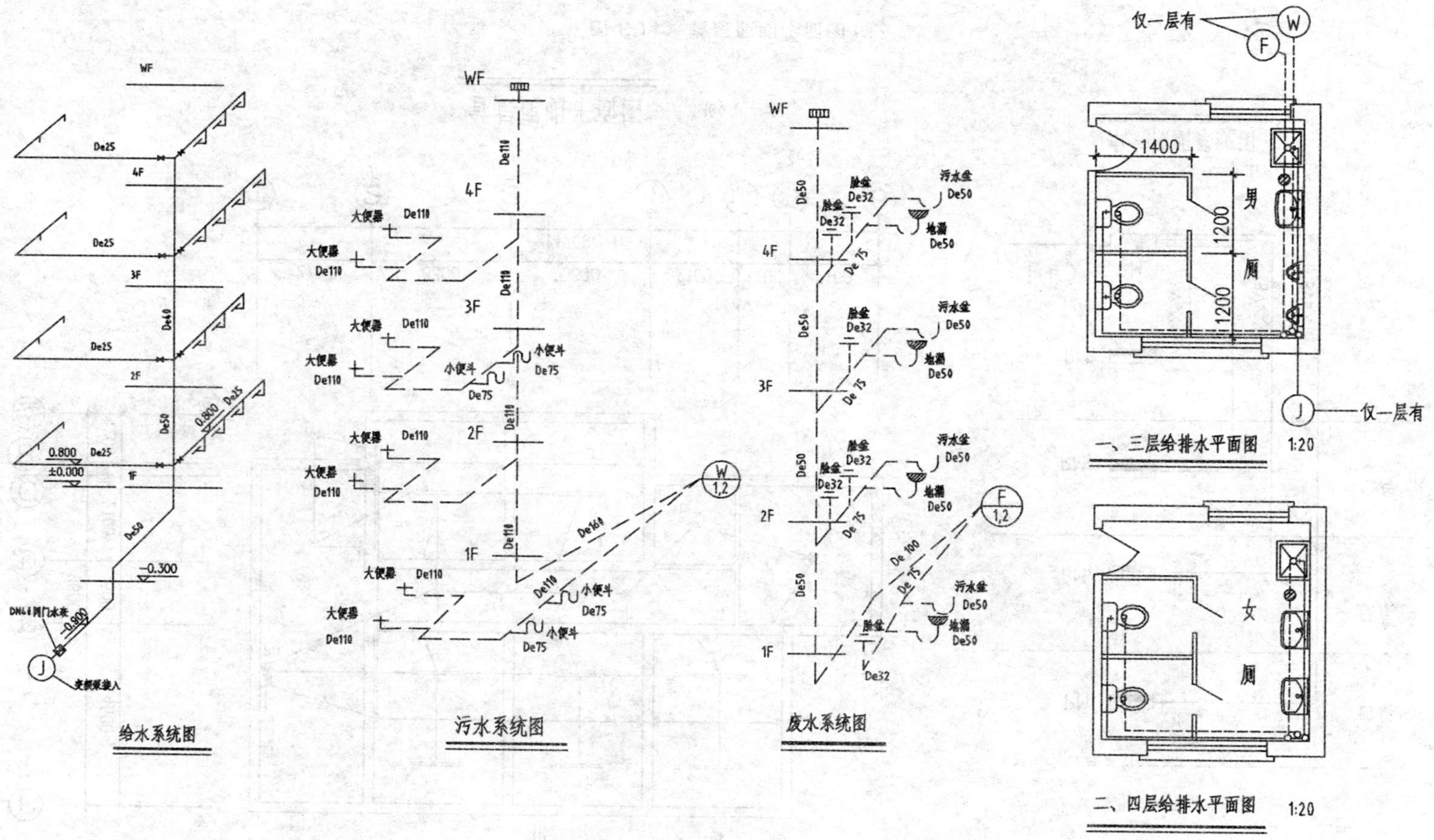

图 E-13　给排水系统图、平面图

一、三层给排水平面图　1:20

二、四层给排水平面图　1:20

废水系统图

污水系统图

给水系统图

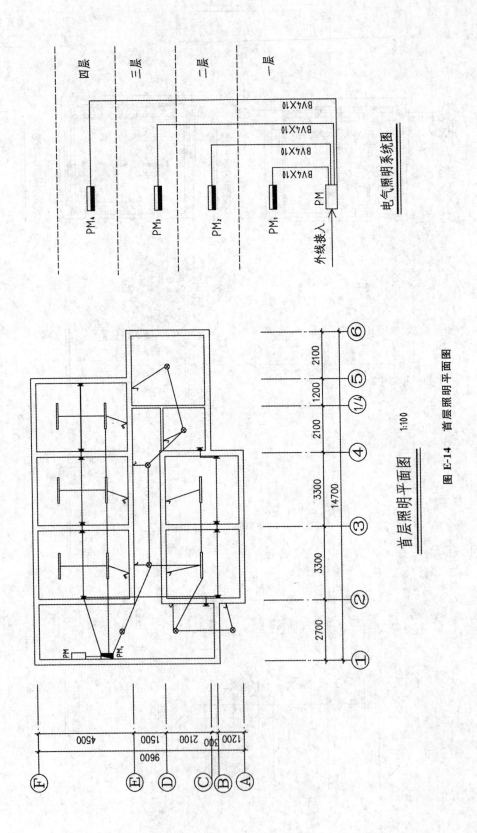

电气照明系统图

首层照明平面图 1:100

图 E-14　首层照明平面图

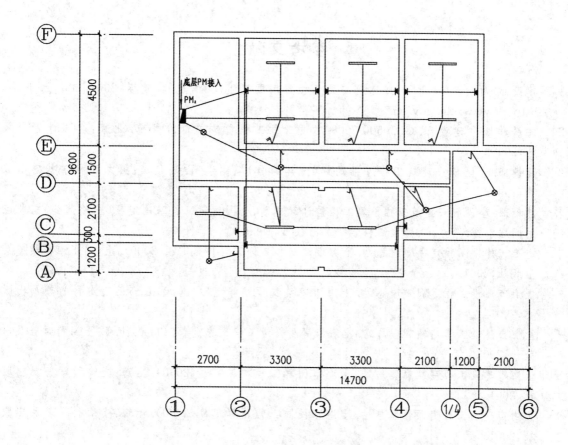

二～ 四层照明平面图 1:100

图 E-15 二～四层照明平面图

表 E-1　　　　　　　　　　　　　　图例及主材表

序号	符号	名称	型号及规格	安装方式	安装高度	单位	数量
1	PM ▮	嵌入式配电箱	嵌入式	暗装	1.40m	台	4
2	PM □	配电箱	嵌入式	暗装	1.40m	台	1
3	▭	双管荧光灯	Y-2102.2×36W	吸顶	2.40m	只	35
4	◗	二、三极暗插座	ST86 10A 250W	暗装	0.30m	只	42
5	⊗	吸顶灯	1×13W 节能灯管	吸顶		只	24
6	⊗	吸顶灯	1×26W 节能灯管	吸顶		只	1
7	⌐	翘板开关（单联）	ST86 16A 250W	暗装	1.30m	只	36
8	⌐	翘板开关（双联）	ST86 16A 250W	暗装	1.30m	只	12

参考文献

[1]   建设部,财政部.关于印发《建筑安装工程费用项目组成》的通知.建标[2003]206号.北京:
     http://www.cin.gov.cn.

[2]   住房和城乡建设部.GB50500-2008建设工程工程量清单计价规范.北京:中国计划出版
     社,2008.

[3]   建设部.全国统一建筑工程基础定额(土建部分)编制说明.哈尔滨:黑龙江科学基础出版
     社,1997.

[4]   建设部.全国统一建筑工程预算工程量计算规则、全国建筑工程基础定额(土建部分)有关应
     用问题解释.哈尔滨:黑龙江科学技术出版社,1999.

[5]   上海市建设工程定额管理总站.上海市建筑和装饰工程预算定额(2000).上海:上海科学普及
     出版社,2001.

[6]   上海市建设工程定额管理总站.上海市安装工程预算定额(2000).上海:上海科学普及出版
     社,2001.

[7]   上海市建设工程定额管理总站.上海市房屋修缮工程预算定额(2000).上海:上海科学普及出
     版社,2001.

[8]   上海市建设工程定额管理总站.上海市园林工程预算定额(2000).上海:上海科学普及出版
     社,2001.

[9]   上海市建设工程定额管理总站.上海市民防工程预算定额(2000).上海:上海科学普及出版
     社,2001.

[10]   上海市建设工程定额管理总站.上海市公用管线工程预算定额(2000).上海:上海科学普及
      出版社,2001.

[11]   上海市市政工程定额管理站.上海市市政工程预算定额(2000).上海:同济大学出版
      社,2001.

[12]   上海市建筑建材业市场管理总站.上海市建筑和装饰工程概算定额(2010).上海:上海科学
      普及出版社,2011.

[13]   上海市建筑建材业市场管理总站.《建设工程工程量清单计价规范》(GB 50500—2008)上海
      地区应用导则.上海:上海科学普及出版社,2010.

[14]   何康维.建设工程概预算与决算.上海:同济大学出版社,1997.

[15]   何康维.建设工程计价原理与方法.上海:同济大学出版社,2004.

[16]   上海市建设委员会科学技术委员会.土木建筑上海市市级工法汇编(1990~1996年度).上
      海:上海科学普及出版社,1998.

[17]   袁建新.施工图预算与工程造价控制.北京:中国国建筑工业出版社,2000.

[18]   陈建国.工程计量与工程造价管理.上海:同济大学出版社,2001.